환경자원과 경제

김호 · 허승욱

도서출판 그린

머리말

2010년 겨울은 눈도 많고 몇 날 며칠 영하의 기온이 계속되어 벌벌 떨며 지냈다. 또 지난 여름에는 무더위에 얼마나 기진맥진 했던가? 그 근본 원인은 지구온난화에 있다고 인식하여 정부나 시민사회단체, 기업 등은 각각 기후변화에 대한 대책 마련과 실천에 부산한 모습을 보이고 있다. 또 생명의 존엄성과 가치를 무시하고, 오직 인간의 끝없는 물질적인 탐욕을 충족시키는 데에서 초래된 그리고 아직도 끝날 기미를 보이지 않은 구제역 때문에 민족 대명절인 설날을 암울하게 지낸 사람들이 얼마나 많은가?

공업일변도의 산업발전은 환경오염의 가속화와 잦은 기상이변이나 자연재해를 발생시키고 있다. 경제성장과 국민소득의 증가로 물질적인 풍요로움을 얻은 대가로 인간생활의 환경은 더욱 악화일로를 걷고 있다. 21세기에는 지구환경의 악화로 식량, 물, 에너지가 부족해지고 식품오염, 각종 동물 질병, 인간에게 유해한 바이러스의 출몰로 인간의 생존이 위협받는 사례가 늘 것이라는 전망이 자주 나온다. 환경의 대반격이고 자연의 습격, 환경재앙이라는 어느 생태학자의 말이 현실화되고 있는 느낌이다.

앨버트 슈바이처(A. Schweitzer) 박사는 "인간은 미래를 예견하고 그 미래를 제어할 수 있는 능력을 상실히였다. 지구를 파괴함으로써 그 자신도 멸망할 것이다." 라고 설파한 바 있다. 이제 우리는 이것을 피부로 느끼고 있다. 그리고 봄의 침묵(Silent spring)에서 레이철 카슨(R. Carson) 여사는 "언제부터 무슨 저주를 받았는지 어두운 그림자가 주위에 드리워졌다. 병아리도 소도 양도 병들어 죽어갔다. 만나는 사람마다 어디에 누구네 집에서 병이 났다는 이야기만 주고받았다. 동네 의사는 본 일도 없는 병이 계속 나타나 당황해 하고 있을 뿐이다. 자연은 침묵하였다. 새들은 어디로 갔는가. 봄은 왔지만 침묵의 봄이었다. 들판, 숲, 늪 모두가 침묵하고 있다. 적으로부터 공격을 받은 것도 아니다. 모두 인간이 스스로 부른 재앙이었다."라고 하였다.

머리말

식품오염에 의한 식품안전성, 잘못된 식품섭취 습관 또한 심각한 사회문제가 되고 있다. 이로 인해 아토피 피부염, 어린이 비만과 당뇨, 고혈압과 동맥경화, 각종 암 등 우리의 건강과 생명을 위협하는 각종 질병이 늘고 있다. 우리의 건강을 유지시키고 활동 에너지를 보충해 주는 식품의 생산 및 가공과정에서 그 안전성이 심각하게 훼손되고 있기 때문이다. 농약과 화학물질, 포화지방과 트랜스 지방, 불건전한 식품첨가제, 중금속, 환경호르몬 등이 우리 밥상에서 발견되고 있는 것이다.

이 책은 환경자원경제학과 관련된 내용을 테마별로 한 권의 책으로 묶어 개론서 형식으로 펴낸 것이다. 독자들이 이 책을 통해 환경 및 자원에 관한 이론적이고 실제적인 내용을 쉽게 이해할 수 있기를 바라는 마음에서 기존의 환경경제이해라는 책을 대폭 수정증보하였다. 이 책에서 잘못된 부분이나 완전하지 못한 부분이 있다면, 그것은 전적으로 저자들의 부족한 지식과 경험에서 비롯된 것이다.

끝으로 이 책의 출판을 흔쾌히 맡아주신 도서출판 그린의 윤덕우 사장님과 박문수 차장, 원고의 편집과 디자인에 수고를 아끼지 않은 편집부 여러분께 깊은 감사를 드린다. 그리고 자료의 수집과 교정에 수고한 대학원 석사과정의 전두철 군, 이승한 군에게도 감사의 마음을 전한다.

2011년 1월

단국대 천안캠퍼스에서 태조산을 바라보며,

김호 · 허승욱

Contents

Contents

Contents

Contents

제 12 장 환경·자원의 경제적 가치평가

제 13 장 환경정책

제 14 장 환경거버넌스

환경자원과 경제

"인간은 미래를 예견하고
그 미래를 제어할 수 있는 능력을 상실하였다.
지구를 파괴함으로써 그 자신도 멸망할 것이다."

– 앨버트 슈바이처(A. Schweitzer)

제 1 장 환경계와 경제계

환경계와 경제계.

얼마 전까지만 하더라도 생소하게만 여겨졌던 단어들이다. 환경이면 환경이고, 경제면 경제이지 환경계는 무엇이고, 경제계는 무엇일까? 그리고 구태여 '계'라는 말을 붙일 필요가 있었을까?

결론부터 말하자면, 우리가 줄곧 살피게 될 환경과 경제의 문제는 환경계와 경제계의 이해로부터 출발한다. 무릇 모든 사물은 밀접하게 연관되어 존재하는데, 환경문제도 이러한 기본질서가 깨지면서 발생되기 때문이다.

그리고 인간의 경제활동 역시 그동안 여러 환경문제를 적절히 도외시하면서 이루어져 왔다. 서로 하나로 통일되어 있는데도 말이다. 그래서 이러한 유기적인 연관을 맺고 있는 환경과 경제를 잘 이해하기 위해서는 무엇보다 '환경의 틀', '경제의 틀', 그리고 이들의 상호관계에 대해서 잘 이해할 필요가 있는 것이다.

모든 것은 연관되어 있다.

이를 잘 설명하는 이론이 나비효과 이론이다.

나비효과(butterfly effect)는 미국의 기상학자 에드워드 로렌츠(Edward Lorentz)가 1961년 기상관측을 하다가 고안을 했는데, "중국 베이징(北京)에서 나비 한 마리가 퍼덕퍼덕 날갯짓을 하면 반대편의 미국 뉴욕에서는 폭풍이 몰아친다"는 것이다. 이 얘기는 곧 작은 변화가 결과적으로 엄청난 변화를 초래할 수 있다는 것이다.

우리가 보고 느끼는 환경에는 순간순간 많은 일들이 일어나고 있다. 나뭇잎을 겨우 흔드는 가벼운 실바람이 부는가 하면 큰 나무를 뿌리째 뽑을 수 있을 만한 큰바람이 불기도 하고, 나뭇잎에 또르르 굴러 내리는 이슬방울이 있는가 하면 골짜기를 메우며 흘러내린 물이 강을 이루기도 한다. 자연계에는 이렇게 작은 일들과 큰 일들, 그리고 작은 사건과 큰 사건이 섞여 있다.

그런데 우리는 언제부터인가 큰 일이나 큰 사건 뒤에는 커다란 원인이 있고, 작은 사건에는 작은 원인이 있는 것으로 생각해 왔다. 그러나 자연의 이치는 그렇지 않다는 사실이 밝혀지기 시작했다. 자연계에서는 작은 원인이 큰 결과를 가져올 수도 있고, 작은 차이가 점점 증폭되어 큰 차이로 나타날 수도 있다는 것이다. 예를 들어 공기 속에는 크고 작은 수많은 공기의 흐름과 소용돌이가 만들어진다. 이러한 공기의 흔들림은 사람의 움직임이나 자동차에 의해서도 생기고. 심지어 나비의 가벼운 날갯짓에 의해서도 발생한다. 물론 작은 공기의 요동은 대부분 곧 없어지고 말지만 어떤 요동은 사라지지 않고 계속 증폭되어 이듬해에 태풍이 될 수도 있다는 이야기다(좋은 생각, 1999).

이처럼 나비효과는 작은 사건이 큰 사건을 초래할 수 있으며, 세상의 모든 것은 놀라운 복잡성(상호 연관성)과 예측 불허성을 가지고 있다는 것을 알려준다.

나비효과와 같이 다양한 접합과 연관을 강조하며 다소 어려워 보이지만, 우리가 지향해야할 가치라는 점에서 우리가 살펴보아야 할 통섭(統攝,Consilience)이라는 말이 있다. 통섭이란 무엇인가? 한마디로 지식의 통합을 의미하며, 자연과학과 인문학을 연결하고자 하는 통합 학문 이론을 의미한다. 이미 성리학과 불교에서는 '큰 줄기를 잡다'라는 의미로 이미 사용되어온 용어이기도 하다.

통섭은 우주의 본질적 질서를 논리적 성찰을 통해 이해하고자 하는 고대 그리스의 사상에 뿌리를 두고 있다. 원래 자연과학과 인문학의 두 관점은 그리스시대에는 하나였으나, 르네상스 이후부터 점차 분화되었다고 한다. 1840년에 윌리엄 휘웰은 귀납적 과학이라는 책에서 "Consilience"란 말을 처음 사용했는데, 설명의 공통기반을 만들기 위해 분야를 가로지르는 사실들과 사실에 기반한 이론을 연결함으로써 지식을 통합하는 것을 뜻한다. "통섭의 귀납적 결론은 사실들로 이루어진 하나의 분야를 통한 결론에 의해 얻어진 귀납적 결론이 또 다른 분야에 의해 얻어진 결과와 일치할 때 얻을 수 있다. 그러므로 통섭은 어떤 것에 대해 발생한 사실을 해석하는 이론들을 검증하는 것을 말한다."라고 하였다. 여기서 귀납적 결론이란 과학적 방법론을 통해서만 통섭에 받아들여질 수 있다. 현대적 관점으로 볼때 각 지식의 분야들은 각각의 연구분야의 활동에서 얻어진 사실들에 기반하여 연구하여 이해하고자 하는 학문들이다. 그렇지만 또 다른 연구분야의 활동에 의존하는 면이 크다. 예를 들어 원자물리학은 화학과 관련이 깊으며 화학은 또한 생물학과 관련이 깊다. 물리학을 이해하는 것 또한 신경과학이나 사회학, 경제학을 이해하는 데 없어서는 안 된다. 이렇듯 다양한 접합과 연관은 여러 분야 사이에서 이루어져 왔다(위키백과사전).

우리는 지금까지 동전의 앞면과 뒷면, 흑과 백, 자연과학 그리고 사회과학 하듯이 모든 것을 반대되는 둘로 나누고 평가하는 것에 익숙하다. 그러나 이런 양극의 논리가 창조해내는 가치는 한계에 이르렀고, 오늘날의 새로운 가치들은 통섭적 관점으로 재탄생되고 있다. 환경과 경제도 마찬가지이다. 환경과 경제를 소화될 수 없는 양극으로 볼 것인가 아니면, 이 둘의 조화를 통한 새로운 가치의 창출인가라는 질문에서 우리는 통섭의 가치, 즉 통합의 관점과 가치가 얼마나 중요한지를 깨닫게 된다.

1 환경계

1.1 환경의 개념과 범위

환경이란 무엇일까? 알고 보면 너무나 큰 개념이다. 일반적으로 환경이란 무엇을 무엇이 에워싸고 있는 것을 의미한다. 그러나 이것은 단지 독립적으로만 존재하는 것이 아니고 서로 서로 영향을 미치고 있는 것을 말한다. 모든 것은 연관되어 있다는 점을 상기하자.

우리가 흔히 이야기하는 지역환경, 사회환경, 문화환경, 자연환경 등등이 그것이다. 따라서 생물권은 물론이고 인간과 자연, 그리고 인간 자신이 창조한 주위환경과의 모든 관계를 통틀어 환경이라고 한다.

환경이라는 말을 한자로는 '環境'이라고 쓴다. '環'은 둥그런 바퀴모양을 한 구슬

(玉)이라는 의미로, 동사로는 '돌다', '돌리다', '동그란 모양(○)으로 에워싸다'로 풀이된다. 그리고 '境'은 경계선이라는 의미도 있지만 일정한 넓이를 가진 장소라든가 지역을 의미한다. 그러니까 環境이란 결국 무엇을 에워싸고 있는 어떤 형태를 묘사하는 말이다.

독일어로 환경은 'Umwelt'라고 쓰는데, 여기서 'Um'은 '環'과 같이 주위, '에워싸다'를 뜻하고, 'Welt'는 '계'로 번역되지만 인간을 에워싸고 있는 특정의 생활권을 지칭한다.

영어로는 'Environment'라고 쓰는데, 'En'은 ~안에 넣다, 있다는 뜻이고, 'viron'은 '環'과 동일한 의미로 풀이된다고 한다.

사전적인 의미로는 "생물에게 직접·간접으로 영향을 주는 자연적 조건이나 사회적 상황"으로 정의되는데, 이는 곧 '우리를 둘러싼 모든 것'이 환경이며, 한자나 영어, 독일어 등 말의 모양새는 달라도 의미는 모두 같은 것이라 할 수 있다.

1.2 환경의 분류

환경의 범위가 이렇게 크다보니 유형에 따라 몇 가지로 구분해 볼 필요가 있다. 인간과 환경과의 관계에서 본다면, 환경이란 인간을 제외한 모든 유·무형의 사물을 의미한다. 이들은 여러 가지 방법으로 분류할 수 있지만, 인간의 입장에서 ① 물리적 환경(physical environment)과 ② 사회적 환경(social environment)으로 구분할 수도 있고, 또한 ① 자연환경(natural environment)과 ② 인공환경(man-made environment)으로 크게 나누어서 분류할 수도 있다. 전자는 형태의 가시성 유무를 기준으로 한 분류이고, 후자는 생성의 주체자를 기준으로 하여 분류한 것이다(김안제, 1984).

물리적 환경(physical environment)은 자연의 법칙에 의해 만들어진 환경으로서 여기에는 자연환경과 인공환경이 포함되어 진다. 자연환경은 우주의 생성과정을 통하여 자연적으로 만들어진 동식물, 공기, 물, 매장광물, 자연경관 등을 의미하고 인공환경은 인간의 편의를 위하여 인간에 의해 만들어진 건물, 도로와 차량, 기계와 같은 시설물이나 가공물을 의미한다. 사회적 환경(social environment)은 인간 사회의 질서와 능률을 위해 인간에 의해 만들어진 정치, 경제, 사회, 문화 등을 의미한다(유동운, 1994).

〈그림 1-1〉 환경의 분류

자료 : 유동운,『환경경제학』, 비봉출판사, 1994, p.9.

생성의 주체 또는 가시적 구분 등에 따라 환경을 구분하지만, 환경은 일종의 최상위 개념이라 할 수 있다. 환경이라는 전체를 구성하는 여러 부분(인자)들로 구성되어 있기 때문이다.

〈그림 1-2〉 생태계와 환경과의 관계

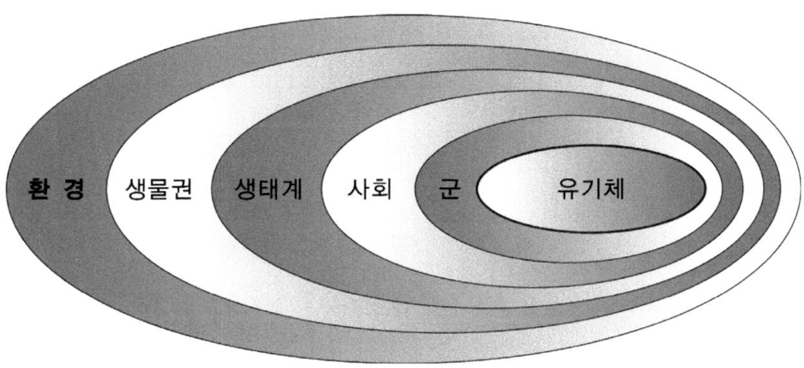

우선 환경계를 구성하는 가장 기초적 단위는 유기체(有機體, Organism)인데, 유기체란 유기체생물에서, 유기적으로 이루어진 생활 기능을 가진 조직체, 다시 말해 모든 개체 식물과 동물을 지칭하는 것이다.

<그림 1-2>에서와 같이 모든 생물은 유기체를 근본으로 하여 존재하며, 이들 동종 유기체의 집합을 군(郡, Population)이라고 한다. '식물군', '동물군'이라고도 부르고, 이들을 합해 생물군이라고도 말한다. 여기서 식물군은 또다시 열대 및 아열대식물군(tropical environmennt plants), 사막식물군(desert environment plants) 등 여러 가지 형태와 유형에 따라 세분하여 명명하기도 한다.

더 나아가서 주어진 일정지역 내에 존재하는 서로 다른 군의 집합을 사회(社會, Community)라고 한다. 다시 말해, 사회는 일정한 경계가 설정된 영역에서 어떠한 제도나 조직의 틀을 형성하고, 이를 유지·재생산하는 것이라고 할 수 있다.

생태계(生態界, Ecosystem)란 어떤 지역의 생물 공동체와 이것을 유지하고 있는 무기적 환경이 종합된 물질계 또는 기능계라고 정의되고 있다. 쉽게 말하자면, 일정지역 내에 존재하는 여러 사회에다가 무생물의 집합을 합한 개념이다. 생태계란 영국의 A.G.탠슬리에 의하여 1935년에 제창된 용어로 자연 그대로의 상태를 인식하기 위해서는 이것들 상호간의 관계를 지닌 생물과 무기적 환경을 하나로 통합해야 한다는 개념이다. 생태계의 크기는 여러 가지이다. 예를 들면, 작은 연못의 생태계에서 크게는 지구 생태계까지 생각할 수 있다. 지구 생태계는 그 넓이에서는 생물권(生物圈)과 일치한다. 무기적 환경의 특징에 의거하여 해양생태계·호소생태계·극지생태계·사막생태계 등으로 구별하고, 또 군락(群落)의 상관에 따라서 삼림생태계·초지생태계 등으로 구분하기도 한다. 또한 경지생태계·도시생태계와 같은 것도 생각할 수 있다. 생태계 중에서 생물체는 기능적으로 생산자(녹색식물)·소비자(동물)·분해자(세균 또는 미생물)로 구분된다. 그리고 생물공동체와 무기적 환경과의 사이에는 물질교대와 에너지교대가 이루어지고 있다(두산대백과 EnCyber).

그리고 생태계들이 여러 개 모인 집합을 생물권(生物圈, Biosphere)이라고 하는데, 동식물들이 함께 어우러져 살아가는 권역으로 그 범위는 수천 미터의 해저에서부터 수천 미터 높이의 고산 지대에 이르기까지 광범위한 영역을 포함한다. 생물권은 토양권과 암석권으로 구성된 지생물권, 대양이나 하천, 호수 등으로 구성된 수생물권, 그리고 도시와 농촌 같은 인공 생물권 등으로 분류된다.

마지막으로 생물권에다 인간이 만든 환경을 모두 포함하여 환경(Environment)이라고 한다(C. Park, 1980, 유동운, 1994)

1.2 환경계의 특성

환경문제는 인류의 사회·경제 제도에서 비롯된다. 경제적 효율성만을 강조한 나머지 자연자원의 무차별적인 남용과 고갈이 갈수록 심화되어 문제의 심각성이 더해져갈 뿐만 아니라 강도 또한 강해지고 있다. 그러나 인류로부터 비롯된 문제를 해결해 나가는데 있어 인류의 태도는 매우 소극적이다. 시간이 지나면 저절로 회복될 수 있는 정도를 넘어서 이제는 영구히 회복하지 못할 수도 있다는 공감이 광범위하게 확산되지 못할 경우, 환경문제의 해결은 요원할 뿐만 아니라 인류 파멸을 자초할 수밖에 없음을 분명히 깨달아야 한다.

지구라는 공간은 제한되어 있고, 자원은 무한정으로 쏟아져 나오지 않으며, 그 미래도 알 수 없다. 이와 같은 환경계의 특성을 비가역성, 비대칭성, 불확실성이라는 측면에서 살펴보기로 하자.

비가역성

비가역성(非可逆性, Irreversibility)이라는 말부터 살펴보자. '아닐 非', '옳을 可', '거스를 逆', 말 그대로 원래대로 되돌리는 것이 가능하지 못하다는 것이다. "아 옛날이여...", "순간의 선택이 평생을 좌우한다" 등의 말은 시간의 비가역성을 일컫는 말이다.

소득의 비가역성이란 소득이 증가함에 따라 일단 높아진 소비수준은 소득이 감소해도 쉽게 낮아지지 않는다는 것을 의미한다. 부자가 쫄딱 망해도 쓰던 버릇은 예전 그대로인 것과 같은 이치이다.

투자의 비가역성이라는 말은 기업이 일단 투자를 실행에 옮기면 의사결정에 오류가 있었다고 하더라도 투자중단에 따른 손실 즉, 투입된 자본재를 되파는 데 따르는 손해에만 급급하여 투자를 취소하지 않으려는 경향을 의미한다. 장기나 바둑에서 한 수 물리는 것과는 달리 한번 선택하게 되면 다시 물리기 어려운 것은 시간이나 자원, 환경 모두에 적용될 수 있다.

특히, 환경과 관련된 비가역성의 문제는 오늘날 우리가 고심하고 있는 모든 환경문제와 관련이 있다. 인류의 필요와 편의에 따라 수많은 개발사업이 진행되고 있지만, 생태계는 한번 파괴되면 원상회복이 불가능하거나 어마어마한 비용을 수반할 수밖에 없다.

청계천 복원사업이 대표적인 예이다. 이름 그대로 맑은 계곡 물이었던 청계천은 한때는 빨래터로도 유명한 곳이었다. 그러나 산업이 발전하기 시작하면서 청계천은 오염되기 시작했고, 교통도 복잡해지니까 복개하고, 도로를 냈다. 그런데 이제는 그 청계천을 복원하기 시작하여 많은 사람들의 볼거리가 되었지만, 실로 엄청난 경제적·사회적 비용을 치루어야 했다.

이처럼 자연환경은 한번 실행되거나 변화되면, 원상태로 되돌리는데 많은 비용뿐만 아니라 노력과 시간을 희생해야만 한다. 그나마 비슷하게 복원하는데도 말이다. 그렇다면 한번 선택이 얼마나 중요한지, 그리고 한번 선택이 얼마나 신중하게 이루어져야 하는지 재삼 강조하지 않아도 될 듯 싶다.

비대칭성

비대칭성(非對稱性, Asymmetry)이란 말 그대로 대칭적이지 않다는 것이다. 시이소를 연상해보면, 양쪽이 같은 무게로 균형을 이루고 있는 때는 안정적이며, 무게의 대칭성을 유지한다. 그런데 한쪽이 무거워지거나 가벼워지면 불균형적으로 바뀌고 무게의 비대칭성을 갖게 된다.

비대칭성과 관련해서 정보의 비대칭성이라는 말이 있다. 컴퓨터 한 대를 산다고 할 때에도 현명한 소비자라면, 사전에 꼼꼼히 가격비교를 한다. 인터넷이 발달한 세상이라 검색창에 '가격비교'만 입력하면 다종다양한 상품과 가격을 비교할 수 있다. 요즘은 흔한 일이지만 한때 컴퓨터를 보다 값싸게 사기 위해서는 발품 꽤나 팔아야 했다. 때문에 과거에는 공급자들이 정보의 비대칭성을 활용한 마케팅도 많았다. 정보가 취약한 소비자들이 봉이 되는 때도 있었다는 것이다. 정보의 비대칭성이 해소되게 되면, 소비자는 최적의 상품을 선택하고, 생산자 역시 소비자들을 보다 잘 알게 됨으로써 서로 이익이다.

환경에 있어 비대칭성이란 기술진보는 재화와 서비스의 생산능력을 증가시키지만, 환경계가 제공하는 여러 다양한 기능들은 증가시키지 못하는 경향을 말한다. 자동차 기술과 성능이 날로 향상되어 인간의 생활은 윤택해지는 반면, 대기오염문제는 갈수록 심각해지고 있는 것과 마찬가지이다.

우리 일상의 대부분이 그렇지 않은가. 따뜻하게 자고, 풍족하게 먹고 입기 위해서는 필연적으로 자원을 활용할 수밖에 없으며, 그러다 보면 개발논리가 득세하게 된다. 환경과 경제가 균형 있게 발전된다면 문제가 없지만, 실상은 그렇지 못하기 때문에 한쪽은 어떤 형태로든 그 본질을 상실하게 된다. 이와 같이 환경은 시이소처럼 한쪽이 올라가면, 한쪽이 내려가는 즉, 경제상황이 좋아지면, 환경질이 악화되고, 환경질을 개선하기 위해서는 경제활동을 축소해야만 하는 비대칭성의 연속이다.

IMF 이전과 이후의 환경오염방지 비용을 보면, 1999년에 정부와 기업, 가계 등 각 경제주체가 환경오염방지를 위해 부담한 돈은 모두 7조 8,343억원으로 1998년의 7조 2,668억원에 비해 7.8% 증가하긴 했으나 외환위기 이전인 1997년(8조 4,206억원) 수준에는 미치지 못했다. 환경과 경제문제가 결부되면, 환경문제는 슬그머니 뒷전으로 물러난다는 것이다.

환경과 경제를 이야기할 때 빠지지 않는 논쟁거리 중의 하나는 환경과 경제 중 어느 것을 시급히 해결해야 하느냐는 것이다. 대부분 환경의 중요성은 인정하면서도 경제를 살리는 것이 사회의 최우선적 과제로 인식하기 때문에 환경문제는 부차적인 것으로 결론이 난다.

성장과 발전이 인류에게 해악을 끼친다는 것이 아니다. 균형적인 성장과 환경과의 조화로운 발전이 중요하다는 것이다. 환경과 경제, 절름발이가 되어서야 되겠는가.

불확실성

경제학에 불확실성(Uncertainty)과 위험(Risk)이라는 개념이 있다. 비슷한 것 같지만 다르다.

트럼프나 장기, 야구·축구 등의 스포츠에서 다음 작전을 정하거나, 일상생활에서 어떤 결정을 내리거나, 또는 기업에서 투자 및 신제품 개발 등의 결정을 하는 일을 전문용어로는 의사결정(decision making)이라 하고, 의사결정을 하는 사람을 의사결정자(decision maker)라고 한다.

어떤 의사결정을 할 때에는 무엇 때문에 결정을 하는가의 목적이 반드시 있다. 이를테면, 기업의 경우에는 장기적인 이윤, 놀이나 스포츠의 경우에는 상대보다 높은 점수를 얻는 것을 목적으로 한다. 그 때문에 의사결정자에게 있어서 가장 좋은 결정이란, 그 목적을 달성하거나 목적의 가치를 최대로 하게 하는 결정이다.

그런데 그 목적을 이룰 수 있는가 없는가, 또는 어떤 목적의 수치가 어느 정도로 될 것인가는 ① 의사결정자의 행동, ② 사회·자연 상태(또는 놀이 등을 할 때에는 상대가 취하는 작전)의 2가지 요인에 의해서 결정된다. 여기서 ①은 의사결정자의 행동이기 때문에 의사결정자가 제어가능 변수이고, ②는 객관적인 조건이나 마찬가지이기 때문에 제어불가능한 변수이다.

따라서 의사결정자는 ②의 제어불가능한 변수를 되도록 정확하게 예상하면서 ①의 결정을 내리게 된다. 이 때 ②에 관해서 의사결정자가 가지고 있는 정보의 정확성에 대해서, 확실성, 위험, 불확실성, 무지(無知) 등으로 분류할 수 있다.

확실성은 무엇이 일어날지 확정적으로 알고 있는 경우를 말한다. 위험은 무엇이 일어날지 확정적으로는 알 수 없으나, 일어날 수 있는 상태는 알고 있고, 또 그 확률분포도 알고 있는 경우를 말한다. 이에 대하여 불확실성은 일어날 수 있는 상태는 알고 있으나, 그 확률분포를 알지 못하는 경우를 말한다. 무지란 무엇이 일어날지, 어떠한 상태가 일어날지, 전혀 예견할 수 없는 경우를 말한다(두산세계대백과 EnCyber).

한치 앞이 보이지 않는 안개 속에서 운전하고 있는 상황을 연상해보자. 어디서 무엇이 튀어나올지 갑자기 길이 끊어져 있을지 어떠한 위험도 예측하지 못한다는 상황이 얼마나 난감한가.

이와 같은 불확실성은 환경문제에도 적용되며, 다음과 같은 여러 유형으로 나누어 살펴볼 수 있다. 첫째, 현재의 선택이 장래에 초래할 결과에 대한 불확실성이다. 이미 언급한 비가역성과도 유사한 것으로 지금의 모든 개발이 궁극적으로 인류에 유익한 것이라고 확신할 수 없다는 것이다. 그리고 그러한 개발로 인한 파괴 양상은 인류를 어떠한 위험으로 몰아 넣을지도 알 수 없다.

둘째로는 미개발 자원이나 이미 개발된 자원이라도 미래에 더 높은 가치를 가질 수 있는 불확실성이다. 모두 아는 바와 같이 아마존은 '지구의 허파'라고 불리울 정도로 광대한 열대림지역이다. 이 아마존에는 실로 어마어마한 생물자원이 존재하고 있는데, 문제는 우리가 알기도 전에 그러한 생물종들이 사라진다는 것이다. 인류의 과학 기술이 아무리 발전했다한들 앞으로도 만들지 못하겠지만, 들판의 잡초 씨앗 하나 만들지 못한다. 인류는 모든 것을 자연환경에 의존한다. 먹을 것, 입을 것 등 모든 것을 말이다. 그리고 현재의 과학기술수준으로는 자원을 보다 효율적으로 이용하는데 한계가 있을 수밖에 없기 때문에 이러한 불확실성은 항상 존재한다.

셋째로는 환경재에 대한 미래 수요를 결정지을 미래의 사회적 요인들에 대한 불확실성을 들 수 있다. 쉬운 예가 인구문제이다. 미래의 인구가 얼마나 될지? 그리고 지구는 과연 인류의 미래를 먹여 살릴 수 있을 것인가에 대한 불확실성이 상존한다.

2 경제계

2.1 경제와 경제문제

경제의 개념

경제라는 말은 경세제민(經世濟民)이라는 말에서 기원했다. 경세제민이라 함은 베틀을 이용하여 실로 촘촘하게 천을 짜듯이 세상을 조직하고 다스리며, 여러 사람들이 가지런하게 손을 잡고 냇물을 건너게 해주듯이 백성을 잘 살도록 보살펴 준다는 의미이다.

서구적인 관점에서 본다면 경제(economy)는 고대 그리스어의 가계를 의미하는 oikos와 관리, 규율을 뜻하는 nomos의 합성어 오이코노미아(oikonomia)에서 따온 것으로 가정의 재산을 잘 관리하고 운영해서 생활물자를 획득하고 이를 보전 증식시키는 것을 의미하는 것이라고 한다.

어원으로만 살펴본다면, 경제란 나라의 높은 사람들이 백성을 잘먹고 잘살도록 헤아려야 한다는 면이 부각되고, economy란 가족을 잘 관리하는 면이 중요한 것처럼 보인다.

경제학에서는 경제를 경제행위가 계속적·규칙적으로 이루어져 형성된 일정한 사회적 질서라고 정의한다. 다시 말해, 재화와 서비스의 생산·분배·교환·소비와 관련되는 사회제도와 인간행위를 통틀어서 경제라고 한다.

경제는 환경과 마찬가지로 포괄범위에 따라 여러 가지로 구분된다. 개인이나 가정단위로 이루어지는 경제를 가정경제(home economy), 지역적으로 이루어지는 경제를 지역경제(regional economy), 국가적으로 이루어지는 경제를 국민경제(national economy)라고 한다. 여기서 국민경제는 가정경제와 지역경제를 포괄하며, 한 국민경제가 다른 국민경제와 교류를 가질 때 그 국민경제를 개방경제(open economy)라 하고, 다른 국민경제와 교류를 가지지 않을 때 폐쇄경제(closed economy)라고 한다. 물론 오늘날 대부분의 국민경제는 개방경제이다(김대식외, 1991)

경제행위의 중심이 되는 개인이나 집단을 경제주체 또는 경제단위라고 하는데, 이를 중심으로 하면 경제는 크게 가계(household), 기업, 정부로 구분된다.

가계는 주로 소비 활동을 하는 경제주체로서 재화의 생산에 필요한 생산 요소를 제공하여 생산 활동에 참여하고 그 대가로 받는 소득으로서 자신의 필요와 욕구를 충족시키는 소비 활동을 한다.

기업은 가계가 제공한 생산 요소를 이용하여 재화, 용역을 생산하고 가계에 임금 등의 형태로 소득을 제공한다.

그리고 정부는 가계와 기업의 경제 활동을 돕고, 질서를 유지하며 경제 사회를 보호하는데, 오늘날 정부의 경제적 역할이 점차 커지고 있다.

경제문제는 왜 생길까?

인간의 욕망은 무한한데 비해, 수단과 자원은 제한되어 있기 때문인데, 이를 희소성의 법칙(Law of Scarcity)이라고 한다. 누구나 원하는 모든 것을 원하는 대로 얻을 수 있다면, 즉 자원의 희소성이 존재하지 않는다면, 경제문제는 발생하지 않는다.

지구상에 존재하는 모든 자원은 희소하다. 공기를 생각해보자. 공기는 어떤 자원보다도 풍부한 자원이지만, 요즘의 공기는 옛날의 공기가 아니다. 먼지와 오염물질로 혼탁해지면서 옛날의 맑은 공기는 점차 희소해지고 있다.

시험은 코앞이라 초치기 하면서 시간은 없는데 공부할 내용은 산더미고, 용돈은 쥐꼬리만한데 사고 싶은 건 많고, 몸은 하난데 해야 할 일은 많고... 여기서 경제문제가 시작된다. 점수나, 사고 싶은 물건은 '무한한 욕구'에 해당되며, 부족한 시간과 용돈은 '한정된 자원'인 셈이다. 따라서 경제는 어떤 과목부터 공부할 것인지, 무엇부터 살 것인지, 무엇부터 해야 할 것인지 등과 같은 선택의 문제로 귀결된다.

경제문제

경제문제란 희소한 자원을 활용하여 구성원들에게 필요한 재화를 만들고 이를 여러 용도와 기회와 사람들에게로 나누는 과정에서 발생하는 여러 가지 문제들을 말하며, 다음과 같은 세가지로 압축해 볼 수 있다(www.sei.knu.ac.kr/ysoh).

〈그림 1-3〉 경제문제의 발생

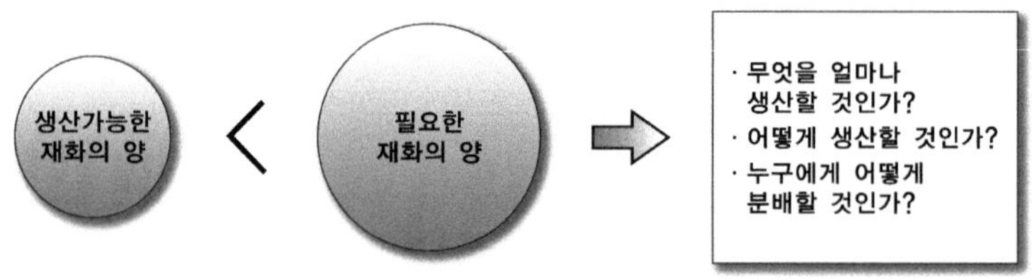

첫째, 무엇을 얼마나 생산할 것인가?

무인도에 표류한 로빈슨 크루소는 아침식사를 위해 나무열매를 딸 것인가, 아니면 바닷물 속에 들어가 고기를 잡을 것인가를 결정해야 하고, 열매를 따기로 마음먹었다면 그것을 몇 개나 딸 것인가를 결정해야 한다. 또 인천 앞 바다에 새로 조성된 간척지에는 농사를 지을 것인가, 전자공장을 지을 것인가, 아니면 카지노가 딸린 호텔을 지을 것인가를 결정해야 한다. 경제활동이란 이런 선택의 연속이다.

무엇을 얼마나 생산할 수 있는가는 그 사회에 부존된 자원과 그것을 활용할 수 있는 기술수준에 의해 결정된다. 그 결과는 한 국가의 경제성장으로 나타나게 된다. 오늘날 시장경제체제를 채택하고 있는 대부분의 국가들에서 무엇을 얼마나 생산할 것인가의 문제는 시장의 참여자들에 의해서 자발적으로 결정되고 있다.

둘째, 필요한 재화들을 어떻게 생산할 것인가?

생산의 다음 문제는 생산하기로 한 재화를 어떻게 생산할 것인가를 결정하는 것이다. 같은 기능을 수행하는 재화라도 그것을 생산하는 방법은 다양하다. 1년에 단 한 개만 생산되는 수직(手織) 카펫이 있는가 하면 기계에 의해 하루에도 몇백 개씩 생산되는 카펫도 있다. 각 재화의 주도적인 생산방법은 그 시대의 일반적인 기술수준에 의하여 결정되지만, 주어진 기술수준과 생산여건 하에서 생산방법을 결정하는 것은 생산의 주체인 기업이다. 기업은 이윤을 극대화하기 위해 현재의 기술수준에서 이용가능한 여러 생산방법 가운데 가장 효율적인 방법을 선택한다.

셋째, 생산된 재화는 어떻게, 누구에게 분배할 것인가?

재화를 어떤 방식으로 분배하는가에 따라 누구에게 돌아갈 것인가가 결정되기 때문에 이 문제는 서로 밀접한 관계를 가지고 있다. 분배방식에 따라 생산에 참여하는 사람들의 유인이 달라지기 때문에 이는 재화의 생산 못지 않게 중요한 문제이다. 생산된 재화의 분배 결과는 한 사회의 소득분배를 결정짓게 된다.

사람들이 원하는 것은 많은데 주어져 있는 자원은 한정되어 있기 때문에, 생산된 재화를 분배하는 데에는 필연적으로 경쟁과 갈등이 발생한다. 따라서 경제문제를 해결하는 과정에서의 가장 핵심적인 과제는 재화의 배분과정에서 나타나는 구성원들간의 경쟁과 갈등을 어떻게 처리할 것인가 하는 점이다.

개인의 사유재산권을 바탕으로 경제주체들의 능력과 선택에 의해 경쟁이 처리되도록 할 수 있는가 하면, 국가의 계획에 의하여 경쟁을 해결할 수도 있으며, 또는 인간관계나 사회의 위계질서와 같은 전통적인 방식에 따라 구성원들 간의 경쟁과 갈등을 해결할 수도 있다. 이와 같이 경제내의 모든 자원을 배분하는 과정에서 발생하는 경쟁과 갈등을 처리하는 가장 주도적인 방식과 제도를 총체적으로 일컬어 경제체제라 부른다.

2.2 수요와 공급

환경문제가 발생하는 메커니즘은 결국 환경재에 대한 수요와 공급의 불균형 때문이라고 할 수 있다. 환경오염을 경제학적으로 정의해보면, 경제계에서 발생한 폐기물의 배출로 환경계가 제공하는 기능 또는 질이 저하되는 현상, 즉 환경재의 공급감소 현상이라고 할 수 있다.

앞에서 살펴본 바와 같이 모든 자원은 희소하다. 이처럼 부족한 재화와 서비스를 가장 효율적으로 분배하는 방법은 무엇일까? 경제활동이 시작된 이래 아직까지 그 답을 명쾌하게 구하지는 못했지만, 어떻게 분배할 것인가에 대해서 인류는 오랫동안의 경험을 했다. 그렇다면 경제계에서 자원을 배분하는 '보이지 않는 손(invisible hand)', 수요와 공급에 대하여 살펴보자.

수요

수요(demand)란 수요자가 일정기간 동안 주어진 가격수준에서 상품을 구입하려는 의도를 말하며, 구입하려는 재화나 서비스 수량을 수요량(quantity demanded)이라 한다.

어느 사회에 없어서는 안될 붕어빵이라는 재화가 있다고 할 때 붕어빵을 사이에 두고 이를 사려고 하는 쪽과 이를 팔려고 하는 쪽이 있게 마련이다. 경제학에서 사려는 쪽을 소비자, 팔려는 쪽을 생산자 또는 공급자라고 한다. 공급자는 정부도 될 수 있지만 아무래도 기업이 많은 비중을 차지한다.

기업의 최대목적은 이윤을 극대화하는 것이기 때문에 소비자들의 기호에 맞는 황금 붕어빵을 개발하는 한편, 소비자들은 항상 새롭고 맛있는 붕어빵을 먹으려고 한다.

바로 소비자가 붕어빵을 구입하려고 하는 이 생각을 '수요(需要)'라고 한다. 즉 소비자가 자원을 구매하고자 하는 욕구를 말하는 것이다. 이러한 수요를 바탕으로 실제로 구매한 양을 수요량이라고 한다.

수요를 결정하는 데는 여러 가지 요인이 있다. 소비자들마다 다르겠지만, 가장 중요한 요인으로는 붕어빵의 가격이다. 그리고 붕어빵과 비슷한 성격을 가진 재화, 다시 말해 호떡이라든지 계란빵 등의 가격에도 영향을 받을 것이다. 이처럼 계란빵과 호떡을 붕어빵의 대체제(substitute goods)라고 하는데, 어느 날 계란빵의 가격이 엄청 오르게되면, 소비자들은 계란빵의 소비를 줄이는 대신 호떡이나 붕어빵의 소비를 늘릴 것이기 때문이다. 여기에 붕어빵 사먹을 주머니 사정도 고려해야 하는 등 수요에 영향을 미치는 요인은 참으로 많다.

붕어빵 가격과 붕어빵을 사고자 하는 양과의 관계는 반비례하는 관계에 있다. 당연히 비싼 재화를 구입하고자 하는 소비자는 적을 것이고, 반대로 값이 싸다면 수요는 증가하게 된다.

공급

황금 붕어빵을 개발하고 이를 시장에 팔려고 하는 생각, 바로 이것을 '공급(供給)'이라고 한다. 수요와 마찬가지로 공급에 영향을 주는 요인들은 수없이 많다. 먼저 가장 중요한 붕어빵의 가격, 그리고 경쟁하고 있는 다른 집의 붕어빵 가격, 아르바이트생 임금, 붕어빵 재료의 가격, 그리고 붕어빵 굽는 기술 등 수많은 요인들이 복합적으로 작용하여 붕어빵 공급이 결정될 것이다.

각기 다른 가격수준에서 붕어빵의 공급량의 나타내는 곡선을 공급곡선이라 하며, 이 때 공급량은 생산자들이 원하는 공급 가능한 최대수량을 의미한다. 정상적인 생산자라면 가격이 높으면 많이 팔려고 할 것이고, 그 반대로 가격이 떨어지면 판매량을 줄이고자 할 것이다. 따라서 붕어빵의 공급량과 가격과의 관계는 수요와는 반대로 비례하는 모습으로 나타난다.

수요와 공급의 균형

시장에서 재화와 서비스의 가격은 어떻게 결정되는가? 당연히 수요와 공급에 의해 결정된다.

재화의 가격은 수요량과 공급량을 조절하는데, 수요와 공급의 법칙이 작용하는 한 가격이 너무 높으면, 누구나 내다 팔려고 하기 때문에 공급량이 수요량 초과하여 초과공급을 초래하고 가격은 당연히 떨어진다. 이에 반해 가격이 너무 낮으면 싼값에 사려고 하는 사람이 넘쳐나니까 수요량이 공급량을 초과하여 초과수요가 생긴다. 초과수요와 초과공급은 시장기능에 따라 변화하여 수요곡선과 공급곡선이 만나는 지점에서 균형가격이 결정된다. 이와 같은 가격의 역할이 애덤 스미스가 말한 시장에서의 '보이지 않는 손'이다.

경제학에서 환경문제는 궁극적으로 환경재 수요와 공급이 불일치(불균형)하기 때문에 발생하는 현상이다. 깨끗한 물과 공기가 무한정 공급될 수만 있다면야 환경문제는 발생하지 않는다. 즉, 환경오염은 경제계에서 발생한 폐기물의 배출로 환경계가 제공하는 기능 또는 질이 저하되는 현상, 다시말해 환경재의 공급감소 현상이라고 말할 수 있다.

❸ 환경계와 경제계의 상호관계

환경계는 생물이 생존하고 발전해 나가는 방식에 영향을 미치는 자연적인 외부 조건 및 작용이 이루어지는 영역이다. 그리고 경제계는 인간이 필요로 하는 여러 재화와 용역을 생산·교환·소비하는 경제활동이 이루어지는 영역이다.

〈그림 1-4〉 물질의 순환

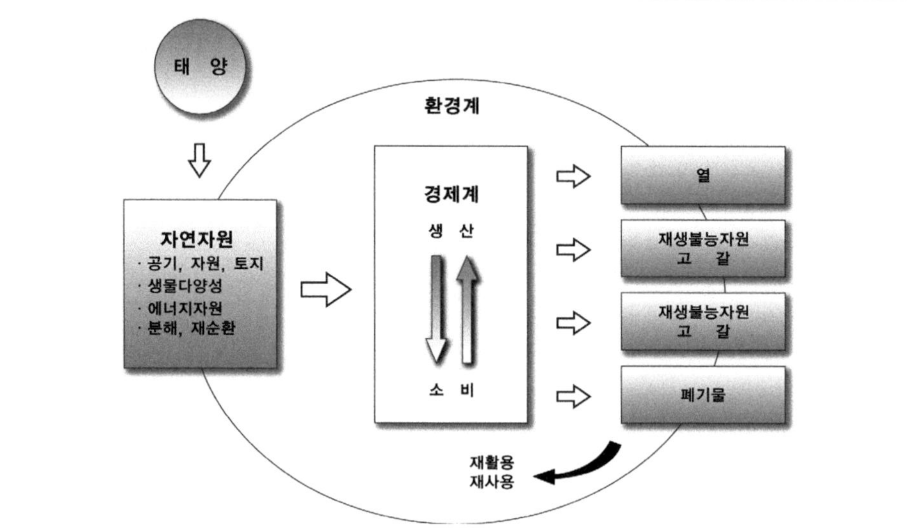

경제계는 환경계로부터 생산에 필요한 원재료, 에너지를 기반으로 생산·소비하고, 이 때 불필요한 부산물이 생기기 마련인데, 이는 자연환경으로 배출된다. 그 중에서 일부는 경제계에서 재활용되기는 하지만, 결국은 폐기물로 돌아간다.

환경계의 역할을 생각해보자. 무엇보다 맑은 공기와 아름다운 자연 등의 쾌적함을 인간에게 제공하고 경제활동에서 생성된 폐기물을 환경계 속으로 받아들여 정화시키는 역할(assimilative capacity)을 한다. 뿐만 아니라 자연은 그 자체가 아름다움과 레크레이션 등의 볼거리·놀거리를 제공하며, 생활거주공간으로서의 역할 역시 중요하다.

인간의 경제활동은 인간 자신이 만들어낸 경제계 내에서 이루어지며, 경제시스템은 환경계의 일부이기도 하다. 그리고 부분과 전체는 항상 교호작용(interaction)을 하며 발전해 나간다.

3.1 열역학 제1법칙

열역학 제1법칙(The First Law of Thermodynamics)은 에너지보존의 법칙이라고도 하는데, 우주의 물질과 에너지 총량은 일정하기 때문에 생성되거나 소멸될 수 없고, 오직 그 형태만이 바뀌며 본질은 변하지 않는다는 것을 의미한다.

〈그림 1-5〉 자원의 흐름

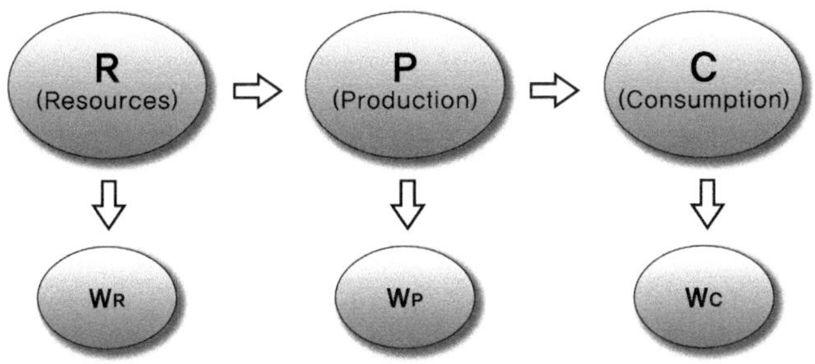

그림에서와 같이 자본재로 축적되는 생산물이 없다고 가정하면, 어떤 기간 동안에 발생된 폐기물량은 사용된 자연자원의 양과 동일하게 된다. 즉, $R = W_R + W_P + W_C$ 이 성립하게 된다. 이와 같이 인간은 에너지나 물질을 새로이 창출하거나 소멸시킬 수 없으며, 에너지는 항상 일정하다는 것이 에너지 보존의 법칙이다.

어렸을 적에 '어깨동무'라는 어린이 잡지가 있었다. 아직도 잊혀지지 않는 것은 지구의 종말을 상상한 그림 한 장이다. 그 그림은 인구가 너무 많아져서 지구도 무거워지고, 마침내 지구가 우주의 바닥에 가라앉은 모습을 그린 것이었다. 어린 마음에는 그럴 듯 했다. 사람이 많아지고, 무거워지고, 그래서 가라앉고... 에너지 총량은 변하지 않는다는 열역학 제1법칙을 알기 전에는 말이다.

3.2 열역학 제2법칙

열역학 제2법칙(The Second Law of Thermodynamics)은 엔트로피(entrophy) 증대의 법칙이라고도 하는데, 환경계에 배출된 폐기물이 모두 재생되지 않는 이유는 바로 열역학 2법칙 때문이라고 할 수 있다. 이 법칙은 경제활동 과정에 사용된 자연자원은 엔트로피를 증가시켜 경제계에 재활용되지 않고 그대로 환경계에 배출되는 과정을 설명하고 있다.

엔트로피는 물질계의 열적 상태를 나타내는 물리량의 하나로 독일의 물리학자 루돌프 크라우지우스(Rudolf Klaudius)에 의해 최초로 창안되었다. 그리고 열역학 제2법칙은 60년대에 볼딩(Boulding)의 논문 "The Economics of the Coming Spaceship Earth"에서 소개되었으며, 조르제스크 레겐(Nicholas Georgescu−Rogen)이 본격적으로 도입하였다.

엔트로피란 한마디로 더 이상 사용할 수 없는(일로 바꿀 수 없는) 에너지 양에 대한 척도이다. 댐 위의 물이 호수로 떨어지는 경우를 예로 들어보자. 물이 높은 곳으로부터 아래로 떨어지는 동안 물은 전기를 일으키거나 수차를 돌리거나 또는 다른 종류의 일을 할 수 있다. 그러나 일단 바닥에 떨어져버린 물은 더 이상 일을 수행할 수 없다. 이들 두 상태를 가리켜 각각 '사용가능한 에너지(available energy)', 그리고 '사용 불가능한 에너지(unavailable energy)'의 상태라고 부른다. 또 다른 예를 들어보자. 빨갛게 달구워진 젓가락을 공기 중에 놓아두면 주위의 공기는 따뜻해지면서 부젓가락은 식는다. 열이 뜨거운 곳으로부터 찬 곳으로 흐르기 때문이다. 한참이 지나면 젓가락과 그 주의의 공기는 같은 온도에 달하고 이러한 상태를 '평형상태(the equilibrium state)'라고 한다.

식어버린 젓가락은 물이 평평한 데 있는 경우와 마찬가지로 더 이상 유용한 일을 할 수 없는 상태이다. 이런 에너지가 바로 구속에너지(bound energy), 즉 사용 불가능한 에너지이다. 엔트로피의 증가는 사용 가능한 에너지의 감소를 뜻한다. 그리고 클라우지우스가 말한 것처럼 "세계에서 엔트로피는 항상 최대가 되려고 한다"(제리미 리프킨, 1996).

경제계에서 환경계로 쉼없이 내다 버리는 에너지는 엔트로피의 증대를 뜻하며, 곧 쓰레기다. 결국 물질과 에너지는 한 방향으로만 바뀌는데, 그 방향은 사용할 수 있는 형태에서 사용할 수 없는 형태로, 얻을 수 있는 형태에서 얻을 수 없는 형태, 질서가 있는 상태에서 질서가 없는 상태로만 변화한다는 것이다.

3.3 물질균형모형

앞서 살펴본 바와 같이 환경과 경제간에는 서로 밀접한 연관과 영향을 주고받는다. 이러한 관련성은 물질균형모형을 통해서 잘 설명되고 있는데, 물질균형분석은 인간사회의 경제적 측면을 자원의 흐름, 재화의 흐름, 폐기물의 흐름이라는 측면에서 파악하려는 이론이다.

<그림 1-6>에서 R(resource)은 자연자원, P(production)는 생산, C(consumption)는 소비, U(utility)는 효용, W(waste)는 폐기물(잔여물), A(assimilative capacity)는 자정능력, 그리고 r(recycling)은 재활용을 각각 가리킨다. 그리고 실선은 자연자원의 흐름을 그리고 점선은 효용의 흐름을 나타낸다. 환경으로부터 추출한 자연자원(R)은 생산(P)과 소비(C)과정을 통해 사람들에게 효용(U)을 제공해 준다. 이 과정에서 폐기물(W)이 발생하게 된다. 이 때 투입된 자연자원의 총량과 발생된 잔여물의 총량은 열역학 제1법칙에 의해 궁극적으로 일치한다. 폐기물의 일부는 재활용 과정을 거쳐 다시 생산과정에 투입된다.

반면 열역학 제2법칙에 의해 재활용되지 않은 일정량의 잔여물은 환경으로 배출된다. 잔여물의 총량이 환경의 자정능력을 초과하는 수준에서 발생되었다면, 이는 자연자원의 공급량을 감소시킬 뿐만 아니라 사람들이 환경에 대해 누리는 효용수준을 떨어뜨리는 결과를 초래할 것이다. 예를 들어 자정능력을 초과하는 산성비는 산림을 황폐화시킴으로써 산림자원의 감소를 가져오고 동시에 산림경관을 해치게 된다(김승우외, 2000).

〈그림 1-6〉 물질균형모형

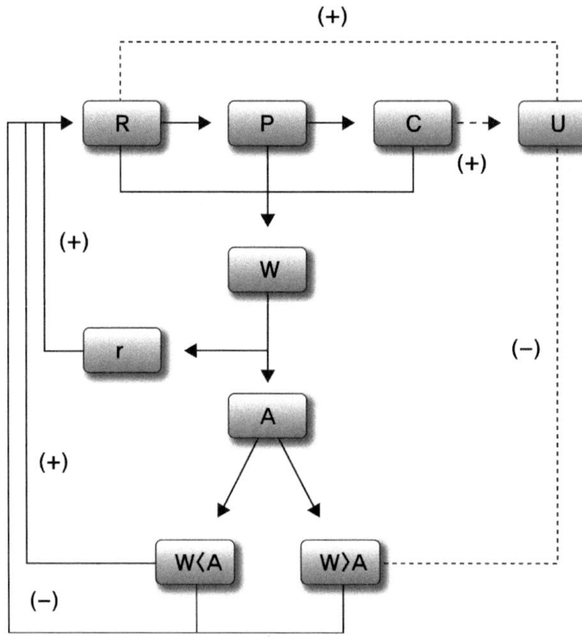

자료 : 김승우외, 『환경경제학』, 박영사, 2000. p.9.

3.4 생태학과 경제학

생태학(生態學, ecology)이나 경제학이나 닮은 점도 많고 다른 점도 많다.

우선 말의 근원을 따져보면, 경제학은 economics, 생태학은 ecology로 쓰는데, 모두 그리스어 oikos라는 말에 어원을 두고 있다. oikos는 장, 마당 그런 뜻인데, 모두 우리가 살고 있는 환경을 의미한다고 해석할 수 있다. 또한 경제학과 생태학 모두 구성요소들간의 유기적 상호의존성을 가지는 체계를 대상으로 한다는 것이다.

경제학은 가계, 기업, 정부 등으로 구성된 체계 내에서 한편으로는 재화와 서비스의 흐름, 또 다른 한편으로는 화폐의 흐름을 통한 유기적 상호의존성에 대한 사회과학적 법칙을 규명하고자 하는 학문체계이다. 그리고 생태학 역시 생산자와 소비자로 구성된 하나의 체계를 구성하고 있다. 생산자는 스스로 영양소를 생산하는 생물, 예를 들자면 녹색식물이고, 소비자는 다른 것들로부터 영양소를 공급받아야 하는 초식, 육식동물, 미생물 등이다.

이외에도 경제학과 생태학은 모두 균형(equilibrium)이라는 개념을 핵심적으로 다루고 있다. 경제학에서는 수요와 공급의 균형을 생태학에서는 생태계를 구성하는 구성분자들의 개체 수 혹은 생물량(biomass)의 균형을 중요하게 간주한다.

그러나 경제학에서 말하는 균형의 개념과 생태학에서의 균형의 개념은 크게 다르다. 경제학에서의 균형은 수요와 공급의 일치를 의미하는데, 수요란 인간의 인간의 상품에 대한 욕망을 반영하는 것이고, 공급은 그 상품의 생산비를 반영한다. 인간의 욕망은 무한하지만 인간에게 주어진 자원의 양은 한정되어 있다. 따라서 수요와 공급의 균형은 무한한 인간의 욕망이 한정된 자원의 범위 안으로 적절히 제한된 상태를 가리키며, 그러한 상황을 압축해서 나타내주는 지표가 곧 상품의 가격이다(이정전, 1996).

생태학에서 균형의 개념을 보자. 아프리카 광활한 대륙을 배경으로 한 동물 다큐멘터리(동물의 왕국)를 보면, 평원에 얼룩말이니 사슴들이 한가로이 풀을 뜯고 바로 옆에서는 사자가 늘어지게 낮잠을 자고 있다. 이러한 상태가 생태계의 균형이다. 다시 말해 일정 서식구역 내에는 그 용량(capaticy)를 초과하지 않는 생물량이 상호 유기적으로 존재할 때 생태계는 균형상태에 있다고 말 할 수 있다.

경제학이나 생태학 모두 균형의 개념과 더불어 안성성(stability)을 중요시한다. 경제학이 다루는 경제계나 생태학이 다루는 생태계는 결국 균형을 향해서 변화한다고 볼 수 있는데, 일단 균형상태가 달성되면 이 상태의 지속성 여부가 관심거리가 될 것이다. 경제학에서 말하는 안정성의 개념과 생태학에서 말하는 안정성의 개념은 균형으로의 회복력을 의미한다는 점에서 매우 흡사하다. 즉 일단 균형이 달성된 상태에서 외부로부터의 충격이 가해지면 균형이 깨지게 되지만 균형으로의 회복력이 작용하여 다시 균형이 신속히 달성된다면 그 균형은 안정적이라고 말한다. 이같이 경제학과 생태학에 있어서 안정성의 개념은 비슷하더라도 안정성의 조건은 다르다(이정전, 1996).

이와 같이 경제학과 생태학은 여러 면에서 많이 닮았다. 그러나 여러 면에서 상반되는 점도 있다. 경제학이란 재화와 서비스를 생산, 교환, 분배, 소비하는 과정에서 발생하는 제반 경제현상을 연구대상으로 하는 학문이다. 그리고 경제계가 주요한 활동무대이다. 그러다보니 환경과 경제의 관계 설정에 있어 경제학은 다분히 인간의 편에 서 있다는 점이다. 지금까지의 경제활동이 그랬듯이 인간의 끝없는 욕구를 채우기 위해서는 어떠한 수단과 방법도 가리지 않았다.

그러나 생태학은 어떠한 중심을 우선시하기 보다는 모든 생물들이 살아가는 동질성을 강조한다. 인간도 생태계의 부분이며, 풀 한 포기, 돌 하나도 생태계의 유지·발전을 위해서는 매우 중요하다는 입장이다.

또 다른 점을 찾아보면, 경제학은 매우 동적인데 반해, 생태학은 정적이라는 점이다. 경제학에서 주된 관심은 성장이다. 때문에 제한된 자원으로부터 보다 많은 생산물을 얻기 위한 여러 수단과 방법들에 관심이 많다.

이와 달리 생태학은 현재의 상태에서의 안정, 그리고 안정의 지속을 추구한다. 인간들이 망가뜨린 환경을 원래 모습대로 유지하기 위해서 쉴새없이 정화하며 지켜오면서 말이다.

읽을거리

영국의 저명한 천체 물리학자 스티븐 호킹 박사가 일본을 방문했을 때 기자들과 나눈 대화이다.

기자 : 박사님 우리 인간과 같은 고등동물이 존재하는 혹성이 우주에는 몇 개나 있을까요?

호킹 : (주저 없이) 이 우주에는 지구가 속해 있는 태양계 같은 것이 1,011개나 존재하고 있다.

기자 : 박사님 그러면 우리는 왜 지금까지 외계인과 한 번도 접촉을 못하고 있는 것입니까?

호킹 : 하나의 혹성에서 문명이 고도로 발달하여 다른 혹성으로 그것을 운반할 수단이 발달할 때쯤이면, 그 혹성은 문명적으로 매우 불안해져서 순간적으로 파괴되어 버리고 말기 때문에 우리가 외계인을 만날 수 없었던 것이 아닌가 생각된다.

참고문헌

김대식외, 『현대 경제학원론』, 박영사, 1991, p.15.

김승우외, 『환경경제학』, 박영사, 2000, pp.9-10.

김안제, 『환경과 국토』, 1984, p.25.

동아일보, 2002.6.16

두산세계대백과 EnCyber.

오영수, www.sei.knu.ac.kr/ysoh.

유동운, 『환경경제학』, 비봉출판사, 1994, p.8.

이정전, 『녹색경제학』, 한길사, 1996, p.92-93.

제리미리프킨·김명자외 역, 『엔트로피』, 두산동아, 1996, pp.46-50.

『좋은 생각』, 1999.12.

C. Park, *Ecology and Environmental Management*, Butterworths, 1980, p.68.

제 2 장 환경문제의 이해

환경문제의 성격과 원인을 뭐라고 딱 꼬집어 이야기하는 것은 쉽지 않다. 환경문제는 정치, 경제, 문화 등 여러 요인들이 복합적으로 상호 작용하여 발생하기 때문이다.

환경문제의 몇 가지 특성은 첫째, 환경의 모든 것이 유기적으로 연관되어 있는 것과 마찬가지로 환경문제 또한 독립적으로 발생하는 것이 아니라 서로 깊은 연관을 맺고 있다는 점이다. 지구온난화 문제만 하더라도 일차적인 원인은 이산화탄소의 과다한 배출에서 비롯된다지만, 산림의 감소, 사막화 등으로 인한 자연의 자정능력 하락은 지구온난화를 더욱 가속시킨다. 그리고 온난화는 다시 경제활동을 제약하고 삶의 질을 떨어뜨리고 있다. 악순환이 고리에 고리를 물고 순환되는 것이다.

둘째로 환경문제는 인간의 욕구를 충족시켜 주는 대신 반드시 대가를 치러야만 한다는 것이다. Give-and-take! 이 말은 서로 공평한 조건으로 주고받는다는 것이기 때문에 환경으로부터 우리가 필요한 여러 재화를 얻었다면, 환경질의 하락은 따르기 마련이다. 경제활동과 환경문제는 이러한 역관계를 가지고 있다. 물론 공평한 것 같지만, 궁극적으로 인류에게 엄청난 손해를 끼치지만 말이다.

셋째로 환경문제는 나만의 문제가 아니라 다중의 문제라는 특성을 가지고 있다. 오늘날의 환경문제 역시 우리들의 부모들이 살았던 때로부터 누적되어 온 것이며, 지역적으로도 내가 살고 있는 동네뿐만 아니라 지구적인 차원에서 해결해야 할 문제이기도 하다. 환경문제로 인한 영향은 어느 한 지역, 한 시대에 국한되는 것이 아니라 계승되고, 지속성을 갖는다. 중국의 황사는 우리가 일으킨 것이 아님에도 그 피해는 우리가 지는 것이나 마찬가지 이치이다.

이와 같은 환경문제의 특성을 바탕으로 그 원인을 유형화 해보면, 크게 사회·경제적인 원인과 시장구조적 원인으로 구분할 수 있다. 사회·경제적 원인에서는 경제활동의 두 축인 생산과 소비에서 비롯되는 환경문제를 살펴보고, 시장구조적 원인에서는 시장메커니즘에서 구조적으로 발생할 수밖에 없는 문제들을 중심으로 살펴보기로 한다.

1 사회·경제적 원인

1.1 생산

생산활동

인간들의 생산활동이 없다면, 당연히 소비도 없을 것이고, 환경문제도 발생하지 않는다. 그러나 생산 없는 인류의 존재는 불가능하기 때문에 생산활동은 환경문제에서 가장 큰 비중을 차지한다.

고등학교 경제학 교과서에서 "경제 생활은 생산 활동, 분배 활동, 그리고 소비 활동으로 이루어진다"고 하고 있으며, 경제적으로 가치가 있는 어떤 것을 새로 만들거나 원래의 가치를 증대시키는 모든 활동을 생산 활동이라고 정의하고 있다. 그리고 이러한 생산 활동에는 노동, 토지(자연 자원), 자본 등과 같이 생산에 필요한 요소들이 투입된다고 서술되어 있다.

그렇다면 생산활동이란 좁은 의미에서는 원료의 채취, 중간재의 생산, 그리고 최종 재화의 생산과 저장 등을 의미하지만, 넓은 의미에서는 금융, 서비스, 통신, 교통 등도 포함된다. 이와 같이 재화와 서비스를 생산하는 모든 과정은 원료의 채취단계부터 소비자에게 이르기까지 폐기물을 배출하고 환경에 악영향을 미친다.

공업화

한 나라의 산업구조에서 2차 산업, 특히 제조업이 차지하는 비중이 높아지는 현상을 공업화(Industrialization)라고 한다. 근대의 경제성장은 생산력의 발전에 의존하고 있기 때문에 공업화는 경제성장의 필수적인 조건이 되고 있다. 한 나라의 경제를 발전시키려면, 1차 산업보다는 2차, 3차 산업을 발전시키는 것이 필요하다. 그래서 개발도상국들은 공업화를 경제발전의 주요 목표로 삼고 있다.

공업화는 근대화(Modernization)의 한 측면으로 정치, 경제, 문화, 사상 등 사회생활의 모든 면에 걸쳐서 변화가 진행되는 과정을 말한다. 특히 서유럽에서 산업혁명 이후 경제가 발전함에 따라 정치제도, 사회제도, 삶의 양식 등이 급속하게 변화하였는데, 이런 사회발전 과정에서 환경문제는 반드시 수반되기 마련이다. 공업화는 한 나라가 근대화를 추진하는 과정에서 가장 중요한 부분을 차지한다. 공업화는 18세기 중반에 서유럽에서 발생한 산업혁명을 계기로 이루어졌다. 그 후에 유럽사회는 공업화를 통하여 선진국으로 발전하였다.

우리 나라는 1962년대부터 경제개발 5개년 계획에 의해서 공업화를 추진함으로서 도시화가 급속도로 진전되었고 직업과 계급구성(사무직, 관리직, 전문기술직 등의 신 중간계급)이 크게 변화되었다(한국교육방송공사, 두산세계대백과 EnCyber, 서울대학교사범대학 제작 인터넷스쿨). 공업화가 인간 복지를 증진시키는 중요한 과정임에는 틀림없지만 빠른 공업화는 인류를 보다 빠른 자원의 고갈과 환경오염으로 내몰게 되는 것이다.

기술혁신과 경제성장

경제성장이란 재화나 서비스의 생산을 지속적으로 증가·확대되는 것을 의미한다. 지속적으로 성장하기만 한다면 얼마나 좋겠는가. 그러나 자원이 한정되어 있는 가운데 재화와 서비스의 생산을 무한정으로 극대화한다는 것은 불가능하다. 결국 자원과 에너지를 집약적으로 활용할 수 있는 방향으로 기술은 발전될 것이며, 자본 역시 그 속성상 끊임없이 가치를 증식시키는 과정을 반복해 나갈 것이다. 즉, 자본의 논리에 따라 끊임없는 기술혁신을 바탕으로 한 부가가치의 창출로 귀결된다는 것이다.

성장 위주의 경제성장은 환경보전 보다는 개발에 무게를 두게 되고, 상대적인 무관심을 야기하게 된다. 정부의 정책 또한 국민 생활을 질적으로 향상시키기보다는 기업의 생산능력 향상 등 양적 성장에만 관심을 표명하게 된다.

과학 기술이 발전하는데 생태계는 왜 파괴되어 가는가? 그것은 과학 기술의 개발이 환경친화적이지 못하고, 개발이 시간적·양적 범위에 대한 설정이 없이 무계획적·무차별적으로 이루어져 자원의 자연적 재생가능한계, 즉 생태용량을 벗어났기 때문이라고 얘기할 수 있다.

미국의 환경학자인 코모너는 전후 미국 환경오염의 원인으로 산업기술의 변화, 특히 생산기술구조의 변화를 지적한 바 있다. 그에 의하면 제2차 세계대전 이후 미국경제에 환경파괴적인 기술이 도입되어 환경에 충격을 적게 주는 이전의 기술을 급격히 대체한 것이 환경오염의 커다란 원인의 하나가 되었다고 한다.

경제성장의 크기를 가늠하는 척도는 경제성장률이다. 그런데 어느 나라의 경제성장률이 높다고 해서 그 나라 모든 사람들의 삶의 질이 향상되었다고 이야기 할 수는 없다.

중국은 2005년부터 2010년까지 연평균 10.4%의 높은 경제성장률(중국 국가통계국)을 기록하고 있으며, 세계의 공장이라 불릴 정도의 고도성장을 구가하고 있다. 그러나 중국의 환경문제는 성장의 그늘에 가려진 채 날로 심각해지고 있다. 베이징이 2008년 올림픽을 유치한다고 했을 때 가장 큰 걸림돌이 중국의 인권문제와 '베이징의 먼지'였다는 사실을 생각해보면, 성장과 삶의 질은 반드시 비례하지 않는다.

우리나라의 경제 성장 역시 최근까지도 많은 환경오염을 수반한 성장이었다. 외채 의존형 성장을 하느라 환경오염 방지에 귀중한 투자 재원을 많이 할당할 수가 없었으며, 오랫동안 소득 수준이 낮은 상태에서 생활하였으므로 환경 오염 방지에 대한 투자를 일종의 사치로 간주하는 등 가치관 면에서 환경 오염 방지에 높은 우선순위를 두지 못했다. 이와 더불어 각종 정책은 국민 생활의 질적 향상보다는 기업의 수출 능력 향상 등 양적 성장에 초점을 두었다.

공해나 산업재해를 경제발전을 위한 불가피한 사회적 비용으로 보는 시각이 경제정책당국을 지배하고 있었으며, 이 문제에 대한 적극적인 대책이 미흡하였을 뿐 아니라 이 문제를 강조하는 것은 경제발전에 유해한 것으로까지 생각해 왔다. 물론 민간 부분에서도 환경문제나 산업재해문제는 심각하게 받아들여지지 않았다. 우선은 빈곤을 벗어나는 것이 더 중요하였고 실업이 심각한 상황에서는 고용기회의 창출이 더 중요하였으며, 과잉노동공급 상황 하에서 기업주로서도 노동자를 위해 작업장의 안전을 고려할 유인이 절실하지 않았다고 할 것이다. 더구나 공해방지나 산업재해의 예방을 위한 투자는 기업가의 입장으로 볼 때 직접적으로 생산량의 증대에 기여하지 못하며 생산비용만을 증가시키는 것으로서 생산을 위해 절대 불가결의 비용으로 인식되지 못하였다.

그러나 경제성장이 어느 수준에 이른 오늘날 공해문제는 더 이상 방관할 수 없는 상태에 이르렀다. 최근의 낙동강 수질 오염사건 등을 통해 나타난 바와 같이 일반 국민들도 이제 공해에 대한 반응이 매우 민감하게 변하였다. 공해의 문제는 자연환경에 대한 파괴와 이로 인한 생활환경의 악화에만 그치는 것이 아니다. 산업현장에서 발생하는 화공물질로 인해 노동자들이 중독되거나 탄광에서 석탄가루 등의 분진으로 진폐증에 걸리는 등 생산과정에서 발생하는 공해로 인한 산업재해는 이미 잘 알려진 바이다.

한국은행이 발표한 환경오염방지(Pollution Abatement and Control : PAC)지출 통계에 따르면, 우리나라 환경오염방지지출이 GDP에서 차지하는 비율은 1999년 중에 1.62%로 1997년(1.86%)은 물론 1998년(1.64%)보다도 낮아졌다. 이는 외환위기 이후 위축되었던 경제활동이 1999년 중 확대되면서 환경시설 유지비용 등 경상지출은 크게 증가(9.1%)하였으나 환경투자(6.3%)가 생산 활동 증가에는 미치지 못하였기 때문이다.

기술혁신과 경제성장이 지향하는 바는 궁극적으로 삶의 질을 향상시키는 것임에도 불구하고 오히려 비인간화가 초래되어 삶의 질을 저하시킴에 따라 사회적 비용이 증대하는 모순을 낳게 된다.

무역

무역은 직간접적으로 국내외 환경에 영향을 미친다. 자유무역(free trade)은 자원의 이용효율을 증가시킨다는 긍정적인 측면도 있지만, 수출국의 입장에서는 국내 자원의 고갈을 촉진하고, 공해산업을 개발도상국으로 이전하는 등의 부정적 영향도 있다.

특히 무역은 선진국들의 수출시장으로서 개발도상국의 환경문제를 악화시킨다. 그 예로 1972년 미국 정부는 자국 내에서 DDT 사용을 금지했고, 1974년에는 디엘드린(Dieldrin), 그리고 1975년에는 클로르데인(Chlordane)과 헵타클로르(Heptachlor)와 같은 분해가 잘 되지 않는 유기 염소계 농약을 금지했다. 하지만 미국에서 농약 규제가 심해질 것을 눈치챈 미국의 살충제 제조 회사들은 재빠르게 농약의 사용에 대한 규제가 심하지 않은 제3세계와 같은 개발도상국에서 새로운 판로를 개척했고, 이에 따라 살충제로 인한 환경 파괴는 개발도상국으로 이전되게 되면서 환경문제는 새로운 차원으로 접어들게 되었다.

때문에 최근 들어 '그린라운드'(Green Round)에 대한 논의가 급진전되고 있다. 우루과이라운드 협상에 따라 세계 무역의기구(WTO)가 창설된 후 새롭게 무역의 현안으로 등장한 다자간 무역 협상으로서 환경 문제를 무역이 연계시켜 국제 환경 기준을 따르지 못하는 국가에 세계된 상품에 관세를 부과하거나 수입을 규제함으로서 벌칙을 가하자는 것이다. 최근에 발효된 국제 환경 협약은 지구 환경을 파괴시키는 유해오염 물질의 세계, 유통, 무역을 강력히 규제하고 있으며, 유해 폐기물의 국가의간 이동과 지구 온난화의 주범인 화석 연료의 사용도 규제하고 있다. 결과적으로 '그린라운드'가 본격화되면 환경문제가 새로운 무역장벽으로 대두될 것이며, 기존의 무역질서를 재편성할 것으로 보인다. 온난화문제는 그린라운드를 비롯한 일부 국제 환경 협약이나 선진국의 환경 관계 법률은 지구 환경위기를 막는데 그 목표를 두면서도 국제 경쟁력이나 비교 우위를 잃어 가는 자국의 산업을 보호하기 위한 수단으로 활용되고 있다는 점이다.

이것은 선진국들이 환경을 빌미로 외국 상품에 대한 수입 규제 조치를 강화함으로써 자국의 국내 산업, 국내 고용, 국제 수지 등을 보호하기 위한 정책으로 간주되고 있다. 즉 선진국들이 세계화, 개방화를 내걸고 세계 모든 국가의 상품 시장과 서비스 시장의 문을 활짝 열어 경제적 국경을 없애 버린 다음, 환경이라는 이름의 새로운 무기로 자국의 이익을 보호하려는 것이다.

개발도상국의 입장에서는 환경 기준 미달을 이유로 선진국에 상품을 수출할 때 높은 관세나 수입 규제 등의 불리를 감수해야 하므로 결국 그린 라운드는 선진국의 이해가 강하게 반영된 국제 협상이라고 볼 수 있다. 대외 무역 의존도가 높고 급속한 경제 성장을 추구하는 과정에서 환경 파괴가 심각한 우리나라 역시 큰 영향을 받을 것으로 예상된다.

갈수록 선진국들의 환경규제가 강화되고 있으며, 규제 대상도 다양화되고 있다. 그리고 환경문제를 해결해 나가고자 하는 국제사회의 노력으로 대략 170여개의 환경관련 협약이 채택되었으며, 이들 협약은 협약의 의무이행 구속력강화 차원에서 상당수 협약에서 환경과 무역을 연계시키고 있다. 그 중 대표적인 것이 기후변화협약, 몬트리올의정서, CITES협약 등이며, 환경과 무역의 연계에 대한 논의는 국제사회의 뜨거운 감자일 수밖에 없다.

1.2 소비

인구증가

인구의 증가는 의식주의 수요를 증가시키고, 이는 자원고갈과 환경오염으로 귀결된다. 2000년에 Y2K(Year 2000)를 외치고 있을 때 인구는 Y6B(Year 6 Billion), 60억을 돌파했다.

환경뿐만 아니라 사회과학적으로 인구와 관련해서 대세를 이루는 것은 맬더스류의 암울한 비관론인 것이 사실이다. 가파른 인구성장곡선이 계속될 경우 2050년의 세계 인구는 89억명이 될 것으로 UN은 추정하고 있다. 더더욱 문제가 되는 것은 인구 증가세를 주도하고 있는 나라들이 대부분 개발도상국들이라는 점이다. 2050년에 이디오피아는 6,200만명에서 1억6,900만명으로, 파키스탄은 1억4,800만에서 3억4,500만명, 나이지리아는 1억2,200만에서 2억4,400만명으로 인구가 증가할 것으로 추산된다.

일각에서는 세계적인 출산율의 저하를 근거로 반론을 제기한다. 우리나라를 포함한 프랑스나 이탈리아 스페인 등의 유럽국가에서는 인구분포의 불균형을 초래할 만큼 출산율이 감소하고 있으며, 개도국들의 출산율은 더욱 빠른 속도로 감소하고 있다는 것이다. 그래서 오스트리아의 국제응용시스템분석연구소는 2100년경에 지구 인구는 65억명 선에서 안정될 것으로 예상하고 있다.

물론 출산율과 인구증가율이 감소한 것은 사실이지만, 낮은 인구증가율은 이미 증가된 인구를 바탕으로 산출된다는 점이 문제이다. 다시 말해, 인구가 30억이던 60년대의 인구증가율은 약 2%가 넘었지만 연간 인구 증가는 6천만명 정도였다. 그러나 인구가 60억에 이른 오늘날에는 증가율이 1.5%로 떨어졌다 하더라도 연간 증가수는 8천만명에 육박한다. 증가된 인구는 식량만 하더라도 약 2천 6백만톤의 수요를 창출하는데, 우리나라 식량작물 생산량이 대략 연간 6백만톤인 점을 고려할 때 심각한 문제가 아닐 수 없다.

세계인구가 20억 규모로 성장하기까지 대략 400만년이 걸렸다. 여기서 다시 20억이 증가하는 데는 46년밖에 걸리지 않았고 또다시 20억이 늘어나는 데는 고작 22년밖에 걸리지 않았다. 맬더스가 큰소리 치며 부활할만도 한 것이다.

늘어나는 인구가 마침내 지구의 용량을 초과해 절망적인 상황을 초래하리라는 맬더스의 예측은 200년이 지난 오늘날 현실로 나타날 수도 있다. 미국 펜실베니아대학 케네스 와이즈교수(인류학)는 "많은 생물학자들이 다윈의 이론은 사소한 오류 외에는 대부분 정확했다고 인정하듯, 맬더스의 주장도 사회적 불평등과 빈곤의 확산을 미리 내다봤다는 점에서 대부분 옳다고 봐야 한다"고 말한다.

무엇보다 식량과 물 문제는 이미 심각한 상황에 도달했다. 지난 25년간 무려 2억5천만명(한해에 약 천만명)이 기아로 사망했다. 5명 중 1명이 충분한 음식을 섭취하지 못하며, 아프리카의 1인당 식량 생산량은 1964년보다 27%나 감소했다. 매년 1천 8백만명의 인구가 늘어나는 인도는 물이 고갈되면서 지하수면이 해마다 1~3m씩 감소하고 있다. 그리고 29개국의 5억명이 물 부족으로 고통받고 있으며, 2050년에는 그 수가 25억명으로 늘어날 것으로 전망되고 있다.

한편으로는 인구억제를 강요하는 것은 제국주의적 횡포이며, 선진국들의 생활양식과 기득권을 위해 후진국들의 희생을 강요하는 것이라는 비판도 있다. 이들은 단지 특정지역에 인구가 많다는 것보다는 지역간-국가간의 경제력 차이가 더 큰 문제이며, 기아문제의 근본적인 원인은 과잉인구가 아니라 저개발이기 때문에 선진국들이 후진국들의 개발정책을 적극적으로 지원해야 한다는 견해도 있다.

실제로 미국 브라운대학 '세계기아 프로그램'에서는 수확된 모든 곡물이 가축에게 전용되지만 않아도(미국은 옥수수의 80%, 귀리의 95%가 사료용) 60억명을 부양할 수 있다는 조사결과를 발표한 바 있다. 미국인들이 1일 8,150억칼로리의 열량을 섭취하는데, 2천억칼로리는 과잉섭취분이라고 할 때 이 2천억칼로리로 8천만명을 부양할 수 있다는 것이다. 또한 미국은 매일 20만t의 음식을 내다버리며, 하루 159갤론의 물을 사용하는데, 세계인구의 절반 이상이 25갤론 이하를 사용한다는 점을 생각해볼 때 시사하는 바가 크다(이형삼, 뉴스플러스).

한국의 인구정책(가족계획사업)은 세계적인 성공사례로 꼽힌다. 60년대 후반 3-3-35운동(세살 터울로, 세 아이만, 35세 이전에 낳자)으로 시작된 가족계획사업은 70년대 들어 '딸-아들 구별말고 둘만 낳아 잘 기르자'로 본격화되었으며, 남성이 정관수술을 받으면 예비군 훈련을 면제해 주었고, 두 자녀만 낳고 불임시술을 받은 가정에는 공공주택 입주우선권과 융자특혜이 주어지기도 했다. 이 결과 60년대의 연간 인구증가율 3.0%에서 90년대 들어 0.9%대로 감소했으며, 오늘날은 OECD 국가들 중에서도 가장 낮은 출산률을 나타내고 있다.

우리나라도 출산률의 급격한 감소에 따른 인구정책에 대한 논쟁이 분분하지만, 6,000,000,000명 지구가 너무 비대해졌다는 것은 중론이다. 따라서 인구문제를 적절하게 대응하지 못할 경우 우리나라뿐만 아니라 지구촌 환경문제는 해결의 실마리를 찾을 수 없다. 인구와 개발, 환경의 삼각관계를 어떻게 풀어야 할 것인가?

도시화

1960년대 이후의 경제적 고도성장과정은 세계적으로 확산되고 있는 도시화의 진전으로 특정 지워질 수 있다. 산업화를 수반하는 고도성장은 산업구조는 물론 지역구조를 크게 변화시켰다. 도시화는 대도시로의 자본과 인구를 집중시켰으며, 여러 가지 환경문제를 야기하게 되었다.

도시화는 도시에 특유한 생활양식이 강화되어 도시주변과 농촌지역으로 침투, 확대되어 가는 과정이다. 도시의 특유한 생활양식은 사회구조, 생활구조, 의식구조

3가지 측면에서 파악된다. 먼저 사회구조의 변화는 인구의 집중(이촌향도현상) 인구 구성비의 변화, 토지이용의 변화, 계층구조의 변화, 가족제도의 변화(핵가족화) 등을 의미한다. 생활구조의 변화는 집단생활의 다양화, 가족관계의 단순화, 개인화 등을 의미한다. 그리고 의식구조의 변화는 도시적인 인성(개인주의)의 형성, 시민의식의 형성 등을 의미한다. 근대 이후의 도시화는 근대이전의 도시화(중세의 도시발달)와는 다른 배경에서 일어났기 때문에, 여기에서의 도시화는 근대이후의 공업화에 따라 일어나는 것에 한정되어 이해되어야 한다. 산업혁명이후 공업화가 진행되면서 상공업활동의 중심지였던 도시로의 인구집중이 현저하게 나타났고 그에 따라 많은 도시들이 성장하였다.

1880년에 유럽에서 10만 명 이상의 인구를 가진 도시는 23개 정도 이었으나 1990년대에는 135개로 증가하였다. 이러한 도시로의 인구집중은 많은 문제들을 발생시켰다. 도시화의 초기에는, 비좁은 도시 공간에 많은 건물이 빽빽하게 들어서고 농촌에서 이주해온 빈민들은 다락방이나 지하실 등에서 살 수 밖에 없었다. 이러한 불결하고 비위생적인 도시환경은 급격한 인구증가로 더욱 악화되었다. 하수시설의 미비로 음식 찌꺼기와 오물이 포장되지 않은 대로상으로 흐르고 심한 악취를 풍겼다. 그리하여 전염병이 자주 발생하여 많은 생명을 앗아갔다. 1840년대부터 지식인과 정부 당국은 도시화에 따른 이런 문제들에 관심을 가지기 시작했고, 1860년대에 수도시설을 통한 깨끗한 물의 공급과 하수시설의 정비가 본격적으로 이루어졌다. 그리고 의학기술의 발달로 공중위생이 향상되었고 사망률이 크게 떨어지고 장티푸스나 콜레라 같은 전염병이 사라지기 시작했다.

램퍼드(E. E. Lampard)의 계산에 따르면 거주지의 측면에서는 1800년대에는 인구 10만 이상 대도시에 사는 인구는 1.7%에 지나지 않았으나 1969년에는 20%이상의 인구가 10만 이상의 도시에 살고 있다.

우리나라의 도시화는 1960년대 정부가 경제개발계획을 통해 근대화를 추진하면서 본격적으로 이루어졌다. 1949년에 도시의 인구 집중은 17.2%에 불과하였는데 1960년에는 28.0%로 증가하였고, 1990년에는 74.4%로 급증하였다. 이와 같이 도시로의 인구집중은 주택문제, 상·하수도시설부족, 교통문제, 교육문제, 공해 등 많은 도시문제를 발생시키고 있다. 특히 인구의 1/4 정도가 서울에 집중되어 있기 때문에, 서울은 심각한 도시문제를 안고 있다.

우리나라의 도시화율은 1960년 35.8%, 1970년 49.8%, 1980년 66.7%, 1990년 79.5%, 1995년 82.9% 등으로 급격한 상승세를 나타냈으며, 2025년에 90%대로 전망되고 있다. 현재는 우리나라 전체인구의 85%(3,900만명) 정도가 도시지역에 거주하고 있는데, 이는 100중에서 85명이 도시에 살고 있다는 것이다. 농촌지역에 사는 사람을 찾아보기 힘들 정도라니...

도시화의 진전으로 발생되는 문제는 대기 및 수질오염, 인구의 밀집으로 인한 가용토지의 부족, 주택문제, 교통문제 등으로 인구의 효율적인 집적이 아니라 비효율성이 나타나게 된다. 이외에도 도시가 거대화됨에 따라 시민의식이 희박하게 되고 시민상호간의 인간관계도 해체되어 말 그대로 삭막한 창조적 생산공간으로서의 기능을 상실하게 된다. 이와 함께 도시화는 국토의 균형발전을 저해하기도 하는데, 우리나라의 생산가능인구(15~64세)는 도시지역이 1990년에 69.9%에서 2000년 72.7%로 증가한 반면, 농어촌지역은 67.1%에서 66%로 감소했다. 따라서 농촌과 도시의 불균등 발전은 국토의 자원을 균형적이고 효율적 이용할 수 없게 된다. 모두가 도시에만 모여 산다면, 우리의 식탁은 누가 책임질 것이며, 식량안보는 어떻게 달성할 수 있겠는가(한국교육방송공사, 두산세계대백과 EnCyber, 서울대학교사범대학 제작 인터넷스쿨).

소득증가

소득이 증가하면, 당연히 소비의 질과 내용이 변화되며, 필요 이상의 자원을 소모할 수밖에 없다. 소득 증가와 함께 증가해 온 재화로 대표적인 것이 자동차이다. 자동차 등록대수는 2010년 12월 말 현재 1,795만대(국토해양부)로 전년보다 3.6%가 증가하였다. 그런데 1999년 말 기준 자동차 등록대수는 1,116만대였고, 이는 30년 전의 4만9천대보다 무려 230배나 증가한 것이다. 특히, 자가용은 1,081배나 증가한 것이다. 모두 잘 아는 바와 같이 자동차의 증가는 보다 편한 생활을 제공한다지만, 심각한 대기오염의 주범이기도 하다.

소득이 증가하면, 식품소비패턴도 급격하게 변화된다. 우리의 경우도 그렇지만 몇 십 년 전만 하더라도 생일이나 월급날이나 되어야 고기 구경했을 정도인데, 오늘날은 육류 소비가 일상적인 것이 되었다. 육류 소비가 증가하게 되면, 축산업은 점차 규모화 되며, 대규모 축산은 많은 사료 곡물을 소비하기 때문에 식량작물로 이용되는 경지면적이 줄어들고 축산오염이 증가하게 된다.

소득이 증가하면, 의류도 보다 다양하고, 개인의 취향을 보다 중시하게 되며, 주거공간은 커지고 실내장식 또한 화려해진다. 오랫동안 한푼 두푼 절약하여 집장만하여 새 집으로 이사갈 때 보면 그동안 쓰던 가구와 가전제품은 모조리 새 집에 맞게 물갈이된다. 새 것과 큰 것을 좋아하는 풍조가 만연하고, 유행이 빈번하게 바뀌기 때문에 사람들은 물건을 오래 사용하지 않음으로 인해 자원의 생명주기(life cycle)가 짧아지고, 폐기물은 증가할 수밖에 없는 것이다.

소득증가에 따른 소비의 정도가 얼마나 되는지 국민소득 1만달러를 달성한 시점에서 일본과 비교해보자. 우리는 1995년에 국민소득 1만달러를 달성했는데, 당시 국민의 1인당 소비재 수입액은 165달러였고, 일본은 1984년에 49달러였다. 일본에 비해 3.4배나 높을 뿐만 아니라 자동차·가구·가전제품 등의 1인당 내구재 수입액도 일본에 비해 우리가 5배 가까이 높은 것으로 나타났다.

〈표 2-1〉 국민소득 1만달러 시대의 1인당 소비재 수입액 비교

단위 : 달러

	한국(1995)	일본(1984)	비 율
국민소득	10,076	10,555	–
비내구재 수입액(A)	54.1	26.7	2.0
내구재 수입액(B)	111.3	22.7	4.9
소비재 수입액(A+B)	165.4	49.4	3.4

자료 : 한국은행

환경에 대한 관심 역시 가계소득과 관련이 있다. 그래서 요사이 불고 있는 소위 참살이(well-being)열풍도 눈여겨볼 필요가 있다. 성장만을 추구하기보다는 복지와 삶의 질을 충족시키고자 하는 새로운 바람은 물론 뭐라 할 수 없다. 그러나 참살이 바람이 상업적으로 호도되는 듯한 느낌이 많다. 중요한 것은 건강한 소비인데, 명품을 선호하는 것이 웰빙으로, 유명 스포츠 의류와 신발을 신어야 웰빙으로

비추어지고 있다는 것이다. 진정한 웰빙이란 포장된 허위에 젖어 과시욕을 뽐내기 보다는 진정 인간다운 삶의 질이 무엇인지를 먼저 고민해야 하지 않을까 한다.

빈곤의 증가

"빈곤이야말로 최대의 환경 오염원이다".

"빈곤 심화는 단순히 개도국의 문제가 아니라 지구촌 전체의 문제다. 오늘날에는 빈국과 부국, 환경과 경제 등 모든 것이 상호 연관되어 있기 때문이다". 스톡홀름 유엔 인간환경회의에서 인디라 간디 인도 총리가 한 말이다.

환경과 빈곤 사이에 악순환의 고리가 존재하는 건 분명하다. 소득증가와 더불어 사회·경제적인 빈곤도 환경문제의 원인으로 지적할 수 있다. 생존 문제에 봉착한 사람들은 땔감을 구하기 위해 산림을 무차별적으로 남벌하고, 식량을 구하기 위해 산에 불을 지르고 개간한다. 또한 식량이나 소득이 되는 야생동·식물을 무차별하게 포획함으로써 스스로 자연과의 대립자가 된다.

빈곤(貧困, poverty)이란, 기본적 욕구가 충족되지 않은 상태로 다음과 같은 3가지 유형이 있다(두산대백과 EnCyber). 첫째, 절대적 빈곤으로서 객관적으로 결정한 절대적 최저한도보다 미달되는 상태를 말하는데, 흔히 의식주 등 기본적 욕구를 해결하지 못하는 상태로 보고, 절대빈곤선 개념을 토대로 생존의 의미를 강조한다. 따라서 절대적 빈곤은 실질경제성장이 계속되어 그 사회의 전반적인 생활수준이 향상되면 빈곤선 이하의 생활을 하는 사람의 숫자도 감소하게 된다.

둘째, 상대적 빈곤으로서 동일 사회내의 다른 사람과 비교하여 적게 가지는 것을 말하는데, 이는 특정사회의 전반적인 생활수준과 밀접히 관련된 개념이어서 경제·사회발전에 따라 정책적으로 중시되며 상대적 박탈과 불평등의 개념을 중시한다. 따라서 상대적 빈곤선은 특정사회의 구성원 대다수가 누리는 생활수준에 못 미치는 수준을 말하는데, 이것은 특정사회의 사회적 관습과 생활수준에 따라 크게 달라진다.

셋째, 주관적 빈곤으로서 자신이 충분히 갖고 있지 않다고 느끼는 것을 말하는데, 이는 제3자의 판단에 의해 어떤 객관적인 수준이 정해지는 것이 아니라 개인의 주관적인 판단 수준에서 결정된다. 빈곤에 대한 대책으로는 사회보장정책·기회평등대책·노동시장정책·조세정책 등이 있다.

환경문제와 직접적으로 연관을 가지고 있는 빈곤의 유형은 절대적 빈곤이다. 아직도 아프리카·아시아·중남미 등지에서 수십억 인구가 생존문제를 해결하지 못하고 있는 것처럼 말이다. 서아프리카와 아시아 일부 지역에서는 땔나무 채집으로 삼림이 광범위하게 파괴되고 있다. 세계자원연구소(美 워싱턴 소재)에 따르면 전 세계 삼림 중 5분의 1만이 온전히 남아 있다. 게다가 개발 열기에 휩싸인 베이징(北京)·뉴델리·라고스·멕시코시티 같은 개도국 대도시들은 산업 폐기물과 자동차 매연으로 환경오염의 온상이 되고 있다. 국제환경단체 시에라 클럽의 간부 칼 포프는 중국(특히 탄광 지대)에서 공해 관련 질병이 만연하고 있음을 우려한다. 그 공해병 환자들을 치료하는 데만도 수천억 달러가 소요될 것이다(Pranay Gupte, 2000).

일반적으로 경제개발 초기단계 또는 경제개발에 실패할 경우, 주민들은 환경을 직접 이용하여 일상생활을 유지하고, 이에 따라 환경이 더욱 악화되는 현상을 보인다. 따라서 환경파괴는 질병의 발생 증가에 따른 노동력 상실, 자연재해의 발생 증가, 생산에 투입되는 자원의 조달비용 상승 등을 통하여 경제의 성장잠재력을 약화시킨다. 대표적인 사례로 아프리카 사헬지방을 들 수 있는데 이 지방은 경제개발 초기에 주민들의 산림을 불태워 화전을 만들었으며, 이에 따라 토양이 침식되어 농토의 생산력이 저하하고 일부지방은 사막화 현상을 초래하게 되었다. 이에 따른 성장잠재력 상실이 경제개발을 저해하고 있다(정회성, 1996).

모든 환경문제가 마찬가지로 일부 선진국들은 성장의 기반 위에서 환경문제 해결에 적극적으로 나서고 있지만, 개도국에서는 사정이 다르다. 농축산업, 수산업 등 1차 산업이 중심이 되는 개도국에서는 자연환경이 없어서는 안 되는 생산요소이다. 결국, 자원을 집약적으로 활용할 수밖에 없으며, 이 결과로 토양침식과 홍수, 가뭄 등을 발생되고, 토지의 생산성은 떨어지는 악순환이 연속된다.

빈곤의 심화는 환경문제와 깊은 연관성이 있다는 것을 이해했으리라 생각된다. 그렇다면 경제학적으로 빈부격차는 어떻게 따질까?

전체 인구를 소득에 따라 20%씩 나눴을 때, 상위 20%의 소득이 하위 20%의 소득의 몇 배에 해당되는가를 나타내는 '소득 5분위 배율'이라는 것도 있고, 지니계수라는 것도 있다. 지니계수는 이탈리아의 통계학자 지니가 제시한 지니의 법칙(Gini's law)에 따라 나온 지표로 일반적으로 소득분배의 불평등도를 나타내기 위해 많이 활용된다.

〈그림 2-1〉 로렌쯔곡선

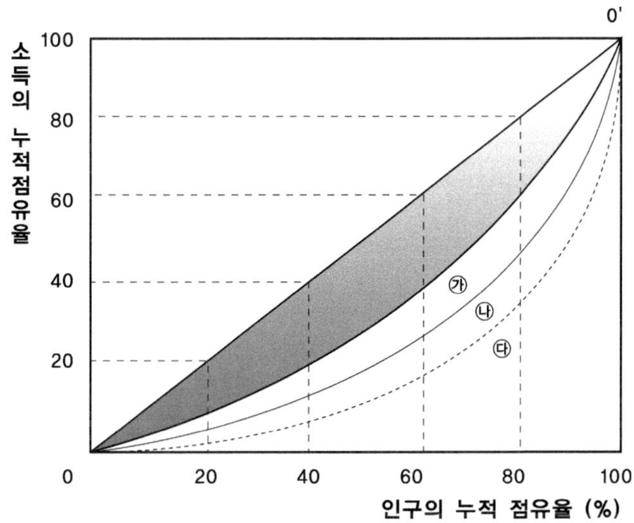

위의 그림을 보자. 세로축이 소득의 누적점유율이고, 가로축이 인구의 누적점유율을 나타낸다. 그리고 ㉮, ㉯, ㉰ 곡선은 로렌츠 곡선이다. 즉, ㉮ → ㉯ → ㉰ 순으로 부가 분배되고 있다는 것을 의미하는데, 대각선은 인구의 20%가 소득의 20%를 나누고, 인구의 40%가 소득의 40%, 즉 인구와 소득의 1 : 1 배분을 의미하는 선이다. 그러므로 대각선은 그 사회의 소득이 완전 평등하게 분배됨을 의미한다. 그런데 곡선 ㉮는 인구의 40% 정도가 소득의 20% 정도밖에 점유하고 있지 못하며, 곡선 ㉰는 인구의 80%가 소득의 40%도 안되기 점유하고 있음을 나타낸다. 따라서 곡선의 배가 불룩하면 불룩할수록 인구와 소득은 불평등하게 분배됨을 의미한다.

지니계수는 0에서 1 사이의 값을 갖는데, 0에 가까울수록 평등함을 1에 가까울

수록 불평등함을 나타내며, 일반적으로 한 사회의 지니계수가 0.4 이상이면 매우 심각한 상태로 간주한다.

우리나라의 지니계수는 1995년에 0.262, 2001년에 0.286, 2005년에 0.282, 그리고 2009년에 0.293으로 나타났다. 분배 불평등 정도를 나타내는 지니계수와 성장률 사이엔 역(−)의 상관관계가 뚜렷해지고 있는데, 실제로 90년대 중반까지 0.26대에 머물던 지니계수는 2009년에 0.294까지 높아졌다. 결국 경제의 외형은 커졌지만 불평등 정도는 심화되었고, 이는 다시 성장잠재력을 저해한다.

우리나라의 지니계수는 도시노동자만을 대상으로 조사하는 방법론상의 문제 때문에 현실을 제대로 반영하지 못한다는 한계가 있다고 한다. 노동자계층보다 소득격차 정도가 심할 것으로 추정되는 자영업자계층과 소득이 상대적으로 낮은 농어민이 조사에서 제외되는 탓에 지니계수가 실제보다 좋게 나올 수밖에 없다는 것이다. 경제협력개발기구 회원국 역시 모든 계층을 포함한 것은 아니지만 대부분 국가들이 자영업자를 조사에 포함하고 있어 우리도 자영업자까지 조사하면 지니계수는 상당 수준 악화될 것으로 보인다.

빈부격차를 측정하는 다른 방법은 소득 상위 20%의 소득을 하위 20%의 소득으로 나눈 배율을 의미하는 소득 5분위 배율이 있다. 소득 5분위 배율은 고소득자와 저소득자간 소득 격차를 나타내는 것으로 배율이 높을수록 소득불평등이 심하다는 것을 의미한다. 우리나라의 소득배율은 2003년 5.29배에서 2004, 2005년 5.32배, 2006년 5.47배, 2007년 5.52배, 2008년 5.44배, 2009년 5.46배 등이다. 그러나 전국가구를 기준으로 한 KDI의 소득 5분위배율은 1996년 4.79배, 2000년 7.0배, 2006년 6.96배, 2009년 7.81배로 소득의 불평등 정도가 매우 심화되고 있는 것으로 나타났다.

2 환경문제의 시장구조적 원인

2.1 시장 실패

시장의 실패(市場失敗, market failure)를 이야기하기에 앞서서 시장에 대해서 이야기해 보기로 하자. 시장이란 재화와 서비스가 거래되는 유무형의 장소를 말하며, 가격이 중요한 매개 역할을 한다. 흔히 보게되는 남대문시장, 동대문시장 등도 시장이며, 주식시장, 인력시장 등도 시장이다. 그러니까 시장이란 형태가 어떠하든 재화와 서비스의 수요와 공급에 따라 가격을 형성하고, 거래가 이루어지는 곳이다. 그런데 시장의 실패란 결국 시장이 제 기능을 못하는 상황, 말 그대로 시장의 경제 문제에 대하여 제 역할을 다하지 못하는 경우를 말한다.

오늘날의 사회는 여러 가지 형태로 시장 실패가 일어나는데, 경제학에서 시장의 실패라 할 때에는 시장이 자원의 최적 배분을 달성하지 못하는 경우만을 주요 대상으로 한다.

경제학적으로 시장의 실패는 불완전경쟁이 이루어지거나, 불완전한 정보나 공공재가 존재할 발생한다. 결국 시장의 실패는 사회 전체적으로 복지(welfare)를 감소시키고, 자원배분은 비효율적으로 이루어진다. 중요한 것은 사회적·경제적으로는 가치가 가지고 있으나, 시장에서 거래되지 않는다는 이유로 자원을 남용하여 자원고갈 또는 환경오염을 발생시키게 된다.

이는 자연환경과 공공시설 등이 제공하는 용역이 반드시 그 대가를 지불하여야 하는 시장교환에 의하여 사용자에게 제공되는 것이 아니므로 가격이 책정되어 있지 않을 뿐 아니라 그 배분이 가격기능에 의하여 이루어지지 않는 경우를 일컫는다. 현실의 시장경제에서 모든 자원의 배분이 항상 가격기능에만 의존하고 있는 것은 아니기 때문이다. 예컨대 신선한 공기 또는 맑은 하천 등은 특정한 개인에게 소유되어 있는 자원이 아니므로, 이와 같은 자연환경을 이용하는 사람들은 그 대가를 지불할 필요 없이 사용할 수 있는 것이다. 시장실패가 나타나는 자원은 사용에 대한 대가를 지불하지 않아도 되는 자원이므로, 항상 사회적으로 필요 이상 사용되어 오염되거나 훼손되어 공해문제, 환경문제를 야기한다. 그러므로 시장실패가 존재할 때 가격기능은 불완전하게 작용하게 되고, 시장경제의 자원배분은 효율적으로 이루어질 수가 없다.

2.2 소유의 공유성

환경재 = 공공재

일반적으로 재화는 사적재(private goods)와 공공재(public goods)로 구분된다.

우리들이 사용하는 대부분의 재화는 사적인, 다시 말해 소유관계가 분명하다. 어떤 사람이 사용하는 연필은 배제성(exclusiveness)을 가지고 있다. 배제성이란 말 그대로 내가 소비하는데 있어 타인의 소비를 배제시킬 수 있다는 것이다. 내가 쓰고 있는 연필을 주지 않는 이상 연필이 필요하다 하더라도 사용할 수 없기 때문이다. 힘으로 뺏거나 훔치지 않는 이상 말이다. 그리고 연필은 경합성(rivalness)도 가지고 있다. 어떤 사람이 연필을 사용하게 된다는 것은 어떤 다른 사람이 연필을 사용할 수 있는 기회를 뺏은 것이나 마찬가지이다. 따라서 대부분의 재화는 사적재이며, 가격이라는 꼬리표를 달고 있다.

사적재와는 달리 공공재는 비배제성(nonexclusiveness)과 비경합성(nonrivalness)을 가진 재화나 서비스이다. 이에 대하여 샤무엘슨은 "경제는 외부효과 뿐만 아니라 궁극적으로 시장 메커니즘에 의존하게 된다는 측면에서 공공재라는 것은 어떤 재화를 다른 사람의 소비로부터 빼앗을 수 없는 특성으로 인해 사적재와는 구분된다"고 하였다. 또한 개인의 공공재에 대한 소비는 산술적이라기보다는 공평성과 더 깊은 관련이 있다고 하였다(Samuelson, P. A. 1954).

비경합성이란 재화나 서비스의 생산량이 제한되어 있음에도 불구하고, 어떤 소비자가 이 재화를 소비해도 다른 사람이 소비할 양에 아무런 영향을 끼치지 않는 것이다. 기상청의 일기예보나 바다의 등대, 공중보건 등이 그것이다. 내가 일기예보를 들었다고 해서 다른 사람이 못 듣는 것이 아니라는 것이다. 비배제성이란 어떤 재화나 서비스를 소비할 때 생기는 효용을 그 재화를 구입한 사람만이 누리도록 제한할 수 없는 것이다. 국방이나 방송서비스 등이 그렇다.

공공재는 다수에게 혜택을 주는 것이어서 일반적으로 생산비는 많이 들지만 이것의 수혜자는 불분명하다. 따라서 개별기업은 과도한 비용으로 인해 생산하기도 힘들고 설령 생산한다 하더라도 그 비용을 청구할 대상이 명확하지 않으므로 생산을 하려고 하지 않거나 사회적 수요보다 적게 생산한다.

일반적으로 환경재는 내재하고 있는 다양한 경제적 가치에도 불구하고 시장기구를 통해 거래되지 않으며, 공공재적 성격으로 인해 정부 또는 공공기구를 제외하고 공급되기 어렵다는 특징을 갖고 있다.

그러나 일반인들의 생각은 달라서 가급적이면 공공재의 혜택을 많이 받고 싶어하면서도 공공재의 생산을 위한 비용 지불은 꺼리는 심리를 갖고 있다. 따라서 개별 경제주체의 자유로운 활동에 경제 문제의 해결을 맡겨 놓으면 사회적으로 필요한 공공재가 충분히 공급되지 않거나 경우에 따라서 전혀 공급되지 않는 경우가 생기게 된다.

공공재는 그 성격상 경쟁적 시장을 통해서 조달될 수 없다. 왜냐하면 개인이나 기업이 그러한 공공재를 공급해서 수지를 맞출 수가 없기 때문이다. 즉 개인과 사기업으로 구성되어 있는 경쟁적 시장은 공공재를 충분히 공급할 수 없기 때문에 시장은 실패하고 만다. 그러므로 정부가 재정에 의해서 공공재의 공급을 담당해야 한다. 공공재란 비용을 부담한 사람뿐만 아니라 그 밖의 사람들도 함께 혜택을 누릴 수 있는 재화(국방, 치안, 교통 등)이기 때문이다.

일반적으로 공공재의 소비가 시장 외부에서 존재하고 있는 것은 개별 경제주체들이 해결하기 어려운 것이며, 개인적으로나 사회적으로 비용의 부담을 회피하려는 경향에서 비롯된다. 환경재 역시 공공재적 성격을 띠고 있기 때문에 환경질의 악화로 인해 적정 수준의 공공재를 공급하기 위해 비용이 발생하게 되는 경우에는 비용을 분담하지 않고 공공재를 소비하고자 하는 무임승차(free ride) 현상이 일어난다.

환경재의 공공재적 성격은 환경오염(또는 환경오염 행위)의 부의 공공재적 성격과 표리의 관계에 있다. 왜냐하면 환경오염은 '환경질의 저하' 또는 '환경재의 손상'으로 표현되는데, 이는 환경오염 행위에서 어느 누구도 자발적으로 철수하려 하지 않기 때문이다. 이는 환경오염 행위가 사회적으로 해악을 끼치는데도 불구하고 그 행위의 대가로 비용을 지불하지 않더라도 그러한 행위를 못하도록 배제하기 어렵고(비배제성), 한 경제주체의 환경오염 행위가 다른 경제주체의 환경오염 행위의 가능성을 감소시키지 않는 비경합성이 존재하기 때문이다. 환경재를 소비하면 만족감을 얻을 수 있으므로 환경재는 재화(goods)인 반면, 환경오염 그 자체는 불쾌감을 낳으므로 비재화(bads)이다. 따라서 재화인 공공재와 분리하여 불쾌감이나 해악을 가져오는 환경오염 등을 부의 공공재라고 한다. 그런데 환경오염의 증가는 환경재의 공급감소이고, 반대로 환경재의 공급증가는 환경오염의 감소이다. 그러므로 환경재의 공공재적 성격은 환경오염의 부의 공공재적 성격과 동일하다고 할 수 있다(이필렬외, 1996).

무임승차문제

무임승차자(free rider)는 돈 안내고 적당히 전철 타고, 내릴 때 다른 사람과 묻어서 나가는 한마디로 공짜 무지무지 좋아하는 사람이다. 어찌 보면 상당히 모험적인 사람이기도 하다. 전철 무임승차하다 걸리면 요금의 30배를 물어야 하니까 말이다.

전쟁터에서 "돌격 앞으로!" 명령에 모두 목숨걸고 내달리는데 혼자 죽은척 하는 병사, MT 가서 남들은 다 청소하고 있는데 얄밉게 술만 잔뜩 먹고 잠만 자는 사람, 연간 1억원 이상이나 되는 고소득자임에도 의료보험료를 한푼도 내지 않은 사람 등등. 이들처럼 어떤 혜택을 분명히 받고 있지만, 그에 대해 정당한 대가를 지불하지 않는 사람을 무임승차자라 한다.

웃기는 것은 무임승차자들의 경우, 제 구실은 제대로 못하면서도 목소리는 크다. 어떤 경제활동이나 사회활동에 있어 무임승차는 소극적이며, 수동적인 태도를 의미하기에 국가적으로도 큰 손실이 아닐 수 없다. 정당한 대가를 지불하고, 권리를 주장하는 것이 보다 바람직한 태도일 것이다.

어찌 되었든 앞서 공공재는 비경합성과 비배제성 때문에 그 생산을 시장기능에만 맡겨둘 경우 생산자는 생산을 기피하고, 소비자는 공짜로 소비하려는 경향이 있기 때문에 사회적 필요보다 덜 생산되거나 생산되지 않는다. 따라서 공공재의 생산은 정부의 개입이나 정부의 직접생산이 필요하게 된다.

재산권

사유재산자원은 소유권의 주체가 분명하고, 권리 대상이 명확하다. 그리고 국유재산자원은 국가가 소유한 재산으로 배타적 소유권 행사는 가능하다. 그러나 공기, 지하수 등 공유재산자원은 자원소유의 주체가 불분명하다.

공유재산자원은 공동소유재산이나 개인적 소유권이 불분명한 자원이기 때문에 먼저 획득했을 때 소유가 확실해지는 특성을 가지고 있다. 때문에 경쟁적으로 자원을 남획하기 때문에 어장 황폐, 수자원 고갈 등의 문제가 발생된다.

다시 말해 사유재산자원은 시장에서 거래되기 때문에 시장가격에 의해 자원배분이 가능하지만, 공유재산자본은 아무도 제값을 치르려하지 않기 때문에 시장기구에 의한 자원배분 불가능하다.

2.3 외부효과

외부효과(外部效果, external effects)는 내부가 아닌 외부에서 발생하는 어떤 효과를 말한다. 어디가 내부이고, 어디가 외부일까? 답은 시장기구이다. 외부효과는 시장기구 밖에서 일어나는 효과이다. 효과가 있기 위해서는 어떤 행위가 있어야 하는데, 이 행위가 다른 사람들에게는 이익이 될 수도 있고, 손해도 줄 수 있다. 그런데 시장기구 내에서는 좋은 결과든 나쁜 결과든 정당한 대가를 치러야 한다. 그런데 시장기구 밖에서는 그렇게 하지 않기 때문에 외부효과라고 하는 것이다.

"한 장소에서 오랫동안 과자를 만들어 오던 제과점이 있었습니다. 이 제과점에서 60년이 넘도록 사용해 온 분쇄기가 있었습니다. 그런데 이 제과점 바로 옆에 의사가 새로 개업을 하였습니다. 처음 8년간은 서로 아무 문제가 없었으나, 이 병원에서 제과점의 부엌 바로 맞은 편에 새로 진찰실을

들이면서 문제가 발생했습니다. 다름이 아니라 제과점의 부엌에 설치된 분쇄기에서 나오는 소음과 진동 때문에 의사가 제대로 진찰을 할 수 없게 된 것입니다. 이에 대해 의사는 법원에 소송을 제기했습니다."

1991년에 노벨경제학상 수상했던 시카고대학의 코오즈(Ronald Coase) 교수의 논문 "The Problem of Social Cost(1960)"에 나오는 실제 판례들이다. 여기에 소개된 실제 판례들은 어느 한 경제주체의 행동이 본인의 의도와는 무관하게 다른 경제주체의 효용이나 생산에 일방적으로 영향을 미친 경우인데, 이러한 현상을 외부성(externalities) 또는 외부효과(external effects)라고 한다(오영수, 1994).

보다 정확하게 개념을 정리해보면, 외부효과란 어느 한 경제주체의 행동이 가격기구를 통하지 않고, 소비자의 효용이나 생산자의 생산활동에 직접 영향을 미치는 현상이다. 외부효과가 나타난다는 것은 시장기구를 통한 자원 배분을 왜곡시키기 때문에 시장의 실패로 귀결된다.

이론적 틀

환경문제의 경제학적 분석은 환경·자원의 비효율적 이용을 초래하는 외부효과의 분석으로부터 출발한다. 외부효과(external effects)라는 용어는 마샬(Marshall)의 경제학원론(Marshall, A., 1920)에서 처음으로 사용되었다.

마샬이 외부효과 이론을 정립하는 과정에는 피구의 영향이 매우 컸다. 마샬은 피구와 함께 경쟁적 산업들간에 발생하는 외부효과와 하향하는 공급곡선하에서 적정수준보다 생산물을 적게 생산하는 것 등에 대한 연구를 수행하였다.

그리고 마샬-피구의 분석에서 제기된 외부효과의 이론적 결함은 Young(Young, A. A., 1913), Clapham(Clapham, J. H., 1922), Knight(Knight, F. H., 1924), Schumpeter(Schumpeter, J. A., 1954) 등에 의해서 보완, 발전되었으며, 특히 Viner는 Marshall이 제시한 외부효과 이론의 두 범주(category)인 외부경제와 외부불경제를 금전적인 것과 기술적인 것으로 세분하였다.

이후에 외부효과의 개념을 더욱 구체화시킨 사람은 사무엘슨이었다. 사무엘슨

(Samuelson)은 외부효과를 "아무런 보상이나 지불 없이 좋거나 혹은 나쁜 영향을 미치는 행동"이라고 정의하였다. 그리고 외부효과는 사적 비용이 사회적 비용과 같지 않을 때 발생한다고 함으로써 시장배분의 비효율성에 대하여 지적하였다. 비정상적인 시장구조 하에서는 수많은 환경문제가 발생되며, 비정상적인 기업과 개인은 한계사적비용(marginal private cost)의 감소분과 동등한 오염의 한계사적 손실(marginal private damage)에서 오염의 수준을 결정한다(Samuelson, P. A., William D. N., 1992).

이후 외부효과에 대하여 그 범위를 좀 더 확대시킨 경제학자는 Bator와 James이다. Bator는 외부효과를 소유권적 외부효과(ownership externality), 기술적 외부효과(technical externality), 공공재적 외부효과(public-good externality)로 구분하였으며, 외부효과는 실제로 구분하기가 매우 어렵고 서로 밀접한 연관을 맺고 있다고 하였다(Bator, F. M., 1958).그리고 James는 "외부불경제는 어떤 사건에 대한 직접적 또는 간접적인 결정에 대해서 완전히 동의하지 않는 사람들이나 집단에게 평가가 가능한 이익이나 피해를 입히는 것"이라고 정의하였다(James, E. H., 1979)

이상의 외부효과에 대한 논의를 정리해 보면, 외부효과는 어떤 경제주체의 효용함수나 생산함수 내에 다른 경제주체가 선정하는 선택변수가 그 경제주체의 후생에 미치는 영향을 전혀 유념하지 아니한 채 포함되어 있을 때 나타난다. 다시 말해 외부효과란 경제주체의 활동이 가격기구를 통하지 않고 경제활동과 관련하여 다른 사람에게 의도하지 않은 혜택이나 손해를 가져다주면서도 이에 대한 대가를 받지도 지불하지도 않는 상태를 말한다. 이를 간단하게 수식으로 표현하면 다음과 같다.

$$U_j = (X_{1j}, X_{2j}, \cdots, X_{nj}, X_{mk}) \qquad (2-1)$$

$$\text{단, } j \neq k$$

식 (2-1)에서 $X_i (i=1,2,3,\cdots,n,m)$는 경제주체의 선택행위를 지칭하고, j와 k는 서로 다른 경제주체를 의미한다. 즉, 외부효과는 어떤 경제주체의 효용(U_j)이나 생산함수(U_j)에 상대방의 경제적 변수(X_{mk})가 포함되어 있을 때 나타나므로 상호 의존관계로부터 나타나는 영향은 포함되지 않으며, 다른 개인이 의식적으로 어떤 개인의 후생에 영향을 미치고자 하는 행위는 외부효과의 범주에 포함되지 않는다. 그리고 어떤 경제주체의 경제활동이 다른 경제주체에게 효용의 증가나 비용의 감소를 유발하지만, 그로 인해 대가를 지급하거나 보상을 받거나 하는 것과는 하등의 관계가 없다. 결국 외부효과는 대가의 교환이 이루어지지 않는 조건을 포함한다(유동운, 1994)

외부효과를 보다 구체적으로 구분해보면, 사적 외부효과, 공적 외부효과, 기술적 외부효과(technological external effects)과 금전적 외부효과(pecuniary external effects)로 구분되며, 사적 외부효과(private external effects)는 다시 외부경제(external economies)와 외부불경제(external diseconomies)로 구분된다. 이러한 외부효과는 일반적으로 시장에서 거래되지 않지만, 외부효과의 발생에 대하여 입장료의 징수, 보상금의 지불 등이 이루어진다면, 이것은 외부효과가 내부화(internalization) 되었다고 할 수 있다.

개별 경제주체간에 발생하는 사적 외부효과보다 사회적으로 많은 사람들의 이해와 관계된 환경·자원을 둘러싸고 발생되는 외부효과를 공적 외부효과(public external effects)라고 하며, 그 문제의 심각성과 영향이 사적 외부효과보다 크고 현실적인 이해 조정이 어렵다는 특징이 있다. 자동차의 급격한 증가로 인한 대기오염, 오존층의 파괴 등이 단적인 예이며, 이러한 비경합적 외부효과가 시장기구와 개별적으로 존속될 때 공적 외부효과가 발생된다고 한다.

또한 공적 외부효과는 환경자원의 공공재적 성격으로 인해 장기간 지속되는 특징을 가지고 있다. 그리고 한사람 또는 소집단에 의해 전유될 수 없으며, 비배제성을 가지고 있는 공공재의 성격상 무임승차자(free rider)들이 발생하게 되어 결국 시장의 효율적인 자원 배분 기능을 상실하게 된다.

그리고 기업 및 개별 경제주체 등의 편익에 영향을 미칠 수 있는 공공재의 효율적 이용에 실패함에 따라 외부효과가 시장 밖에서 존재하게 되며, 이는 시장의 실패(market failure)로 이어지게 된다.

외부효과가 나타나게 되면, 사회적 관점에서 측정된 비용 또는 편익과 개인의 입장에서 계산되는 편익 또는 비용이 달라진다. 개인이 얻는 한계편익을 사적 한계편익(marginal private benefit, MPB)이라고 하며, 사회에 미치는 효과를 합한 한계편익을 사회적 한계편익(marginal social benefit, MSB)이라고 하는데, 외부불경제가 나타나게 되면 일반적으로 자원의 배분이 왜곡되는 경향을 갖는다. 결국 사적 한계비용(marginal private cost, MPC)에 외부불경제로 인한 비용을 합산하면, 사회전체의 비용인 사회적 한계비용(marginal social cost, MSC)이 된다.

이와 같은 일련의 과정을 도식화 해보면, 환경자원의 외부효과 → 비효율적 자원배분 → 시장의 실패로 이어진다. 시장의 실패는 불완전경쟁, 공공재, 불완전한 정보, 시장이 존재하지 않는 상황 등의 경우에 발생한다. 일반적으로 시장의 실패가 발생하게 되면 사회적 복지수준은 감소하고, 자원배분은 비효율적으로 이루어진다. 따라서 인간 삶의 질을 결정하는 가장 중요한 요소인 환경재에 대한 이용의 효율성을 시장 내에서 제고하고자 하는 노력이 추구되지 않으면 안 된다.

경제학적으로 경제적 효율성이란 어느 누구의 효용도 감소시키지 않고서도 소비와 생산에서의 가치가 극대화될 수 있는 시장구조를 의미한다. 그리고 이론상 완전경쟁시장에서 한계비용과 시장가격이 일치하는 점에서 자원이 배분되어야 한다. 그러나 완전경쟁시장이라 하더라도 외부효과가 발생하게 되면 자원의 최적배분에 실패하게 된다. 따라서 자원배분이 효율적으로 이루어지는 시장구조는 외부효과가 시장의 가격구조에 적절히 반영되는 구조를 의미한다.

경제적 외부효과

경제적 외부효과는 어느 한 경제주체의 행동이 미치는 영향이 긍정적인 결과로 나타날 때를 의미하며, 외부경제(external economy)라고도 한다.

과수원 주인과 양봉업자의 관계가 대표적이다. 과수원 주인은 벌들이 수정을 해주어서 좋고, 양봉업자는 좋은 꿀을 따서 좋은데, 양봉업자가 과수원 주인에게 어떤 대가를 치르지도 않으며, 서로 의도하건 의도하지 않건 긍정적인 결과로 나타난다. 누이 좋고 매부 좋고...

비경제적 외부효과

비경제적 외부효과는 어느 한 경제주체의 행동이 미치는 영향이 부정적인 결과로 나타날 때를 의미하며, 외부불경제(external diseconomy)라고도 한다. 두말 할 나위 없이 외부불경제의 대표선수는 환경오염이다. 자동차가 많아져 공기가 탁해지고, 하늘에서는 산성비가 내리고, 그 많던 개구리들이 점점 사라져가고... 오늘날 우리에게 당면한 환경문제의 대부분이 외부효과인 것이다. 이외에도 흡연금지구역에서 담배 피우는 행위, 수업시간에 이동전화 "찌르릉 찌르릉" 울려대고, 또 뭐가 그리 좋은지 "호호 하하" 등도 비경제적 외부효과가 아닐까?

외부 경제나 외부 불경제 모두 대가만을 서로 치르지 않았을 뿐 사회적 비용은 발생한다. 오염을 저감시키기 위한 시설도 설치해야 하고, 금연구역에서 담배 피우는 사람이 있나하고 감시도 해야 하는 등의 사회적 비용 말이다. 이러한 사회적 비용 때문에 누이 좋고 매부 좋은 외부 경제의 경우 사회적 필요량 보다 적게 생산될 가능성이 높은 반면, 외부 비경제의 경우 정당한 대가의 지불 없이 부도덕한 행위를 할 수 있으므로 사회적 필요량보다 많이 생산될 가능성이 크다. 이런 현상을 보고 "자원이 비효율적으로 배분된다"라고 하는 것이다. 다시 말해 시장가격에 맡겼을 때 경제적 외부효과는 사회적 최적수준보다 적게, 비경제적 외부효과는 사회적 최적 수준보다 더 많이 생산되는 결과가 나타난다. 따라서 외부효과가 나타나면 가격기구는 효율적으로 배분할 수 없게 된다.

그림을 통해 살펴보자(그림 2-2). 경제학원론에서 귀가 따갑도록 들었겠지만, 기업의 이윤극대화조건은 한계수익(MR)과 한계비용(MC)이 같은 수준에서 생산량을 결정하는 것이다. 비경제적 외부효과를 감안한 사회적 한계비용 MC_S는 사적 한계비용 MC_P보다 더 크다. 사회적 입장에서는 MC_S와 한계수익 MR이 일치하는 Q_S 만큼 생산을 해야 바람직하다. 그러나 기업은 사적비용만 고려하므로 MC_P와 MR이 일치하는 Q_P까지 생산할 것이다. 사회적으로 바람직한 수준보다 너무 많이 생산되는 결과를 낳는다.

〈그림 2-2〉 외부효과

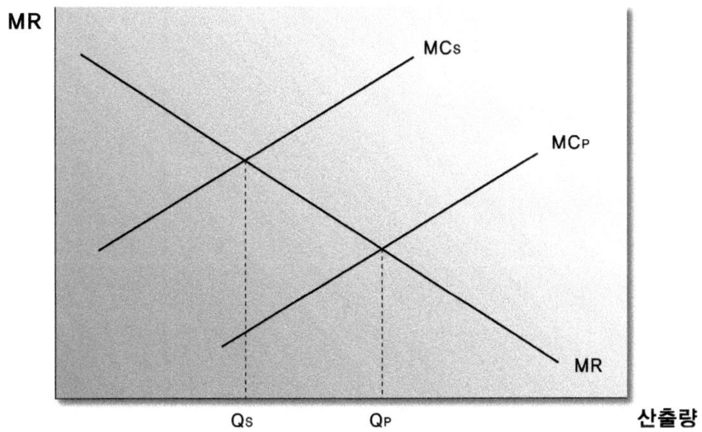

따라서 정부는 사회적으로 바람직한 수준으로 생산량을 줄이려 한다. 즉 환경오염규제를 강화하거나 오염물질 배출에 대해 벌금을 부과하는 방법을 통해 기업의 비용요인을 증가시킨다. 즉 사적 비용을 사회적 비용과 동일한 수준까지 증가시키면 생산량도 사회적으로 바람직한 수준까지 줄어들 것이기 때문이다. 시장경제이론에서 외부효과와 같이 시장이 실패하는 경우에는 정부가 시장에 개입할 논리적 근거가 생긴다.

경제적인 외부효과가 존재할 경우에도 시장은 실패한다. 이 때는 사회적 비용이 사적 비용보다 오히려 더 적기 때문에 사회적으로 바람직한 수준의 생산량에 비해 기업은 적게 생산한다. 따라서 정부는 경제적인 외부효과를 생산하는 기업에게는 세제혜택과 같이 비용을 낮출 수 있는 정책을 통해서 기업의 사적 비용을 사회적 비용과 동일한 수준까지 낮추어 줌으로써 생산량이 자연적으로 증가하도록 유도한다.

소비의 외부효과와 생산의 외부효과

외부효과는 크게 그 영향에 따라 경제적 외부효과와 비경제적인 외부효과를 구분된다는 것을 살펴보았다. 이를 좀더 세분하면, 외부효과의 발생 주체가 소비자에 있는지 또는 생산자에 있는지를 기준으로 구분할 수도 있다.

소비의 외부효과는 어떤 소비자의 소비활동이 긍정적이거나 부정적인 결과로 나타나는 것을 말한다. 예전에 윤복희라는 여가수가 있었다. 아마도 나이 지긋한 분들은 모를 분이 없을 정도로 유명했는데, 1967년에 그녀가 미니스커트를 입고 김포공항 트랩을 내려오자 난리가 났다. 당시로서는 상상도 못할 파격적인 의상이었기 때문이다. 당시에 계란까지 맞았으니 놀랄만한 일이었던 모양이다. 윤복희의 미니스커트를 보고 심한 불쾌감을 느낀 사람도 있었을 것이고, 대담하고 깨인 여성이라고 생각한 사람들도 있을 것이다. 윤복희가 미니스커트를 소비하는 과정에서 생겨난 이러한 효용 또는 비효용이 소비의 외부효과이다. 금연장소에서 담배 피우는 것, 술먹고 옆사람에게 주정하는 것도 모두 소비의 외부효과이다.

생산의 외부효과는 어떤 생산자의 생산활동이 긍정적이거나 부정적인 결과로 나타나는 것을 말한다. 최근 식생활에 대한 관심들이 높아지면서 친환경농산물의 소비도 급격하게 늘어나고 있다. 그 중 하나가 오리가 농사를 짓는다는 '오리쌀'이다. 오리가 모내기하고 추수하는 것이 아니라 잡초나 병충해를 왕성하게 먹어 치우니까 일손도 줄고, 무엇보다 농약이나 화학비료를 주지 않기 때문에 안전한 먹거리로 각광을 받고 있다. 이처럼 친환경농업은 토양도 생명력도 지켜주고, 물도 오염시키지 않기 때문에 여러모로 긍정적인 영향을 미친다. 반면에 광우병 파동으로 우리는 소고기를 먹을 때마다 걱정이 앞선다. 이처럼 생산으로부터 발생된 외부효과들이 생산의 외부효과이다.

내부화

시장기구를 통해서 이루어지는 경제활동은 반드시 무엇을 주고받는 교환의 형태이므로, 외부효과에 가격의 원리를 적용하여 보상이나 교환이 가능하도록 하는 것을 내부화(internalization)라고 한다. 말 그대로 시장기구 내로 끌어들인다는 것이다.

시장실패란 앞서 살펴보았듯이 시장이 자원을 효율적으로 배분하지 못하는 현상을 말한다. 흡연의 예를 들어보면, 담배를 피우는 사람의 입장에서는 흡연을 통한 효용(utility)이 증대가 되는데, 반대로 담배를 피우지 않는 사람이 옆에 있다면, 그 사람은 비효용 즉, 불쾌감을 느끼게 된다.

흡연가가 자신만을 생각할 때 하루에 한 갑이 적정 담배소비량이라고 할 때, 흡연에 의해 옆 사람이 피해를 입는 것을 생각하면 전체 사회입장의 이 사람의 적정소비량은 한 갑보다는 분명히 적어야 한다. 그래서 흡연으로 인한 효용에서 옆 사람이 입는 피해를 빼서 0이 되는 적정담배소비량이 하루 10개비라고 가정하자.

정부의 개입이 없다면, 개인이 시장에서 선택한 소비량은 한 갑이기 때문에 사회적 적정소비량인 10개비보다 많게 되고 차이가 결국 시장실패를 일으킨다.

문제는 이를 어떻게 해결하는가 하는 것이다. 우선은 담배의 적정 소비량을 유지시키기 위해서 담배에 대한 세금을 올리는 방법이 있다. 세금이 담뱃값에 반영되어 가격이 상승하기 때문에 담배소비량은 감소하게 될 것이다. 다른 방법으로는 담배를 어느 수준 이상으로 생산하지 못하게 금지하거나 금연구역에서의 흡연행위에 대한 벌금 인상, 금연장소 확대 등 법적인 규제를 통해서 담배소비를 줄이는 방법 등이 있을 수 있다.

이처럼 담배의 적정소비량을 유지하기 위하여 다양한 방법들을 고려할 수 있는데, 이러한 일과정이 내부화라고 할 수 있으며, 환경정책 수립의 기본 도구가 된다.

읽을거리

우울한 경제학자 멜더스

멜더스(Tomas Malthus, 1766-1834)는 1776년 흄과 루소를 숭배하던 아버지 밑에서 태어나서 1784년 성직자가 되기 위해 케임브리지에 입학했다. 1793년 프랑스 혁명세력은 루이 16세를 처형하고 영국에 전쟁을 선포했는데, 작가나 전도사들은 격변의 시기가 지나면 에덴 이후 가장 평화롭고 이상적 시대가 열릴 것이라고 호언했지만, 맬더스는 이러한 유토피아적 환상을 거부하고 32세 때 『인구의 원리가 미래의 사회발전에 미치는 영향에 대한 논문』(인구론)을 출간했다.

맬더스 연구가 영국의 보나(J. Bonar)는 "스미스는 만인이 칭찬했지만, 누구도 읽지 않는 책을 남기고, 맬더스는 아무도 읽지 않으면서 만인이 매도하는 책을 남겼다"고 했다. 맬더스는 인구론에서 인구는 25년마다 두 배로 증가하며, 인구는 억제되지 않을 경우 기하급수(등비급수)적으로 증가한다고 했다.

기아는 자연이 지닌 가공할 최수 수단이다. 인류의 번식력은 땅의 부양한도를 훨씬 초월하기에 인류는 어떤 형태로든 때 이른 죽음을 맞아야 한다. 인류에 내재하는 악은 인구조절의 한 훌륭한 대리인이다. 악이야말로 대량 학살부대의 선봉장 격이며 혼자서 인구조절을 마쳐버릴 때도 종종 있다. 하지만 악이 그 임무를 완전히 수행하지 못할 경우, 흑사병을 비롯한 각종 전염병이 2차 부대로 출격하여 수천수만의 생명을 앗아간다. 그래도 충분치 않으면 대규모의 기아가 필연적으로 등장하여 인구를 식량 생산량에 맞게끔 단칼에 정리해 준다(인구론中)

멜더스는 노동자를 기회만 있으면 모든 것을 소비하고, 여유 돈은 저축보다는 술, 도박으로 탕진하는 열등한 존재라고 했다. 때문에 이들은 인류를 위한 산아 제한이나 성적 절제를 하지 않는 존재이기 때문에 인구성장이 식량 생산량에 의해 제어되는 상태에서는 노동자들의 임금은 생계유지 수준으로 유지해야 한다고 했다. 이에 따라 17~18세기 오스트리아, 바바리아에서는 극빈자의 혼인을 금지시켰다. 멜더스는 또한 빈민에게는 청결보다 반대의 습관을 권고하고, 도시를 더욱 좁게 만들어서 많은 사람들이 집안에 몰려 있어 전염병을 잘 돌도록 해야 하며, 시골에서는 썩은 연못 근처에 마을을 정해야 한다고도 했다.

당시 인구론은 사회적 큰 반향을 일으키면서 1796년 피트수상은 "빈민구제론"을 철회하게 되었으며, 멜더스는 모든 주장을 자기가 속한 계급, 지주계급의 이익을 위한 일념에서 수행했다.

그리고 논문의 신뢰성 때문에 은근히 겁이 난 멜더스는 1803년에 인구론 개정판 출간했는데, 완화된 개정판에는 노동자들의 도덕적 자제로 출산율 감소의 가능성이 존재하고, 빈민구제론과 식량의 수출입 제한의 점진적 폐지 등을 언급했다.

멜더스는 벤자민 플랭클린이 제공한 인구조사 자료가 미국태생과 미국 이민자(8천만)들을 구분하지 않은 자료를 사용함으로써 인구증가율을 출생률에서 사망률을 뺀 것으로 간주하여 인구증가가 과대평가 되었으며, 실제로 1750년 영국은 식량자급을 넘어 생산량의 13%에 해당하는 곡류, 밀을 수출하였다. 38살 때 개정판을 출간 이후 멜더스는 결혼하여 3명의 아이를 낳았다.

멜더스는 영국최초의 정치경제학과 교수로 취임함으로써 최초의 직업 경제학자였고, 이후 '정치경제원론'(공급과잉에 의한 불황론) 등 서적 출간에 몰두하였다.

참고문헌

두산대백과 EnCyber.

오영수, 『경제여행』, 사계절, 1994, pp.139-140.

유동운, 『환경경제학』, 비봉출판사, 1994, p.8.

이형삼, 주간 「뉴스플러스」.

이필렬외, 『교양환경론』, 따님, 1996, pp.138-139.

정회성, 『21C를 향한 환경정책의 발전방향』, 1996.

한국교육방송공사, 서울대학교사범대학 제작 인터넷스쿨

Bator, F. M.,"The Anatomy of Market Failure", *Quarterly Journal of Economics* 72, 1958, pp.351-379.

Clapham, J. H.,"On Empty Economic Boxes", *Economic Journal* 32, 1922, pp.305-314.

James, E. H., *The Theory of Economic Externality : The Control of Environmental Pollution and Similar Social Cost*, Institut Universitaire de Hautes Etudes Internationales, 1979, p.15.

Knight, F. H., "Some Fallacies in the Interpretation of Social Cost", *Quarterly Journal of Economics* 37, 1924, pp.582-606.

Marshall, A., *Principles of Economics*, 8th ed., Macmillan, 1920. p.266.

Pranay Gupte, "How Poverty Pollutes", *ENVIRONMENT* 427, 2000.5.

Samuelson, P. A., William D. N., *Economics* 14th ed., McGRAW-HILL, 1992, p.316.

Samuelson, P. A."The Pure Theory of Optimal Public Expenditure", *Review of Economics and Statistics* 36, 1954.pp.387-389.

Schumpeter, J. A., *History of Economics Analysis*, Allew Uniwin, 1954, p.1048.

Young, A. A.,"Pigou's Wealth and Welfare",*Quarterly Journal of Economics* 27, 1913, pp.672-686.

제 3 장 환경문제의 유형

1 환경문제에 대한 논의

1.1 산업혁명, 환경문제의 신호탄

환경문제는 언제부터 생겨났을까?

환경문제는 경제활동의 결과로 생겨나고 심각해져 왔으니까 인류의 경제활동이 시작된 때를 따져보면 알 수 있을 것이다. 그런데 경제활동 그 자체가 환경문제는 아니다. 돌도끼로 사냥하고, 물물교환 하던 그 시절에도 엄밀한 의미에서 환경문제는 있었겠지만, 문제가 되지는 않았을 것이다. 환경재가 희소하지도 않았을 뿐더러 어느 정도의 환경문제는 자연의 위대한 능력으로 복원되었을 것이기 때문이다.

그러나 왕성한 인간의 경제활동은 지구의 자연자원을 빠른 속도로 소비하였고 쓰레기로 변화시켜 나갔다. 인류역사가 시작된 이래 지금까지 인류가 소비한 에너지양은 석유 5,600억배럴 또는 천연가스 40조 입방미터로 추산하고 있다. 이 중 1850년부터 1950년까지 100년 동안, 그때까지 지구촌에서 소비한 에너지의 절반가량을 소비하였으며, 그 후 100년 동안(1950~2050)에는 이의 8배에서 10배에 달하는 에너지를 소비할 것으로 내다보고 있다. 산업혁명이 인류역사에서 본격적인 환경문제의 신호탄을 쏜 것이다.

18세기 영국에서 시작된 산업혁명(Industrial Revolution)은 유럽 여러 나라들과, 미국·러시아 등으로 확대되었으며, 근대 산업혁명 이후 약 200여 년 동안, 과학기술 및 산업문명은 엄청난 속도로 발전을 거듭하여 왔다.

"이 더러운 하수구로부터 전세계를 비옥하게 만드는 인간의 땀의 강물이 흘러나오며 순수한 황금도 흘러나온다. 인간이 가장 애써 이룩한 이 문명이 그 기적을 이루는 바로 이곳에서 인간은 야만인으로 되어 버렸다"(프랑스의 석학 알렉시스 드 토크빌).

산업혁명은 과학·기술의 눈부신 발전을 토대로 대규모 생산을 가능하게 했지만, 그렇다고 모든 인류의 삶의 질을 높였다고 하기는 어렵다.

절대왕정이 무너지고 자본주의가 발전되었으며, 농경사회에서 공업화, 산업화가 급진전되었다. 대부분의 청소년들은 교육은 커녕 일터로 내몰려 장시간 노동에 시달렸으며, 노동자들의 생활은 더욱 곤궁해졌다. 이러한 사실을 반증하는 것이 기계파괴운동이다.

산업혁명을 계기로 환경문제가 심각화 되기 시작하였고, 환경문제에 대한 논의가 영국 등 서구 선진국들로부터 제기된 것도 이 때문이었다고 할 수 있다.

1.2 침묵의 봄

"언제부터 무슨 저주를 받았는지 어두운 그림자가 주위에 드리워졌다. 지금까지 본 일도, 들어본 적도 없는 일이 벌어지고 있다. 병아리들은 우리들이 알지 못하는 병에 걸리고, 소도 양도 병들어 죽어갔다. 어디를 가든지 죽음의 그림자. 농부들은 만나는 사람마다 어디에 누구네 집에서 병이 났다는 이야기만 주고받았다. 동네의 의사는 본 일도 없는 병이 계속 나타나 당황해하고 있을 뿐이었다. 그 가운데 돌연한 사망자도 나타났다. 무엇이 원인인지 모른다. 어른들만이 아니라 어린이도 죽었다. 잘 뛰어 놀던 어린이가 갑자기 기분이 이상하다고 호소하다 2~3시간 후에는 차가운 시체로 변했다. 자연은 침묵하였다. 섬뜩하다. 새들은 어디로 갔는가. 모두 이상하게 생각하여 불길한 예감으로 떨고 있었다. 뒷정원의 모이통은 텅 비어 있다. 아, 새가 돌아왔다고 생각하여 자세히 보면 죽어가고 있었다. 새는 몸을 부들부들 떨고 있었고 날지 않았다. 봄은 왔지만 침묵의 봄이었다. 여느 때 같으면 울새 비둘기 언치새 굴뚝새의 우는 소리가 봄 밤을 새운다. 그밖에도 여러가지 새울음 소리가 울려퍼진다. 그러나 지금은 아무런 소리도 들리지 않는다. 들판·숲·늪, 모두가 침묵하고 있다. 적으로부터 공격을 받은 것도 아니다. 모두 인간이 스스로 부른 재앙이었다".

"인간은 미래를 예견하고 그 미래를 제어할 수 있는 능력을 상실했다. 지구를 파괴함으로써 그 자신도 멸망할 것이다"라고 말한 앨버트 슈바이처를 기리며...

– 침묵의 봄 서문 중에서.

20세기 후반의 사상적 흐름에서 나타나는 두드러진 특징 가운데 하나는 과거 18세기말부터 20세기초까지는 대개의 경우 낭만적으로 치부되었던 환경 사상이 급속도로 기존 학계에서 부상되었다는 것이다. 즉 환경 사상은 이미 19세기 초 낭만주의적 전통 속에서도 나타났었지만, 20세기 후반에 나타난 환경 사상은 19세기 초와는 비교가 안 될 정도로 급부상하면서 사회적으로도 커다란 영향을 미치게 된다. 20세기 후반기에 접어들면서 환경주의가 광범위하게 대두하기까지는 자연보호 사상, 산업의학적 전통, 생태주의 등 여러 가지의 복합적 요인이 작용했는데, 1962년 레이철 카슨(Rachel Carson)이 출판한 『침묵의 봄』이라는 책은 환경사상사에 커다란 획을 그은 것으로 평가되고 있다.

레이철 카슨의 『침묵의 봄』은 그것이 발표된 이후 DDT를 비롯한 살충제의 무분별한 남용과 그것이 생태계에 미치는 영향에 대한 광범위한 대중적인 관심을 불러일으켰다. 이후 미국에서는 수많은 환경 보존 단체가 결성되었으며, 살충제의 사용 문제, 야생 동식물의 보호 문제, 대기 및 수질 오염 문제 등 다양한 형태의 환경 문제에 대해 민간단체뿐만이 아니라 정부도 광범위한 관심을 가지는 계기가 된다. 주민, 학자 및 여론의 지지 속에 수많은 주 의회가 유기염소계 농약 사용 규세를 결의하였다. 1963년에는 대통령 과학고문위원회가 '농약에 관한 조사 보고서'를 발표하여 카슨 이론의 정당성을 입증하였다. 1964년 의회는 야생보호법(Wilderness Act)을 제정했으며, 이때를 전후에서 수질, 자동차 배기가스, 대기 등에 관한 수많은 규제 법안이 생겨났다. 미국의 환경정책법(National Environmental Policy Act)은 1969년 의회를 통과했으며, 1971년 의회는 초음속 여객기를 위한 재원 지출을 환경 문제를 이유로 거부해서 초음속 여객기 운행을 불가능하게 만들었다.

결국 카슨의 책은 미국 환경 운동의 시작을 알리는 획기적인 저작물로 남게 되었으며, 그의 영향력은 단지 미국에만 국한되지 않고 유럽을 비롯한 세계 여러 나라에서도 영향을 미치게 된다. 더욱이 카슨의 경고가 밑거름이 되어 마침내 1970년 4월 22일의 제1회 '지구의 날(Earth Day)'을 기점으로 해서 미국의 환경운동이 본격화하게 된다(임경순, 1996).

1.3 성장의 한계

60년대 환경의 악화가 가져온 뒤늦은 깨달음은 과학에 대한 천진난만한 환상을 깨뜨렸다. 과학에 대한 비판은 반과학운동으로 번졌다. 성장의 한계는 이렇게 해서 높아진 위기의식과 늘어난 비관론을 배경으로 나왔다.

이탈리아의 실업가 페체이(Aurelio Peccei)가 심각한 세계문제에 관한 연구의 시급함을 절감하고 뜻을 같이하는 30명을 모아 로마클럽(Club of Rome)을 만든 것은 1968년의 일이었다. 이 모임은 인류의 곤경에 관한 프로젝트를 하기로 했는데 메도우즈 (Dennis L. Meadows)가 대표하는 팀이 시스팀즈 다이내믹스에 의한 세계 모형을 바탕으로 본격적인 분석을 했다. 그들이 로마 클럽에 낸 보고서가 1972년 '성장의 한계' 로 출간된 것이다.

'성장의 한계'(The Limits to Growth)는 환경오염, 기근, 과잉인구, 자원부족에 대한 점증하는 관심 속에서 나오자마자 3백만 부가 팔렸다. 이 책은 온 세계에 불꽃 튀는 찬반논쟁을 일으켰고, 관련된 많은 책들이 쏟아져 나왔다. '성서', '자본론', '종의 기원', '정신분석학'과 함께 세계를 뒤흔든 책이라 할 만하다.

'성장의 한계'는 인구, 식량생산, 공업화, 환경오염, 재생불가능한 자연자원의 소비가 모두 지수적으로 성장한다는 전제에서 출발한다. 인구는 연 2.1% 증가한다. 최근 세계 인구가 지수적으로 늘어난 것은 출생률이 약간 준 데 견주어 사망률이 현저히 줄었기 때문이다. 서기 2000년에 부모가 될 사람들이 이미 태어났으므로 출생률을 줄이는 것은 극히 어려우며 그 때 세계 인구는 70억이 될 것이다.

공업생산은 연 5% 증가한다. 공업생산품은 공업계를 떠나서 소비재와 다음 생산에 기여하는 자본재이다. 공업의 지수적 성장은 자본재가 없어지는 것보다 더 빨리 생산되기 때문이다. 경제성장을 유지하기 위해서는 물리적인 것과 사회적인 것의 두 성분 범주가 필요하다. 세계모형은 사회적인 요인들을 다루지 않는다. 최상의 사회 적 조건이 있다는 가정 아래 물리적 요인들이 검토된다.

식량 수요의 지수적 성장은 인구증가의 직접적 결과이다. 세계 인구의 3분의 1이 영양실조이며 식량생산은 증가하고 있으나 공업화되지 않은 나라들의 1인당 식량생산은 겨우 현상유지를 하고 있다. 지구상에서 농업에 적당한 땅의 반이 경작되고 있으나 나머지 땅을 개간하려면 비용이 많이 든다. 모든 땅이 활용된다 하더라도 2000년쯤 늘어나는 인구를 먹여 살릴 식량생산의 한계에 도달하게 된다. 더욱이 현재의 생산을 배가한다 해도 한계를 30년밖에 연장하지 못한다.

재생불가능한 자원의 사용 속도는 인구나 공업성장보다 빠르게 증가한다. 현재의 사용 속도에 비추어 보면 중요한 자원이 백 년 뒤에는 극도로 비싸질 것이 예상된다. 발견되지 않은 자원, 기술의 진보, 재순환에 관한 가장 낙관적인 가정을 해도 수요가 지수적으로 늘어가는 한 사정은 달라지지 않는다.

공업활동이 자연환경에 주는 영향을 측정하기는 어려우나 인구와 공업의 영향을 받는 오염은 지수적으로 증가한다. 오염곡선의 상한이 어디인지는 알 길이 없다. 지구가 오염을 흡수할 수 있는 능력의 한계는 알려져 있지 않으나 있는 것은 분명하며, 지역에 따라서는 이미 한계를 넘어섰다.

다섯 가지 요인들에 관한 데이터와 그 지수적 성장의 원인, 의미를 검토한 뒤에 '성장의 한계'는 이것들이 동시에 상호작용할 때 나타날 결과를 문제삼는다. 이 요인들의 상호작용을 직관적으로 이해하기는 불가능하므로 수학석 세계모형을 만든다. 고도의 집합체를 기초로 한 모형이 정확한 예측을 할 수는 없지만, 세계모형은 이런 문제에 접근하는 한 방법이다.

원래의 요인들의 데이터와 이들 사이의 상호작용에 관한 데이터를 확인한 다음 최종적인 모형이 만들어진다. 지난 백 년 동안 작용한 인간의 가치나 세계적인 인구 및 산업체제에는 큰 변화가 없을 것이 가정된다. 재생불가능한 자원의 고갈이 과도와 붕괴를 가져온다. 현재의 체제에 큰 변화가 없다는 가정 아래 인구와 공업의 성장은 늦어도 다음 세기 안에 확실히 멈출 것이라는 예측이 나온다.

자원공급을 배가해도 비슷한 과도와 붕괴에 이르게 된다. 이번에는 오염이 그

원인이다. 다음에는 과잉인구, 식량생산, 새 자원 및 에너지의 발견과 같은 여러 가지 문제들에 대한 새 기술의 응용이 인구성장과 공업발전을 계속하게 하리라는 주장이 검토된다. 예컨대 자원을 4배 구할 수 있다고 하자. 그러나 식량과 오염의 양에는 본질적인 영향이 없고 문제가 약간 지연될 뿐이다. 세계모형의 기본 행동양태는 인구가 지수적 성장을 하고는 붕괴가 따른다는 것이다.

마지막으로 안정된 상태가 모색되는데, 그것은 돌연한 불가항력의 붕괴가 없이 유지 될 수 있고 모든 사람의 기본적인 물질의 요구를 만족시킬 수 있는 상태이다. 인구와 공업의 성장을 약화시키고 기술적 변화를 도입함으로써 비교적 안정된 상태를 이루는 것이 가능하다. 그러나 이 약화는 정책에 의해, 곧 비기술적 방법에 의해서만 일어날 수 있다.

'성장의 한계'는 다음과 같이 결론을 맺고 있다.

첫째, 만일 인구, 공업화, 오염, 식량생산 및 자원고갈의 현재의 성장 추세가 계속 변하지 않는다면 지구 위의 성장의 한계는 다음 백 년 안의 어느 때에 도달될 것이다. 가장 있음직한 결과는 인구와 공업 능력에서 돌연한 어쩔 수 없는 감소일 것이다.

둘째, 이 성장 추세를 바꾸고 멀리 미래까지 유지될 수 있는 생태학적 및 경제적 안정상태를 만드는 것이 가능하다. 세계적 평형상태는 지구위의 사람 각자의 기본적인 물질적 욕구가 충족되고 각자가 그의 개인적 인간의 가능성을 실현할 동등한 기회를 갖도록 고안될 수 있을 것이다.

셋째, 세계 사람들이 첫째보다 둘째 결과를 위해 노력한다면 그것을 달성하기 위해 더 빨리 일하기 시작할수록 그들의 성공의 기회는 클 것이다.

세계적 평형상태를 위한 최소한의 필요조건은 다음과 같다.

첫째, 자본설비와 인구의 크기는 일정하다. 출생률은 사망률과 같고 자본 투자율은 감모율과 같다.

둘째, 모든 입력과 출력의 비율(출생, 사망, 투자, 감모)은 최소한으로 유지된다.

셋째, 자본과 인구의 수준, 그리고 둘의 비율은 사회의 가치에 따라 정해진다.

그것들은 기술의 진보가 새로운 선택을 만들어 냄에 따라 신중히 수정되고 천천히 조정될 것이다.

18세기의 맬더스 이래 유한한 환경에서 급속히 팽창하는 인간의 수요의 장기적 의미를 검토한 학자들은 많았으나, '성장의 한계'의 기본명제는 아주 간단하다. 그것은 유한한 지구에서 무한한 성장은 불가능하다는 것이었고 그만 큼 강한 호소력을 가졌다. '성장의 한계'는 상당한 충격과 함께 긍정적인 반응을 일으켰다. 그러나 비판의 소리도 결코 작지는 않았다.

성장을 철저히 믿는 경제학자들이 가장 거센 반발을 했다. 자본주의자들 뿐 아니라 사회주의 진영에서도 똑같은 반론이 나왔다. 기술의 가능성을 강조하는 대표적인 낙관적 미래주의자 칸(Herman Kahn)은 '성장의 한계'를 말하는 사람들을 새 맬더스주의자라고 몰아 붙였다.

한편 새 좌익 과학사회학자 로즈 부부(Hilary and Steven Rose)는 "로마 클럽이 생산과 오염에 책임이 있는 실업가와 과학엘리트로 구성되었다"고 단정하면서 '성장의 한계'운동은 계급적 조망이 없어 임종의 참회에서 흠을 들추는 것처럼 보인다고 혹평했다.

'성장의 한계'는 많은 취약점과 한계가 있음을 스스로 인정하고 발표된 것이었다. 첫째, 최초의 모형은 임시적이고 불완전한 것이다. 둘째, 첫 단계에 포함된 변수들을 기초로 세계적 집합을 만든 것이다. 셋째, 특히 지수적 현상을 검토할 때 외삽의 위험은 알고 있었으므로 모형의 관심은 주로 예언적인 것이 아니라 예방적인 것이었다.

'성장의 한계'는 자원에 대해 지나치게 비관적이었다. 저장된 자원을 현재 자원의 5배로 본 것은 너무 낮았다는 것이 이미 판명되었다. 그러나 본질적으로 지구가 무제한의 자원을 갖고 있다는 생각은 있을 수 없다.

환경오염의 문제도 낙관주의자들처럼 가볍게 볼 수는 없다. 50년대에 환경의 긴장 징조는 전혀 없었다. 60년대 후반 환경은 광범한 관심사가 되었고 70년대에는 세계적으로 환경악화의 1일 보고가 나왔다. 세계의 경제성장률이 연 5%라면 2000년에 세계 총 생산고는 13조 달러가 된다. 그 때 지구 생태계는 어떻게 될

까? 생각만 해도 끔찍한 일이다.

'성장의 한계'에서 장황하게 설명되는 지수적 성장은 환경오염과 관련해 깊이 음미해야 할 것이다. 거기 나오는 프랑스 어린이들의 수수께끼를 생각해 보자. 연못에 수련이 자라고 있다. 수련이 하루에 곱절로 늘어나는데 29일째 되는 날 연못의 반이 수련으로 덮였다. 아직 반 남았다고 태연할 것인가? 연못이 완전히 수련으로 점령되는 날은 바로 다음 날이다!

'성장의 한계'에서 기술의 기여가 과소평가된 것은 틀림없는 사실이다. 낙관주의자 들은 '성장의 한계'가 그것을 확대할 수 있는 기술의 발전에 대해 응분의 고려를 하지 않았다고 주장한다. 과학기술도 지수적인 성장을 해서 부정적인 요인을 해결할 것이므로 계속적인 성장은 가능하다는 것이다. 이런 비판은 우리에게 정신적인 위안을 주지만 근원적인 약점을 지니고 있다. 부정적인 것들의 악화는 사실인데 견주어 이를 극복할 수 있는 과학기술의 발전은 희망에 불과하기 때문이다. 불확실한 희망을 가지고 엄연한 사실을 호도할 수는 없는 일이 아닌가?(송상용, 1994).

1.4 지구자원의 한계-석유파동

오늘날 지구촌은 막대한 에너지소비량의 대부분을 석탄, 석유 등 화석연료에 의존하고 있다. 1970년대 우리나라를 포함한 지구촌에서는 석유를 언제든지 용이하게 구할 수 있을 것으로 믿고 있었을 때 갑자기 석유파동(oil shock)이 일어나 경제가 일대 혼란에 빠져들었다.

석유파동은 전세계적으로 무한한 것으로 여겨졌던 자원에 대한 유한성을 인식하게 하는 계기가 되었으며, 경제·사회구조를 변화시키는 계기가 되었다.

제1차 석유파동은 1973년 10월 6일부터 시작된 중동전쟁(아랍이스라엘분쟁)이 10월 17일부터 석유전쟁으로 비화하여 세계경제는 제2차 세계대전 이후 가장 심각한 불황에 직면하게 되었다. 1971년부터 OPEC는 석유이권 수입의 인상을 추진해 오던 중, 1973년 10월 16일 페르시아만(灣)의 6개 석유수출국들은 OPEC(석유

수출국기구) 회의에서 원유고시가격을 17% 인상하여 종전의 원유 1배럴당 3달러 2센트에서 3달러 65센트로 인상한다고 발표한 데 이어서, 17일 이스라엘이 아랍 점령지역에서부터 철수하고 팔레스타인의 권리가 회복될 때까지 매월 원유생산을 전월에 비해 5%씩 감산하기로 결정하였다고 발표함으로서, 중동전쟁에서 석유를 정치적인 무기로 사용할 것을 선언하였다.

이 결정으로 인하여 서방세계에서는 '에너지 위기'가 조성되기 시작하였는데, OPEC의 페르시아만 산유국들은 다시 1974년 1월 1일을 기해 배럴당 5.119달러에서 11.651달러로 인상하였다. 석유에 기간산업의 대부분을 의존하고 있는 서방세계의 경제는 석유부족으로 인한 제품생산의 부족과 제품가격의 상승으로 세계적인 불황과 인플레이션을 만연시켰다. 이 결과 정도의 차이는 있지만 선진국 및 후진국을 막론하고 경제성장의 둔화를 가져왔다. 외교면에서는 서방세계로 하여금 이제까지의 친(親)이스라엘에서 친아랍 중동정책으로 기울게 하였으며, 한편 OPEC는 국제석유자본(Oil Major)이 독점하고 있던 원유가격의 결정권을 장악하게 되었으며, 자원민족주의(resource nationalism)를 강화시키는 결과를 초래하였다.

제2차 석유파동은 제1차 석유파동으로 OPEC는 '석유메이저'가 독점하고 있던 원유가격의 결정권을 장악하였으나, 인플레이션과 달러 가치의 하락을 고려한 실질원유가격으로 끌어올리지는 못하였다. 그리하여 1978년 12월 OPEC 회의는 1976년 배럴당 12.70달러에서 단계적으로 14.5%의 인상을 결정하였다. 이와 때를 같이하여 12월 말 이란은 국내의 정치 및 경제적인 혼란을 이유로 인하여 석유생산을 대폭 감축시키고 수출을 중단하였다. 이 결과 73년 제1차 석유파동 이후 배럴당 10달러선을 조금 넘어섰던 원유가격은 불과 6년 사이 20달러선을 돌파하였고, 현물시장에서는 배럴당 40달러에 이르게 되었다. 이것이 제2차 석유파동이다.

제2차 석유파동의 여파는 제1차 석유파동과 마찬가지로 세계 경제에 큰 영향을 미쳤다. 즉, 선진국의 경제성장률은 1978년의 4.0%에서 1979년에는 2.9%로 낮아졌다. 물가면에서는 선진국의 소비자물가상승률은 10.3%를 기록하였으며, 개발도상국의 경우 32.0%의 급격한 상승세를 보였다.

또한 석유수입국의 경상수지는 원유수입의 부담 증가로 크게 악화되었는데, 경제협력개발기구(OECD) 제국의 경상수지는 1978년의 116억 달러 흑자에서 1979년 322억 달러의 적자로 반전되었고, 비산유개발도상국은 적자의 폭이 444억 달러에서 505억 달러로 확대되었다. 반면 OPEC 산유국의 경상수지 흑자는 1978년의 240억 달러에서 79년에는 770억 달러로 급증하였다. 한국의 경제는 제1차 석유파동 때에 다른 국가에 비해 크게 영향을 받지는 않았으나(1974년과 1975년의 경제성장률은 각각 8.0%와 7.1%), 제2차 석유파동 때는 극심한 피해를 받았다(1979년과 1980년의 경제성장률은 각각 6.4%와 －5.7%). 이는 제1차 석유파동 이후 경제 체질 개선이 이루어지지 못하고 중화학공업 중심의 확대정책에 중점을 둔 것에 기인한다(두산세계대백과 EnCyber).

두 차례의 석유파동 이후 산업계에서는 자원절약형 산업을 육성해야 할 필요성이 제기되었다. 이에 따라 1974년에는 영국에서 공해방지법 제정되었으며, 1978년에는 독일에서 '푸른 천사(Blue Angel)'이라는 환경표시제도가 시행되게 되었다.

2 환경문제의 형태와 환경피해

이미 살펴본 바와 같이 대부분의 환경문제는 생산과 소비과정에서 발생한다. 생산과정의 환경문제는 자원공급원 오염과 공정오염으로 구분할 수 있고, 소비과정의 환경문제는 제품오염과 폐기물 오염이 있다. 다시 말해, 제품의 생산을 위한 과정에서 생산, 유통, 소비, 폐기에 이르는 전과정에서 환경문제는 발생된다.

2.1 생산과정의 환경문제

자원공급원 오염

자원은 재화와 서비스를 제공해주는 자연환경으로부터 나오는 산물을 말한다. 인간의 경제활동에 필수적인 자원은 과학과 기술의 발전에 따라 이용기회가 증가된다.

자원은 재생가능자원과 재생불능자원으로 구분되는데, 재생가능자원(renewable resources)이란 재생이 가능한 즉, 자연의 순환을 통하여 상대적으로 신속하게 보충되는 자원을 의미한다. 예를 들어 공기 중의 산소는 식물의 광합성 작용을 통하여 보충되며, 용수 또한 물의 순환 작용을 통하여 공급된다. 그리고 우리 식탁에 늘상 올라오는 농산물들은 생산을 되풀이하는 자원, 즉 재생가능한 자원들로 볼 수 있다. 삼림, 어류, 식물종, 폐기물을 흡수·처리하는 환경의 능력 등은 중요한 재생가능자원인데, 갈수록 재생능력이 감소하고 있는데 문제가 있다.

이와 같이 한번 사용해버리면, 고갈되어버리는 자원들이 있는데, 이를 재생불능자원(recoverable nonrenewable resources)이라 한다. 구리, 알루미늄 등의 광물자원, 인광석, 카리 등 비료 자원, 석면, 진흙 등 자연 그대로 사용할 수 있는 자연자원 등이 그것이다.

그리고 회수할 수 없는 재생불능자원(nonrecoverable nonrenewable resources)이 있는데, 광물에너지 자원인 화석연료, 우라늄 등이 그것이다. 수백만 동안 소비나 분해되지 아니한 유기물이 축적되어져 지각 내부에 침적된 후 압력과 열에 의해 화석연료로 변환되는데, 화석연료가 타면서 방출되는 에너지는 지구로부터 외계로 저급의 열이 되어 방출되므로 회수할 수가 없게 된다.

자원공급원 오염(material-source pollution)은 자연자원의 채취와 이용과정에서 발생하는 오염으로 자연으로부터 목재, 광물 등을 채취하거나 공장을 건설하는 과정 등에서 발생되는 오염의 형태이다.

공정오염

공정오염(process pollution)은 말 그대로 상품을 제조하는 과정에서 발생되는 오염의 형태이다.

공정오염을 최소화하기 위해서는 무엇보다 생산공정에서 환경부하를 최소화하는 것이 중요하며, 최근 들어 청정생산에 대한 논의와 적용이 활발하게 이루어지고 있다. 청정생산이란 생산공정에서 환경오염을 제거하거나 감축하기 위한 기술 및 환경 친화적인 제품을 생산하기 위한 기술 및 방법 등을 말한다. 청정생산은 자원생산성 향상 및 제품을 생산하는 모든 과정에서 오염물질의 발생을 근원적으로 감소시키기 때문에 경제적이고 환경친화적인 생산방식이라 할 수 있다.

2005년부터는 EU의 '폐전기·전자기기지침(WEEE)'이 발효되고, 2006년 7월부터는 인체에 해로운 유해물질을 제품생산에 쓰지 못하게 하는 '위험물질 사용제한지침(RoHS)', 그리고 연간 1톤 이상 제조, 수입되는 모든 화학물질에 대해 수입을 의무화하는 REACH가 2007년 6월부터 시행되었다. 따라서 이에 대한 대책을 세우지 못할 경우 EU에는 관련 제품을 수출할 수 없게 된다.

미국은 전자렌지·TV·조명기기·냉장고·에어컨, 세탁기·온수히터·건전지·축전지, 반도체 등 제품별 환경규제안을 만들어 놓고 시행 중이다. 또 미연방환경보호청(EPA)이 컴퓨터, 모니터, TV 등 각종 전기전자제품을 임의폐기·매립 등을 강제로 금지하는 '컴퓨터 폐기물 대책법안(CHIP)'과 방염성과 납, 가소제에 대한 기존보다 강력한 규제를 포함하고 있는 소비자제품 안전 개선법(CPSIA)이 2009년부터 본격 시행되고 있다.

일본에서 지난 2001년 4월부터 냉장고, 세탁기, 에어컨, TV 등을 대상으로 시행하고 있는 가전 리사이클(recycle)법을 점차 강화하고 있다. PC의 경우 2001년 4월 업무용 PC에 2003년부터는 가정용 PC에 대한 규제에 들어간 상황이다(전자신문, 2004).

2.2 소비과정의 환경문제

제품오염

제품오염은 이미 제조된 상품을 이용하는 과정에서 필연적으로 수반되는 환경오염 형태이다. 제품오염의 대표적인 예는 자동차이다. 자동차에서 배출되는 가스는 지구온난화, 산성비 등 각종 환경문제를 야기하는 주범이다. 대기환경을 포함한 대부분의 제품을 통한 오염은 우리 생활에 가장 필수적인 공공재의 질을 떨어뜨린다는 점이다. 우리 스스로가 선택한 행위로 인하여 환경오염으로 인한 피해를 사회 전체적으로 떠안게 되는 것이다. 그러나 자동차를 소유한 사람과 그렇지 않은 사람의 대기오염에 대한 기여도를 따져본다면, 당연 자동차나 여러 제품들을 소비하지 않거나 소비할 여력이 없는 개인과 집단이 환경오염으로부터 받게 되는 피해는 상대적으로 크다.

폐기물오염

폐기물오염은 상품으로서의 가치가 끝난 것을 폐기 처분하는 과정에서 발생하는 환경오염을 말한다. 우리나라의 폐기물 발생 현황을 보면, 1999년 219,217톤에서 2008년 368,890톤으로 크게 증가 하고 있다. 폐기물은 가정폐기물, 공장폐기물, 방사성폐기물, 산업폐기물, 일반폐기물 등 형태와 종류가 다양하며, 폐기물 관리와 처리분야의 시장이 갈수록 확대되는 추세이다. 국내 폐기물 산업시장은 2004년 5.3조원에서 2008년 약 9.6조원의 시장으로 크게 성장하였다. 또한 저탄소 녹색성장 기본법의 제정에 따라 폐기물 관련 기술과 산업체에 대한 금융지원과 투자 비중이 늘어나 관련 산업이 확대될 예정이다.

경제규모의 확대에 따라 폐기물 발생량은 갈수록 증가하는데, 폐기물오염이 배출원에서부터 원천적인 감량화 노력과 함께 쓰레기 분리수거 및 재활용율 등이 제고되지 않는다면, 증가하는 소비의 속도에 따라 오염량도 증가할 수밖에 없다. 특히 산업화의 진전으로 건축폐기물 등 산업폐기물이 증가하는 추세를 나타내고 있다.

폐기물 처리가 중요한 이유는 자원을 효율적으로 이용함으로서 자연으로부터의 자원채취를 최소화함과 동시에 자연으로 되돌려지는 폐기물을 최소화함으로서 자연환경을 보전하고 인간의 건강을 보존하는 것이다.

선진국과 개발도상국들을 막론하고 폐기물관리정책의 변화과정은 비슷하다. 초기에는 단순히 쓰레기를 처리하는 청소개념(cleaning)에서 시작하여 재활용문제로 정책중심이 이동하였으며, 최근에는 폐기물 최소화 (Waste Minimization) 개념이 폐기물관리정책의 핵심을 이루고 있다.

폐기물 최소화란 폐기물발생억제(Preventation), 감량(Reduction), 재이용(Reuse), 재활용(Recycle), 에너지 회수 (Energy Recovery)를 포괄하는 개념으로 매립이나 소각을 통해 최종 처리되는 폐기물을 최소화하려는 정책이다. 따라서 세계 각국은 생산 단계에서의 폐기물 최소화를 위해 사업장 폐기물 감량화제도 폐기물 부담금제도 등을, 유통단계에서의 폐기물 최소화를 위한 포장방법, 포장재질 규제와 아울러 포장 폐기물 감량대책을, 소비단계에서의 폐기물 최소화를 위해 쓰레기 종량제, 음식물 쓰레기 대책, 일회용품 사용억제시책을 추진하는 등 생산, 유통, 소비의 전과정에 걸쳐 폐기물 최소화대책을 추진하고 있다(www.venus.semyung.ac.kr).

2.3 환경 피해

인체피해

인체피해는 환경오염의 피해대상이 인체로 축적되거나 영향을 미치는 피해 유형을 총칭하는 말이다. 60년대만 하더라도 연간 약 500종류에 달하는 신개발 화학제품이 생산되었던 반면, 오늘날에는 수천 가지가 쏟아져 나오고 있다. 그러나 인체의 안전성에 대한 의문은 과거나 지금이나 별 것 아닌 것 또는 생산증대를 위해 어쩔 수 없는 것으로 취급되고 있으며, 더더욱 문제는 위험에 처한 생태계 안전성이다. 모든 환경문제의 가장 최종적인 피해자는 인간이며, 나날이 피해의 정도가 커지고 있다. 최근에 대표적인 인체피해로 인식되고 있는 것이 환경호르몬이다.

> 지구는 궁극의 질병에 휩쓸렸다. 불임(不姙)이 흑사병처럼 번지고, 종말은 너무나 갑자기 찾아왔다. "세계의 구석구석까지 뒤졌으나 임신부는 어디에도 없다"고 생물학자가 선언했다.

> 이 혹성에서 아이들의 울음소리가 사라진 지 벌써 25년. TV에서도 아이들의 소리를 들을 수 없게 됐다. 놀이터도 사라졌다. … 봄이 찾아와도, 돌담을 비추는 햇살에도 사람들은 마음이 아팠다. 앞으로 봄은 다시 오겠지만 그것을 볼 사람은 없다.

영국 BBC 과학특집에서 에미상을 수상한 과학자 데보라 캐드베리의 환경호르몬 연구서 『자연의 암컷화』라는 책의 한 구절이다. 인류가 남긴 신화에는 신의 저주로 모든 생물의 생식능력이 사라진 불모의 땅이 자주 등장한다. 식물은 꽃을 피우지 않고 동물은 새끼를 갖지 못한다. 환경호르몬의 공포도 이런 신화와 크게 다르지 않다. 환경호르몬은 특히 수컷의 생식능력을 집중적으로 공격한다. 이런 저주가 현대사회에서 신처럼 군림해 온 과학문명에서 비롯되었다는 점에서도 신화는 새로운 설득력을 얻는다.

환경호르몬이란 말은 학술용어가 아니다. 지난 1997년 일본 과학자들이 NHK방송에 출연해 그 문제점들을 언급하면서 붙여진 이름이다. 학술적으로는 '내분비 교란물질(endocrine disruptor)'로 불리며, 생물체 안에 유입되어 호르몬처럼 생리기능에 관여하는 화학물질들을 일컫는다. 미국 환경보호부(EPA)는 내분비 교란물질을 '항상성(homeostasis)의 유지와 발달과정의 조절을 담당하는 체내의 자연 호르몬의 생산, 방출, 이동, 대사, 결합, 작용, 혹은 배설을 간섭하는 체외물질'로 폭넓게 정의하고 있다.

우리나라 식품의약품안전청에서 발표한 '99년 내분비계 장애물질 평가사업 결과'에는 모유에서까지 다이옥신이 검출됐다는 사실이 밝혀져 큰 충격을 주었다. 환경호르몬이 이처럼 민감한 반응을 불러일으키는 것은 1ppb(10억분의 1) 정도의 극히 적은 양으로도 생태계의 균형을 깨뜨리기 때문이다.

45억년 지구의 역사를 100년으로 압축시킨다면 공룡은 1년 전에 나타났다가 사라졌으며 인류는 2주전에 출현했다고 한다. 산업혁명은 불과 5분 전에 일어났다. 지난 5분 동안 인류는 눈부신 경제발전과 인구증가를 이룩해냈지만, 동시에 자연파괴와 환경오염 문제가 지구라는 별 전체를 위협하는 상황에 이르렀다. 현재 전세계에서 상업적으로 활용되고 있는 10만종이 넘는 화학물질들은 대다수 생물체들이 진화적 적응력을 아직 키우지 못한 물질들이다. 환경호르몬 문제는 이런 물질들이 무절제하게 배출, 방치될 때 생태 균형이 어떻게 파괴되는지 일깨워주고 있다(주간 내일신문, 2000).

물질피해

물질피해는 인간을 제외한 유기물, 무기물들이 입는 피해 유형을 말하는데, 생물을 통한 피해와 무생물을 통한 피해로 구분된다. 생물을 통한 피해는 환경오염으로 인한 가축피해나 농작물 피해를 들 수 있으며, 무생물을 통한 피해는 대기오염, 산성비 등으로 인한 전선의 부식, 하루만 돌아 다녀도 와이셔츠 깃이 쉽게 더러워지는 것 등을 들 수 있다.

3 환경문제의 유형

오늘날 환경문제는 그 범위가 점차 광역화되고, 심각성 또한 확대되고 있음은 누구나 인정하는 사실이다. 과거의 환경문제는 일부 지역에 한정되거나 환경용량 내에서는 자연의 자정능력에 의존해 왔으나, 오늘날의 환경문제는 개인적, 일국적 차원을 벗어나 인류 최대의 관심사가 되고 말았다. 그 유형들을 정리해보자.

3.1 지구온난화

지구가 더워진다.

지구의 대기는 대부분의 수증기(약 80%)와 이산화탄소 및 SO_2를 포함한 온실가스들로 구성되어 있다. 지구의 대기 중에 포함된 온실가스들은 태양 및 지구의 열을 흡수하는 온실효과(greenhouse effect)를 통하여 지구의 온도를 일정 수준으로 유지시키고 있다.

지구온난화 및 기후변화에 대한 전문 연구기관인 IPCC에 따르면, 대기중 온실가스 농도를 낮추기 위한 국제적인 노력이 없을 경우 21세기 동안 대기온도는 지속적으로 증가할 것으로 전망되고 있다. IPCC 4차 보고서에 따르면, 향후 20년 동안 SRES 배출 시나리오 범위에 대하여 약 0.2℃/10년 상승률로 온난화가 진행될 것으로 전망된다. 온실가스와 에어러솔 농도가 2000년 수준으로 일정하게 유지된다 하더라도 기온은 0.1℃/10년 비율로 온난화 될 것으로 예상하고 있다. 이 같은 지구온도 상승 속도는 지난 100년간 관측된 지구온도 상승폭보다 2~10배 클 뿐만 아니라 지난 10,000년간의 변화보다 훨씬 더 빠르게 진행될 것으로 예측되고 있다. 현재 약 368ppm 수준의 대기 중 온실가스 농도는 21세기에 490~1,260ppm까지 증가되고, 이에 따른 지구 평균온도도 1990년에서 2100년 사이에 약 1.4~5.8도 상승할 것으로 예측되고 있다. 또한 이와 같은 예측에 따르면 21세기 동안 평균 해수면의 수위는 1990년 대비 8~88cm 상승될 것으로 전망됨에 따라 우리나라(서해)를 포함한 저지대에 위치하고 있는 내륙은 바다 속에 잠김으로써 우리나라 지형에도 변화가 나타날 것으로 예측되기도 한다(기후변화홍보포털).

지구온난화는 이산화탄소, 메탄, 일명 프레온가스라 불리는 CFCs(염화불화탄소), 산화질소 등 온실효과를 일으키는 가수물질의 대기중 농도가 상승해 발생하는 현상을 말한다. 가장 큰 온실효과를 야기하는 이산화탄소로서 자동차, 발전소 등의 에너지원으로 이용되는 석유나 석탄 화석 연료의 대량소비가 증가의 주범이다.

현재 이산화탄소의 배출량은 선진국이 많은 부분을 차지하고 있으며, 이산화탄소 배출 저감을 위하여 1992년 리우회의에서 기후변화협약(United Nations Framework Convention on Climate Change)이 채택되었으며, 우리나라는 1993년 12월에 47번째로 가입하였다. 그리고 1997년 12월에 일본 교토에서 2000년 이후 선진국의 온실가스 감축 목표를 주요 내용으로 하는 교토의정서를 채택함으로써 국제적 구속력을 갖게 되었으며, 우리나라는 2002년도에 비준하였다. 교토의정서에는 온실가스 감축의무국가들의 비용효과적인 의무부담 이행을 위하여 신축표를 있는 교토메카니즘을 제시하였다. 주요 내용으로는 선진국 a국이 다른 선진국에 투자하여 얻은 온실가스 감축분을 a국 감축실적으로 서를 채택공동이행제도(Joint Implementation), 선진국이 개도국에 투자하여 얻은 온실가스 감축분을 선진국의 감축실적으로 인정해주는 청정개발체제(Cleen Development Mechanism), 온실가스 감축의무가 있는 국가들에 배출쿼터를 부여한 후 동 국가간 배출쿼터의 거래를 허용하는 배출권거래제도(Emission Trading) 등이 있다.

교토의정서에서 정한 지구온난화 대상가스는 이산화탄소(CO_2), 메탄(CH_4), 아산화질소(N_2O), 수소불화탄소(HFC), 과불화탄소(PFC), 육불화항(SF_6) 등 6가지로서 발생원인을 살펴보면 <표 3-1>와 같다.

〈표 3-1〉 온실가스와 발생원인

온실가스	발생원인	지구온난화지수
이산화탄소(CO_2)	석탄석유 등 화석연료 태울 때 발생	1
메탄(CH_4)	쓰레기 매립지 등 환경기초시설에서 유기물이 산소가 없는 상태의 분해과정을 거치면서 발생	21
아산화질소(N_2O)	농경지에서 질소질 비료 사용에 따라 발생	310
CFCs의 대체물질 HFCs, PFCs, SF_6 등	냉장고의 냉매 및 전자제품 등 정밀기계의 세정제 등으로 사용	PFC : 7000 HFC : 1300 SF_6 : 23900

주 : 지구온난화에 기여하는 정도에 따른 것이며, CO_2를 1로 보았을 때임(IPCC 제시).

지구온난화는 자연생태계 변화는 물론 인간의 보건, 주거환경과 농업, 축산 및 산업활동 전반 등 사회·경제적 차원에서 광범위한 영향을 미친다. 지구온난화의 기후변화가 초래하는 물리적 환경변화로는 혹서, 강우량 증가, 사막화 현상, 국지적 강수량 분포 변화, 지역 식생 변화, 해수온도와 해수면의 상승 및 지진의 잦은 발생 등이 있다(한국환경정·책평가연구원, 2002).

3.2 오존층 파괴

오존층 파괴(ozone depletion)는 성층권에 존재하는 오존층이 파괴 현상으로 CFC물질이 주된 요인이다. 2009년 9월, 유엔 산하 세계기상기구(WMO)는 성명을 통해 "올해 오존층 구멍의 크기는 이미 2007년의 최종크기를 넘어섰다"면서 "오존 구멍이 아직도 커지고 있어 올해 규모가 어느 정도 일지를 언급하기는 이르다"고 밝혔다. 사상 최악의 오존층 구멍 크기는 2006년에 기록된 것으로 2950만㎢에 달한다.

오존층의 역할은 태양에서 지구에 내리 쬐는 태양광 중 유해한 자외선의 양을 감소시키는 작용을 하는데, CFC물질이 대기 중에 방출되면, 온난화가 야기되고, 성층권에서 광화학적으로 분해된 염소가 발생함에 따라 오존층이 파괴된다. 그리고 유해한 광선이 그대로 지상에 도달하게 되기 때문에 피부암 등의 발생률이 증가하고, 식물의 식생에 이상이 발생된다.

보통 대기의 구조는 대기의 수직 온도 분포에 따라 대류권(troposphere), 성층권(stratosphere), 중간권(mesosphere) 그리고 열권(thermosphere) 등으로 나누어진다. 대류권은 지표면으로부터 약 10∼15 ㎞ 고도에 걸쳐 위치하며 고도가 상승할수록 평균 6.5℃의 율로 기온이 하강하여 대류권 상층부(계절별, 위도별 차이는 있으나 평균 11㎞ 고도)에서 약 −56 ℃(217 K)의 기온을 나타낸다. 이와 같이 고도가 상승할수록 기온이 낮아져 불안정한 대기층을 이루어 대류 운동이 활발하게 일어나는 기층을 대류권이라 한다.

대류권 상층부로부터 약 50㎞ 고도까지는 기온이 계속 상승하여 약 50㎞ 고도에서 0℃(273 K)의 기온을 나타내는 안정한 대기층으로 주로 분자 확산에 의해 기체의 이동이 이루어지는데 이 층을 성층권이라 한다. 대기중에 포함되어 있는 오존전량(total ozone)을 지상 기압으로 압축시켜 깊이로 환산하면 약 0.3㎝에 불과한 양이나, 이 양의 약 90%는 성층권에 포함되어 있고 나머지 10%는 대류권에 포함되어 있다. 특히 성층권 내에서도 25㎞ 부근에 오존이 밀집되어 있는데 이 층을 오존층(ozone layer)이라 한다.

성층권 오존은 산소분자가 태양으로부터 방출되는 강력한 자외선을 받아 두 개의 산소원자로 분해되면서 발생된 산소원자가 다시 산소분자와 결합하여 생성된다(www.me.go.kr).

오존층 파괴 물질을 규제하기 위한 국제협약으로는 1985년 비엔나에서 '오존층 보호를 위한 비엔나 협약'을 채택되었으며, 그 후 캐나다 몬트리올에서 '오존층 파괴물질에 대한 몬트리올 의정서'가 채택되었다. 우리나라는 1992년에 몬트리올 의정서에 가입하였으며, 1995년 7월부터 오존경보제를 실시하고 있다. 몬트리올 의정서는 냉장고나 에어로졸 분무제, 일부 포장재에 쓰이면서 대기 중으로 방출 될 경우 오존층을 파괴하는 염화불화탄소를 단계적으로 사용 중지시키는 내용을 담고 있다.

3.3 산성비

산성비(acid precipitation, acid rain)는 화석연료를 태우는 과정에서 이산화탄소뿐만 아니라 황산화물(SOx), 질소산화물(NOx) 등도 다량 배출되는데, 이들은 대기중에서 기체상의 산화반응과 액체상의 산화반응을 거쳐 황산(H_2SO_4), 질산(HNO_3), 염산 등의 물질이 생성되어 빗물이 산성화되어 발생된다.

산성비로 인한 피해는 다양하게 나타나고 있다. 건물이나 금속이 쉽게 부식되고, 나팔꽃의 탈색, 침엽수림의 고사, 낙엽률 증가, 잎말림병 등이 그것이다. 특히 산성비는 토양과 물에 심각한 영향을 미치고 있다.

토양이 산성화 및 영양분의 용출로 인하여 산림피해가 일어나는데, 토양이나 물의 pH가 낮아지면 인산이온의 용출이 어려워 알루미늄, 망간이온이 용해하기 쉬워지고, 산성토양은 생물이 필요로 하는 물질을 결핍시키고 유해물질을 과잉 축적된다고 한다. 그리고 호수 등이 산성화되면, 어패류의 감소와 중금속 용출에 의한 오염이 발생한다. 미국 뉴욕주에 있는 한 호수의 pH가 6.6~7.2이었던 것이 점차 3.9~5.8로 떨어져 물고기의 75%가 피해를 입었고, 캐나다의 온타리오주의 많은 호수에서도 pH 4.5가 되어 물고기와 플랑크톤의 생육이 곤란해졌다는 보고가 있다. 북구주에서는 1960년대 후반에 있어 pH 4~5의 우수에 의해 산림의 성장이 2~7% 감소하고 산성화에 의해 호소수의 pH가 지하되어 많은 어류가 사멸하였다고 하며, 스웨덴에서도 곰팡이류 균사가 호소바닥에 널리 퍼졌고 노르웨이에서도 산성화에 의해 금속류가 용출되어 물 속에 알루미늄이온 농도가 높아지는 등 피해가 있다는 많은 보고가 있다.

산성비로 인한 피해는 개도국에서 보다 심각한 양상으로 나타나는데, 중국은 1994년 이래 300만명이 도시 대기오염으로 사망했다고 한다. 때문에 1996년에 아황산가스 배출 규제를 강화하고 7만개가 넘는 산업 오염시설들을 폐쇄하겠다고 선언한 바 있다. 인도 역시 타지마할 인근의 약 300개의 석탄의존 산업체들에게 폐업을 명령한 바도 있다.

산성비는 말 그대로 산성을 띤 빗물이다. 대기오염이 없다할지라도 비는 대기

중의 탄산가스가 녹아들어 pH 5.6 정도의 약산성을 띤다. 포도가 pH 3.4~4 정도이며, 김치는 pH 4~4.2정도라고 한다. 가수 김현식의 노래에서 나오는 것처럼 "난 오늘도 이 비를 맞으며, 하루를 그냥 걸어요~" 이건 예전에 내리던 비 얘기고, 요즘엔 아마도 머리카락이 송송 빠지거나 탈색될 걱정을 해야 할 처지가 된 것이다.

3.4 열대림 감소와 사막화

삼림은 이산화탄소를 흡수하고 산소를 공급하여 기후를 안정시키고, 수자원과 토양을 보전하며, 임산물과 생물 자원을 공급하는 등 생태적으로나 경제적으로 중요한 역할을 하고 있다.

현재 지구상에 존재하는 열대림은 약 19억ha로 추정되며, 지구 표면의 6~7% 정도를 차지하고 있다. 이 중 약 12억ha는 브라질, 인도네시아 등 적도 근처에 위치하고 있는 열대 우림이다. 이들 삼림은 지구 온난화의 원인이 되는 이산화탄소를 산소로 바꾸는 등 그야말로 지구의 폐로서 중요한 역할을 다하고 있는데, 그 파괴양상은 매우 심각한 지경이다. 한해 평균 파괴되는 아마존강 유역의 자연 열대림은 약 2만㎢이며, 이는 우리나라 전체 임야면적의 3분의 1에 해당하는 면적이다. 전세계적으로 열대림의 0.1~0.6%(730만ha)가 매년 사라진다고 하는데, 이런 추세대로라면 약 180년 후에는 지구상의 열대우림 지역은 모두 사라진다는 결론이다.

세계 최대의 열대림 지역으로 손꼽히는 브라질의 아마존지역은 화전 경작과 아마존 분지에 대한 개발로 몸살을 앓고 있다. 70년대 중반 이후 원시림을 관통하여 대서양에서 페루 국경에 이르는 5,600㎞의 아마존 횡단 도로와 수도 브라질리아에서 벨렘에 이르는 도로를 건설하면서 열대림이 급격히 손실되었고, 도로가 생기자 농작물 재배와 가축사육이 활기를 띠게 되면서 80년대에는 아마존 분지의 인구는 약 2배 이상 증가하였다.

전세계적으로 보면, 하루에 약 4만6천ha의 열대림이 손실(deforestation)되고 있으며, 연간 1,700만ha의 삼림이 감소하고 있는데, 이는 우리나라 면적보다 넓은 면적인 셈이다. 지구는 지난 1만년 동안 농경지, 목장, 도시화로 삼림의 1/3이 훼손되었으며, 세계 목재생산량의 1/2은 연료로 이용되고 있다.

장기적으로 볼 때 온실가스인 이산화탄소를 흡수하는 산림의 감소는 지구 온난화를 보다 가속시킬 것이며, 산림이 훼손된 지역은 폭풍이나 홍수를 동반하며, 다시 사막이나 황무지로 변화되는 악순환을 반복하게 된다. 한편으로 삼림은 동식물의 서식지 역할을 하기 때문에 삼림의 파괴는 동식물 종의 멸종을 야기하는 하나의 요인이 되고 있다. 예를 들어 곤충의 경우 열대우림지역에 서식하는 종이 전세계 곤충의 70~90%를 차지하는 것으로 보고되고 있다.

열대림 감소는 개발도상국에서 보다 심각하게 진행되는데, 당장의 소득을 올리기 위해 삼림의 무차별한 남벌이 이루어지고 수출용 작물을 생산하기 위해서 화전농업을 육성하는 등 삼림을 파괴하고 있는 실정이다.

사막화(desertification)란 연평균 강수량 600㎜ 이하의 건조 또는 반건조 지역에서 대기 순환의 장기적인 변동에 의해 비롯되는 기후적 요인과 함께 인위적으로 발생하고 있는 생태적 균형의 파괴로 말미암아 토지 생산력이 감소하는 현상을 말한다. 특히, 인구가 희박한 반건조 지역에서 농경지의 확대, 과도한 목축에 의한 생태계의 파괴로 사막화가 급속도로 진행되고 있다.

사막화현상은 산림황폐화, 토양침식을 포괄하는 개념으로서 아프리카를 비롯한 남미, 중동 및 러시아, 중국, 인도 등 아시아 국가들까지도 사막화의 영향을 받고 있다. 특히 인접국가인 중국의 사막화가 확대될 경우 황사량도 증가할 것으로 예상된다.

세계적으로 매년 6만 ㎢의 면적이 사막화되고 있어 이러한 추세가 지속된다면 약 1,300만 ㎢에 지나지 않는 세계의 농경지와 목축지는 200년 후에는 대부분 사라지게 될 것이라는 극단적인 예측까지 제시되고 있다.

1983년에 채택되어 1985년부터 발효된 국제 '열대목재협정'과 1994년에 채택된 '사막화 방지협약'은 심각한 한발 또는 사막화의 영향을 받는 국가(특히 아프리카 국가)들에 대한 재정적, 기술적인 지원과 이를 위할 재정체계 수립 그리고 개도국의 사막화복원능력을 향상시키기 위해 1993년 5월~1994년 6월 중 5차례에 걸친 정부간 협상위원회를 통해 협약이 채택되었다.

3.5 생물다양성의 감소

생물다양성(biodiversity)이란 좁은 의미로는 생물 종의 종류를 의미하며, 넓은 의미에서는 몇 가지 다른 수준에서 생명체의 다양성을 총칭하는 말이다. 생물다양성의 의미에 대하여 1987년 미국 기술평가국(U. S. Office of Technological Assessment, OTA)이 의회에 제출한 보고서에 의하면 생물다양성이란 "생물체들 간의 다양성과 변이 및 그들이 살고 있는 모든 생태적 복합체들"을 통틀어 일컫는다. 1989년 세계자연보호재단(Worldwide Fund for Nature)은 "생물다양성이란 수백만여 종의 동식물, 미생물, 그들이 담고 있는 유전자, 그리고 그들의 환경을 구성하는 복잡하고 다양한 생태계 등 지구상에 살아 있는 모든 생명의 풍요로움이다"라고 정의되고 있다.

생물다양성은 여러 유형으로 구분되는데 첫째, 유전자의 다양성(gene diversity)은 유전정보를 총칭하는 말이며, 지구상에 생존하는 개체 생물의 세포 속에 들어있는 유전자는 모두 포함한다. 형태적으로 같은 생물 종이라 할지라도 이들 개체를 구성하고 있는 유전자의 일차구조(염기서열)는 변이가 다양하다.

둘째, 종의 다양성(species diversity)이란 생물종이나 군집의 구성자간의 형태적 차이가 있다는 것이다. 환경에 적응하여 선택된 유전자가 궁극적으로 특정 생명체의 형질로 진화한 결과가 생물종의 다양성이다. 종의 다양성은 지구상의 여러 가지 다른 지역 내에 존재하는 다양한 생물의 종류를 뜻하며, 진화의 계통이나 생태계의 특성에 따라 상이하다.

셋째, 생태계의 다양성(ecological diversity)은 미생물을 포함해서 동물과 식물 종의 군집의 양상과 상호 작용하는 시스템의 차이로 구분된다. 일반적으로는 한 특정 서식지의 특성으로 대변되는데, 온대산림지역, 열대우림, 연해안지역, 산호초지역 등의 생태학적 특성을 말한다.

생물종은 왜 중요한가. 무엇보다 모든 환경의 지속에 절대적으로 필요한 생물자원을 제공하며, 자연환경의 균형을 유지 기능을 가지고 있다.

오늘날 지구에는 대체로 약 3천만종의 생물이 존재할 것으로 추정되며, 현재 4.7% 정도인 140만종 정도가 밝혀졌다고 한다. 400년 전부터 생물종의 감소가 심각한 문제로 제기되고 있는데, 지구상의 종은 매년 2만 5천 내지 5만종이 멸종하고 있으며, 미국은 3천종의 자생식물종이 멸종 위기에 처해 있으며, 700종 이상이 10년 이내에 멸종될 것으로 전망되고 있다. 아프리카코끼리, 벵골호랑이, 개구리 등을 비롯하여 9천여 종의 조류 중 1천여 종이 멸종 위기에 있으며, 6,300종의 수가 감소하고 있다. 인도에서는 유럽으로 개구리를 남획 수출한 결과, 서벵갈 지역은 말라리아 환자가 급증한 바 있다.

환경부 국립생물자원관에 따르면, 우리나라의 생물다양성은 2008~2010년 동안 추진한 "국가 생물종 목록 구축사업"을 통해 지난 1996년 자연보호중앙협의회가 보고한 28,462종의 국내생물종목록과 누락됐거나 새로 발굴된 16,410종을 종합 검토하여 5,230종의 식물과 13,384종의 곤충, 1,841종의 척추동물 등 36,921종의 국가생물종목록을 완성하였다고 발표하였다. 이외에도 국제적으로 검증을 거치고 있는 3,500여종의 신종과 미기록종 후보 생물을 포함하면 우리나라에서 보고된 자생생물종수는 41,000여종 정도로 전망된다. 그러나 이 중에서 멸종위기에 있거나 가까운 장래에 멸종될 위험이 있는 야생동·식물은 다음과 같이 너무나도 많다(표3-2).

〈표 3-2〉 멸종위기 야생 동·식물

멸종위기야생 동·식물Ⅰ급	– 포유류(12종) : 늑대, 대륙사슴, 바다사자, 반달가슴곰, 붉은박쥐, 사향노루, 산양, 수달, 시라소니, 여우, 표범, 호랑이 – 조 류(13종) : 검독수리, 넓적부리도요, 노랑부리백로, 노랑부리저어새, 두루미, 매, 저어새, 참수리, 청다리도요사촌, 크낙새, 혹고니, 황새, 흰꼬리수리 – 파충류(1종) : 구렁이 – 어 류(6종) : 감돌고기, 꼬치동자개, 미호종개, 얼룩새코미꾸리, 퉁사리, 흰수마자 – 곤충류(5종) : 두점박이사슴벌레, 산굴뚝나비, 상제나비, 수염풍뎅이, 장수하늘소 – 무척추동물(5종) : 귀이빨대칭이, 나팔고둥, 남방방게, 두드럭조개, 칼세오리옆새우 – 육상식물(8종) : 광릉요강꽃, 나도풍란, 만년콩, 섬개야광나무, 암매, 죽백란, 풍란, 한란
멸종위기야생 동·식물Ⅱ급	– 포유류(10종) : 담비, 무산쇠족제비, 물개, 물범, 물범류, 삵, 작은관코박쥐, 큰바다사자, 토끼박쥐, 하늘다람쥐 – 조류(48종) : 가창오리, 개구리매, 개리, 검은머리갈매기, 검은머리물떼새, 검은목두루미, 고니, 긴점박이올빼미, 까막딱따구리, 느시, 독수리, 뜸부기, 말똥가리, 먹황새, 물수리, 벌매, 붉은가슴흰죽지, 붉은해오라기, 비둘기조롱이, 뿔쇠오리, 뿔종다리, 삼광조, 새홀리기, 솔개, 쇠황조롱이, 수리부엉이, 시베리아흰두루미, 알락개구리매, 알락꼬리마도요, 올빼미, 재두루미, 잿빛개구리매, 적호갈매기, 조롱이, 참매, 큰고니, 큰기러기, 큰덤불해오라기, 큰말똥가리, 털발말똥가리, 팔색조, 항라머리검독수리, 호사비오리, 흑기러기, 흑두루미, 흰목물떼새, 흰이마기러기, 흰죽지수리 – 양서류(3종) : 금개구리, 남생이, 맹꽁이 – 파충류(2종) : 비바리뱀, 표범장지뱀 – 어류(12종) : 가는돌고기, 가시고기, 꾸구리, 다묵장어, 돌상어, 둑중개, 모래주사, 묵납자루, 임실납자루, 잔가시고기, 칠성장어, 한둑중개 – 곤충류(15종) : 고려집게벌레, 깊은산부전나비, 꼬마잠자리, 닻무늬길앞잡이, 멋조롱박딱정벌레, 물장군, 붉은점모시나비, 비단벌레, 소똥구리, 쌍꼬리부전나비, 애기뿔소똥구리, 왕은점표범나비, 울도하늘소, 주홍길앞잡이, 큰자색호랑꽃무지 – 무척추동물(24종) : 갯게, 검붉은수지맨드라미, 기수갈고둥, 긴꼬리투구새우, 깃산호, 대추귀고둥, 둔한진총산호, 망상맵시산호, 밤수지맨드라미, 별혹산호, 붉은발말똥게, 선침거미불가사리, 연수지맨드라미, 유착나무돌산호, 의염통성게, 자색수지맨드라미, 잔가지나무돌산호, 장수삿갓조개, 진홍나팔돌산호, 착생깃산호, 참달팽이, 측맵시산호, 해송, 흰수지맨드라미 – 육상식물(56종) : 가시연꽃, 가시오갈피나무, 개가시나무, 개느삼, 개병풍, 갯대추, 기생꽃, 깽깽이풀, 끈끈이귀개, 나도승마, 노랑만병초, 노랑무늬붓꽃, 노랑붓꽃, 단양쑥부쟁이, 대청부채, 대흥란, 독미나리, 둥근잎꿩의비름, 망개나무, 매화마름, 무주나무, 물부추, 미선나무, 박달목서, 백부자, 박운란, 산작약, 삼백초, 선제비꽃, 섬시호, 섬현삼, 세뿔투구꽃, 솔나리, 솔잎란, 솜다리, 순채, 애기등, 연잎꿩의다리, 왕제비꽃, 으름난초, 자주땅귀개, 자주솜대, 제주고사리삼, 조름나물, 죽절초, 지네발란, 진노랑상사화, 층층둥글레, 큰연령초, 털복주머니란, 파초일엽, 한계령풀, 홍월귤, 황근, 황기, 히어리

자료:국립공원 멸종위기종 복원센터(www.bear.or.kr)

유엔환경계획(UNEP)이 후원하는 '생태계와 생물다양성의 경제학(TEEP)' 연구에 따르면, 산림전용에 의한 생물다양성 손실의 비용은 약 4.5조달러에 달한다. 이는 세계 인구 1인당 650달러에 해당하는 비용이다. 물론 이 비용은 과잉 개발, 집약식 농업의 확장, 기후변화의 영향에 따른 총 손실의 극히 일부에 불과한 것이다. 6,300만ha에 달하는 습지가 매년 제공하고 있는 경제적 가치는 34억달러로 추산된다. 의약품 거래시장 규모 6,400억달러의 절반은 생물유전자원이 제공하고 있다. 해양생물에서 얻는 항암제만도 매년 10억 달러의 가치를 지니고 있다. 생물다양성의 상실은 연관 산업뿐만 아니라 생물종에 기대어 살아가는 사람들의 생계에도 큰 영향을 미친다. 산림만 하더라도 12억명에 달하는 세계 빈곤층의 90%에 해당하는 사람들의 생계에 기여하고 있다(http://climateaction.re.kr)

생물종의 다양성을 유지하기 위하여 1946년에 국제 포경협약, 1951년에 국제식물협약, 1973년에 야생 동식물 보호협약, 1992년에 생물다양성 협약(우리나라는 1994년 10월 3일 가입서를 기탁), 1995년 1월 1일부터 발효 등 생물다양성과 합리적 이용을 위한 정책 등을 주요 골자로 여러 협약이 발효되었다.

3.6 해양오염

바다는 지구 표면의 약 70%를 차지하고 있고 모든 생명의 근원이다. 해양의 역할은 세계인구의 식량 공급뿐 아니라 급격한 기후 변화에 대한 완충과 운송 수단, 다양한 광물과 생물상의 보고로서 매우 중요한 존재이다. 이러한 해양의 이용은 최근 생활쓰레기와 산업폐기물의 투기장소로 까지 확대되고 있다. 이론상 해양의 정화능력은 이러한 폐기물을 모두 희석시킬 만큼 크지만 오염물질의 유입원과 가까운 연안에서는 미처 희석되기 전에 피해가 일어난다.

〈표 4-7〉 해양오염의 공급원

공급원	오염 유형
직접적인 배출구에 의한 유입	·생활하수, 공장폐수 ·산업시설은 대부분 연안에 입지 ·냉각수, 공업용수,폐수가 직접적으로 해양으로 유입
강물에 의한 유입	·제초제, 살균제 ·강우에 의해 씻겨 내린 도시 차량의 각종 유류
수송과정에서 발생되는 유입	·난파나 해난사고에 의한 유류 및 독성 화합물의 유입 ·태풍 등에 의한 수송, 선적 중에 분실되는 수하물에 의한 유입
연안 투기	·특정 해역을 연안에 지정 투기장소(dumping grond)로 이용. ·준설토의 폐기(중금속 포함) ·하수처리장의 sluge
대기를 통한 유입	·대기로 방출된 오염 물질의 강우를 통한 육지나 해양으로의 환류 ·납 성분의 연간 해양으로 유입되는 양은 약 40만 톤으로 추정 ·대기를 통한 살충·살균제의 해양유입
해양의 자가오염	·과도한 밀집양식으로 인한 자가오염 ·사료의 부영양화와 산소고갈 ·적조의 발생에 영향

자료 : www.my.netian.com

정부간 해양위원회(Intergovernmental Oceanographic Commission)에 의하면, 해양오염(marine pollution)이란 “해양오염이란 인간에 의해 직·간접적으로 물질이나 에너지가 하구를 포함한 해양환경으로 유입되고 그 결과로서 생물자원에 대한 피해, 인류건강에 대한 위험, 어업을 포함한 해양활동의 저해, 그리고 해수 이용에 대한 질적 손상과 위락성이 감소 등을 일으키는 것”으로 정의되고 있다.

해양은 규모가 방대하여 각종 오염물질을 흡수하고 처리하기에 이상적이 장소이다. 그러나 오염물질이 집중적으로 유입되고 수심이 얕은 연근해 수역의 오염현상이 확산되고 있으며, 여러 가지 해양시설은 자연 해수의 순환기능을 저해하여 해양의 자정능력을 감소시키고 있다.

최근 들어 1989년 알레스카에서 발생된 액손사 발데즈 사건, 1992년 스페인 근해에서 발생한 이지언시호 사고, 우리나라의 1995년 씨프린스호 좌초 사건, 2007년 태안 앞바다 원유유출 사고 등을 통해 세계 원유생산량의 0.01%가 바다로 유입되고 있다고 한다.

이와 같은 해양오염의 감소를 위하여 1954년에 '유류에 의한 해양오염 방지를 위한 국제협약, 1972년에 런던협약, 1973년과 78년의 MARPOL 협약 및 의정서, 1990년의 OPRC 협약 등이 체결되었다.

그리고 특정 해양생물자원의 보호와 그들의 지속적 이용을 위한 조사·규제 등을 하기 위한 각종 위원회가 정부간에 설치되어 있다. 예를 들면, 국제포경조약에 의해서 만들어진 국제포경위원회(1948), 미국, 일본, 캐나다 3국간의 북태평양 공해 어업에 관한 국제조약에 근거하여 설치된 북태평양 어업국제위원회(1952), 북서 대서양의 어업에 관한 다수국간의 협력에 관한 조약에 근거하여 설치된 북서 대서양어업기관(1978), 대서양의 참치류 보존을 위한 국제조약에 근거하여 설치된 대서양참치류보존 국제위원회(1966), 남극의 해양생물자원 보존을 위한 조약에 근거하여 설치된 남극해양생물자원보존위원회(1980) 등이 있다.

읽을거리

이스터섬의 교훈

1722년 3월 어느 날.

네덜란드 해군의 야코브 로헤벤 제독이 남태평양을 항해하다가 지도에 없는 외딴섬을 발견하고, 섬에 다가간 그는 놀라움에 입을 다물 수가 없었다.

망망대해 속의 작은 섬에 엄청난 거인 석상(石像)이 수도 없이 세워져 있었기 때문이다.

"섬에는 피부색이 다른 사람들이 뒤섞여 살고 있었다. 가장 놀라운 것은 5m도 넘는 귀가 큰 석상들이 섬을 빙 둘러 세워져 있는 모습이었다. 우리가 섬에 도착한 날이 마침 부활주일(Easter Day)이었으므로 우리는 그 섬을 '이스터'라고 부르기로 했다.

로헤벤이 떠난 뒤 50년쯤 지나 제임스 쿡 선장이 이곳에 왔다.

그밖에도 여러 사람이 이스터섬을 찾았는데, 한결같이 놀랍고 신기해했다.

1914년에 이곳을 방문한 영국의 여성 탐험가 라토리지는 이런 글을 남겼다.

'왜 석상을 만들었을까? 이 초인적인 거석문화(巨石文化)의 주인공들은 도대체 어디로 사라졌는가'. 이스터섬에 서 있노라면 한없이 무서워진다. 20m나 되는 거대한 얼굴들은 죽음의 시를 읊고 있는 듯하다…?

이스터섬은 지구상에서 다른 지역으로부터 가장 멀리 고립되어 있는 절해 고도이다. 제일 가까운 남아메리카 칠레에서조차 3,600㎞쯤 떨어져 있다. 이 세모꼴 화산섬의 길이는 동서 15㎞,남북 10㎞이고 넓이는118㎢이다. 바람과 파도가 거칠지만 기후는 서늘하고, 풀밭에 양떼와 야생마가 돌아다닌다.

로헤벤이 처음 발견했을 때 토박이말로 라파누이라고 불리던 이 섬에는 5,000여명이 살고 있었다. 그 뒤 140년만에 라파누이는 사라졌다. 1862년 페루 노예 상인들이 1,000여명을 붙잡아 가면서 천연두와 결핵을 퍼뜨려 토박이가 111명밖에 살아남지 못한 것이다(스포츠 투데이-추적발굴현장).

누가 거대한 석상들을 왜 만들고 어찌하여 이스터섬이 그 문명의 종말을 고하게 되었을까? 여러 추측이 있다. 이스터섬에 살던 긴귀와 짧은귀이 살았으며, 부족간에 숭배사상이 거석을 만들었는데, 결은 전쟁 때문에 멸망했다는 설도 있고, 외계인이 지구에 표류했다 남긴 흔적이라고 하는 사람도 있고, 태평양의 침몰한 문명의 흔적(아틀란티스 대륙)이라고 말하는 사람도 있다.

그런데 클라이브 폰팅이 지은 '녹색세계사'에는 거석문화의 미스터리를 환경파괴의 결과라고 이야기한다. 18세기에 이곳을 방문한 유럽인들은 나무 한 그루도 발견하지 못하여 황폐한 지역으로만 알고 있었지만, 최근 꽃가루 타입분석 결과를 통해 이곳이 과거에 울창한 산림지대라는 것을 알았다. 아마도 섬의 중심부에 있는 암벽에서 석상을 조각하여 해안 가까이로 옮기기 위해서는 섬을 가로질러야 하는데, 이 때 많은 나무와 인력이 필요했을 것이며, 무차별적인 벌채가 서식지의 파괴를 가져왔고, 결국은 식인문화까지 생기고 문명은 종말을 고했다는 것이다. 나는 동감한다.

망망대해에 한 점으로 있는 이스터 섬. 지구와 이스터섬, 무엇이 다를까?

참고문헌

IPCC, 「기후변화의 영향 및 대응에 관한 기후변화 정부간 협의회의 종합보고서」, 1990.8.
두산세계대백과 EnCyber.
송상용, "성장의 한계", 「환경리포트」 5-6월호, 1994.
스포츠 투데이-추적발굴현장
임경순, "레이철 카슨의 『침묵의 봄』(1962) 출현의 역사적 배경 및 그 영향", 의사학 제5권 제2호, 1996.
전자신문, 2004.2.13.
주간 내일신문, 2000.2.29.
한국환경정책·평가연구원, 『기후변화협약 대응체제 연구』, 2002.4.

국립공원 멸종위기종 복원센터(www.bear.or.kr)
환경부(www.me.go.kr)
http://climateaction.re.kr
www.venus.semyung.ac.kr

제 4 장 환경과 사회

환경이 인간사회를 위해 수행하고 있는 세 가지 기능은 공급창고(supply deposit)와 폐기물 저장소(waste repository), 삶의 공간(living space) 제공 등이다(Dunlap, R.E, 1994, 한국환경사회학회, 2004).

첫째, 공급창고로서 환경은 인간사회에 물, 공기, 식량, 주택, 교통, 기타 경제재의 생산 등을 제공해준다. 인간은 환경이라는 창고에서 필요한 물건을 꺼내 사용하고 있다. 그런데 이 공급창고에서 물건을 너무 많이 꺼내 사용하면 자원의 부족현상이 발생된다. 그래서 인간사회에서는 공급창고의 관리와 이용을 둘러싼 여러 가지 갈등이 일어나고 있다.

둘째, 폐기물 저장소로서 환경은 인간이 자원을 소비하는 과정에서 발생시키는 다양한 폐기물을 흡수하고 재생하는 기능을 한다. 인간사회는 생활하수나 공장폐수, 매연, 음식물 쓰레기 등 수질 및 대기를 오염시키는 물질 등 폐기물을 배출한다. 과거처럼 인구밀도가 낮을 때에는 큰 문제가 되지 않은 경우가 많았다. 그러나 현대에는 인구의 증가와 고도의 산업화 및 도시화가 진전되고 있어, 자연이 이러한 폐기물을 흡수하고 처리할 수용능력을 넘어서고 있는 사회가 늘어나고 있다. 그래서 오염과 공해 문제가 심각해지고 있는 것이다.

셋째, 삶의 공간으로서 환경은 인간사회에 주택, 도시, 공장, 학교, 교통, 놀이 및 여가를 위한 공간을 제공하고 있다. 인간은 이러한 공간 속에서 물질적으로나 정신적으로 풍요로운 삶을 추구하고 있다.

이 같은 환경의 세 가지 기능은 상호 경쟁과 갈등관계로 나타나고 있다. 즉 공급창고와 폐기물 저장소, 삶의 공간을 다투어 확대시킴으로써, 환경이 이 세 가지를 모두 수용하기 어려지고 있는 것이다. 예를 들면, 쓰레기의 처리는 자연환경을 훼손시켜 공급창고로서의 기능을 저하시킨다. 또 삶의 공간은 공급창고의 확대로 제약되고 있다. 그래서 환경문제는 그 범위와 심각성이 점차 확대되면서 국제 문제화되고 있고 인류 최대의 관심사가 되었다.

이와 관련하여 철학, 과학, 경제학, 사회학 등 여러 가지 학문 영역에서 환경과 관련된 연구가 이루어지고 있다. 따라서 그 범주는 환경문제의 역사·철학적 변화를 비롯하여 과학기술의 발전과 적용, 또한 경제학적 응용과 정책 수립 등에 이르기까지 매우 다양하며, 그 접근방법 역시 종합적 성격을 띠게 된다.

이 장에서는 환경과 경제, 인간사회와 환경간의 관련성 및 상호작용에 관한 다양한 사회학적 및 철학적 관점에 대해 살펴보기로 한다.

1 환경론의 종류

자원고갈과 환경오염은 생태계의 부하용량(carrying capacity)을 초과하는 인구증가와 과도한 물질소비에서 비롯된다. 따라서 자연환경의 파괴로부터 생명의 가치를 지키는 것은 특정 사회계층만의 문제이거나 정치, 경제, 문화 중 어느 한 분야에만 한정된 문제가 아니라 전 인류의 생존에 관계되는 근본적인 문제이다. 따라서 오늘날 환경위기의 극복을 위한 새로운 환경 논의와 태도의 전환이 활발하게 이루어지고는 있다.

환경문제의 본질을 파악하고 이를 해결하기 위해서는 사회의 발전과정 속에서 인간과 인간, 인간과 환경의 관계에 대한 고찰과 인식의 전환이 선행되어야 한다. 현재까지 전개되어 온 여러 가지 유형의 환경론은 본질적으로 인간과 자연의 관계를 보다 바람직하게 설정하고자 하는 측면에서 공통점을 가지고 있다. 그러나 환경의 현안문제에 대한 연구뿐 아니라 개인과 사회의 지향점이 일치하지 않고 있는데, 이러한 지향점의 차이를 초래하는 사회·경제·문화적 요인에 대한 연구가 환경론의 주요 내용을 구성한다. 환경론은 중세의 세계관과 근대의 과학전통을 모태로 하고 있으며, 서구를 중심으로 발전해 왔다. 영국은 산업혁명과 함께 산업화·도시화를 겪으면서 공해, 오염 등이 심각한 사회문제로 등장하였다. 따라서 환경론의 유형별 구분에 있어 그 발전과정의 동기(motivation)를 구명하는 것도 매우 중요할 것으로 생각된다.

환경론의 연구방법에는 크게 역사적 연구방법, 비교 연구방법, 동적 연구방법 등이 있다. 역사적 연구방법(historical research)은 환경론의 역사적 발전 과정에 중점을 두며, 비교 연구방법(comparative research)은 각 환경론의 주요 내용을 비교·분석하여 이론적인 경계를 구명한다. 그리고 동적 연구방법(action research)은 역사적 연구방법, 비교연구방법의 과학적 인식을 토대로 실제의 상황에 적용 가능하도록 새로운 방법을 찾고 문제를 해결하는데 중점을 두는 연구방법이다.

〈그림 4-1〉 O'Riordan의 생태지향주의와 기술지향주의

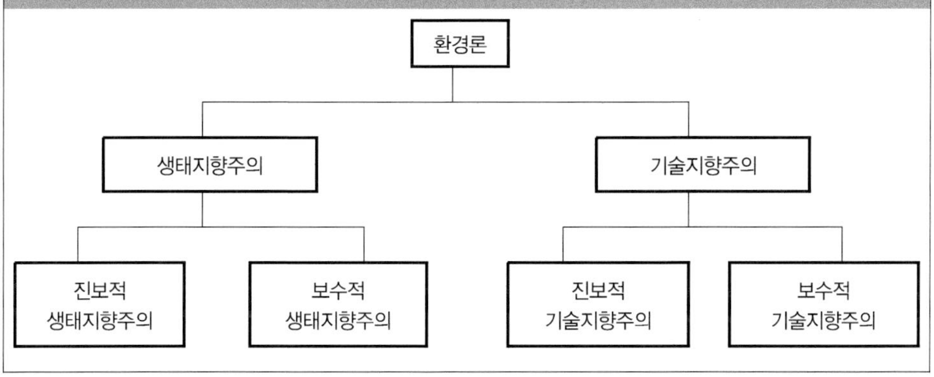

자료 : O'Riordan, T., 『Environmentalism』, Pion, 1981. p.376.

주요 환경학자들의 환경론 분류를 살펴보면, 먼저 O'Riordan은 환경론을 기술지향주의(technocentrism)와 생태지향주의(ecocentrism)로 분류하고 있다(그림 4-1). 그리고 Sandbach는 사회과학적 이론에 의한 분류를 시도하였는데, 환경론을 기능주의적 다원론과 급진적인 마르크스주의적 견해를 중심으로 구분하였다. 또 Cotgorve는 환경론을 결정론(determinism)과 자유의지론(free will philosophy)으로 분류하였다(Pepper, D,. 1984). 이와 같이 환경론은 사고체계, 사회체계, 자연관 등 여러 관점과 기준에 의해서 분류한 것이다.

따라서 환경론의 유형으로서 기술지향주의 환경론, 생태지향주의 환경론, 마르크스주의 환경론, 지속가능한 발전론 등에 대해 고찰하고자 한다.

2 기술지향주의 환경론

기술지향주의 환경론(technological environmentalism) 또는 기술지향주의는 16~18세기에 걸쳐 서구사회를 중심으로 형성되었다. 기술지향주의 환경론은 자본주의의 태동과 과학기술의 발전을 배경으로 형성된 것이다. 그래서 과학기술적·객관적 접근방법을 통하여 환경에 대한 관리가 가능하다고 하는 이론체계를 가지고 있다. 기술지향주의의 자연관은 인간이 자연을 변화시키는 주체이며, 자연환경은 인간의 물질적 생활의 풍요로움을 충족시키기 위한 수단으로서 이용되는 대상이라는 관점이다. 그리고 자연에 대한 인간의 지식습득과 행위를 통해 자연에 대한 주도적 관계 설정을 가능하게 한다(Pepper, D., 1984)는 것이다.

기술지향주의는 새로운 과학이론의 발전과 과학영역의 확대를 통하여 인간과 자연의 관계를 설정하였다. 따라서 이러한 환경론을 이해하기 위해서는 뉴튼과 케플러, 갈릴레이의 기계적 자연관과 데카르트의 분석적 자연관, 베이컨의 실용적 자연관에 대해 살펴보아야 한다.

2.1 기계적 자연관

코페르니쿠스(N. Copernicus)와 뉴튼(I. Newton) 등은 근대 과학기술을 비약적으로 발전시킨 과학자이다. 이들에 의해 인류역사상 현저한 과학의 발전이 이룩되었고, 중세우주론에 대한 부정과 현대과학의 개념적 토대가 이루어졌다. 이러한 근대과학의 발전기에는 자연의 본질은 물질적인 것이며, 마치 기계와 같이 작동하는 일종의 시스템으로 생각하였다. 따라서 자연을 대상으로 한 실험을 통해 자연의 신비로움을 해소시켰으며, 인간이 극복하고 이용할 수 있는 대상이라는 인식을 가지게 되었다. 이를 바탕으로 기술지향주의적 환경론의 입장은 자연에 대한 인위적 통제 및 조절과정에서 얻어지는 고도의 기술과 물질의 소비를 사회적 진보의 중요한 지표로 간주한다.

17세기 혁명적 과학기술 전통을 계승, 발전시킨 사람은 케플러(J. Kepler)와 갈릴레이(G. Galilei)이었다. 케플러는 자연에 대한 새로운 가설을 수립·적용하였으며, 그에 의해 형성된 기계적 자연관은 근대과학의 주요한 관점으로 자리 잡게 되었다. 기계적 자연관이란 모든 우주의 움직임이 고정불변의 법칙에 의해 지배되는 기계처럼 항상 움직이고 있다는 것이다. 따라서 자연의 본질을 물질적, 기계적인 것으로 사고함으로써 인간이 자연을 이용하는 것에 대해서 당연한 것으로 받아들이는 자연관이다. 새로운 천문학이나 역학이 성립함에 따라 자연을 기계가 움직이는 것처럼 보게 된 것이다. 이러한 자연관은 상업활동과 프로테스탄트 윤리와의 상호 상승작용을 통해, 자연은 인간의 이용 대상이라는 생각을 확산시켰다. 즉, 과학의 발달을 통해 자연이용에 대한 새로운 관념이 생겨나게 된 것이다(Bowler, P. J., 1992).

2.2 분석적 자연관

케플러와 갈릴레이에 이어 근대과학을 발전시킨 사람은 서구 합리주의의 시조로 불리는 데카르트(R. Descartes)였다. 데카르트는 물질을 기하학적으로 해석하여 모든 자연현상을 기계적으로 설명하는 기계적 철학을 체계화하였고, 정신과 물질을 구분하는 이원론을 주장하였다. 데카르트는 중세의 우주관과는 다른 기계적 우주관을 주상하였다. 즉 우주는 무한하고 물질은 공간에의 연장이 되며, 우주는 이 연장들로 구성되어 있다는 것이다. 따라서 움직임을 허용할 수 있는 우주가 성립되기 위해서는 우주를 구성하는 물질이 작은 입자로 나뉘어야만 한다. 데카르트는 이를 근거로 물질은 무한히 분해가 가능하며, 우주는 크기·모양·무게·운동·위치를 소유한 입자로 구성되어 있다고 주장했다. 때문에 신의 조화라든가 인간의 초자연적인 행동은 관념적 허구에 지나지 않게 된다.

또한 데카르트는 모든 것을 환원론(reductionism)적으로 사고하여 동물도 일종의 기계로 보았다. 환원론이란 동물과 같은 유기체들은 자동조절장치이므로 이들을 완전히 이해하려면, 물리 또는 화학적 구성원소로 이들을 환원해서 이를 수학적으로 해석하면 된다는 것을 말한다. 즉 모든 사물은 분석을 통해 근본적으로 동일한 양과 질로 환원이 가능하며, 이렇게 환원된 양과 질은 보편적인 적용이 가능한 원리에 의해서 측정되고 표현될 수 있다고 한다. 그리고 데카르트의 이원론은 정신과 물질, 주체와 객체의 확연한 구별을 통해서 자연과 인간의 분리에 대한 정당한 논거가 되었다. 그 이유는 자연은 원자로 분해될 수 있고 자연의 기계적 행위들은 일반적으로 동일하기 때문에 수학적인 설명이 가능하다는 것이다.

2.3 실용적 자연관

베이컨(F. Bacon)은 과학적 지식이 자연에 대한 지배를 뜻한다고 함으로써 인간과 자연의 관계를 새롭게 정의하였다. 베이컨은 자연으로부터의 관찰을 바탕으로 결과를 도출해내는 귀납적 방법(inductive approach)과 과학적 실험방법을 이용하였다. 이것은 여러 과학적 가정이 관찰을 통해 보완되고 실험을 통하여 증명된다면, 자연의 보편적인 법칙이 될 수 있다는 의미를 함축한 것이었다.

베이컨이 말하는 과학이란 한마디로 자연을 적절히 통제하고 다루는 지배적 입장을 추구하는 수단으로 볼 수 있다. 그는 인간의 영향력이 모든 것에 미치는 것이며, 과학을 통해 사물의 원인과 비밀을 밝혀 인간활동 영역을 지속적으로 넓힘으로써 가능하다고 하였다. 따라서 과학적 행위에는 양심의 가책이나 거리낌이 있을 수 없으며, 모든 세계는 인간을 위해 존재하므로 인간이 이용할 수 없는 그 어떤 것도 존재하기 않는다고 하였다. 이러한 이론적 전개를 통해서 베이컨은 과학자 집단의 지위와 역할을 중시하였으며, 과학자를 중세의 종교적 성직자와 대등하게 보았다(Bowler, P. J., 1992).

2.4 기술지향주의 환경론적 경제학

그리스 철학자 아리스토텔레스는 자연과의 유기적 연관을 중요시하는 자연관을 가졌다. 그러나 17세기 근대과학의 혁명적 발전을 계기로 자연을 기계적인 것으로 보는 경향과 자연 그 자체를 이해하기보다는 이용의 대상으로 간주하는 사고가 대중적 관점으로 자리 잡게 되었다. 이러한 자연관에 따라 19세기말에 들어서는 과학과 기술이 자연을 이용하는데 본격적으로 적용되었으며, 인간의 물질적인 생활이 급속도로 향상되었다.

오늘날 기술지향주의적 환경론은 여러 가지 유형으로 표현되고 있다. 특히, 경제개발과 환경보전의 논리가 대립되는 가운데, 기술지향주의적 환경론은 환경에 대한 지배적 태도를 일관되게 주장함으로써 경제성장 및 개발의 논리를 옹호하고 있다. 경제성장을 우선시하는 것은 시급한 생존문제를 해결하는 것이 일차적이며, 환경을 보전하여 생활의 질을 제고하는 것은 차후의 문제로 인식한다. 경제성장을 통한 빈곤퇴치가 우선이고 환경오염은 나중에라도 축적된 자본과 기술로 해결할 수 있게 된다는 환경개량주의(reform environmentalism)와 통한다.

따라서 기술지향주의 환경론에 입각한 경제학의 입장에서 보면, 현재 세대에서 자원의 배분, 생산, 소비 등이 미래 세대에 결정적 영향을 미칠 환경문제는 별로 크지 않을 것이라고 생각한다. 경제성장에 따른 자원고갈, 공해, 건강의 위협 등의 문제도 결국은 과학기술의 발전으로 해결 가능하다고 믿기 때문이다. 특히, 자원고갈은 대체 자원의 개발과 시장기구의 원활한 작동에 의해 완화될 수 있다는 낙관적 견해를 갖는다. 이는 뉴튼 이후의 객관적 분석에 중점을 둔 근대과학, 합리주의 철학, 신고전파 경제학, 행정학, 현실 중시 공학 등에 근거하고 있다. 이와 같이 기술지향주의 환경론은 지극히 인간 중심적인 사고체계를 갖고 있다.

3 생태지향주의 환경론

페퍼(D. Pepper)는 생태지향주의적 환경론의 과학적 기원은 다아윈과 멜더스의 이론이며, 비과학적 분야의 기원은 19세기의 낭만주의에서 찾을 수 있다고 하였다. 풍요성 이론과 존재의 사슬(chain of being)로 대표되는 두 가지 개념은 다음과 같은 점에서 낭만주의적 색채를 띠고 있다. 첫째, 합리주의 및 사회와 자연을 해석하는 보편적 법칙과 기준의 추구에 대응해서 나타난 점이다. 둘째, 모든 생물의 고유한 생존권을 인정하는 생물윤리적 관점을 지향하고 있다는 점이다.

그리고 자연에 대한 일종의 경외심과 관련하여 존재의 사슬과 생물윤리에 공통된 것이 동물과 식물 그리고 무생물에게도 살아 있는 영혼이 있다고 생각하는 애니미즘(animism)이다. 그래서 신화적 르네상스의 풍조, 낭만주의적 물활론, 범신론(pantheism) 등의 자연에 대한 관점이 생태지향주의적 환경론의 뿌리임을 의미한다. 생태지향주의적 환경론의 이론적 배경을 낭만주의, 맬더스주의, 생태학적 균형론을 중심으로 살펴보자.

3.1 낭만주의의 자연관

낭만주의는 음악·문학·회화·연극 등에서 발견되는 예술적·지성적 사조로 18~19세기에 서구를 중심으로 발전되었다. 낭만주의가 태동하게된 것은 18세기에 나타난 산업자본주의적 생산양식에 대한 거부에서 비롯되었는데, 도시의 성장과 집중, 공장건설과 대량생산 등 자연파괴에 대한 거부감을 강하게 표현하였다. 한편으로는 귀족적 질서와 물질적으로 풍요했던 기존의 질서를 유지하기 위한 방편으로서의 산업화를 강하게 반대하기도 하였다. 그렇지만 본질적으로는 새롭게 부상하는 시민계급과 자본주의 질서가 점차 영적인 가치보다 물질적인 소유와 쾌락을 위주로 변화되고 있는데 대한 반발이었다.

낭만주의의 생태지향주의적 요소는 자연에 대한 합리주의적 해석이 불필요함을 주장하였다는 점과 산업·문명사회의 발전에 따른 비인간화를 반대하였다는 점 등에서 찾을 수 있다. 복잡하게 구체화된 산업·문명사회에 반대하여 행태·행동·관념상의 단순성을 추구한 것도 이 때문이라고 할 수 있다. 여기서 단순성이란 정직함을 의미하며, 자연은 단순하고 정직하기 때문에 아름다운직함을 는 의미이다. 이와 같은 낭만주의적 경향핀 수국의 야생환경 보호운동과 연결되었으며, 자연에 대한 예찬, 귀의를 추구하는 형태로 전개되었다.

그리고 낭만주의적 자연관은 자연 그 자체에 대한 보전뿐만 아니라 자연을 일종의 영적 존재로 간주하였다. 자연은 아름다운 경관을 제공할 뿐만 아니라 인간에게 도덕적 치료를 하는 영적 힘을 행사한다는 것이다. 또한 자연 자체의 고유한 속성으로 인해 인간의 의지와는 무관하게 자연 스스로 존재할 수 있다고 주장한다. 이와 함께 낭만주의는 자연의 완전성에도 불구하고 인간이 없다면, 자연의 완전성을 유지하는 것은 불가능하다고 해석한다. 이는 인간도 존재의 사슬을 구성하는 일부로 간주되기 때문이다. 이러한 낭만주의의 자연관은 자연 그 자체의 목적과 의미를 중요시하는 생물윤리적 개념으로 집약되는 현대 생태주의의 근간을 이루게 된다. 이들은 자연에 대한 경외감으로 야생자연보호운동을 적극적으로 전개하였다.

또한 미국의 초자연주의적 자연관은 19세기 낭만주의자들의 자연관에서 많은 영향을 받았다. 이들은 미국의 개발과정에서 자연을 보전하고자 하는 초자연주의적인 입장과 유럽의 낭만주의적 입장을 동시에 수용하였다. 또 생물윤리(bio-ethics)를 강조하고 있는데, 생물윤리는 한마디로 자연에 대한 인간의 겸허한 태도를 강조한다. 생물윤리의 주요 내용은 모든 것이 사슬처럼 얽혀 있기 때문에 하나의 사슬이 파괴되면, 전체의 사슬이 파괴된다는 것이다. 그리고 사슬의 위계질서에서 인간의 존재는 중간 정도의 위치에 있으며, 동물적인 피조물보다는 높지만, 물질세계를 초월한 고귀한 영혼의 존재보다는 낮은 위치에 있다. 바로 이 고귀한 영혼의 존재는 바로 천사를 의미한다. 그리고 중간적인 위치에 있는 인간과 그 이하에 위치하는 피조물들과의 차이점은 매우 미세하다는 것이다(이명우외 역, 1989).

3.2 맬더스주의

인구 문제에 관한 최초의 논리적 분석은 맬더스(T. Malthus)가 1798년에 발표한 『인구론』(Essay on the Principle of Population)이다. 맬더스가 '기하급수적인 인구 증가', '산술급수적인 식량 증가'를 주장하는 구절을 읽어보자.

"인구성장이 억제되지 않으면, 인구는 25년마다 두 배로 증가하거나 기하급수적으로 증가할 것이다. 그리고 이 증가를 감당할 식량자원은 결코 쉽게 확보될 수 없다. 사람들은 모든 경작 가능한 토지를 개간하려 노력하지만, 실제로 경작되어 식량을 생산하는 토지는 조금씩밖에 늘어나지 않는다. 따라서 매년 급격하게 증가하는 식량의 수요는 계속 경작해온 토지의 개량에 의존해야만 하는데, 토지자원의 특성으로 이 식량재원은 시간이 흐를수록 감소된다. 그러나 식량만 제대로 공급된다면, 인구는 결코 줄어들지 않을 것 같은 정열로 계속 증가할 수 있다. 한 시대의 인구증가는 다음 시대의 더 많은 인구증가를 위한 힘을 제공할 것이며, 이에는 어떤 제약도 따르지 않을 것이다(Malthus, T., 1872).

이러한 맬더스의 주장에 대해서는 오늘날까지도 많은 논쟁의 여지를 남겨두고 있다. 예컨대 홀링스워스(Hollingsworth)는 인구가 기하급수적으로 증가하는 경향이 있음에도 인간의 현명함은 산술적인 성장의 법칙에 굴복하지 않는다는 주장으로 맬더스의 산술·기하급수적 성장이론에 대해 반론을 폈다. 맬더스는 기술진보의 잠재력을 과소평가 했으며, 식량증산이 꼭 산술급수적으로만 되어야 한다는 근거가 없다는 것이었다.

『인구론』은 19세기의 낭만주의 자연관과 함께 생태지향주의적 환경론의 형성에 있어 많은 영향을 미쳤다. 맬더스의 이론과 방법론을 채용하여 환경문제를 해결하고자 하는 조류를 신맬더스(Neo-Malthus)주의라고 한다. 신맬더스주의자의 생태지향적 자연관의 특징은 다음과 같다.

첫째, 인간과 동물에게는 '부하용량의 생태학적 법칙'(ecological law of carrying capacity)이 적용된다. 이 법칙에 의하면, 주어진 생태계 내에 살고 있는 동물의 수는 식량과 기타 자원이 한계에 이를 때까지 지수적으로 증가하며, 이 한계는 생태계의 부하용량에 의해 결정된다는 것이다(Hardin, G., 1974).

둘째, 재산권을 강력하게 보호함으로써 자연환경을 보호할 수 있다. 이는 하딘의 '구명정(lifeboat) 가설'과 '공동의 비극'(tragedy of commons)라는 우화에 잘 나타나 있다. 구명정 가설이란 다음과 같은 내용이다. "살려 달라고 외치며 익사해 가는 사람들로 가득 찬 바다에 표류하고 있는 배가 있다. 그러나 이 배에는 열 명분의 식량 밖에 없으므로 만일 한 사람이라도 이 구명선에 올라타게 되면, 어떤 사람도 충분한 자기의 몫을 얻지 못하고 마침내 모든 사람이 굶어 죽게 된다"는 것이다.

그리고 공동의 비극은 다음과 같은 우화이다. "어느 촌락에 사는 목동들은 자신이 소유한 소들을 개인적 이익을 위하여 공동소유의 목장에 방목하고 있다. 이렇게 공동으로 소유된 목장은 초원의 크기에 비하여 방목하는 소의 숫자가 상대적으로 작을수록 잘 유지될 수 있다. 그러나 만약 전체 방목하는 소의 숫자가 늘어나서 목장이 수용할 수 있는 생태적 한계를 초과하게 되면 초원은 점차 훼손되고 황폐화되어 영양분이 부족한 소들은 자신의 주인에게 질이 나쁘고 적은 양의 우유를 생산해 줄 수밖에 없다. 만일 이미 한계에 도달한 이 목장에 더 많은 소들이 추가된다면, 투자자인 주인들은 어는 누구도 이윤을 낼 수 없게 된다." 이를 하딘은 '공동의 비극'이라고 하였으며, 마을 주민들이 목장에 방목하는 소의 수를 제한하지 않는다면, 이 비극은 사실상 불가피하다고 주장한다(문순홍, 1992).

셋째, 급속한 인구증가와 공업화는 인류에게 심각한 식량부족과 환경오염에 직면하도록 할 것이다. 이러한 주장은 지구 미래에 대한 합리적 계획 수립을 위해 1972년 로마클럽(Clubs of Rome)이 작성한 '성장의 한계'와 1980년대의 '대통령에게 보내는 2000년대의 지구보고서'에 잘 나타나 있다. 그리고 엘리히 부부는 인구증가를 환경문제의 근본적인 원인이라고 규정하고, 이를 해결하기 위하여 인구성장을 중지시키는 '제로 인구성장 운동'(zero population growth movement)을 주장하였다.

3.3 생태학적 균형론

다윈(C. Darwin)은 『종의 기원』(The Origins of Species) 제3장에서 생존을 통한 동식물간의 복잡한 경쟁적 또는 상호의존적인 생물계의 균형관계에 대해서 서술하고 있다. 자연계의 일정한 생물 서식구역에는 여러 종의 생물이 공존하며 균형을 이루고 살아가고 있는데, 이를 '생명의 거미줄'이라고 하였다(박만규 역, 1984).

자연계 생물들의 상호의존의 균형에 대한 연구가 진일보된 결과로 1910년경부터 '인류생태학'이 인간과 환경을 함께 다루는 학문분야로 자리 잡게 되었다. 생태학적 균형론에 입각하여 자연환경의 상호 연관성을 분석하는 방법은 자연환경시스템을 5개의 부(副) 시스템(기후·기상, 물, 지형, 토양, 생명)으로 구분하여 접근한다.

이 시스템 접근법은 모든 생물과 무생물은 물질과 에너지 흐름에 의해 설명되고 통일된다. 그리고 물리학의 열역학법칙 등을 적용하여 환경의 균형을 설명하고 있다. 에너지와 물질의 투입은 시스템과 부 시스템에 의해 생산물이라는 물질과 에너지로 변형되고, 피드백(feedback)을 통해 물질은 재순환된다. 그러나 한번 사용된 에너지는 다른 형태의 에너지로 변하기 때문에 재사용이 불가능하다는 것이다. 따라서 어떤 시스템의 계속적인 존재를 가능하게 하기 위해서는 상호 의존적인 전체 균형을 깨뜨려서는 안 된다는 것이다.

생태학적 균형론은 지구온난화, 산성비, 오존층 파괴 등의 문제를 부각시켜 1970년대 환경보호운동에 큰 영향을 미쳤으며, 과거 국지적 환경문제를 지구적 환경문제로 부각시키는데 기여하였다(오호성, 1997).

4 마르크스주의적 환경론

4.1 마르크스주의적 자연관

마르크스주의적 환경론은 모든 환경문제의 근원은 자본주의적 생산양식의 모순구조에 있다는 것이 핵심이 있다. 마르크스(K. Marx)는 "인간은 자연을 단순히 이용 가능한 대상으로만 여기며, 이를 위해 도구와 기술을 개발하고 사용한다"라고 하였다. 그리고 자연에 대한 이원론적 사고방식과 인간의 자연에 대한 지배 관점을 비판하였다.

이러한 관점에 대해 버거스(R. Burgess)는 "마르크스주의 자연관이 고전적 유물론과 관념론의 중간적 입장에서 이 두 전통을 결합한 것"이라고 주장하였다(Burgess, R., 1978). 즉, 마르크스적 자연관은 자연에 대한 경제행위를 당연한 것으로 강조하는 결정론적 사고와 자연을 근본적인 인간의식과 의지의 표현으로 여겨 관념의 변화에 따라 변화되기 쉬운 것으로 보는 관념론적 사고가 적절히 결합되어 있다고 할 수 있다.

마르크스주의에 의하면, 인간과 자연은 분리될 수 없고, 주체와 객체로 이분화된 지배관계도 인정되지 않는다. 즉 자연과 인간은 변증법적 관계에 있는 바, 인간은 자연의 일부이고 자연 또한 인간의 일부인 것이다. 그리고 자연과 인간의 일체성은 신비로운 현상이 아니라 인간의 노동을 통해 구체화된다고 하였다. 유물론의 관점에 의하면, 인간의 사회적 기능에 의해 변형되지 않고 인간의 자취가 남겨지지 않는 자연이란 결코 존재하지 않는다. 즉, 인간의 행위가 물질의 형태에 크든 적든 영향을 미친다. 자연의 실체를 파악하기 위해서는 인간과 분리시킨 자연의 외적인 모습만을 추상적으로 파악해서는 곤란하며, 인간의 자연에 대한 명확한 관계를 이해해야만 한다는 것이다(Smith, N., 1980).

또한 마르크스주의적 환경론은 자연에 대한 특정한 인간행위는 사회구조에 의해 영향을 받는다. 그리고 사회구조 역시 자연에 대한 인간행위에 의해 영향을 받는다는 것에 중점을 두고 있다. 즉 마르크스주의적 자연관은 특정한 인간의식이 반영된 세계관과 계급개념에 기초하는 생산관계와 특정한 사회적 관계는 동일한 것으로 취급된다. 계급관계는 역사를 통해 변화되므로 인간과 자연, 인간과 인간의 관계는 본질적으로 사회적이며, 역사적인 것이다. 따라서 인간의 자연에 대한 이해는 사회적·역사적 토대를 연구해야만 가능하다고 하였다. 즉, 특정한 역사적 단계에서 자연과의 상호작용 및 자연에 대한 인식은 노동으로부터 비롯되는 사회구조에 의해 결정된다는 것이다.

그리고 마르크스주의적 환경론에서는 인구문제를 특정 생산양식과 관련하여 해석하고 있다. 자본주의 생산양식의 중첩된 모순으로 인구문제를 비롯한 환경문제가 야기되기 때문에 사회주의적인 생산양식으로 전환하지 않고서는 환경문제를 효율적으로 관리할 수 없다는 것이다. 그러므로 마르크스는 '모든 특정한 역사적 생산양식은 특정한 인구법칙'을 가지며, 산업자본주의 하에서의 인구법칙은 '상대적인 과잉인구'라고 주장하였다. 그리고 "임금이 피고용자에게만 수입을 제공하고 실업자들은 미래의 착취를 위한 유용한 과잉인구로서 생명을 유지해야 한다는 것이 임금형태의 근본적인 모순이다"라고 강조하였다. 임금을 저하시키는 과잉인구는 노동계급의 나쁜 습관 때문이 아니라, 자본의 축적과 그 자체를 상대적으로 남아돌게 만드는 사회구조적 모순이라고 주장한다(Meek, R. L., 1953)

자원에 대한 마르크스주의의 관점은 인구문제와 마찬가지로 자본주의에 국한된 문제로서 특정한 생산양식과 결부시켜 파악한다. 다시 말해, 성장이라는 개념 속에 이미 내재된 모순이 잉여가치의 극대화와 연결되며, 자원고갈과 환경오염 역시 자본주의의 내적 모순의 결과라는 것이다.

4.2 생태지향주의와 차이점

마르크스주의적 환경론과 생태지향주의적 환경론의 차이점은 다음과 같다.

첫째, 마르크스주의와 생태지향주의는 성장에 대한 개념 규정이 상이하다. 마르크스주의는 성장 자체를 부정하는 것이 아니라 사회주의의 실현을 위해서는 생산력의 고도화를 전제로 하고 있다. 그리고 마르크스는 상대적 과잉인구 또는 산업예비군의 출현이 자본주의 생산양식이라는 특수한 시대적 상황에서 유래하며, 인구증가율이 어떻게 되든 간에 빈곤은 발생한다는 것이다(Harvey, D., 1974).

둘째, 마르크스주의 환경론의 관점에서는 자연보호 등과 같은 환경운동을 실천적 오류라고 생각한다. 자본주의적 생산양식에서는 어떤 형태의 환경운동이라 할지라도 자원 및 생태적 문제의 본질적인 성격을 올바로 규명하지 못한다는 것이다. 따라서 환경운동은 자본주의가 안고 있는 내적 모순의 발현으로 붕괴에 직면한 중산층 및 자본가의 이익을 보호하기 위한 수단에 불과한 것으로 인식한다.

셋째, 마르크스주의적 환경론에서는 자연과 사회에 대한 인식을 결정하는 가장 중요한 요인으로 생산양식의 중요성을 들고 있다. 자본주의 체제에서는 인간행동에 대한 고정불변의 자연적 한계를 내세워 환경적인 딜레마에 스스로 빠져들고 있다고 본다. 즉 보수적 환경 이데올로기는 사회질서와 안정을 강화하여 체제의 불안정을 극복하고자 한다는 것이다.

5 지속가능한 발전론

지속가능한 발전론이라는 용어는 1972년 스톡홀름에서 개최된 '인간환경회의'와 같은 해에 발간된 로마클럽의 보고서인 「성장의 한계」에서 최초로 등장하였다.

그리고 1979년 UN 심포지엄에서부터 공식적으로 사용되기 시작하였다. 뒤이어 1980년 '세계보호전략선언문', 1987년 '우리 공동의 미래', 1991년 『지구의 관리』(caring for the earth), 1992년 리우회의에서 채택된 「의제 21」에서 '생태적으로 건전하고 지속가능한 발전'(ecological sound and sustainable development, ESSD)으로 정립되었다.

5.1 지속가능한 발전의 의의

1984년 UN에 의해 발족된 환경·발전위원회(World Commission on Environment and Development, WCED)가 제기했던 지속가능성의 문제, 지속적 발전문제는 1987년에 Bruntrant에 의해 공포된 '우리 공동의 미래'(our common future)에서 정립되었다. 지속가능한 발전이란 한마디로 '장래 세대의 욕구를 충족하는 동시에 현재 세대의 욕구를 만족시키는 개발'이라고 할 수 있다.

'우리 공동의 미래'에서 지속가능한 발전은 본질적으로 자원이용, 투자의 방향, 기술적 발전의 방향 설정 그리고 제도적 변화가 모두 조화를 이루어 인류의 욕구와 열망을 충족시킬 수 있는 현재와 미래의 잠재력을 모두 높여나가는 변화과정을 의미한다(조형준·홍성태 역, 1997). 조화와 상호발전을 강조하는 이 개념은 인간과 인간의 조화, 그리고 인간과 자연간의 조화를 촉진하는 것이며, 더불어 미래세대의 욕구를 충족시킬 수 있는 능력을 위태롭게 하지 않고 현세대의 욕구를 충족시키는 발전으로 정의되어 있다.

지속가능한 발전의 개념은 '지속가능성'과 '발전'에 대한 내용으로 구분된다(조형준·홍성태 역, 1997). 이 보고서에서는 지속가능성의 내용은 두 가지가 있다.

첫 번째 내용은 현시점을 살아가는 모든 세계인들의 지속가능성에 관한 것으로 규정하고 있다. 현세대를 살고 있는 모든 인류의 평등한 생존과 삶의 질을 충족시키기 위해서는 빈곤의 추방을 비롯한 개발도상국의 문제를 극복하는데 우선 순위를 부여하게 된다.

두 번째 내용은 미래세대의 지속가능성에 관한 것이다. 그래서 이 보고서는 자연의 한계성을 파괴하지 않기 위해 인간의 자연개입이 제한되어야 한다고 주장한다. 그 동안의 성장은 인구의 증가나 자연자원 사용에 대한 한계를 설정하지 않았기 때문에 현재의 생태재앙과 경제위기가 야기된 것이다.

그런데 이 보고서는 그 동안 논란이 되었던 경제활동에 대한 자연적 한계를 상대적 한계 개념으로 보고 있다. 즉, 경제성장에 대한 한계라는 개념은 기술발전 상태와 사회조직에 의해 부과되는 것으로 이 두 가지 요건이 현재와 미래의 욕구를 충족시킬 수 있는 환경의 수용력을 결정한다고 기술하고 있다. 따라서 지속가능한 발전은 사회의 생산능력을 제고하는 동시에 사람마다 공평한 기회를 바탕으로 인간의 기본적 욕구를 충족시키는 발전을 의미한다.

그리고 넓은 의미에서 지속가능한 발전 전략은 인간과 인간, 인간과 자연의 조화를 목표로 인류의 지속가능한 발전을 추구하기 위한 다음의 일곱 가지 사항을 요구하고 있다(조형준·홍성태 역, 1997).

① 정책결정에 시민들이 효과적으로 참여할 수 있도록 보장해주는 정치체제
② 자립적·지속적인 기반 위에서 잉여생산물과 기술적 지식 생산을 위한 경제체제
③ 부조화스러운 발전에서 발생하는 긴장을 해결할 수 있는 사회체제.
④ 발전을 위한 생태적 토대를 보존해야 할 의무를 존중하는 생산체제.
⑤ 끊임없이 새로운 해결책을 찾을 수 있는 기술체제
⑥ 지속가능한 유형의 무역과 재정흐름을 촉진시키는 국제체제
⑦ 유연하고 자기교정 능력을 갖고 있는 행정체제.

이와 같은 전략적 목표는 발전을 위한 국내적 행동과 국제적 행동의 일치를 강조함과 동시에 개도국의 복지수준을 개선하는 데에도 큰 비중을 두고 있다. 이와 관련하여 여섯 번째 항에서 개도국에 대한 자본유입 증가, 상품무역에 대한 새로운 거래, 보호주의 종식과 환경적으로 건전한 기술이전의 개혁, 초국적 투자 등을 제안하고 있다. 외부로부터의 자본이 유입되지 않는다면, 개도국의 생활수준은 환경오염으로 직결되고 개도국을 계속 빈곤하게 만드는 국제무역 패턴은 지속 불가능한 자원이용을 촉진시키기 때문이다.

5.2 지속가능한 발전론의 과제

지속가능한 발전론에서는 발전을 '경제적 복지증진을 위한 경제성장과 경제 및 사회의 점진적인 변화'로 정의하고 있다. 이와 같은 지속가능한 발전의 사회·경제적 내용은 선진국에 대해서는 생활양식의 변화와 소비형태의 전환을 의미하고, 개도국에 대해서는 경제와 사회의 변화과정을 의미하는 것이다. 이와 같이 지속가능한 발전론이 추구하는 이념이 현실적으로 정착되기 위해서는 다음과 같은 점들이 실천적 노력과 함께 반영되어야 한다.

첫째, 생명의 지속성과 안전성이다. 이는 식물, 생활환경, 노동 등을 포함하여 모든 생물종의 건강한 생활이 지속적으로 보장되는 것을 의미한다. 여기에서 모든 생물종이란 단지 인류만을 위한 계획이 아니라 자연과 인류의 조화를 의미하는 것이다.

둘째, 경영의 지속성이 이루어져야 한다. 그 중에서도 가계·기업·재정 등 경제주체의 경제적 수지가 효율적으로 균형을 이루어야 한다.

셋째, 안전성·경제성을 지속하기 위한 '토대로서의 환경'이 보전되어야 한다. 여기서 '토대로서의 환경'이란 대기권, 자연생태계 등 생태계의 물질순환기능을 담당하는 모든 것들을 발한다. 여기에는 지역마다 고유한 문화적 전통과 생활의 지혜까지도 포함된다. 만약 이를 간과하고 일방적인 경제성장만을 강조하여 자기문화를 배격하게 되면 결국 '토대로서의 환경'은 상실되고, 안전성·경제성의 지속이 불가능하게 된다.

넷째, 실질적인 지역적 통합이 이루어져야 한다. 앞서 지적한 바와 같이, 최근 환경논의는 선진국보다는 개발도상국의 환경문제에 중점을 두고 있으며, 이의 해결을 위한 개발도상국의 노력을 요구하는 경향이 많다. 그러나 오늘날 환경문제의 책임은 이미 안정적인 성장단계에 있는 선진국들의 몫이 더 크다. 따라서 환경문제가 전 지구적 문제로 규모화되고 있는 현실을 고려하여 선진국과 후진국의 공평성을 보장함으로써 실질적인 지역적 통합이 이루어져야 한다.

잘 알다시피 오늘날 세계 각국이 추구하고 있는 방향은 지속가능한 자원·환경 보전형 사회이다. 그러나 성장과 발전만이 최선으로 인정되는 상황에서 성장과 환경을 근본적으로 절충시키는 데에는 많은 어려움이 따른다. 따라서 지속가능한 발전론이 추구하는 목적을 달성하기 위해서는 각국에 부합한 생태적 순환체계를 수립하고 이에 적합하도록 경제체계를 변화시켜야 한다.

5.3 지속가능한 발전을 위한 경제학의 방향

경제학은 부의 증대를 목표로 개인과 기업의 자유경쟁을 통하여 사회적 후생과 복지수준을 높이는데 있다. 그리고 기업은 외부로부터 가용한 자원을 이용하여 상품을 제조, 판매하여 이익을 극대화시키는데 그 목적이 있다. 그러나 생산 활동과 환경의 질과는 높은 상관관계를 가지고 있다. 생산과정에는 환경계로부터 채취된 원료를 투입하여 상품의 형태로 만드는 동시에 높은 엔트로피(entropy)가 생성되기 때문이다. 이와 같은 엔트로피의 흐름은 상품을 소비하는 가계에서도 동일하게 나타난다.

이와 같이 기업과 가계에서 배출되는 엔트로피는 최종적으로 자연에 의해 정화·순환·폐기되는 것을 전제로 하고 있다. 그리고 시장을 매개로 한 경제순환과 물질순환(자원→엔트로피 생성→자연환경·생태계→자연)은 비용의 발생을 의미한다. 그러나 자원의 한계와 자연의 정화력, 복원력, 수용력 등은 근본적으로 명확한 한계가 있다. 환경문제가 심각해지게 되면 가격을 매개로 하는 가치와 사회적 후생 간의 균형이 깨지고, 시장구조는 왜곡되게 된다. 따라서 사익과 공익, 경제와 환경간의 조화를 추구하는 방향으로 개선하는 것이 사회적으로나 기업, 가계의 입장에서 중요한 것이다.

경제학의 관점을 지속가능한 생태적 관점으로 전환하고 공익과 사익, 경제와 환경(생태계)의 조화를 위해서는 자원의 '희소성'(scarcity)만을 강조하는 관점으로부터 생태계의 재생기능을 중요시하는 관점으로 바뀌어야 한다. 경제학에서 자원이라고 하면 상대적으로 희소성을 가지고, 교환의 대상이 되며, 비용을 지불해야 획득할 수 있는 것(경제재)으로 한정되어 왔다. 그리고 비용의 지불 없이도 이용이 가능한 것, 예를 들면 태양에너지, 대기 중의 산소, 질소, 강우, 산림, 야생동물 등의 천연자원, 나무, 토지 등 엔트로피의 정화·순환·폐기기능을 담당하는 자원 등은 잠재적 자원으로 간주되어 왔다. 그러나 이러한 자원을 과도하게 이용하게 되면 황폐화되고 고갈되어, 회복시키는데 장구한 세월이 소요되거나 영원히 불가능한 경우가 많다.

따라서 지속가능한 발전을 위한 경제학이란 환경·자원의 다면적 기능, 특히 생태계의 재생·순환기능을 중시하는 방향으로 전환되어야 할 것이다. 자원은 인간이 자연과 공생하면서 사회생활을 지속·향상시키는데 필요한 기본적인 기능을 담당하는 요소이다. 이 기본적인 기능들은 물적 기능 외에도 휴양적 기능 및 생태계의 재생을 위한 엔트로피의 정화·순환·폐기기능 등 무수히 많다. 그러나 이와 같은 다면적 기능이 급속히 감소되는 추세를 보이고 있다. 예컨대 현대농업은 공업화 추세와 병행하여 성장해 왔기 때문에 공익적 기능이 지속적으로 저하되고 있다. 따라서 지속가능한 농업의 재생·발전을 위한 차원에서도 경제학의 자원관은 근본적으로 재인식되어야 한다.

환경의 악화와 자원의 부족 문제를 근본적으로 해결하기 위해서는 경제순환과 자연 순환이 상호 보완하는 자원이용체계로 전환하여야 한다. 특히, 생태계를 중심으로 하는 순환체계를 확고히 하는 것이 중요하다. 구체적으로는 첫째, 엔트로피의 배출량을 감소시키는 것 즉, 자원을 절약하고, 자원이용 형태를 환경친화적으로 전환하여 재생 가능한 자원을 재활용해야 한다. 둘째, 정화나 재활용이 불가능한 것은 생산하지 않도록 해야 한다. 셋째, 자연의 정화·순환기능을 증대시켜야 한다. 이는 물, 토양 등이 가지고 있는 공익적 기능을 최대한으로 발휘하도록 함으로써 가능하다. 그리고 무엇보다 환경의 정화·순환기능을 높일 수 있도록 하는 인간의 적극적인 자세와 노력이 중요할 것으로 생각된다.

읽을거리

미국의 국립공원과 환경보호운동

미국에서는 서부개척을 계기로 인구의 대이동과 함께 심각한 자연파괴가 일어나기 시작하였다. 이를 반대하여 '야생 자연은 모두가 함께 보존해야 한다'는 주장 아래 오두본(Auddubon), 무어(J. Muir), 써로우(Thoreau) 등에 의하여 1892년에 옐로스톤(Yellow stone) 국립공원 지정운동이 전개되었다.

무어는 1969년에 조직된 지구의 친구들(Friends of Earth; FoE)의 전신인 시에라 클럽(Sierra Club)을 설립하였다. 그는 국가적 차원의 산림보호 체계 수립을 주장하였으며, 요세미티(Yosemiti) 국립공원의 헤츠 헤치(Hetch Hetchy)계곡을 수몰시키려는 계획에도 적극적으로 반대하였다.

그리고 써로우는 메사추세츠의 호수(waldon pond)가에서 오두막을 짓고 2년여 동안 자연 속에 귀의하였다. 미국의 대표적인 초자연주의자 중의 하나인 써로우의 자연관은 '자연이 인간의 경제가치와는 상관없이 그 나름대로의 존경과 숭배를 받을 만한 고유한 가치와 권리를 갖는다'는 생물윤리를 주창하였다. 그는 자연에 대한 세밀하고 체계적인 관찰이 인간에게 쾌락과 이익을 준다고 주장하였다. 그리고 시에라 클럽을 주도했던 브루워(D. Broewer)는 인구가 조밀하지 않고 분산화 되어 있으며, 산업화되지 않은 농업적인 사회를 지향하였다.

초기 미국의 환경보호는 오두본 협회, 시에라 클럽 등이 중심이 되어 이루어졌다. 오두본 협회는 1886년에 설립되었으며 1905년에는 국제위원회가 생겨났다. 이것이 이후에 국제오두본협회(National Auddubon Society, NAS)로 발전하게 된다. 오두본 협회의 목적은 합법적인 조류 사냥터를 제한하는 것과 함께 비합법적인 조류 사냥에 대해서는 철저한 규제를 요구하는 것이었다. 광범위한 대중적 관심을 모으기 위하여 멸종에 처한 조류의 형태를 모자장식으로 만들어 배포하는 등의 캠페인을 벌였다. 또한 오두본 협회는 공적 교육을 중요시하였기 때문에 1910년에는 주니어 오두본 클럽(Junior Auddubon Club; JUC)을 만들었으며, JUC에서는 주로 어린이들을 대상으로 조류 및 야생자원을 소개하고 교육하였다.

시에라 클럽은 1892년에 무어와 편집자인 존슨에 의하여 설립되었다. 이들은 시에라 네바다 산맥(sierra nevada mountains)의 자연경관과 숲을 보전하기 위해 정부와 국민들의 협력과 지원을 요청하였다. 시에라 클럽은 무어의 지도 하에 대외활동을 강도 높게 벌였으며, 1950년에는 브루워의 지도하에 더욱 선명성을 갖고자 하였다. 시에라 클럽의 급진성과 격렬성이 비판받게 되자 브루워는 일부 구성원들과 함께 1969년에 축출되었으며, 그 후 무어는 FoE를 창립하였다. 무어는 FoE의 대표로서 급진적인 환경운동을 지속적으로 전개하였다. 또한 브루워의 이탈에도 불구하고 시에라 클럽은 강한 보호주의적 색채를 그대로 유지하였다. 최근 시에라 클럽은 환경문제의 주요 원인은 인구 증가이며, 인구증가의 원인은 이민자들의 높은 산아율이라고 주장하면서 미국의 이민정책을 보다 엄격하게 제한할 것을 주장한 바도 있다(Brower, D., 1997).

참고문헌

문순홍, 『생태위기와 녹색의 대안』, 나라사랑, 1992, p.57.

박만규 역, 『종의 기원』, 삼성출판사, 1984, pp.102-105.

오호성, 『환경경제학』, 법문사, 1997, pp.114-115.

이명우외 역, 『현대환경론』, 한길사, 1989, p.128.

조형준·홍성태 역, 『우리 공동의 미래』, 새물결, 1997, p.78, 75, 98-99.

한국환경사회학회, 『환경사회학』, 창비, 2004.

Bowler, P. J, *The Fontana History of the Environmental Sciences*, Fontana Press, 1992, pp.66-69, 100-108.

Brower, D, *Introduction in Progress as if Survival Mattered*, High Nash, 1997, p.7.

Burgess, R, "The Concept of Nature in Geography and Marxism", *Antipode* 10, 1978, pp.1-11

Hardin, G, "Living on a Lifeboat", *Bio Science* 24, 1974, p.10.

Harvey, D,"Population, Resources and the Ideology of Science", *Economic Geography* 50, 1974, pp.256-277.

Malthus, T, *An Essay on the Principle of Population*, 7th ed. Dent, 1872.

Meek, R. L, *Marx and Engels on Malthus*, Junction Books, 1953, pp.25-43,

O'Riordan, T, *Environmentalism*, Pion, 1981, p.376.

Pepper, D, *The Roots of Modern Environmentalism*, Croom Helm, 1984, p.26, 72-73, ,

Smith, N, O'Keefe, P, "Geography, Marx and the Concept of Nature", *Antipode* 12, 1980, pp.30-39.

제 5 장 환경·생명철학 :
동양적·한국적 자연관과 생명관

환경과 생명에 대한 철학이 서구사회에서 먼저 정립된 것으로 인식하기 쉽다. 그것은 산업화 및 도시화를 촉진시킨 자본주의가 영국에서 시작되었고 서구사회에서 발달되었기 때문이다. 즉 산업화와 도시화가 진행되면서 반드시 발생하게 되는 자연자원의 고갈과 환경오염이 서구사회에서 심각한 문제로 대두되었다. 서구사회의 자연관 및 환경론은 크게 생태지향주의적 관점과 기술지향주의적 관점으로 구분될 수 있다. 이 점에 대해서는 이미 제4장 환경과 사회에서 살펴보았다.

그런데 서양의 자연관 또는 환경론의 특징은 환경문제의 원인을 자연과 인간, 인간과 인간의 관계를 기계적으로 해석하는 환원론적, 분석적 사고방식에서 출발했다는 점이다. 이에 반해 동양에서의 자연관과 생명관은 철학적·도덕적 차원에서 자연과 인간의 합일성, 인간의 내적 성찰(省察) 등을 통한 생활양식의 변화를 추구하고자 하는 경향이 강하다.

1 동양적 자연관

동양철학에 나타나 있는 동양적 자연관은 궁극적으로 자연과 인간, 인간과 인간의 조화를 추구한다. 동양적 자연관은 자연과 인간의 공존 공생을 기본이념으로 하고 있다. 즉 동양적 자연관은 대체로 불교철학 등 종교적 측면과 중국철학으로 구분되는데, 중국철학은 다시 도가, 묵가, 유가의 자연사상으로 구분할 수 있다.

1.1 불교와 도가사상

불교에서는 세계의 만물과 현상이 모두 인연이라는 고리로 얽혀 있어 자연과 인간은 결코 분리될 수 없는 일체(一體)로 보았다. 그리고 자연에 대한 인간의 기본적인 자세를 자비(慈悲)에서 찾았다. 화엄경[1]에서는 일종의 이상향인 연화장 세계(蓮華藏 世界)[2]를 '비로자나불(毘盧遮那佛)[3]의 현신(現身)'으로 보았다. 그리고 여기에 있는 생물체, 산과 물, 대기, 일체의 자연현상 등이 모두 불체(佛體)이며, 자연의 모든 소리가 불법(佛法)의 소리라고 설법하여 자연의 소중함으로 가르치고 있다.

노자와 장자로 대표되는 도가(道家)사상은 동양의 자연관을 대표하는 철학으로 인식되어 왔다. 도가사상의 자연관은 인과론적이고 환원론적인 사고와 같은 기계론적 사고와 상반되는 입장이다. 일반적으로 도가를 자연주의라고 부르는데, 이는 법자연(法自然) 즉, '자연을 스승으로 삼는다'는 노자 25장에 따라 자연을 중심으로 생각하고 행동하기 때문이다.

노자는 자연이 물질적인 개념보다 더 큰 의미를 가지고 있는 것으로 해석하였다. 자연은 인위적이고 의식적인 영향에서 완전히 벗어난 상태라는 것이다. 그래서 자연은 무한한 우주를 담는 그릇이며, 도(道)는 그릇 속에 담긴 삼라만상(森羅萬象)[4]을 움직이는 힘으로 이해되고 있다.

그리고 장자는 天地如我竝生立 萬物如我爲一(천지여아병생립 만물여아위일)이라고 하였는데, 이것은 '천지는 나와 함께 살고, 만물은 나와 더불어 하나'라는 의미이다. 인간을 하나의 독립된 개체로 보기보다는 자연의 일부로 파악하고자 한 것이다. 그리고 자연은 원래 평형과 조화를 이루고 있었으나, 자연계에 인간이 등장함으로써 환경을 변형·개조하게 되었고 자연과학적 지식과 기술에 의해 생태계가 파괴되었다는 것이다. 따라서 도가의 입장에서 보면, 인간은 자연의 일부라는

---

1 대승불교의 경전으로서, 정식 이름은 대방광불 화엄경(大方廣佛 華嚴經 : 크고 방정하며 넓은 이치를 깨달은 부처님의 꽃같이 장엄한 경이라는 뜻)이다. 부처님이 성도한 깨달음의 내용을 그대로 설법한 방대한 분량의 경전.

2 불교에서 그리는 이상적인 세계의 모습으로, 연꽃에서 태어난 세계 또는 연꽃 속에 담겨 있는 세계라는 뜻.

3 산스크리트어로 '두루 빛을 비추는 자'라는 뜻. 대승불교에서 널리 숭배되는 최고의 부처로서, 연화장 세계에 살며 그 몸은 법계(法界)에 두루 차서 큰 광명을 내비치어 중생을 구제하는 부처.

4 우주 안에 있는 온갖 사물과 현상.

자연관을 가져야 하며 나아가 이 자연관에 기초하여 인생관을 변화시키고 정립하는 것이 필요할 것이다.

1.2 묵가와 유교의 자연관

묵가는 중국의 다른 학파와는 달리, 오늘날의 과학기술이 지향하는 것처럼 실용성과 유용성을 중요시했던 학파이다. 도가가 자연을 숭상하고 인위를 반대한 반면에, 묵가는 '가치는 자연에 있는 것이 아니라 유용성에 있다'고 하였다. 여기에서 유용성이란 자연을 비롯한 모든 법·제도 등을 국가와 백성의 편의에 맞도록 바꾸어 가는 것을 의미한다.

묵가에서는 논리적인 사고를 중요시하여 논리의 옳고 그름을 판단하기 위해서는 반드시 근본, 실증, 이용을 뜻하는 '삼표(三表)'의 기준이 있어야 한다고 역설하였다. 삼표는 첫째, 근본을 정하는 것. 둘째, 직접 듣고 본 사실에서 근거하는 것. 셋째, 효용을 따져보는 것을 의미한다. 이중 가장 중요한 것은 셋째로서 국가와 민족의 이익에 부합되는 실용성을 강조하고 있다. 또 인간사회의 완전성을 위하여 국가의 역할을 강조하였다. 따라서 묵가의 자연관은 인간의 자유의지를 중요한 가치로 인식하며, 자연을 유용하게 이용해야 한다는 데에 그 특징이 있다.

유교의 자연관은 맹자의 도가적 자연관과 순자의 묵가적 자연관을 모두 수용하고 있다. 특히, 맹자는 인간의 근본은 선하고 불완전하므로 자연 그대로 두어서는 안 되고 인성을 완성하기 위해서는 끊임없는 노력이 필요하다고 하였다. 여기서 국가의 역할은 백성을 교화시키고 경제적 안정을 누릴 수 있도록 하는 수단 같은 것이었다. 즉, 맹자의 자연관은 자연자원의 합리적 이용과 관리가 정치의 시발점이 되는 것이지만, 자연의 한계를 넘지 않고 생태계의 수용능력 내에서 이루어져야 한다는 환경관리주의와 유사한 점을 발견할 수 있다.

동양적 자연사상은 서구의 자연사상과 차이점이 있다. 서구의 자연사상은 환경문제의 해결과 인간생활의 편리성을 놓고 취사선택하는 논리구조를 가지고 있다. 그러나 동양적 자연사상은 생태위기의 해결을 위해서는 자연 속에서 인간의 위치에 대한 반성과 참회 그리고 자연 본연의 시각을 가져야 한다는 것을 강조한다.

이처럼 동양과 서양이라는 각기 다른 사회·문화적 환경 속에서 발전된 자연관을 보면 방법론이나 지향점에 있어 다소 차이가 있다. 그렇지만 환경을 대하는 태도는 본질적으로 유사하다는 점을 알 수 있다.

따라서 현대의 자연관이나 환경론에서는 동양적인 것인가 아니면 서양적인 것인가의 구분을 지양하고 동서양을 망라하는 거시적 통찰력을 가져야 할 것이다. 지속가능한 발전, 인간과 자연의 공생 공존을 추구하는 현대 환경론의 범주에서 볼 때, 동양적 자연사상은 다음과 같은 점에서 큰 의미를 가진다.

첫째, 비분할주의이다. 도가의 자연사상에서 우주는 많은 사건과 사물들이 무수히 많은 표현들로 이루어진 역동적 유기체라고 인식한다. 분할주의는 생태계의 파괴, 갈등, 대립, 투쟁 등을 일으켜 새로운 문명을 뒷받침할 수 없기 때문에 비분할적이고 전일적(全一的)인 세계관이 필요하다는 점을 강조한다.

둘째, 다원주의적 사상이다. 인간들이 볼 수 있는 세계가 자연 전체인 것은 아니다. 비록 실험에 의해 검증되었다 하더라도 모든 영역을 통찰한 것은 아니므로, 획일적인 가치체계에서 벗어나야 한다.

셋째, 개방성이다. 도가에서의 세계는 수없이 많은 사물들을 포용할 수 있도록 비어 있다. 이를 '허(虛)의 세계'라고 한다. 이러한 광활한 허의 세계에서 모든 사물은 생겼다가 사라진다. 이러한 세계는 폐쇄되어 있지 않고 열려 있는데, 이 개방성이야말로 바람직한 새로운 세계의 모습이 될 것이라고 하였다(한국불교환경교육원, 1994).

이와 같은 비분할주의, 다원주의, 개방성 등은 인간사회가 지속가능한 발전을 추구하는 데에 있어, 생명의 토대와 지속성을 위한 환경의 보전, 실질적인 지역적 통합 등을 실천해 나가는 사상적 관점과 통한다.

❷ 한살림의 생명철학

인간의 물질적인 욕망은 무한하지만 부존자원은 한계가 있다는 점은 경제학의 기본전제이다. 인간의 무한한 물질적 욕망을 충족시키는 과정에서 인간의 삶의 질은 저하되고 있다. 더구나 인간의 생명까지도 위협하고 있는 환경오염과 식량, 물, 에너지 부족 문제가 심각해지고 있다. 이것은 범세계적인 차원에서 발생되고 있으며, 지구의 미래에 대한 비관적인 전망이 끊임없이 제기되고 있다. 한 가지 예로서, 생태 환경 전문가 프란츠 알트(Franz Alt)가 지적한 생태학적 위기를 읽어보자.

> "11월에 나타나는 봄 날씨, 1월에 나타나는 4월 날씨, 점점 더 녹고 있는 빙하, 여름의 집중호우와 폭염 등 온실효과 전조들이 몇 년 전부터 나타나고 있다. 기후변화는 기후 붕괴로 이어질 수 있어서, 인류의 생존마저 위협할 수 있다. 이상 기후, 연료 고갈, 화산 폭발 등 재앙의 늪에 빠진 지구에서 우리는 과연 살아남을 수 있을까? 화석 연료의 과도한 사용에서 비롯된 지구 온난화, 그로 인한 이상 기후와 에너지 고갈을 비롯해 무분별한 식생활, 일자리 부족 문제 등은 우리를 위기로 몰아넣은 잘못된 사회구조와 생활습관에서 비롯되었다."(프란츠 알트[5], 2010).

이러한 생태학적 위기와 범지구적·범우주적인 생명의 위기를 극복하기 위한 단체로서 한살림이 있다. 여기에서 한살림이란 '한+살림'이다. '한'은 '큰, 하나, 전체, 함께, 온 우주생명'의 뜻을 가지고 있고 '살림'은 '살려낸다, 산다'의 의미이다. 즉 모든 생명을 함께 살려낸다는 뜻이다. 한살림은 생명운동이고 밥 한 알 살림으로부터 온 생명을 살린다는 의미를 가지고 있다.

이를 좀 더 자세하게 풀어보면, 한살림은 생명의 가치관과 세계관으로 모든 생

5 프란츠 알트는 1938년 독일에서 태어났다. 대학에서 정치학과 역사학, 철학, 신학을 공부했으며, 1968년부터 독일 SWF와 SWR 방송에서 활동했다. 환경보호와 재생 에너지 보급을 위한 적극적인 활동을 인정받아 1992년 독일 환경상 '골덴네 슈발베', 1997년에는 '유럽 태양상', 2007년에는 독일에서 가장 유서 깊은 환경상 '골덴네 블루메 폰 라이트'를 수상했다(프란츠 알트 지음, 모명숙 옮김, 「지구의 미래」, 민음인, 2010).

명이 한집 살림하듯 더불어 살자는 뜻이다. 자연과 더불어 살며, 우리 후손에게 건강하고 밝은 생활터전을 물려주고, 농촌과 도시, 이웃과 이웃의 문을 활짝 여는 생명살림의 공동체 운동이다. 한살림은 인간생명의 유지는 밥을 먹는 데서부터 시작되기 때문에 먹을거리와 자연생태계가 조화를 이루는 농법으로 생산하고, 이렇게 만든 건강한 먹을거리를 이웃과 함께 나누는 소중한 일을 바탕으로 생명살림운동을 펼치고 있다.

한살림의 생명철학을 잘 나타내주고 있는 "한살림 선언-생명의 지평을 바라보면서"(요약)-에 대해 살펴보자. 한살림 선언은 ① 산업문명의 위기, ② 기계론적 모형의 이데올로기, ③ 전일적 생명의 창조적 진화, ④ 인간 안에 모셔진 우주생명, ⑤ 한살림 등 다섯 가지 테마로 구성되어있다.

그리고 이 한살림 선언문은 한살림 이념과 실천방향을 확립하기 위해 가진 공부모임과 토론회에서 합의된 내용이다. 생명운동의 대부인 장일순 선생과 박재일, 최혜성, 김지하 선생이 정리하고 최혜성 선생이 대표 집필하여 1989년 10월 29일 한살림 모임 창립총회에서 채택한 것이다(한살림, 1990). 다음 내용은 한살림 선언문을 요약한 것이다.

2.1 산업문명의 위기

인류가 자유, 평등, 진보의 깃발 아래 피와 땀을 흘리면서 이룩해 온 오늘날의 산업문명은 세계를 황폐화시키고, 모든 생명을 죽음의 위기에 몰아넣고 있다. 또한 인간이 자연 지배의 도구로 사용했던 기계와 기술에 언제부터인가 인간이 예속되어 버렸다. 자본주의 사회는 물론이고, 공산주의 사회도 인간이 기계와 기술에 예속되어 있다는 점에 있어서는 마찬가지이다.

산업문명은 생명을 소외시키는 체제이며, 본질적으로 반인간적일 뿐만 아니라 반생태적(反生態的)이다. 또한 산업문명은 모든 것들을 대립, 투쟁하게 한다. 노동과 자본, 이성과 감성, 인간과 자연의 대립은 산업문명으로 인하여 생겨났다. 더욱이 민족의 대립, 분단이라는 비극까지도 야기시켰다.

우리들은 산업문명으로 인하여 여러 가지 위기에 직면하고 있다. 개인의 일상생활에서, 사회·경제·정치의 세계에서, 전 지구 규모의 생태계의 영역에서 위기가 진행되고 있다. 이것은 물질적·제도적인 위기일 뿐만 아니라 지적·윤리적·정신적 위기이며 인류사상 유례없는 규모와 긴박성을 지닌 위기, 바로 모든 인류와 지구상의 모든 생명의 파멸을 의미할 수도 있는 위기인 것이다. 오늘날 산업문명이 우리에게 가져온 위기는 다음과 같은 증후로 나타나고 있다.

첫째, 핵위협과 공포.
둘째, 자연환경의 파괴.
셋째, 자원고갈과 인구폭발.
넷째, 문명병(文明病)의 만연과 정신분열적 사회현상.
다섯째, 경제의 구조적 모순과 악순환.
여섯째, 중앙집권화된 거대 기술관료 체제에 의한 통제와 지배.
일곱째, 낡은 기계론적 세계관의 위기 등이다.

인간사회의 위기, 예를 들면 핵공포와 환경오염, 암과 정신장해, 폭력과 범죄, 인플레이션과 불황, 자원고갈과 인구폭발 등은 산업문명에서 비롯된 것이다. 이제야말로 산업문명에 의하여 구축된 세계질서와 그 기반이 되고 있는 세계관, 가치관을 근본적으로 검토해야 할 시기가 온 것이다.

2.2 기계론적 모형의 이데올로기

산업문명의 기초는 기계론적 이데올로기라고 할 수 있다. 데카르트(Descartes) 철학, 뉴튼(Newton) 역학, 존 로크(John Locke)의 사회사상이 등장함으로써 자연·우주·인간이 기계론적 모델에 의해 설명된다. 기계론적 이데올로기가 전개되면서 서구의 합리주의, 실증주의, 산업주의는 사고의 편견을 가져왔다. 즉 직관적 지혜보다는 합리적 지식을, 통일보다는 대립을, 조화보다는 경쟁을 더 추구한다. 이러한 편견으로 인해 여러 가지 불균형이 생겨나게 된다. 그럼에도 불구하고 기계론적 이데올로기는 오늘날의 산업사회 전반에 산업문명을 옹호하는 지배적 이데올로기로서 깊게 뿌리내리고 있다. 기계론적 이데올로기는 다음과 같은 모형에서 살펴볼 수 있다.

첫째, 과학만이 진리에 이르는 유일한 길이라는 신념 : 분석과 실증을 통한 과학만이 유일하게 올바른 인식의 길이라는 '과학지상주의'는 학문과 교육에서 뿐만 아니라 사회, 경제, 정치 등 모든 분야에 깊숙이 침투해 있다.

둘째, 실재(實在)를 이원론으로 분리해서 보는 존재론 : 데카르트 등장 이래 이원론적 존재론은 모든 영역에 적용되면서, 산업사회의 지배적인 철학으로 신봉되어 왔다.

셋째, 물질과 우주를 기계모형으로 보는 고전역학 : 이원론적 존재론, 즉 환원주의는 인간과 사회의 관계조차 기계론적 틀로 파악하게 하였다.

넷째, 생명현상을 유기적으로 보지 않는 요소론적 생물관 : 생명과학이 해결할 수 없는 대부분의 문제는 생명을 요소론적으로 파악하는 비유기적이고 단편적인 접근에 그 원인이 있다.

다섯째, 인간정신을 기계 모형으로 보는 영혼 없는 행동과학과 육체 없는 정신분석 : 행동과학과 정신분석학은 그 방법과 관점에서는 큰 차이가 있지만, 실제로는 의식을 기계론적으로 보는 동일한 이론적 기반 위에 서 있다.

여섯째, 직선적인 성장만을 추구하는 경제이론 : 자본주의이건 사회주의이건 간에 오늘날의 경제이론은 모두 직선적인 성장에 강박관념을 가지고 있다.

일곱째, 자연을 지배와 정복의 대상으로 보는 반생태적 자연관 : 근대 이래 과학의 목표는 자연을 지배하고 통제하는 지식의 획득에 있었다. 그 결과 과학은 모든 생명의 어머니인 자연을 인간의 노예로 만들어 버렸다. 자본주의뿐만 아니라 공산주의도 자연에 대한 지배와 착취를 생산력으로 오인함으로써 반생태적 태도를 취하고 있다.

산업문명은 기계의 원리와 질서를 가지고 생명인 인간과 자연을 억압하고 지배한다. 비록 산업문명은 합리성과 효율성을 표방하고 있지만, 재생불가능한 에너지인 화석연료 없이는 작동될 수 없는 폐쇄적이고 고립된 기계장치에 불과하다. 기계란 엔트로피 법칙에 지배되는 죽음의 세계이다. 즉 산업문명은 생명에 대한 부정인 것이다.

2.3 전일적(全一的) 생명의 창조적 진화

지금까지 지배적이던 기계론적 이데올로기에 대하여 과학의 분야에서 새로운 기운이 싹트고 있다. 모든 생명은 환경으로부터 고립된 존재가 아니라 우주적인 관계의 그물 속에서 상호작용을 하면서 연결되어 있다. 모든 생명은 환경과 조화를 이루면서 진화하고 우주의 궁극적 생명과 합일되어 나아가는 것이다.

생명에 대한 새로운 각성만이 우리들을 새로운 지평으로 인도할 것이다. 생명이란 무엇인가?

첫째, 생명은 '자라는 것'이고 기계는 '만들어지는 것'이다. 기계는 누군가에 의해 만들어지는 것이지만, 생명은 자기 조직화하는 힘을 가지고 있다. 즉 생명은 생성하는 과정 그 자체이다.

둘째, 생명은 부분의 유기적 '전체'이고 기계는 부품의 획일적 '집합'이다. 생명은 부분이면서 전체이고 전체이면서 부분이다. 이 상반된 두 경향은 상보적(相補的)인 것으로서 균형을 유지하며 이 균형은 정태적인 것이 아니라 역동적(力動的)인 것이다.

셋째, 생명은 '유연한' 질서이고 기계는 '경직된' 통제이다. 생명은 융통성과 유연성을 가지고 있다. 그리하여 진화하는 환경에 동참하여 스스로 진화할 수 있게 되는 것이다.

넷째, 생명은 '자율적'으로 진화하고 기계는 '타율적'으로 운동한다. 진화의 방향은 생명 자신이 자율적으로 선택하며, 환경과 상호작용하면서 자기 조직화하고 진화해 간다.

다섯째, 생명은 '개방된' 체계이고 기계는 '폐쇄된' 체계이다. 생명은 신진대사라는 자기 갱신능력을 갖고 있다. 더 나아가 생명은 자기 치유능력을 갖고 있다. 그리고 거시적인 진화를 수행하고 있다

여섯째, 생명은 순환적인 '되먹임 고리(feedback)'에 따라 활동하고, 기계는 직선적인 '인과연쇄(因果連鎖)'에 따라 작동한다. 생명에 있어서의 되먹임 기능은 생명

의 위기를 창조적인 진화로 전환시킨다.

일곱째, 생명은 '정신'이다. 생명의 본질은 정신이다.

인간 정신은 자기보다 큰 생명인 공동체나 생태계의 질서에 참여하고 지구의 정신에 통합되며, 종국에 가서는 거룩한 우주의 마음과 합일하게 된다. 그러한 진화의 과정에서 생명은 창조의 기쁨을 느낀다. 이 거룩한 생명이 바로 한울이다. 한울은 자기실현을 위해 온갖 위험을 무릅쓰고 끊임없이 창조적으로 진화하는 생명 그 자체이다. 인간은 자기 안에 거룩한 우주의 마음, 즉 한울님을 모시고 있는 것이다.

2.4 인간 안에 모셔진 우주생명

동양의 전통사상에서는 우주의 궁극적인 실재를 생명으로 파악하고 있다. 힌두교의 최고신을 지칭하는 '브라만'이라는 말은 생명, 운동, 성장, 진화를 의미한다. 불교에서도 모든 것은 생겼다가 유전, 변화하며 사멸하는 것으로 파악하고 있다. 중국의 도교사상에서도 역시 모든 실재를 유동하고 변화하는 과정으로 보았고 그 궁극의 원리를 '길(道)'이라고 표현하였다.

우리 민족은 우주의 근원적 생명을 '한'이라는 말로 표현해 왔다. 한은 개체인 동시에 전체이고, 원심적 확산이면서 구심적인 수렴을 뜻하기도 한다. 한의 사상의 배후에는 유교, 불교, 도교의 본질이 포함되어 있다. 이 '한'의 사상은 '서세가 동점하는'(西勢東漸) 근세에 와서 우리 민족이 봉건적 질곡과 외세의 억압에 신음하고 있을 때 동학사상으로 우리들 앞에 다시 위대한 모습을 나타낸다. 동학은 근본적으로 문명사 전체의 전환을 요구하고 있는데, 그 뿌리에는 창조적 진화론에 입각한 강력한 생명의 사상이 있다.

우리 민족의 마음에 있는 한울님은 삼라만상 속에 충만하고 인간과 더불어 있는 지극히 가까우면서도 그윽하고 아득한 우주의 궁극적인 실재인 것이다. 한울님은 '한', '길(道)', '태극(太極)', '기(氣)'의 이름으로 불리기도 했다. 한울님은 이해의 대상이 아니라 그 안에 동참하면서 나누어 받아 체험할 수밖에 없는 한(大)생명인 것이다. 동학은 이러한 한울님 사상을 계승하고 발전시켰다. 동학사상은 하늘과 사람과 물건이 다같이 '한생명'이라는 우주적인 자각에서 시작해서 우주의 생명을 모시고(侍天) 키워 살림으로써(養天) 모든 생명을 생명답게 하는 체천(體天)의 도를 설파하였다.

우리들이 직면하고 있는 오늘날의 상황에 대하여 동학은 빛과 지혜와 희망이 될 것이다

첫째, 사람은 물건과 더불어 다 같이 공경해야 할 한울이다. 동학에서는 인간이 자연에 대하여 공경의 마음을 가짐으로써, 자연과의 생태적 균형을 이룰 수 있을 뿐 아니라 우주의 진화에 참여할 수 있다고 말한다.

둘째, 사람은 자기 안에 한울을 모시고 있다. 동학에서는 사람은 누구나 자기 안에 한울님을 모시고 있다고 하였다. 그리하여 인간은 모두 한울님이 되는 것이다.

셋째, 사람은 마땅히 한울을 길러야 한다. 동학에서는 사람이 종자를 심어 그 생명을 기르는 것처럼 자기 안에 모셔진 우주 생명, 즉 한울님을 길러야 한다고 말한다.

넷째, '한 그릇의 밥'은 우주의 열매요 자연의 젖이다. 사람은 자기 안에 있는 한울, 즉 우주생명을 키우기 위해 밥을 먹여야 한다. 그리고 그 밥 한 그릇에는 우주의 진리가 깃들여 있을 뿐 아니라, 모든 자연과 인간의 협동으로 만들어진 큰 생명의 결실이다. 밥을 먹는 일은 자기 안에 모셔진 생명을 공경하는 일이다.

다섯째, 사람은 한울, 즉 우주생명을 체현(體現)하여야 한다. 사람들은 일상생활 속에서 생명에 대한 존엄과 외경의 마음을 잃어서는 안 된다. 사람은 한울을 모시고 키우는 주체로서 한울님다운 도덕적, 사회적, 생태적 행위를 하여야 한다.

여섯째, 개벽(開闢)은 창조적 진화이다. 생명이 생명답게 되기 위해서는, 생명을 가두고 옭기고 나누는 죽임의 질서를 해체하고 새로운 생명의 질서를 창조하는 개벽이 필요하다. 인간과 우주는 서로 협력하고 동역(同役)함으로써 창조적 진화를 이룩해가는 것이고 진화의 역동적 과정을 통하여 우주와 인간이 통일되어 나가는 것이다. 따라서 인류의 창조적 진화는 우주의 개벽이고 우주의 진화는 인류

의 개벽이 되는 것이다.

일곱째, 불연기연(不然其然; 아니다 그렇다)은 창조적 진화의 논리이다. 시간에 있어서의 '과거'와 '미래'라는 이원론을 극복하기 위해서는 진화의 시점이 필요하다. 동학에서는 긍정과 부정의 대립이라는 이원론의 문제를 제기하면서 그 해결을 '아니다' '그렇다'의 불연기연이란 진화의 시각에서 찾으려고 했다.

우주는 태초의 폭발로부터 끊임없이 진화해 왔다. 그 진화는 한편에서는 '혼돈'을 향하고 있는 것처럼 보이고 한편에서는 '질서'를 향하고 있는 것처럼 보인다. 이 두 방향을 묶는 역동성이 바로 진화이다. 하나하나의 생명에 전 우주의 진화과정이 모두 투영되어 있다. 그것을 의식하고 자각하는 것이 인간의 정신이고, 인간은 자기 안에 한울, 즉 우주생명을 모시고 있다.

2.5 한살림

모든 문명은 발생, 성장, 쇠퇴, 소멸의 길을 걸어왔다. 역사의 이러한 흐름은 우주진화 과정의 일환으로 필연적이라 할 수 있다. 오늘날의 산업문명은 그 정점에 도달하고서는 바로 쇠퇴의 길로 접어든 것 같다. 산업문명이 가져 온 기계의 질서는 모든 생명을 위기에 몰아넣고 있다. 그러나 위기는 동시에 새로운 변화, 새로운 진화의 기회이기도 하다.

오늘날 위기의 상황 저변에서부터 변화의 조짐이 서서히 나타나고 있다. 자본주의 국가에서, 소련, 동구에서, 제3세계에서 일어나고 있는 민주화 운동은 그 변화의 조짐이라고 할 수 있다. 특히 페레스트로이카로 대표되는 동구 여러 나라의 민주화운동은 표면적으로는 서방세계의 생활양식과 물질적 풍요를 동경하는 것처럼 보이지만, 그 근저에는 새로운 생명관을 요구하는 움직임이 보인다. 그러한 물결이 구미에서 아시아로 이동하여 동아시아에 전통적으로 존재해 왔던 사상의 위대함, 깊이와 연결되어 참된 전환의 가능성이 될 것이다.

한반도의 비극은 산업문명이 만들어낸 이데올로기가 타율적으로 강요된 민족분단의 비극이었다. 분단을 극복하는 통일운동은 민족통일 뿐만 아니라 전 인류,

전 생태계, 전 우주와 통일을 지향하는 운동이어야 할 것이다. 그러한 배경 속에서 '한살림'은 탄생하였다.

첫째, '한살림'은 생명에 대한 우주적 각성이다. 우리들은 자신이 우주 전체를 구성하는 생명의 일부임을 자각하고, 동시에 진화하는 생명임을 자각하여야 한다.

둘째, '한살림'은 자연에 대한 생태적 각성이다. 오늘날 우리들에게 자신의 자유와 동시에 생태계에 대한 책임감이 요구되고 있다. 지구의 요구는 인간의 요구이고, 인간의 권리도 또한 지구의 권리이다.

셋째, '한살림'은 사회에 대한 공동체적 각성이다. 인간은 자연과의 균형을 잃었을 뿐만 아니라 공동체도 상실하였다. 오늘날 결핍된 것은 물질적 안락이 아니라 공동체적 조화이다.

넷째, '한살림'은 새로운 인식, 가치, 양식을 지향하는 '생활문화운동'이다. 산업문명을 생명의 모습으로 변화시켜 나가기 위해서 새로운 생활양식을 창조하고 사회적으로 널리 보급해 가야 한다.

다섯째, '한살림'은 생명의 질서를 실현하는 '사회실천운동'이다. 산업문명, 즉 반생태적, 반공동체적인 정치권력, 기술관료, 기업에 대한 생명의 투쟁을 전개해야 할 것이다. 생명의 투쟁은 새로운 문명을 준비하는 창조적 활동이다.

여섯째, '한살림'은 자기실현을 위한 '생활수양활동'이다. 생명의 세계관, 가치관을 실현하려는 실천 활동은 인간과 자연, 개인과 사회의 모든 생명이 거대한 우주생명에 합일된다는 각성에서 출발한다. 그러한 도덕적 각성이야말로 사회실천 활동의 출발점이다.

일곱째, '한살림'은 새로운 시대, 세상을 창조하는 '생명의 통일 활동'이다. 우리 민족의 역할은 고난과 시련의 역사를 새로운 역사창조의 원동력으로 전환시켜 인류 진화의 모범을 보이는 것이다.

산업문명이 기초하고 있는 기계의 사회문화 모형은 모든 것을 분할, 구속, 고립, 예속시키고 소외, 오염시키는 죽음의 틀이다. 인류의 본래의 생명의 질서를 회복해야 할 것이다.

'한살림'은 전 우주, 전 생태계, 전 인류를 생각하면서 민족통일을 위한 실천적 활동을 수행하고, 민족통일을 생각하면서 생태적 균형, 사회정의, 자기실현의 길을 모색하려고 한다. 지금 바로 생명의 새로운 지평이 우리 앞에 열리기 시작하고 있다.

3 유기농업의 자연관과 생명철학

3.1 유기농업이란 무엇인가

유기농업의 발생배경은 시대적 및 국가별로 차이가 있다. 예를 들면 일찍이 공업화와 도시화가 진행된 서구 유럽의 경우 농업환경은 화학화, 대량화, 기계화에 의해 토양의 황폐화가 심각한 상태에 있었다. 그래서 서구 유럽의 유기농업은 황폐화된 토양의 지력을 회복시키기 위한 하나의 대안으로서 시작되었다. 이렇게 시작된 유기농업이 현재는 식품의 안전성(food safety)과 환경의 보전을 위한 농법이라는 개념으로 확대되었다.

그리고 일본의 유기농업은 식품에 대한 농약잔류 문제의 심각성에서 출발하였다. 일본의 식품오염 사건 중 유명한 사례로는 1955년에 많은 어린이 환자를 발생시킨 삼영 우유의 비소 오염 사건, 1962년과 1964년에 쌀의 수은 잔류에 의한 미나마타 병(수은 병), 카드뮴 잔류에 의한 이타이 이타이 병(허리, 무릎이 쑤시고 뼈가 골절이 되고 전신 쇠약으로 사망하는 병)과 1968년의 라이스 오일에서 유기염소제 검출사건, 1970년의 우유 중 항생물질 검출과 차에서 DDT 검출 사건 등이 있다. 일본의 유기농업은 지금 생산자와 소비자가 공존 공생하는 생활공동체 운동으로까지 확산되고 있다.

유기농업이란 다음과 같은 다섯 가지의 측면이 충족되는 경영방식이라고 할 수 있다.

첫째, 농업기술적인 측면에서, 농업생산은 일체의 합성화학물질(농약, 화학비료,

제초제, 가축사료 첨가제 등)을 사용하지 않고, 유기물의 토양환원과 비배(肥培) 및 토양관리, 미생물 및 자연광석 등 자연적 자재의 사용을 통해 지력을 회복 유지하면서 실행하는 것이다.

둘째, 환경론적인 측면에서, 토양미생물과 작물, 가축, 인간 사이에 존재하는 생태계의 물질순환체계의 균형을 유지시켜 모든 생물체가 공생 공존하게 하는 것이다.

셋째, 경제적인 측면에서, 농업생산력을 지속시켜 식량생산의 장기적인 안정성을 확립하고 농가경제의 안정과 수익을 보장해 주는 것이다.

넷째, 식품학적인 측면에서, 맛과 영양이 풍부하고 인간의 건강에 해(害)를 주지 않는 안전한 고품질의 식품을 생산 공급하여 인간의 건강을 증진시키는 것이다.

다섯째, 철학적인 측면에서, 생명순환 및 공생의 원리에 입각한 생산활동과 그 생산물을 매개로 하여, 생산자와 생산자, 생산자와 소비자 그리고 소비자와 소비자 사이에 유기적 협동관계를 회복시킴으로써 자연과 인간, 인간과 인간이 공존공생하는 협동사회를 만들어 가는 것이다.

이처럼 유기농업(organic farming)의 현대적 개념은 단순히 농업기술적 범주에 머무르지 않고, 철학적 측면으로까지 확대되었다. 따라서 유기농업을 완전히 이해하기 위해서는 유기농업의 자연관과 생명관을 이해할 필요가 있다. 유기농업의 철학은 인간이 자연을 어떻게 보느냐 하는 자연관, 생명이란 무엇인가, 그리고 생명을 유지시키기 위한 기본식량을 제공하는 농업은 어떠한 것인가라는 의문에서 시작된다. 그 결과 생명순환의 원리에 입각하고 있는 유기농업의 철학은 모든 살아있는 생명체(미생물로부터 인간에 이르는)가 더불어 살아간다는 공생(共生)의 철학임을 강조한다.

유기농업의 관점에서 자연과 농업의 관계는 매우 밀접하다. 먼저 유기농업의 자연관은 인간과 자연의 관계에서 분명하게 나타난다. 인간은 자연의 정복자가 아니라 그 일부임을 인정함으로써 인간과 자연사이의 친교와 평화를 성취할 수 있다(김지하, 1992). 즉 인간과 자연은 대기, 물, 에너지 등을 끊임없이 상호 교환함으로써 비로소 상호 생명을 유지할 수 있다.

그리고 자연은 모든 생명체가 공존하고 있는 공간이므로 인간과 자연의 조화를 이루어야 한다. 이를 위해서는 오늘날의 인간중심적 자연관이 생명중심적 자연관으로 전환될 필요가 있다. '환경'이라는 용어는 인간을 중심에 놓고 자연을 인간의 보조대상 정도로 보는 인간중심주의 사고방식이기 때문이다. 따라서 '자연'을 '환경'으로 파악하는 것은 인간과 자연의 유기적 관계 즉, 생명체(자연속의 미생물, 소동물, 식물, 대동물 등)와 생명체(인간)의 상호공존관계를 부정하는 것이므로 본질적인 환경문제를 해결하는데 한계가 있다는 점이다.

요컨대 자연 그 자체 속에서 생명 및 생명의 순환을 보면서 인간의 생활을 가능한 한 자연과 조화시키도록 해야 한다. 따라서 생명중심주의 자연관에서는 경제학의 범위가 자연과 분리된 즉, 인간사회에 국한된 생산과 교환, 분배의 고찰로부터 더 확대되어야 한다. 이를 구체적으로 말하면, 자연과의 물질대사의 전체, 거기에서의 수지결산 예컨대 인간이 자연으로부터 무엇을 획득하고 자연에게 무엇을 배출·환원해주고 있는가라는 범위까지도 고찰대상으로 삼아야 한다는 점이다(藤原保信, 1991). 왜냐하면 인간중심적 즉, 주관적 능동성을 강조하는 자연관은 자연을 인간의 이용 대상으로만 파악하는 것으로 귀결된다. 따라서 필연적으로 생태계를 파괴하고 자연의 생명력을 저하시키게 된다. 그래서 이것은 결국 인간의 생명력을 감퇴시키거나 소외시키는 결과를 초래하기 때문이다.

이처럼 유기농업은 인간의 편의를 위해 자연을 극복, 정복, 약탈, 파괴하는 것이 아니라 생태계와 조화를 이루면서 식품을 생산하는 활동이다. 따라서 유기농업 생명계를 전제로 하고 생명계의 가운데에 위치하고 있다. 대자연에 대한 외경과 감사, 모든 생물에 대한 애정과 공존 공영의 이념이며, 모든 문화의 기초가 된다. 유기농업은 단순한 농업기술이 아니라 농업의 철학 즉, 생명순환의 원리와 공존공생의 원리에 입각한 생명의 농법이어야 한다.

3.2 생명순환의 원리

유기농업은 자연 속에 있는 모든 생명을 중시하며 생명의 순환원리에 입각한 농법이다. 따라서 유기농업의 철학에는 일반적인 생명관보다 훨씬 확대된 그 나름대로의 생명관이 있다. 그리고 유기농업의 생명관은 농업이 인간의 생명을 유지시키는 기본적인 식량을 생산하고 식량으로 이용되는 동식물도 생명을 가진 존재라는 관점에서 비롯된다. 뿐만 아니라 이러한 동식물은 토양 속의 생명체인 미생물이 태양에너지와 대기, 물 등과 상호작용을 함으로써 생산될 수 있다는 것이다. 따라서 유기농업의 생명관은 인간을 포함한 자연의 내부에 존재하는 모든 사물이, 생명을 가지고 있거나 생명을 가진 존재에게 필수불가결한 요소라고 인식한다는 특징을 가진다.

그래서 자연 속의 미생물로부터 인간에 이르는 모든 생명체간의 균형상태가 파괴되고 순환이 단절되면 각 생명체의 존립은 위협받게 된다. 예컨대 미생물의 사멸에 의한 토양구조의 파괴, 수질정화 기능의 저하, 경지의 사막화, 동식물의 불건전한 생육 등이 초래되고 삼림의 파괴에 의해 산소의 부족과 대기정화 기능의 저하, 홍수, 이상기온 등이 발생된다. 더구나 이와 같은 환경 속에서 불건전하게 생육된 동식물을 인간이 섭취함으로써, 식품오염 등으로 인해 인간 생명은 위협받게 된다.

흙 속에서 생존하는 다양한 미생물 및 소동물과의 관계에서 작물의 뿌리는 생장하고, 건전한 뿌리의 생장은 지상의 식량작물을 자라게 한다. 그것은 영양이 풍부한 식품이 되어 인간의 생명과 결합하게 되는 것이다.

여기에서 생명이란 삼라만상, 소위 불교에서 이야기하는 시방세계(十方世界) 또는 삼천대천세계(三千大千世界)에 존재하는 살아있는 「삶의 총체」이며 유기적인 운동을 한다. 중요한 것은 생명은 보이지 않고 언제나 신선하고 쉴 새 없이 움직이지만 그것은 물질을 매개로 해서 시간 속에서 지속되고 공간 속에 확대될 수밖에 없다. 생명이 일단 운동한다고 할 때는 가시적인 물질로 하나의 유기체적인 단위 속에서 일정한 물질로서 유기화된다. 유기적 생명체가 생성·성장한 후 소멸한다고 해서 생명이 없어지는 것은 아니다. 유기체의 해체 뒤에도 생명은 계속 다른 형태로 전환 운동하는 것이다. 인간이 죽어 흙이 되어 다른 여러 요소로 분해되는 것도 하나의 전체적인 생명운동의 과정이다(김지하, 1984).

한편, 생명순환의 원리를 나타내는 대표적인 용어로서 신토불이(身土不二)가 있다. 신토불이라는 말은 석가모니가 자연의 섭리를 설명하기 위해 사용했던 말(기준성, 1991)로서, 원래 천지와 아와 동근, 만물아와 일체(天地와 我와 同根, 萬物我와 一體)[6]라는 대구(對句)이며, 천상천하 유아독존(天上天下唯我獨尊)이라는 의미였다(戶谷委代, 1985). 또한 이 말은 불교의 윤회사상에 근거하고 있는데 즉, 흙 위에서 살고 흙이 만들어 된 식품을 먹고 살다가, 죽어 흙이 된다는 의미를 가지고 있다. 이것은 앞에서 설명한 토양-작물(가축)-인간-토양의 관계에서 생명의 공존과 상호의존 요컨대, 유기농업 철학인 생명순환의 원리와 합치되는 내용인 것이다.

이와 같은 신토불이의 의미가 변형되어 하나의 생명은 그것이 태어나 자란 대지(大地)와 불가분의 관계에 있으므로 인간은 그 고장의 토지 형편에 맞는 작물에 순응하여 살아가야 한다는 뜻이 되었다. 더구나 인간의 건강은 생명의 근원인 식품을 가능한 한 자기고장의 자연조건 하에서 양분이 풍부한 토양에서 생육되는 것이라야 보장될 수 있다는 의미이다. 이것이 가능하도록 하기 위해서는 생태계 순환 체계의 단절과 파괴를 초래하는 화학농법이 아닌, 생명순환의 원리에 입각한 유기농법이어야 한다는 점이다.

3.3 공생(共生)의 원리

공생의 원리는 생명순환의 원리와 밀접한 관계에 있는 유기농업의 기본 철학이다. 공생이란 살아가고 살리는 다양한 관계를 모든 장(場)에서 발견·창조해 가는 것이다. 이를 유기농업의 생산측면에서 보면 작물과 가축이 생명으로서의 독자성과 능력을 충분히 발휘하고, 주위의 생태계와도 나름대로의 균형과 긴밀한 관계를 형성하면서 다양한 부차효과와 순환주기를 만들어 내고 있다. 즉, 자연계의 현상은 태양, 대기, 물, 토양 등과 더불어 생존하고 있는 동식물의 순환에 의해 영위되고 있다고 할 수 있다.

공존 공영(共存 共榮)의 자연계는 식물이 동물의 먹이가 되고 동물이 식물의 비료가 되며, 탄산가스와 산소의 순환 등의 상승작용과 반복회전으로 운영되고 있다. 따라서 자연계는 동물, 식물 그리고 인간의 어느 하나만의 단독으로는 생존할

6 '하늘·땅과 나는 같은 뿌리이고, 만물과 나는 하나'라는 의미.

수 없는 구조로 되어 있기 때문에 동식물과 인간이 일체가 되는 순환농법 또는 환(環)의 농법, 화(和)의 농법(ヤマギシズム生活實顯地本廳文化課編, 1986)이어야 한다는 것이다. 그래서 유기농업의 복합경영, 혼윤작, 간작 등은 경영방식이라는 범주에만 머물러 있지 않고 작물과 작물, 동물과 식물이 더불어 살아가는 공생의 원리가 관철되고 있다 할 수 있다.

이러한 생명순환의 원리가 지켜지는 범위 내에서 다종 다양한 생명체는 공생할 수 있다. 만일 인간이 이 원리를 경시했을 때, 그 응보는 생산에 종사하는 농가와 그 생산물을 섭취하는 소비자에게 돌아오게 된다. 예를 들면 농약살포 시의 농약중독 현상과 잔류 농약문제, 농산물의 영양가 저하 등이 그것이다. 따라서 공생이란 인간과 자연, 인간과 인간, 인간과 사회와의 관계에서 또 도시와 농촌, 농·공·상의 관계에 있어서 각자의 독자성이 존중되면서 대등하고 자유로운 관계를 기본으로 상호 풍요로운 세계를 창출하는 것이다.

공생관계를 맺기 위한 기본적인 룰(rule)로서 다음 4가지에 유의하는 것이 중요하다(古澤廣祐, 1988).

첫째, 인간, 자연, 사회에 대해 정직, 겸허, 성실하여야 한다.

둘째, 상대방에게 일방적으로 많은 것을 기대하여 강제하지 말고, 저절로 만들어져 가는 힘을 느끼거나 상호 계발하는 가운데 관계가 싹터 성장하기를 기대한다.

셋째, 생산–유통–소비의 어느 부문에서도 지배·피지배, 관리·강제를 완전하게 막고 자발성과 자립성에 기반을 둔 대등한 입장에서 협동을 발휘할 때 예상 이상의 총체적 효과가 나타난다.

넷째, 공생의 사회관계에서는 물질과 관계의 가치를 좁은 척도로써 고정적으로 측정하는 것이 아니고, 미지의 가치를 발견·창조한다는 주체적이고 창조적이며 협동적인 행위가 큰 의미를 가진다.

이와 같이 유기농업의 생산측면에서는 공생의 원리가 작용하고 있다. 그러나 공생의 원리는 자연과 인간의 관계에 그치지 않고 인간과 인간의 관계 다시 말하면, 생산자와 생산자, 생산자와 소비자, 소비자와 소비자 간의 관계에 까지 미치고 있다. 또한 유기농산물의 유통방식이 직거래 형태를 취하는 것은 농산물의 양적측면보다는 질적 측면을 강조하는 유기농업의 특성과 함께, 생산자와 소비자의 신뢰 및 공생관계의 회복을 꾀하는 유기농업 철학에 기인하고 있다.

그리고 소비자 간의 유기적 관계는 소비자생활협동조합의 설립, 생활지역에 따른 마을모임이나 소모임의 구성 등을 통해 이루어지고 있다. 그래서 궁극적으로 공생의 원리를 실현시켜 생명이라는 존재와 자연의 관계, 인간의 관계를 풍부한 상태로 이끌어 가기 위해서는 유기농산물의 생산, 가공, 유통, 소비가 일관성과 전체성을 가지는 체계로 되어야 할 것이다.

읽을거리

한살림 생활협동조합 운동의 큰 어른 인농(仁農) 박재일 선생

"원주에서 근 이십년 만(1986년)에 다시 서울에 올라 왔는데 처음엔 눈도 따갑고 아주 힘들었어요." 그의 서울살이에서 공기의 질보다 문화적 충격이 더 컸다. "바로 옆집 하고 벽 두께가 이렇게 얇은데, 서로들 친하게 지내지도 않는 게 참 이상했어요. 아주 커다랗지만 모두가 한집에 사는 건데 말이죠." 그는 아파트를 한집살이라고 했다. 온 우주의 생명이 한집살이를 하는 것이라는 믿음으로 한살림 운동을 시작한 사람다웠다.

현재 전국 19개 지역에서 25만 이상의 가구가 회원으로 참여하고 있는 한살림은 1986년 12월 4일 서울 제기동에서 '한살림농산'이라는 스무 평 남짓한 쌀가게로 출발했다. 당시 쌀가게의 문을 연 박재일 선생은 나이 쉰 살을 앞에 두고, 뒤로는 딸을 다섯이나 둔 어깨 무거운 가장이었다. 고향인 경북 영덕에 계신 노모는 서울대학교까지 나온 똑똑한 아들이 독재정권에 쫓겨 다니다 감옥살이까지 하더니, 한동안 원주에서 교사도 하고 재해대책사업과 협동조합 운동으로 뿌리를 박는가 싶어 잠시 안도했었다. 그런데 다시 서울에 올라가 '쌀 팔고 계란 파는' 일을 벌인다고 여간 낙담하시지 않았다.

1987년 6월 민주항쟁을 전후로 한 격동의 시절, 서울에 온 박재일은 최루탄이 난무하는 거리로 나서는 사람들 틈바구니에서 묵묵히 쌀가게의 석발기를 돌렸다. 젊은 시절 그에게 익숙한 몸짓과 습관은 자꾸 거리로 달려 나가려고 했다. 물론 아주 외면하지는 못해 거리에 나서는 일도 있었다. 그러나 그는 '내가 이러다가는 영원히 쌀가게로 돌아가지 못하리라'는 생각으로 마음을 다잡고 쌀가게를 지켰다. 원주에서 쌀가마니를 지고 상경할 때 품었던 생각은 눈앞의 정치를 바꾸는 일보다 도 어쩌면 훨씬 더 원대한 것이었다.

폭력은 독재권력 속에만 있는 것이 아니다. 더 크고 위험한 폭력이 우리 삶을 위협하는 밥상 위에 있었기 때문이다. 그는 그 무렵 한 해 1,500명 가량의 농민들이 농약중독에 쓰러져 목숨을 잃는 것을 지켜보았다. 농부들이 돌보던 땅과 물도 마찬가지였다. 병든 땅에서 길러낸 먹을거리가 다시 사람을 병들게 하는 악순환에서 어떻게든 벗어나게 해야겠다고 생각했다.

그러나 당시에는 도시와 농촌이 유기농산물 직거래를 통해 공생을 모색하는 일에 공감하는 사람이 많지 않았다. "우리를 이용해먹는 거 아닌가? 자기 사업을 하려는 거 아닌가?" 하고 의심하는 눈초리도 있었다. 어차피 누군가 먼저 가시덤불을 헤쳐 나가지 않는다면 새로운 길이란 생기지 않는다. 그러나 혼자 앞서 걸어가는 사람은 외로울 수밖에 없다. 그로 하여금 몰이해와 냉소, 거기에서 비롯되었을 외로움을 고스란히 감내하고 이겨내도록 한 힘은 무엇이었을까?

"원주에 있는 동안 농촌에서 사람들이 서로 협동하면서 무엇인가를 만들어 내면서 같이 일궈내는데 그 일들이 참 잘됐어요. 그때 저렇게 협동을 하면 참 재밌고 행복하게 살 수 있겠구나 느꼈죠."

사실 그는 지난(2008년) 겨울 위암 수술을 마치고 치료 중에 있었다.[7] 그래서 오랜 시간 대화를 청하는 것이 부담스러웠다. 하지만 이야기를 나눌수록 그의 몸에서 새로운 에너지가 샘솟는 것 같았다. 협동으로 일궈낸 행복한 세상에 대한 꿈이 그의 힘이었다는 것을 실감할 수 있었다.

"우리가 왜 이런 일들을 하는지 제대로 알려내고, 교육하고, 투명하게 공개하기만 하면 사람들 사이에는 믿음이 생기죠. 협동은 그 믿음의 힘으로 커져가는 거예요." 한살림도 모든 것을 조합원들에게 다 드러내놓기 때문에 신뢰를 얻은 것이라고 했다. 그리고 "나도 똑같은 월급을 받고 일하고, 나 먹을 것은 매장에 가서 조합원들하고 똑같이 돈 내고 사먹는 것을 보고 놀라는 사람들도 있어요."라면서 웃었다.

사회제도를 바꾼다고 하루아침에 세상이 달라지지는 않는다는 것을 우리는 너무도 잘 알고 있다. 사람들의 가치관이 변하고 살아가는 방식부터 근본적으로 달라져야 하는데, 생각의 틀과 생활 습벽을 바꾸기가 보통 어려운 게 아니기 때문이다. 그래서 생활 속에서 누구나 공감하는 절실한 문제로부터 출발하자는 것이 그의 생각이고 한살림의 뜻이었다.

"그게 밥 아닙니까. 어느 누구도 피하거나 외면할 수 없는 게 밥이잖아요. 그러니 그 안에서 밥과 세상과 사람들의 관계로부터 시작한 거예요. 우리가 제대로 된 생명의 밥상을 차리자 그래서 가정의 밥상, 들판의 밥상, 도시의 밥상, 사회의 밥상을 다시 꾸리자고 말이죠. 그런데 의외로 좋은 생각을 가지고 그런 걱정을 하는 사람들이 많이 있었어요."

최근 한살림의 조합원이 급격히 늘고 있는 데에는 식품 안전에 대한 관심이 높아진 영향도 있을 것이다. 특히 아토피로 고생하는 아이들이나 암에 걸린 사람들이 먹을거리를 통해 보다 근원적인 치료를 하고자 찾아온 경우가 많다. 그런데 한살림과 함께 20여 년을 함께 살아 온 그가 병에 걸린 일을 의아해 하는 사람도 있을 것이다.

"요새는 채식을 중심으로 양도 적게 먹어요. 그동안 내 자신이 너무 나를 돌보지 않고 건방진 삶을 살았구나하고 이번 기회에 많이 배우게 되었어요."

그는 위(胃)를 다치고 나서야 비로소 위장의 기능에 대해 깊이 생각하게 되었다고 한다. 그동안 너무 많이 먹었다는 것, 그리고 어떻게든 몸이 신호를 보냈을 텐데 그것을 알아차리지 못할 만큼 자신에게 무관심했다는 데에도 생각이 미쳤다. 젊은 시절부터 집에서는 하숙생과 다를 바 없을 정도로 일에 쫓겼고 늘 밖에서 음식을 사먹는 경우가 많다보니 이것저것 가릴 처지가 아니었다고 한다. 또 농민들과 어울려 마음을 터놓고 일을 해야 하다 보니 자연 술을 마실 기회도 많았다고 한다.

"저는 무엇이든 가리지 않고 잘 먹었어요. 그러면서 한살림운동을 열심히 해서 누가, 언제, 어디

7 박재일 선생은 2010년 8월 19일 오전 5시 20분에 별세하였다.

서, 무엇을 먹더라도 모두가 안전하게 먹을 수 있는 그런 세상을 만드는 게 중요하다는 생각만 했어요. 한살림이 나만 잘 먹고 잘 살자는 생각으로 시작한 것이 아니거든요."

정작 자기 몸에 좋은 것을 골라 먹어야겠다는 생각을 따로 해본 적이 없었다. 그것은 처음부터 한살림운동이 지향해온 일관된 생각이다. 그는 건강이란 단지 먹을거리만으로 해결되는 문제는 아닌 것 같다고 했다. 자신을 둘러싼 물과 공기 같은 환경과 무수히 많은 관계들이 유기적으로 작용한 결과라는 것이다.

"한살림을 통해 이 세상에서 정말 좋은 사람들과 기분 좋게 만나고 관계를 맺은 것이 이제껏 잘 살게 해준 힘이었어요. 결국 건강문제는 자초한 거지요. 내 몸에 제대로 관심을 갖지 않은 것에 대해 반성하고 있어요."

그의 스승이었던 무위당 장일순 선생은 "병은 싸워서 이기는 게 아니라 친구처럼 내 몸에 잘 모시고 가야 하는 것"이라고 했었다. 이제 박재일 선생도 제 몸의 병을 스승으로 모실 줄 알게 되었다. "제대로 차근차근 씹다보니 맛도 새롭게 느끼고 있어요. 그러다보니 자연스럽게 내가 먹는 음식에 대해 생각이 깊어져요." 그래서 하루 세 끼 그에게 밥상을 차려주는 아내에게 더욱 감사한다.

국어사전을 펼쳐 살림이란 단어를 찾아보면 '한 집안을 이루어 살아가는 일 또는 살아가는 상태나 형편'이라고 적혀 있다. 여기서 말하는 '한 집안'의 의미를 가정과 사회, 사람과 자연까지 모두 아우른 온 우주로 확장시킨 것이 바로 한살림 운동일 것이다.

"한살림은 끝없이 만들어가는 거예요. 완성된 게 아니라 생활하는 사람들이 하루하루 삶을 통해서 만드는 거지요."

(출처 : 계간 『살림이야기』, "살리는 사람을 찾아서, 사단법인 한살림 박재일 회장", 2009년 여름호에서 발췌 수정)

참고문헌

기준성, 『사람의 먹거리』, 정신세계사, 1991.

김지하, 『밥』, 분도출판사, 1984.

김지하, 『생명』, 도서출판 솔, 1992.

김　호, "유기농업의 경제적 배경과 경영방식에 관한 고찰", 『한국유기농업학회지』, 1994.

프란츠 알트, 모명숙 옮김, 『지구의 미래』, 민음인, 2010.

한국불교환경교육원, 『동양사상과 환경문제』, 1994.

한살림, 『계간 살림이야기』, 2009년 여름호.

한살림 홈페이지(http://www.hansalim.or.kr)

한살림, 『한살림』, 1990.

허승욱, 『환경경제 길라잡이』, 그린, 2004.

古澤廣祐, 『共生社會の論理』, 學陽書房, 1988.

藤原保信, 『自然觀の構造と環境倫理學』, 御茶の水書房, 1991.

ヤマギシズム生活實顯地本廳文化課編, 『ヤマギシズム農法』, 1986.

戶谷委代, "旬 身土不二 一物全體", 『有機農業の事典』, 三省堂, 1985.

6 장 자원과 생산요소시장

1 자원의 분류

1.1 자원의 개념

자원(resource)이란 생산 활동에 사용되는 모든 생산요소를 말한다. 경제학에서는 토지, 노동, 자본을 3대 생산요소라고 하는데, 자연자원은 토지에 포함되는 것으로 취급해 왔다. 구체적으로 보면, 토지에서는 광물, 화석연료, 산림, 골재 등 자연자원을 포함하고 있고, 노동은 인적자원 등 노동력을 의미하며, 자본은 생산적 화폐인 자본과 기계류 등 자본재로 구성되어 있다. 이러한 자원 또는 생산요소는 직접 소비할 수도 있고 생산과정에 투입되어 재화 및 서비스 등 상품을 생산하는데 사용될 수 있다. 인간은 자원을 사용함으로써 물질적인 풍요로움을 누릴 수 있다. 뿐만 아니라 자연환경은 미적 및 정서적 가치를 제공함으로써 인간에게 정신적 안정감과 평화를 가져다준다.

자연자원은 인구증가, 인구의 도시 집중, 기술혁신에 의한 자연자원의 개발, 산업화와 경제발전 등으로 인해 그 부존량이나 매장량이 점점 감소하고 있다. 또 환경오염이 심각해지면서 자연자원의 질도 낮아지고 있다. 그래서 많은 자연자원이 자유재(free goods)에서 경제재(economic goods)로 전환되고 있다.

예를 들면 과거에는 시골 마을에 있는 우물이나 산골짜기에서 흐르는 물은 큰 대가를 지불하지 않고도 마음 놓고 사용할 수 있는 자유재이었다. 그러나 이제는 시골의 각 가정에서도 정수기를 들여 놓거나 생수를 구입해서 먹음으로써 물은 경제재가 된 것이다. 앞으로 공장이나 자동차에서 배출되는 매연 등으로 대기오염이 더 심각해져서 맑은 공기를 얻기 위해 경제적 대가를 지불해야 된다면 공기도 더 이상 자유재가 될 수 없을 것이다. 예를 들면 '태백산 맑은 공기'나 '지리산 청정 공기', '삼다도 무공해 공기' 등의 브랜드로 맑은 공기가 일반 유통매장에서 팔리게 될 날이 올지도 모르는 것이다.

1.2 자원의 분류

자원을 자원이 제공되는 근원과 자원의 자연적 재생산 가능성을 기준으로 분류해 보자.

첫째, 자원이 제공되는 근원을 기준으로 분류하면 토지가 제공하는 농산(農産)자원과 광물자원, 산림자원 등이 있고 물에서는 수자원과 수산자원 등이 제공된다. 광물자원은 에너지 자원과 비에너지 자원으로 구분할 수 있는데, 에너지 자원에는 석유와 석탄, 천연가스 등 화석연료, 핵에너지, 풍력, 수력, 조력(潮力), 지열, 태양열 등이 있다. 그리고 수자원은 지표수와 지하수로 구분된다. 또한 자연환경이 제공하는 서비스 자원은 휴양자원과 폐기물 정화 및 수용처 등이 있다(신의순, 1992). 휴양자원에는 공원이나 명승지 등 관광자원과 수렵, 낚시, 보트, 스키, 골프 등 여가를 즐길 수 있는 레저자원 등이 포함된다. 그리고 자연환경 자원은 경제계로부터 방출되는 무수한 폐기물 등을 흡수하여 동화시키는 정화 서비스 자원을 지속적으로 공급하고 있다(표 6-1).

둘째, 자원이 자연적으로 재생산 가능한가 아니면 재생산 불가능한가에 따라 재생가능자원(renewable resource)과 재생 불가능자원(nonrenewable resource)으로 구분될 수 있다. 재생가능자원은 이용할 수 있는 자원의 양이 끊임없이 보충되고 재생산되기 때문에 현재의 사용량이 미래의 사용량에 영향을 미치지 않는 자원을 말한다. 그리고 재생가능자원은 다시 자율적 재생가능자원과 비자율적 재생가능자원으로 구분된다(표 6-2).

자율적인 재생가능자원은 인간의 사용 비율에 따라 부존량이 변화되고, 이 부존량이 재생산 비율에 영향을 미치는 자원이다. 예를 들면 동물과 식물, 수질, 대기의 질 등을 현재 너무 많이 사용하거나 오염시킨다면, 미래에 사용할 수 있는 부존량이 감소되어 현재 만큼 사용하기 어려워지게 되는 것이다 이러한 자율적 재생가능자원을 임계영역(critical zone) 수준 이하로 사용하면 재생산이 어렵게 된다. 이 때 임계영역(臨界領域)이란 사람들이 자원을 너무 많이 사용하여 어느 수준이하로 고갈시켰을 경우, 경제적으로 원상회복이 어렵게 되는 경계영역을 의미한다. 자율적 재생산자원의 예로서 삼림, 가축, 어류, 수자원, 야생동물 등이 있다.

비자율적 재생가능자원은 인간이 이용하기 이전부터 부존량이 일정하게 주어졌으며, 오직 자연현상에 의해 인간의 사용량이 결정되고 재생산 비율이 일정한 자원이다. 태양열이나 햇빛, 바람, 파도, 강우, 자외선이나 적외선 등이 그것에 해당된다.

〈표 6-1〉 자원이 공급되는 근원에 따른 분류

근원	자 원	종 류	
토 지	농산자원	생산수단	논, 밭, 과수원, 저수지 등
		생 산 물	식량자원
	광물자원	에너지 자원	화석연료(석유, 석탄, 천연가스 등), 핵에너지, 풍력, 수력, 조력, 지열, 태양열 등
		비에너지 자원	철광석, 구리, 니켈 등
	산림자원	목재, 숲, 산채, 버섯, 토사, 골재 등	
물	수자원	지표수, 지하수	
	수산자원	어패류, 해초류, 수산동물 등	
자연환경	휴양자원	관광자원	공원이나 명승지 등
		레저자원	수렵, 낚시, 보트, 스키, 골프 등
	폐기물 성화·수용	폐기물 처리장, 자연의 정화기능 등	

〈표 6-2〉 자원의 재생산 여부에 따른 분류

자 원	종 류	
재생 가능자원	자율적 재생가능자원	식량자원, 삼림, 가축, 어류, 수자원, 야생동물 등
	비자율적 재생가능자원	태양열이나 햇빛, 바람, 파도, 강우, 자외선이나 적외선 등
재생 불가능 자원	석유자원, 석탄, 철광석, 자갈, 모래, 천연가스 등	

한편, 재생 불가능자원은 자원의 총량이 한정되어 있으며 시간이 지나더라도 자원의 부존량이 증가하지 않는다. 그래서 인간이 사용할수록 고갈되어 가는 자원이며, 고갈성 자원(exhaustible resource)이라고도 한다. 철광석이나 석유자원 등은

처음부터 매장량이 정해져 있고, 인간이 지속적으로 채굴하여 사용하기 때문에 시간에 지남에 따라 점차 고갈되어 가고 있다.

2 자원의 최적배분과 파레토 최적

인간의 욕망이나 욕구는 무한한 반면, 이를 충족시켜 줄 수 있는 수단인 자원은 상대적으로 부족하다. 인간이 가지고 있는 모든 욕구를 충족시킬 수 없다. 그래서 무한히 많은 욕구 가운데 충족시켜야 할 욕구와 억제해야 할 욕구를 선택해야 하는 문제가 생기게 된다. 경제문제를 자원의 희소성(scarcity)과 선택(choice)의 문제라고 하는 이유가 여기에 있다. 이러한 희소한 자원에서 비롯되는 선택의 문제를 해결하기 위해서는 상품을 생산하는데 있어, 자원을 가장 효율적인 방법으로 배분하여 사용해야 한다. 이것을 자원의 최적배분(optimal allocation) 또는 효율적 배분(efficient allocation)이라고 한다. 이런 최적배분을 통해 경제적 후생(economic welfare)이 극대화될 수 있다.

자원이 최적 배분되었다는 것은 현재의 자원배분 상태를 다른 어떤 방법으로 변화시킨다고 해도, 현재의 자원배분이 주는 경제적 후생을 더 이상 증가시킬 수 없는 수준에 도달했다는 것을 의미한다. 이러한 상태를 파레토 최적(Pareto optimum)이라고 부른다. 즉, 파레토 최적이란 한 사회 내에서 어떤 사람의 후생을 감소시키지 않으면, 다른 사람의 후생을 증가시킬 수 없는 자원배분 상태이다. 파레토 최적을 달성한 자원배분 상태에서는, 갑돌이에게 손해를 주지 않으면서 갑순이의 이익을 증대시킬 수 있는 방법은 없다. 파레토 최적 상태에서는 갑돌이와 갑순이가 서로 이익을 보는 win-win이란 불가능한 것이다.

경제 전체적인 차원의 자원배분에서 파레토 최적을 달성하기 위해서는 다음 세 가지 조건을 충족해야 한다. 첫째, 교환의 파레토 최적 둘째, 생산의 파레토 최적 셋째, 생산물 구성의 파레토 최적이다(김대식 외, 2007).

2.1 교환의 파레토 최적

교환의 파레토 최적 또는 교환의 최적성은 생산물을 어떻게 분배하는 것이 가장 효율적인가를 나타낸다. 즉 교환의 파레토 최적이란 상품이 소비자에게 분배될 때, 어떤 사람의 후생을 감소시키지 않으면 다른 사람의 후생을 증대시킬 수 없는 상태를 말한다.

〈그림 6-1〉 갑과 을의 무차별지도

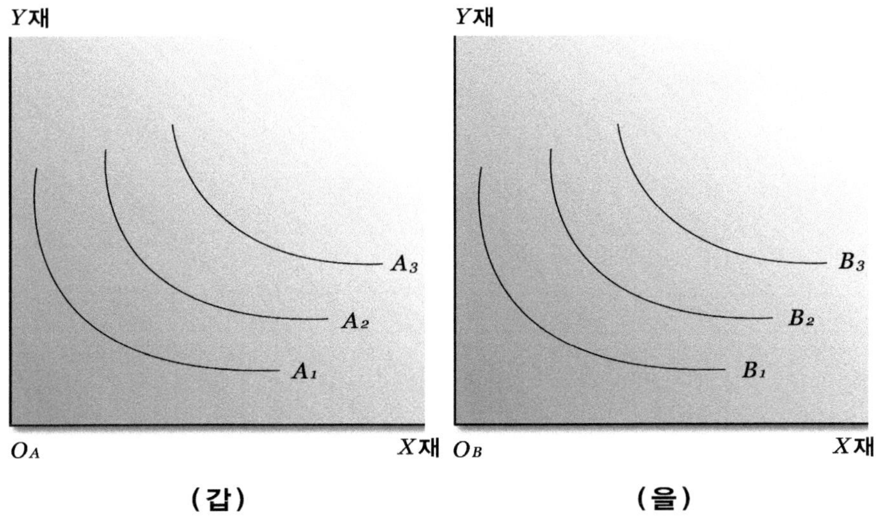

예를 들어 설명해보자. *A*(갑)와 *B*(을)라는 두 사람이 있고, *X*재(쌀)와 *Y*재(휴대폰)라는 두 상품이 있다고 하자. 이 두 사람이 상품에 대해 정상적인 선호를 가지고 있다면, <그림 6−1>과 같은 무차별곡선으로 나타낼 수 있다. 여기에서 무차별곡선(indifference curve)이란 소비자에 동일한 만족을 주는 두 상품의 여러 가지 조합을 나타낸 곡선이다.

<그림 6−1>에 나타나 있는 두 사람(갑과 을)의 무차별지도(indifference map)를 하나의 그래프로 합하여 표시하면, <그림 6−2>와 같이 된다. 이 직사각형의 상자를 에지워스 상자(Edgeworth box)라고 하고, O_A는 갑의 원점이고 O_B는 을의 원점

이다. 그리고 A_1, A_2, A_3는 갑의 효용수준을 나타내는 무차별곡선이고, B_1, B_2, B_3는 을의 무차별곡선이다. 무차별곡선의 성질에 의해, 원점에서 멀리 떨어져 있을수록 높은 수준의 효용을 나타낸다. 즉 갑은 $A_1 < A_2 < A_3$ 이고, 을은 $B_1 < B_2 < B_3$ 이다.

〈그림 6-2〉 에지워스 상자와 교환의 파레토 최적

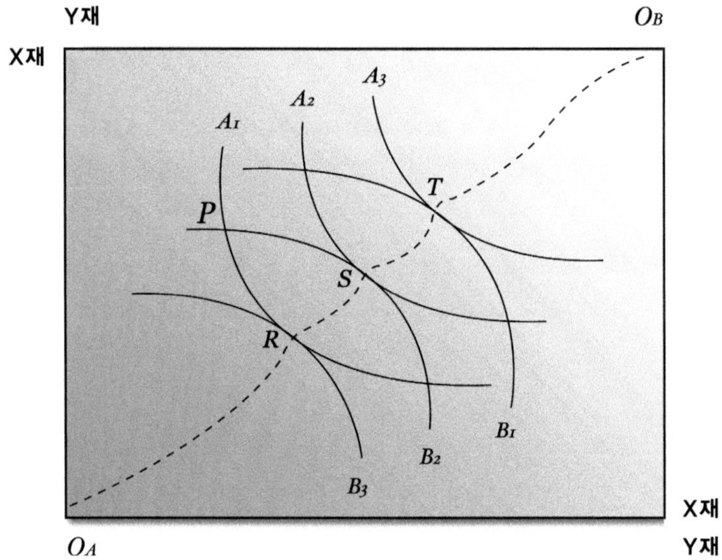

<그림 6-2>에서 R, S, T점은 각각 갑과 을의 무차별곡선이 만나는 점이다. 갑이 효용을 증대시키기 위해서 $R \rightarrow S \rightarrow T$ 방향으로 이동한다면 을의 효용은 반드시 감소하게 된다. 역으로 을이 효용을 증대시키기 위해 $T \rightarrow S \rightarrow R$ 방향으로 이동한다고 하면 역시 갑의 효용은 반드시 감소한다. 따라서 R, S, T점은 파레토 최적점이라고 할 수 있다.

그런데 p점도 갑과 을의 무차별곡선 A_1과 B_2가 만나고 있지만, 결론부터 말하자면 p점은 파레토 최적이 될 수 없다. 왜냐하면 갑이 효용을 증대시키기 위해 p점에서 S점으로 이동 한다고 해도, 을의 효용은 감소되지 않고 동일한 수준을 유지할 수 있기 때문이다.

R, S, T점처럼 파레토 최적을 나타내는 O_A와 O_B 사이에 존재하는 무수한 점들을 연결해 놓은 곡선을 소비면의 계약곡선(contract curve)이라고 한다. 계약곡선 위에 있는 모든 점은 갑과 을의 무차별곡선이 서로 접하는 접점임을 알 수 있다. 이러한 접점의 기울기를 두 상품의 한계대체율(Marginal Rate of Substitution; *MRS*)이라고 한다. 파레토 최적 상태에서 갑과 을의 두 상품에 대한 한계대체율은 같다. 여기에서 한계대체율이란 두 상품 X재와 Y재가 있다고 할 때, X재 한 단위를 증가시킬 때, 동일한 효용을 유지하기 위해 감소시켜야 하는 Y재의 양이다. 즉 Y재의 감소분($-\Delta Y$)을 X재의 증가분(ΔX)으로 나눈 비율($-\Delta Y/\Delta X$)이다.

이것은 다음과 같이 기호로 표시될 수 있다.

$$MRS^{A}_{XY} = MRS^{B}_{XY}$$

2.2 생산의 파레토 최적

생산의 파레토 최적 또는 생산의 최적성은 기업이 다양한 상품을 생산하는데 있어, 주어진 자원을 어떻게 배분하는 것이 가장 효율적인가를 나타낸다. 그래서 생산의 파레토 최적이란 상품의 생산과정에서 생산요소를 재배분할 때, 한 생산물의 산출량을 감소시키지 않으면 다른 생산물의 산출량을 증가시킬 수 없는 상태를 말한다.

두 생산요소 자본(K)과 노동(L)으로, 두 상품 쌀(X재)과 휴대폰(Y재)을 생산한다고 가정하자. X재와 Y재를 생산하는데 자본과 노동을 각각 어떻게 배분할 것인가를 나타낸 것이 등량곡선(isoquant curve)이다. 등량곡선이란 어떤 상품을 생산하는데 있어, 동일한 수준의 산출량을 가장 효율적으로 생산할 수 있는 생산요소의 여러 가지 조합을 연결한 곡선을 말한다.

〈그림 6-3〉 X재와 Y재의 등량곡선

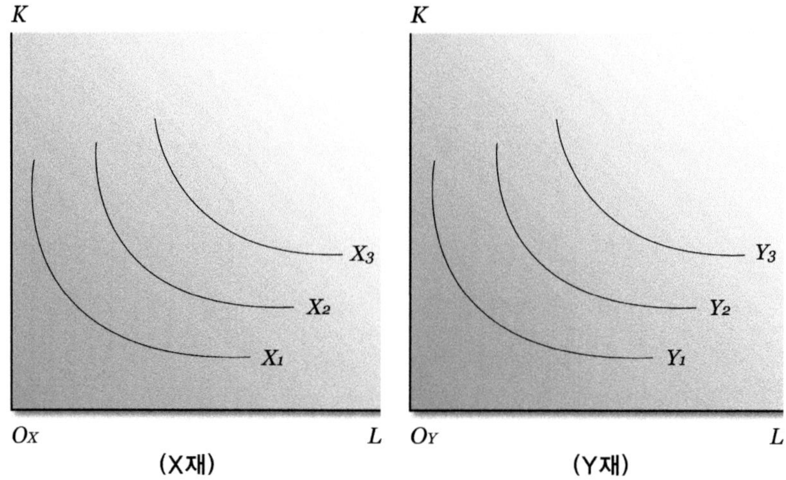

<그림 6-3>은 *X*재와 *Y*재의 등량곡선을 나타내고 있다. 등량곡선의 성질을 통해 알 수 있듯이, 원점에서 멀리 떨어져 있을수록 높은 산출량 수준을 나타낸다. 이 두 개의 등량곡선을 합하여 에지워스 상자를 만들면 <그림 6-4>와 같이 된다. 앞의 교환의 파레토 최적에서와 같은 논리로 두 재화의 등량곡선 X_1, X_2, X_3와 Y_1, Y_2, Y_3가 각각 만나는 *A*, *B*, *C*점이 생산의 파레토 최적을 나타내는 점들이다. 이러한 생산의 최적점은 O_X와 O_Y 두 원점 사이에 무수히 많이 존재하는데 그 점들은 이어놓은 곡선을 생산면의 계약곡선이라고 한다.

한편 *A*, *B*, *C*점과 같이 두 재화의 등량곡선이 접하는 점에서 두 곡선의 기울기는 동일하다. 등량곡선의 기울기를 두 생산요소의 한계기술대체율(Marginal Rate of Technical Substitution; *MRTS*)이라고도 한다. 한계기술대체율($MRTS_{LK}$)이란 두 생산요소(*K*와 *L*)가 있다면, 동일한 수준의 산출량을 유지하면서 어떤 생산요소(*K*)를 한 단위 추가적으로 사용할 때, 감소시켜야 하는 다른 생산요소(L)의 양을 말한다. 따라서 자본(*K*)의 감소분($-\Delta K$)을 노동(*L*)의 증가분(ΔL)으로 나눈 비율($-\Delta K/\Delta L$)로 표시할 수 있다.

생산의 파레토 최적점은 다음과 같은 기호로 나타낼 수 있다.

$$MRTS^{X}_{LK} = MRTS^{Y}_{LK}$$

〈그림 6-4〉 생산의 파레토 최적

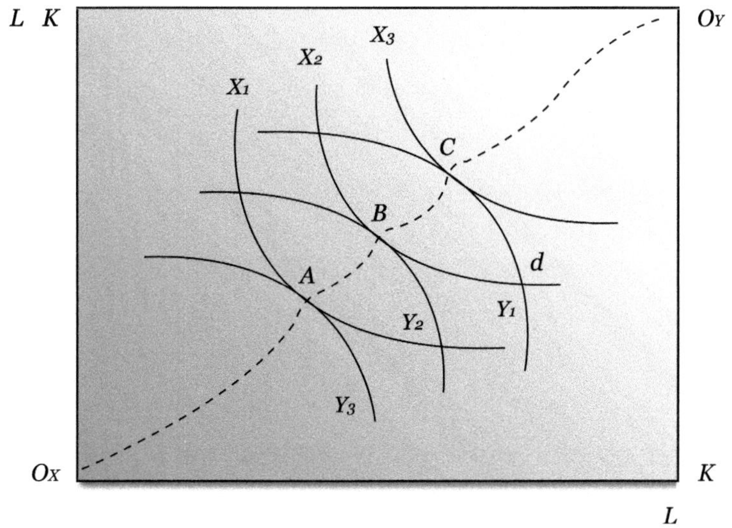

2.3 생산물 구성의 파레토 최적

생산물 구성의 파레토 최적 또는 생산물 구성의 최적성은 앞에서 배운 교환의 최적성과 생산의 최적성을 동시에 만족시키도록 생산물의 구성이 이루어진 상태를 말한다. 우선 앞에서 설명한 <그림 6-4> 생산의 계약곡선에서, 한 사회에 주어진 부존자원과 기술소선 하에서 최대한 생산할 수 있는 다양한 산출량 수준의 *X*재와 *Y*재의 조합을 도출할 수 있다. 이것을 *X*, *Y* 평면에 나타낸 것이 생산가능곡선(production possibility curve; *PPC*)이다.

이 때 생산가능곡선이란 한 사회에 일정한 자원과 기술이 주어졌을 때, 그 사회의 모든 부존자원을 가장 효율적으로 사용하여 생산할 수 있는 두 생산물(*X*재, *Y*재)의 조합을 나타내는 곡선이다. 생산가능곡선의 안쪽은 주어진 자원을 이용하여 생산할 수 있는 영역이고, 바깥쪽은 생산이 불가능한 영역을 나타낸다. 따라서 생산가능곡선 위에 있는 점들이 가장 효율적으로 생산될 수 있는 경계선이다.

<그림 6-4>에서 생산가능곡선 위의 두 점 *A*점과 *B*점에서는 두 상품 *X*재와 *Y*

재의 산출량 수준이 다르다. 만일 A점의 산출량 조합(X_1, Y_3)을 B점의 산출량 조합(X_2, Y_2)으로 전환시킨다면, Y재의 산출량은 감소되고 X재의 산출량은 증가하게 될 것이다. 이 때 Y재의 감소분($-\Delta Y$)과 X재의 증가분(ΔX)의 비율을 한계전환율(marginal rate of transformation; MRT)이라고 한다.

$$MRT_{XY} = -\Delta Y / \Delta X$$

<그림 6-5>는 생산물 구성의 최적성을 나타내는 곡선이다. 생산물 구성의 최적성은 <그림 6-4>와 같은 생산가능곡선이 주어졌을 때, 어떤 생산물 조합을 선택하는 것이 효용을 극대화시킬 수 있는가 하는 문제이다. 즉 생산가능곡선(PCC)과 무차별곡선(U)이 접하는 E점에서 효용이 극대화되고 생산물은 (X_0, Y_0)만큼 생산하는 것이 가장 효율적인 생산물 구성이 된다. 이것을 달리 표현하면, E점에서는 생산가능곡선의 기울기와 무차별곡선의 기울기가 같다고 할 수 있다. 따라서 다음과 같이 나타낼 수 있다.

$$MRT_{XY} = MRS_{XY}$$

〈그림 6-5〉 생산물 구성의 최적성

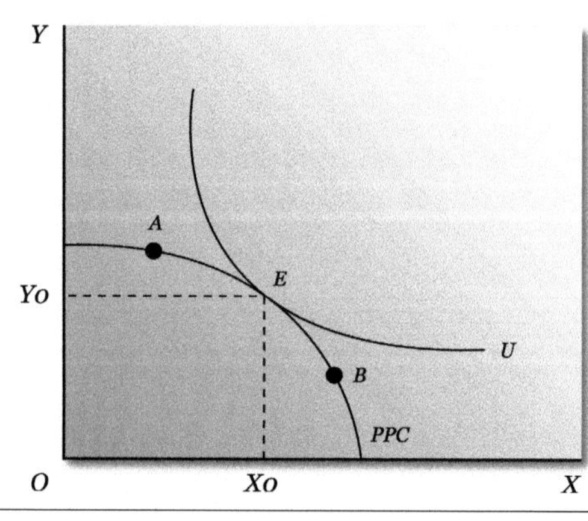

3 생산요소시장의 이론

앞에서 배운 바와 같이 토지, 노동, 자본 등 자원을 생산요소라고도 하며 재화와 서비스 같은 상품을 생산하는데 이용된다. 생산요소시장은 생산요소가 거래되는 시장이며, 요소시장이라고 줄여서 표현하기도 한다. 요소시장의 경우, 기업은 상품을 생산하기 위해 생산요소를 필요로 하기 때문에 수요자가 되고, 가계는 생산요소를 제공하는 공급자이다. 그리고 생산요소의 가격과 거래량은 생산요소에 대한 수요와 공급에 의해 결정된다.

생산요소시장의 균형에 대해 알아야 하는 이유 즉, 분석의 중요성을 다음과 같이 설명할 수 있다.

첫째, 희소한 자원의 효율적 배분에 대해 알아야 하기 때문이다. 자원의 부존량이 제한된 상태에서 수많은 재화와 서비스를 생산하기 위해, 자원이 어떻게 배분되는가를 분석하는 것이다. 요소시장의 수요와 공급에 의해 결정된 생산요소의 가격은 가계, 기업, 정부에게 경제 내에 있는 자원이 어떻게 이용되고 있으며 앞으로 어떻게 이용될 것인가를 알려준다.

둘째, 생산요소시장에서 결정된 요소가격과 거래량은 생산활동에서 얻어지는 소득이 어떻게 분배되는가를 보여준다. 요소시장에 공급된 생산요소는 어떤 경제주체에 의해 소유되어 있는데, 그 소유자는 생산요소를 제공하고 그 대가로 소득을 얻게 된다. 예를 들면 토지를 제공한 사람은 지대(임대료), 노동력을 공급한 사람은 임금, 자본에 대해서는 이자라는 형태로 소득을 얻는다. 이러한 소득은 생산요소의 단위당 가격과 거래량을 곱하여 계산된다.

3.1 생산요소시장에 대한 기초이론

생산요소에 대한 수요는 파생수요(derived demand)[8]로서, 생산물에 대한 수요(기초수요, primary demand)가 있어야 발생된다. 생산요소시장의 이윤극대화를

8 파생수요란 어떤 재화를 생산할 때에 필요한 생산요소에 대한 수요.

위한 요소고용조건을 도출하기 위해서는 생산요소의 한계수입생산물(MRP_f : marginal revenue product of factor)과 한계요소비용(MFC : marginal factor cost)이라는 용어에 대한 이해가 필요하다.

생산요소의 한계수입생산물(MRP_f)은 생산요소를 한 단위 더 고용함으로써, 발생되는 총수입(TR : total revenue)의 증가분이다. 그리고 요소의 한계생산물(MP_f)이란 생산요소 한 단위를 고용함으로써 얻어지는 생산량의 증가분을 말한다. 또 생산물의 한계수입(MR : marginal revenue)은 생산물을 한 단위 추가로 판매할 때 얻어지는 총수입의 증가분이다. 생산요소의 한계수입생산물(MRP_f)은 한계생산물(MP_f)을 한계수입(MR)에 곱한 값이다.

$$MRP_f = MP_f \times MR$$

한편, 생산요소의 한계요소비용(MFC)은 생산요소 한 단위를 추가적으로 더 고용하는데 드는 총비용(TC : total cost)의 증가분이다. 또 한계비용(MC : marginal cost)이란 생산량이 한 단위 증가(또는 감소)할 때, 추가적으로 증가(또는 감소)하는 총비용을 말한다. 따라서 한계요소비용(MFC)은 요소의 한계생산물을 한계비용으로 곱한 값이다.

$$MFC = MP_f \times MC$$

기업의 이윤극대화를 위한 생산요소의 구입조건은 생산요소의 한계수입생산물과 한계요소비용이 일치하는 데에서 성립한다.

$$\begin{gathered} MRP_f = MFC \\ \rightarrow MP_f \times MR = MP_f \times MC \\ \therefore MR = MC \end{gathered}$$

즉, 생산요소를 기준으로 한 이윤극대화 조건과 생산물을 기준으로 한 이윤극대화 조건이 동일하다는 점을 알 수 있다.

3.2 완전경쟁 하에서 요소가격과 고용

생산물시장과 생산요소시장이 모두 완전경쟁시장일 때, 요소가격과 고용량이 결정되는 메커니즘에 대해 알아보자. 생산요소시장의 완전경쟁조건은 첫째, 다수의 생산요소 판매자와 구매자 둘째, 생산요소의 동질성 셋째, 생산요소 수요자와 공급자의 자유로운 시장진입과 탈퇴 넷째, 완전한 시장정보 등이다. 생산요소시장에서 기업은 생산요소의 수요자이자 생산물의 공급자이고, 가계는 생산요소의 공급자이면서 생산물의 수요자이다.

생산요소에 대한 수요

기업의 이윤극대화를 위한 비용극소화 조건에 대해 살펴보자. 두 생산요소 노동(L)과 자본(K)이 있다고 할 때, 기업은 각 생산요소의 단위가격 당 한계생산력이 균등하도록 각각 요소를 고용한다.

$$\frac{MP_L}{w} = \frac{MP_K}{r}$$

여기에서, w(임금)와 r(이자)은 노동과 자본 각각 한 단위를 추가로 고용하는데 드는 총비용의 증가분(ΔTC)이다. 또 MP_L과 MP_K는 노동과 자본의 한계생산물(ΔQ)이라고 할 수 있다. 따라서 이것은 다음과 같이 나타낼 수 있다.

$$\therefore \ \frac{MP_L}{w} = \frac{MP_K}{r} = \frac{\Delta Q}{\Delta TC} = \frac{1}{MC} \qquad (\because MC = \frac{\Delta TC}{\Delta Q})$$

$$MR = MC\text{에서} \quad \frac{1}{MR} = \frac{1}{MC}\text{이다.}$$

$$\therefore \ \frac{MP_L}{w} = \frac{MP_K}{r} = \frac{1}{MC} = \frac{1}{MR}$$

여기에서 임금(w)은 노동의 한계생산물(MP_L)에 한계수입(MR)을 곱한 것이고, 이자(r)는 자본의 한계생산물(MP_K)과 한계수입을 곱한 것이다. 아래 식의 의미는 이윤극대화를 위해서 기업은 각각의 요소가격(w와 r)과 각각의 한계수입생산물(MRP_L과 MRP_K)이 동일할 때까지 생산요소를 고용한다는 것이다.

$$w = MP_L \cdot MR \qquad (\therefore \frac{MP_L}{w} = \frac{1}{MR})$$
$$= MRP_L$$

$$r = MP_K \cdot MR \qquad (\therefore \frac{MP_K}{r} = \frac{1}{MR})$$
$$= MRP_K$$

그리고 완전경쟁시장에서는 $P = MR = AR$ 이므로, 각각 다음과 같은 등식이 성립한다.

$$w = MP_L \cdot MR (= MRP_L)$$
$$= MP_L \cdot P$$
$$= VMP_L$$

$$r = MP_K \cdot MR \ (= MRP_K)$$
$$= MP_K \cdot P$$
$$= VMP_K$$

여기에서 VMP_L은 노동의 한계생산물가치(value of marginal product of labor)이고, VMP_K는 자본의 한계생산물가치(value of marginal product of capital)이다. 노동과 자본 두 생산요소를 가정하였으므로, $VMP_N+VMP_K=VMP_f$이며 이를 요소의 한계생산물가치(value of marginal product of factor)라고 한다.

$$\therefore\ MRP_f(MP_f \cdot MR) = VMP_f(MP_f \cdot P) \qquad (\because P = MR)$$

그런데 만일 생산요소시장이 불완전경쟁이라면, $P>MR$이므로, $VMP_f>MRP_f$이 성립할 것이다.

생산요소의 공급 : 노동력

일반적으로 임금이 상승하면 노동력의 공급은 증가한다. 그러나 사람들은 노동시간을 마냥 증가시키지 않고 여가시간도 가지기를 원하기 때문에, 노동과 여가 간 선택의 문제에 직면하게 된다. 즉 노동을 많이 하면 여가시간이 줄어들고, 반대로 여가를 많이 즐기면 노동시간이 줄어드는 것이다. 따라서 사람들이 노동시간과 여가시간을 어떻게 배분하는 것이 만족을 극대화시킬 수 있는가를 결정하는 문제가 있다.

우선 소비자선택의 이론 중 한계효용이론에서 배운 소비자균형조건에 대해 살펴보자. 아래 식은, 소비자가 주어진 소득으로 X재와 Y재를 구입할 때 X재 1원어치의 한계효용과 Y재 1원어치의 한계효용이 균등하도록 X재와 Y재의 구입량을 결정해야 효용이 극대화된다는 점을 나타내고 있다.

$$\frac{MU_X}{P_X} = \frac{MU_Y}{P_Y}$$

위 식에서 X재를 노동자가 소비하는 소비재라고 하고, Y재를 여가(leisure)하고 하자. 노동자는 가급적 소비재를 많이 소비하고 싶어 하고, 또 여가시간도 많이 가지고자 한다. 다른 조건이 일정하다고 하면, 여가시간을 많이 가지게 되면 그만큼 일하는 시간이 줄어들어 소득이 감소하므로 소비재를 적게 소비해야 한다.

여기에서 여가는 시장에서 거래되는 상품이 아니므로 그 가격을 직접적으로 알기 어렵다. 그래서 여가의 가격을 기회비용(opportunity cost)으로 간주하여 간접적으로 파악할 수 있다. 즉 여가의 가격은 여가를 즐기는 대신에, 일하면 얻을 수 있는 임금률(w)이라고 볼 수도 있다.

따라서 소비재가격(P_X)과 임금수준(P_W)에서 균형조건은 다음과 같은 식으로 나타낼 수 있다.

$$\frac{MU_X}{P_X} = \frac{MU_Y}{P_W}$$

이 때, 임금이 w_0에서 w_1으로 상승하게 되면 균형이 깨져 $\frac{MU_X}{P_X} > \frac{MU_Y}{P_W}$이 된다. 다시 균형을 회복하기 위해서는 X재(소비재)의 소비를 증가시키고, Y재(여가)의 소비를 감소하게 된다. 여가를 줄인다는 것은 노동시간을 증가시킨다는 의미이며, 노동력의 공급이 증가($Q_0 \rightarrow Q_1$)되는 것이다. 반대로, 임금이 w_1에서

w_0로 하락하게 되면 $\frac{M_X}{P_X} < \frac{M_Y}{P_W}$이 되어 Y재(여가) 소비를 증가시키므로 노동시간이 감소하게 되며, 노동력의 공급도 감소($Q_1 \rightarrow Q_0$)된다. 따라서 다음 <그림 6-6>과 같은 우상향하는 공급곡선이 도출되는 것이다.

〈그림 6-6〉 노동력의 단기공급 곡선

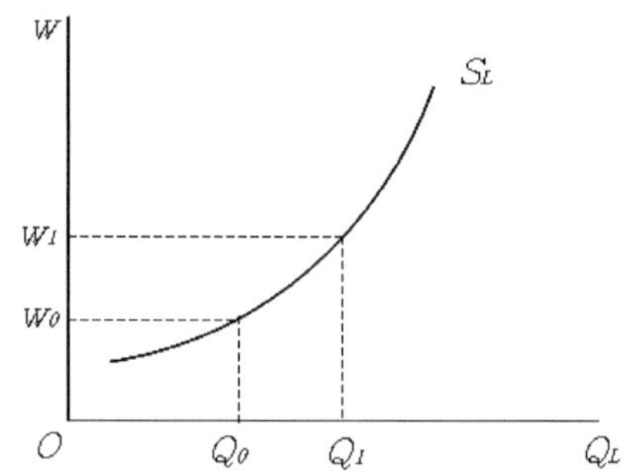

그런데 임금이 일정수준 이상(W_m수준 이상)으로 상승하면, 여가를 선호하는 경향이 증대하게 되고 노동력의 공급은 감소한다. 그래서 노동력의 장기공급곡선은 <그림 6-7>처럼 W_m 이상 수준에서 꺾이는 현상이 나타나는데, 이를 노동공급의 후방 굴절성(backward-bending supply curve of labor)이라고 한다.

〈그림 6-7〉 노동력의 장기공급곡선

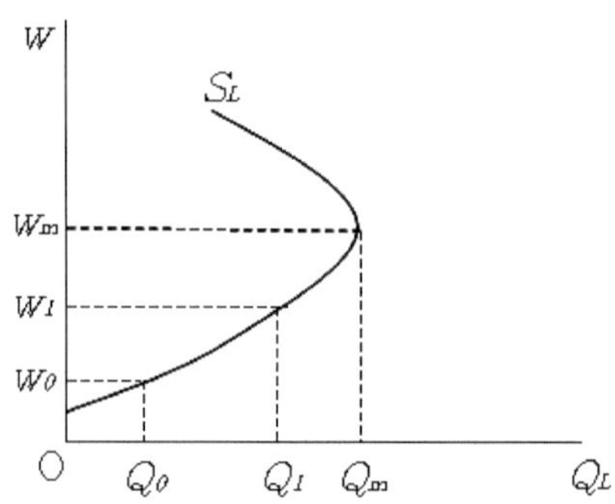

생산요소시장의 균형

생산요소시장의 균형은 생산요소의 시장수요곡선과 시장공급곡선이 만나는 곳에서 이루어진다. <그림 6−8>은 생산요소시장 중 노동시장의 균형을 나타낸 것이다. 우하향하는 노동의 시장수요곡선 D_L과 시장공급곡선 S_L이 만나는 E점에서 균형가격(임금) w_e와 균형고용량 Q_e가 결정된다. □Ow_eEQ_e는 노동시장에서 받는 노동소득의 총액이다.

〈그림 6-8〉 생산요소시장의 균형

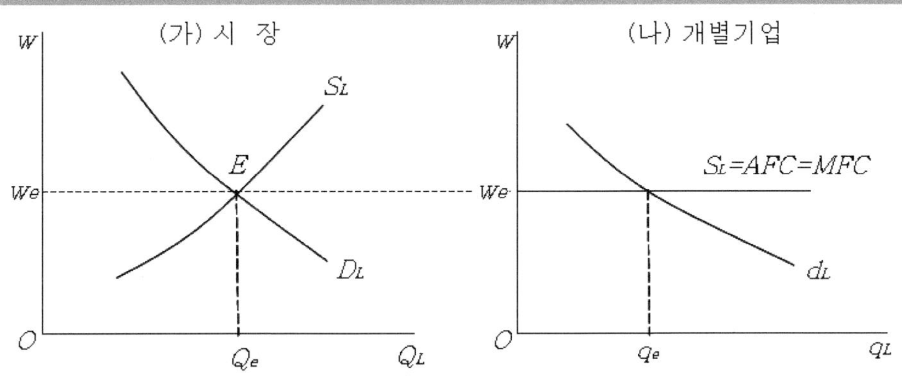

노동시장에서 임금 w_e가 결정되면, 개별기업에서는 임금 w_e수준에서 q_e 만큼 노동력을 고용한다. 개별기업에서는 노동시장에서 결정되는 임금수준 w_e보다 높게 지불할 필요가 없다. 또 임금 w_e보다 낮게 지불하면 노동력을 전혀 고용할 수 없다. 따라서 개별기업이 직면하는 노동의 공급곡선은 w_e수준에서 수평선이 된다.

그리고 이 수평의 노동공급곡선은 개별기업의 한계요소비용(*MFC* : marginal factor cost)곡선이 되며, 평균요소비용(*AFC* : average factor cost)곡선이 되기도 한다. 이것은 다음과 같이 증명된다.

$$AFC = \frac{TFC}{q_f} = \frac{P_f \times q_f}{q_f} = P_f$$

$$MFC = \frac{\Delta TFC}{\Delta q_f} = \frac{P_f \times \Delta q_f}{\Delta q_f} = P_f$$

읽을거리

지역자원의 환경친화적 이용 : Green Tourism

주 5일 근무제의 실시와 도시민의 여가생활 추구로 인해 농촌, 산촌, 어촌, 해변지역 등이 휴가를 즐기는 장소로 자주 이용되고 있다. 이에 따라 각 지방자치단체(시·군, 도)는 도시민의 녹색관광 또는 농촌관광에 대비하기 위해 지역자원의 환경친화적 개발을 추진하고 있다. 지역자원은 크게 자연자원과 문화자원으로 구분할 수 있다. 자연자원으로서는 기후, 물, 토지, 삼림, 자연생태계 등이 있고, 문화자원으로서는 유적과 역사적 건축물, 전통 민속행사 등 역사적 자원, 자연경관, 국립 및 도립공원, 문화시설 등이 있다.

그런데 지역의 환경자원은 갈수록 황폐화될 뿐 아니라 환경오염도 심각해지고 있다. 도시 근교지역은 도시화의 확산에 따라 토지가 황폐화되고 수질이 악화되고 있다. 또 농촌과 산촌 지역에도 아파트나 공장이 설립되고 있고 폐기물의 처리 장소로 이용되고 있으며, 자연경관이 훼손되는 사례도 나타나고 있다.

그린 투어리즘을 위한 녹색농촌 만들기는 기본적으로 유기농산물을 매개로 하여 지역민이 주체가 되어 지역자원을 최대한 활용한 환경친화적인 방향이어야 한다.

첫째, 녹색농촌 만들기 사업의 다섯 가지 기본적인 구성요소는 마을주민의 합의 도출, 마을의 조직화, 지도력을 갖춘 지도자, 지역의 특색을 살릴 수 있는 지역의 부존자원인 농업자원과 자연환경 및 생태자원, 전통문화자원 등의 최대한 활용, 마을단위 유기농업의 실시 등이라고 할 수 있다. 마을구성원 전체의 합의를 기반으로 하여 마을조직이 주체가 되어 마을만들기 계획을 수립하고 추진해야 한다. 그래서 도시민에게 안전한 식품과 쾌적하고 포근하며 정겨운 휴양지, 농촌문화 및 환경과 전통에 대한 교육장소 등을 제공하는 것이다.

둘째, 유기농업이 기반이 되어야 한다. 녹색농촌마을은 도시민에게 볼거리, 놀거리, 먹을거리를 제공함으로써 만족도를 높일 수 있다. 볼거리로서는 자연환경 및 농촌경관과 전통 문화관광 자원 등이 있고, 놀거리는 자연친화적인 휴양 및 휴식처, 농업 및 농촌체험장, 자연학습장 등이 있다. 그리고 먹을거리로는 유기농산물을 원료로 한 안전한 식품과 그 지역의 전통식품 등이 제공되어야 한다.

셋째, 녹색농촌마을은 도시민의 수요를 연중 유지 확대시킬 수 있도록 운영되어야 한다. 주기적인 이벤트를 개최하고 이를 적극적으로 홍보하며, 안전한 농산물 및 음식의 판매와 안락한 숙박 등 휴식처가 제공되어야 한다. 가장 안정적인 운영을 위해서는 도시와 농촌 간 자매결연을 통해 도시민이 지속적으로 방문하고 교류관계를 유지할 수 있도록 하는 것이다. 고정회원제를 도입하고 도시와 농촌 간 농산물의 항시적 주문 공급체계를 형성한다. 그리고 계절적(특히 겨울철) 한계를 극복하기 위해 겨울철에는 각종 녹비작물을 심어 아름답고 푸른 들을 유지하며 겨울철에 즐길 수 있는 놀이행사를 개발해야 한다.

녹색농촌을 만들어 그린 투어리즘을 추진하는 데에 있어, 소비자·시민단체가 수행해야 할 역할을 살펴보면 다음과 같은 다섯 가지가 있다.

첫째, 도시민의 관점에서 농촌주민의 자발성과 의욕을 고취하고 조직화할 수 있는 동기를 부여한다. 또 농촌지역은 비교적 교육 훈련의 기회가 부족한 실정임을 감안하여, 지도자 및 지도력 배양을 위한 기회도 제공한다.

둘째, 도시 소비자의 의식변화를 주도하여야 한다. 도시민이 가지고 있는 인간중심적인 환경 개념에서 생태중심적 사고방식으로의 전환이 필요하다. 인간이란 모든 생명체(생태계)의 한 구성요소일 뿐이며, 인간의 물질적 욕망을 충족시키기 위해 다른 생명체를 손상시키거나 제거할 권리가 없음을 각성시켜야 한다. 또 소비자가 농산물 특히 유기농산물이 단순한 식품이 아닌 농촌의 문화와 전통, 생명, 정신, 자연이 함유된 종합적인 또 다른 생명체임을 인식하도록 한다. 나아가 도시생활에서의 생태친화적·환경친화적 생활을 실천하는 자세를 갖추게 할 필요가 있다.

셋째, 이러한 의식 변화를 기반으로 녹색농촌과 교류를 위해 소비자를 조직화해야 한다. 농촌과 공생공존, 협동의 관계를 구축하기 위한 도시에서의 조직화는 필수적이다. 자연과 인간, 인간과 인간, 인간과 사회와의 관계에서 그리고 도시와 농촌의 관계에 있어서 각자의 독자성이 존중되면서 대등하고 자유로운 관계를 기본으로 한다. 함께 상호 풍요로운 세계를 창출하는 도농 생활공동체 운동의 기초조직이 형성되어야 하는 것이다. 이러한 소비자조직으로 현재 유기농산물 유통을 담당하고 있는 한살림이나 아이쿱 생협연합회, 여성민우회 등 생활협동조합 등이 있다.

다섯째, 도농교류의 알선 및 지속적인 관계 형성과 유기농산물의 소비확대 운동을 전개해야 한다. 우선 도시–농촌 간 유기적인 네트워크를 구축하고 유기농산물의 직거래를 통해 지속적인 교류관계를 형성시키는 일이다. 유기농산물의 직거래는 생산자와 소비자가 일상생활 중에 다양하고 항상적으로 교류하고 유대하는 방식의 유통이다. 이에 대한 소비자 교육과 홍보를 강화하여 의식 및 실천면에서 변화된 자세를 갖도록 해야 할 필요가 있다.

(출처: 김호, 녹색농촌 조성사업의 정책과제와 발전방향, 『한국유기농업학회지』, 2003. 12.)

참고문헌

김대식 외, 『현대 경제학원론』, 박영사, 2007.

김　호, "녹색농촌 조성사업의 정책과제와 발전방향", 『한국유기농업학회지』, 2003. 12.

신의순, 『자원경제학』, 박영사, 1992.

제 7 장 환경산업

1 환경산업이란?

지구 환경문제의 심화에 따라 산업계 전반에 걸쳐 환경문제 해결에 대한 공감대 형성과 아울러 전세계적으로 환경친화적 산업구조로 전환해 나가고자 하는 노력이 급진전되고 있다. 오늘날 인류의 생산과 소비수준을 유지하기 위해서는 지금까지 방치하다시피 무관심으로 일관해왔던 환경문제 해결 없이는 불가능하기 때문이다. 더군다나 세계 각국은 기후변화 등 환경문제로 인한 문제 해결에 있어 인류 공동의 해결노력을 강조하고 있으며, 이를 반증하는 것이 날로 강화되고 있는 국제적 환경협약과 지역적 환경규제들이다.

우리나라는 이미 세계 10위 수준의 온실가스 배출국가이다. 때문에 온실가스 감축 요구와 함께 각종 국제협약의 이행을 위해서는 기존의 산업체계로서는 불가능하며, 이는 선택이 아닌 필수조건이 되었다. 환경친화적 산업구조로의 전환이 말이다.

환경산업이란 무엇인가? 아직까지 환경산업의 범위나 분류체계 등이 국가 또는 연구기관에 따라 다소 상이한 차이를 보이고 있으며, 정치경제적인 관점의 차이들도 존재한다.

일반적으로 환경산업이란 "환경오염 실태를 측정하고, 오염물질 배출을 방지하거나 낮추고, 오염상태를 개선하는 데 투입되는 모든 재화와 서비스"로 정의되어 왔다. 이와 같은 정의는 환경산업의 사후처리적 역할에 중점을 둔 협의의 의미이다. 그러나 환경문제가 매우 다양할 뿐만 아니라 피해가 광범위하기 때문에 최근에는 재활용사업이나 청정기술분야, 환경복원 및 창조분야 등 그 포괄범위가 확대되고 있다.

〈표 7-1〉 환경과 산업에 대한 개념 변화

구 분	시기	내용
환경에 대한 무개념	~1970년	- 경제성장 중시 - 환경보전에 무관심
규제준수 체제	1970~1980년	- 규제준수(사후, 소극) - 사후관리에 치중
사전예방 체제	1980~1990	- 사전예방체제 구축 - 효율적 환경관리 추진 - 자발적 환경보전
통합/전략경영 체제	1990~2000년	- 환경을 전략이슈로 활용 - 환경의 무역장벽화 - 지속가능한 경영 중시

자료 : 환경컨설팅정보시스템(www.konetic.or.kr)

환경산업에 대한 개념 정의는 지역과 국가마다 다소 차이가 있지만, 새롭게 수요가 창출되고 있는 미래산업으로서 각 나라마다 환경산업의 발전에 많은 노력을 기울이고 있다. 그리고 환경산업이 갈수록 전문화되고 다양한 형태로 발전해나가고 있는 것이 오늘날의 추세이다.

〈표 7-2〉 다양한 환경산업의 정의

구분	정 의	비 고
EU	·대기, 폐기물, 토양, 소음 등과 관련된 환경오염을 측정, 방지, 제어하는 제품과 서비스를 생산하는 산업 ·자원 소비 및 오염물질배출을 최소화하는 청정기술 포함	
미국	·환경산업을 크게 설비, 서비스, 자원의 세부문으로 구분	·가장 포괄적으로 환경산업을 분류
일본	·오염방지시설과 관련된 환경보전산업과 폐기물을 재활용하기 위한 산업분야로 크게 구분	·환경복원과 창출산업을 하나의 독립적인 산업군으로 분류하고 있는 특징
OECD	·협의의 환경산업 + 대기, 수질, 토양, 폐기물, 소음·진동 등과 관련된 환경피해를 측정, 예방, 제어 또는 복원하기 위한 재화나 서비스 그리고 오염 및 자원사용을 최소화시키는 청정기술을 포함	

주 : EBI(Environmental Business International, Inc)의 정의임.

우리나라에서는 환경산업을 '환경기술개발및지원에관한법' 제2조에서 "환경산업은 환경의 보전 및 관리를 위해 환경기술을 응용·활용해 환경시설 및 환경측정기구 등을 설계·제작·설치하거나 환경기술에 관한 서비스를 제공하는 산업"이라고 정의하고 있다. 이외에도 "환경기술부문 및 상하수도 분야에서 엔지니어링 활동주체가 영위하는 산업, 생물자원의 보호·증식과 관리를 위한 기술을 사업화해 오염되거나 훼손된 환경의 보전 및 복원을 주로 하는 산업, 환경오염의 사전예방·저감기술 또는 오염유발억제제품의 개발기술 등을 응용·활용하거나 환경시설 및 환경측정기기를 설계·제작하는 산업, 환경기술에 관한 서비스를 제공하는 산업 등을 포함"하는 것으로 규정하고 있어 그 범위가 확대되고 있다.

환경산업의 일반적인 정의는 크게 기술적 정의(technical definition), 규범적 정의(normative definition), 포괄적 정의(comprehensive definition) 등으로도 정리할 수 있다.

〈표 7-3〉 환경산업의 기술적, 규범적, 포괄적 정의

구분	정 의
기술적 정의	· 수질오염, 대기오염, 토양오염 등의 환경오염을 방지하기 위한 시설이나 서비스의 개발·생산·판매·설치·운영을 주된 영업으로 삼는 기업의 집단을 의미하며, 폐기물을 재활용하는 기업 · 환경오염물질의 사후적 처리와 관련된 산업
규범적 정의	· 환경보전과 관련된 재화와 서비스를 제공하는 기업의 집단 · 구입·생산·판매 등 전과정에서 환경보전대책을 성실히 시행하는 기업 · 기존제품보다 환경오염량을 서감시킨 대체품을 개발·생산하는 기업 · 깨끗하고 아름다운 환경을 적극적으로 창조해 나가는 기업
포괄적 정의	· 환경오염의 방지·처리, 새로운 환경창출과 관련된 모든 산업

자료 : 한국환경기술개발원, 21세기 환경기술개발 장기종합계획, 1993, p1-2.

2 환경산업의 범위

1960년대 형성되기 시작한 환경산업은 초기에는 환경오염 유발물질을 처리하기

위한사후처리산업으로 정의되었으나 1990년대 이후에는 환경오염 사전예방・저감 및 오염된 환경을 복원하기 위한 재화나 서비스를 제공하거나 효율적 자원 이용을 위한 제품・기술 등을 제공하는 산업으로 범위가 대폭 확대되었으며, 최근에는 환경친화제품 생산, 기후변화 대응과 관련한 신·재생 에너지 개발, IT·BT·ET 융합산업 등으로 점차 다양화되고 있다(환경백서, 2009).

환경산업을 발전단계에 따라 분류해보면, 제1세대기술은 배출된 오염물질 처리를 중심으로 하는 사후 처리기술이 중심이었으며, 제2세대기술은 제1세대기술보다 발전되어 오염의 정도가 작은 생산공정을 중심으로 하는 청정생산기술 및 사전 오염방지기술을 말한다. 그리고 우리가 지향하고 있는 제3세대기술은 무공해 및 환경복원·창조기술을 말한다.

OECD에서는 환경산업을 크게 핵심분야와 주변분야로 구분하고, 환경제품과 환경서비스를 다음과 같이 분류하고 있다.

〈표 7-4〉 OECD의 환경산업 범위 및 세부분류

구분	환경제품	환경서비스
핵심분야 Core Activities	·대기오염 제어설비 ·폐수처리 설비 ·고형폐기물의 처리설비 ·토양 및 수질 복원설비 ·소음·진동방지설비 ·측정 및 분석장비	·대기오염 제어 ·폐수처리 관리 ·고형폐기물 관리 ·토양 및 수질복원 ·소음·진동 제어 ·환경관련 엔지니어링 ·환경연구 및 개발 ·조사 분석, 자료 수집 ·환경교육, 훈련, 정보
주변분야 Non-Core Activities	·음용수 관리설비 ·재활용 시스템 설비 ·재생에너지 관련제품 ·열, 에너지 관리 설비 ·청정 및 효율생산 ·청정 및 효율공정 ·대체농법 / 수산양식 ·산림자원 등	·재활용 플랜트 ·재생에너지 플랜트 ·쾌적성 / 환경보전 ·대체농법 / 수산양식 ·산림자원 보전 ·생태여행 ·기타서비스

자료 : OECD, Interim Definition and Classification of the Environment Industry, 1996.

EBI는 환경산업의 범위를 크게 환경서비스업, 환경자원이용업, 환경설비업 등으로 구분하고, 이를 다시 14개 분야로 세분화하고 있다.

〈표 7-5〉 EBI의 환경산업 범위 및 세부분류

구분	세부분야	내용
환경 서비스업	① 환경실험과 분석서비스 ② 수처리용역 ③ 고형폐기물관리 ④ 유해폐기물관리 ⑤ 환경복원 / 창조 ⑥ 컨설팅 / 엔지니어링	·각종 환경시료에 대한 실험과 분석 ·수처리설비의 관리 및 운영 ·고형폐기물의 수집, 운반, 처리, 처분 ·유해폐기물, 의료폐기물, 핵폐기물 등 관리 ·오염진단, 건물, 시설 등의 정화 ·진단, 설계, 평가 모니터링, 운영관리 등
환경자원 이용업	⑦ 수자원이용 ⑧ 자원재생 ⑨ 환경에너지 자원	·최종소비자에게 수자원 판매 ·부산물, 폐기물을 재생하여 판매 ·환경친화형 및 재생 에너지 공급, 고효율 에너지 시스템 개발
환경 설비업	⑩ 수처리설비, 약품 ⑪ 계측기기 제조 ⑫ 대기오염방지설비 ⑬ 폐기물관리설비 ⑭ 청정공정 및 기술	·수처리설비의 제조, 공급, 유지관리 ·환경시료의 분석을 위한 계측기기 제조 ·대기오염방지설비 제조 및 기술 제공 ·고체, 액체, 유해폐기물의 처리, 저장, 운송설비 제조 및 관련 정보시스템 공급 ·오염물질 발생저감을 위한 설비 및 기술

자료 : EBI, The Global Environmental Industry : A Market and Needs Assessment, 1996.

주목해야 할 점은 그동안 환경산업의 대부분을 자연과학 및 기술 분야에서 담당했던 것과는 달리 최근 들어 사회과학적 분석과 접근수단에 대한 수요가 점차 증가하고 있다는 것이다. 대표적인 것이 환경컨설팅업과 같은 것인데, 미국이나 유럽 등 선진국에서는 이미 환경컨설팅업이 전문 업종으로 발전하고 있다. 우리나라에서도 2004년 7월에 환경컨설팅업, 토양정화업 등록제 도입, 환경서비스업 지원 강화, 환경서비스업의 육성기반 마련 등을 주요 골자로 하는 '환경서비스업 활성화방안' 등이 확정·발표되었고, 향후 발전잠재력이 매우 높은 분야의 하나로 성장해 나가고 있다.

환경컨설팅업이란 환경경영체제(EMS, Environmental Management System), 환경성과평가(Environmental Performance Evaluation), 전과정평가(Life Cycle Assessment), 환경라벨링(Environmental Labelling) 등과 함께 발전되어 왔으며, 2005년에는 '환경기술개발및지원에관한법률'을 개정하여 기업합병·투자시 대상기업의 환경성 분석, 공장부지 예정지와 해외진출지역의 환경규제 컨설팅, 환경산업체 창업·운영, 인수·합병 등 컨설팅, 환경성과평가 등 환경경영 컨설팅, 환경기술 컨설팅 등 환경산업 전반에 걸친 해법을 민간이나 정부에 제공하는 분야 등이 발전할 것으로 전망된다.

이와 같이 환경이 21세기 지구촌의 가장 큰 이슈일 뿐만 아니라 국제적·국내적 환경규제가 보다 구체화되고 다양해짐에 따라 우리나라에서도 새로운 수요에 부응하는 환경산업이 다양화되고 시장규모 또한 급성장 할 것으로 전망된다.

3 환경산업의 발전과정

환경산업은 1960년대에 유럽, 미국 등지의 선진국들을 중심으로 발전되기 시작하였다. 1990년대 초반까지는 북미, 서유럽, 일본 지역이 시장의 90% 이상을 차지하고 있었으며, 자국시장 위주의 개발이 대부분을 차지하였다.

그러나 1990년대 중반을 지나면서 성장을 주도하던 선진국의 환경설비에 대한 수요가 포화상태에 접어들게 됨에 따라 환경산업도 새로운 양상을 띠게 되었다. 다시 말해, 한계에 달한 환경산업의 수요 창출을 위하여 개도국에 관심을 가지게 되었으며, 해외진출도 활발하게 이루어지기 시작하였다.

〈표 7-6〉 환경산업의 발전단계별 특성

구 분	1단계	2단계	3단계	4단계	5단계
오염배출	중·대규모	대규모	대·중규모	중·소규모	중·소규모
환경규제	규제도입	규제강화 선진수준미달	규제강화 선진수준 접근	규제강화 선진기술 도달	규제강화 선진수준 성숙
환경투자	자본집약적	자본집약적 장비설치 중심	자본집약적 장비설치 중심	기술·지식집약적	지식집약적
환경기술	저급기술	성숙단계의 저급기술	저·중급기술	중·고급기술	고급기술
주도분야	원시적 환경기초시설	사후처리분야	사후처리분야	오염 사전예방분야	환경창조분야
대상시장	내수시장	내수시장 활성화	내수시장정착 개도국 진출가능	개도국 진출 활성화	세계시장 진출

환경산업의 발전단계는 오염배출, 환경규제, 환경투자, 환경기술 등의 기준에 따라 크게 5단계로 구분된다. 1단계는 환경산업 수준이 전반적으로 낙후한 후진국으로 인도, 중국 등 환경규제가 미미한 국가들이 여기에 속한다.

2단계는 국민경제 성장과 환경문제가 점차 심각해짐에 따라 관련법규나 규제 등이 급속하게 팽창하는 대만, 멕시코 등의 개도국들이 여기에 속한다. 2단계는 낮은 수준의 기술력과 자본집약적인 형태를 나타내지만, 환경산업에 대한 내수시장이 활성화된다는 점에서 볼 때 시장을 선점하려는 선진국들의 경쟁이 치열하게 벌어지기도 한다.

3~4단계에는 환경정책이 상당 수준 발전되어 있는 서유럽, 호주, 영국 등 선진국들이 속해 있다. 그리고 환경규제가 단순한 규제 차원에서 탈피하여 폐기물발생을 최소화하고, 재활용을 지향하는 독일, 미국, 일본 등과 같은 나라가 여기에 포함된다.

5단계는 환경산업이 가장 발전되고, 안정화된 단계로서 고급기술을 바탕으로 지식집약적, 환경창조형 분야 등이 큰 비중을 차지하고 있다.

우리나라의 환경산업은 1980년대 이전에는 시장이 형성되는 단계였으며, 1980년 이후부터 오늘날까지는 환경기초시설에 투자를 집중하는 2단계 말 또는 3단계 초에 속해 있다고 볼 수 있다. 주요한 특징을 살펴보면 첫째, 환경규제법 제정·강화, 정부의 환경관리조직 격상 등 환경관리제도가 정비되고 있다는 점이다. 둘째, 하수처리장 건실 등 환경기초시설에 대한 투자가 확대되고 있다. 셋째, 대도시에 대한 환경정비(하천조성, 시민공원조성, 무연휘발유 등 청정연료 사용 의무화)가 본격적으로 추진되고 있다.

4 환경산업의 발전 동향 및 전망

인구증가와 도시화·산업화 등으로 우리에게 필요한 모든 자원의 양이 증가하고 있으며, 이로 인한 환경파괴는 불을 보듯 자명한 결과이다. 그럼에도 불구하고 산림이나 농지가 주거용지나 공장용지 등으로 무차별적으로 개발되고, 대기 및 수질화 등증가, 도시화 진전 및 유류·유독물·비료 사용이 증가하여 토양화 등등의 문제가 끊이지 않고 계속되고 있다. 따라서 환경친화적으로 산업이 발전되지 못할 경우 미래세대의 환경권은 크게 위협받을 수밖에 없다.

환경산업은 21세기 국가경제에서 차지하는 비중이 매우 큰 산업분야이다. 21세기의 삶의 질은 단순히 사람들의 의식수준의 변화만이 아니라 하드웨어적인 차원에서 환경산업이 동반하여 발전할 때만이 담보 가능하기 때문이다. 즉, 삶의 질을 향상시키기 위한 환경산업의 수요는 지속적으로 확대될 수밖에 없다는 점이다. 이를 뒷받침하듯 오늘날 전세계적으로 환경산업의 경쟁력을 제고하기 위한 노력들이 실로 치열하게 전개되고 있다.

따라서 우리나라에서는 산업계의 자율적인 노력뿐만 아니라 정부와 국민들의 지원과 관심이 효과적으로 결합할 때만이 지속적이고 환경친화적인 발전체계를 구축하는 것이 가능하다.

이외에도 환경친화적인 산업발전이 조기에 정착되기 위해서는 발생된 폐기물의 적정처리와 청정기술 개발, 그리고 이를 통한 공정개선이 이루어져야 한다. 이를 위해서는 사후처리방식(End-of Pipe)과 예방적 접근방식(Preventive Approaches)의 연계, 민자참여를 위한 금융, 투자기법의 개발, 효율개선을 위한 기술개발, 건전한 시장조성에 주력하여야 한다. 그리고 소비자들은 산업계의 환경관련 제반 활동을 모니터링함과 아울러 환경친화적 경영에 동참하는 자세를 견지하여야 할 것이다.

4.1 국제 환경규제와 환경산업

1992년 유엔환경개발회의(UNCED) 이후, 지구환경보전을 위한 전 지구적인 노력이 크게 강화되기 시작하였다. 기후변화, 오존층파괴, 사막화현상 등과 관련된 국제 환경문제에 대처하기 위한 많은 협약들이 체결되었으며, 오늘날 우리나라는 56개에 달하는 국제협약을 발효하고 있다.

〈표 7-7〉 국제 환경협약

구분	계	대기 기후	담수 보호	해양 어업	생물 보호	핵안전	유해 물질	기타
채택	56	8	–	23	8	7	3	7
발효	56	8	–	23	8	7	3	7
가입	56	8	–	23	8	7	3	7

자료 : 환경부, 환경통계연감, 2010, p.622

우리나라가 가입, 발효한 국제 환경협약은 해양어업이 23개로 가장 많고, 유해물질을 제외한 대부분의 분야별로 7~8개의 환경협약이 있다.

〈표 7-8〉 분야별 국제환경협약의 주요 내용

협약명	발효	해당분야	내용
기후변화협약 (교토 Protocol)	2005.2	산업전분야	–지구온난화 물질에 대한 규제 –에너지 사용 관련협약, 전산업에 영향
비엔나협약 (몬트리올의정서)	1988.9	산업전분야	–CFC,등 오존층 파괴물질 규제 –전자/전기, 반도체 등 CFC물질 사용산업 규제
바젤협약	1992.5	산업전분야	유해폐기물의 국가간 이동금지
스톡홀름 협약 (POPs)	2004.5	정밀화학 농약산업	–살충제, 다이옥신, 퓨란 등 2차 오염물질에 대한 규제
PIC	2004.2	화학산업 농약산업	–산업용/소비자용 화학물질, 농약의 수출입시 사전승인 의무화
WSSD (Agenda 21)	2002	산업전분야	–10개년 프로그램의 수립 및 추진 –청정생산 및 생태효율성 제고를 위한 투자 증진
도하개발아젠다 (WTO, DDA)	2005	산업전분야	–환경과 무역규제의 연계 –산업전반에 대한 환경규제의 심화

자료 : 환경컨설팅정보시스템(www.konetic.or.kr)

국제 환경협약과 아울러 UNEP, UNDP, OECD 등의 국제기구들도 환경과 무역을 연계하기 위한 활발한 움직임을 보이고 있으며, 각 기구들의 가입국에 대한 준수의무도 점차 강화되고 있다. 또한 국가별, 지역별로 환경보전을 위한 환경규제가 날로 강화되고 있는데, 선진국들은 지구환경보호라는 명분과 함께 자국산업의 경쟁력 확보 차원에서 환경정책을 무역규제와 적극적으로 연계시키려 한다는 해석도 있다.

다음은 미국, EU, 중국과 우리나라의 주요 환경규제이다.

〈표 7-9〉 국가별 주요 환경규제

국가	환경규제	주요내용
미국	캘리포니아주 과염소산 규제(2007.1)	효율적 환경관리 추진
EU	WEEE(2005.1)	폐 전자제품 처리지침
	RoHS(2006.7)	전기전자제품 유해물질 제한
	REACH(2007.3)	사용화학물질 사전등록, 평가 및 승인
	Eup(2008.8)	친환경 설계, CEO마킹
	배터리 지침(2008.9)	Cd, Hg, Pb 사용제한 WEEE 마킹 회수 · 재활용시스템 구축
중국	China RoHS(2007.3	전자제품 오염관리 방지법 중점관리목록 포함제품 ccc인증 강제
한국	자원순환법(2008.1)	제품내 유해물질 제한 회수 · 재활용시스템 구축 재질 · 구조 개선지침 준수

자료 : 환경컨설팅정보시스템(www.konetic.or.kr)

이와 같은 주요 국가들의 환경규제는 점차 제조사의 책임확대, 산업 전반에 걸친 규제의 세분화, 제품의 생산주기에 따른 화학물질 단위의 관리체계요구, 강제규정화 등의 형태로 강2008년 현재 국제환경 규제 동향을 살펴보면, 화학물질규제가 가장 급격한 증가추세를(18%) 보이고 있으며, 대기환경규제(17%), 제품환경규제(10%) 등도 증가 추세를 나타내고 있다(환경컨설팅정보시스템).

4.2 국내외 환경시장 전망

지구환경보호를 위한 국제적 노력과 환경규제의 강화로 세계 환경시장이 급성장하고 있다. 환경산업은 수처리 대기관리 등 환경설비업부터 풍력, 조력, 태양열 등 대체 에너지 개발사업, 공기청정시스템, 먹는 물 개발 등 환경자원 이용산업까지 실로 다양한 분야를 포함하고 있다.

국내외 환경산업 시장규모를 정확하게 전망하는 것은 불가능하다. 여러 다양한 사회, 경제적 변수들이 영향을 미치기 때문에 여기에서는 여러 다양한 전망치들을 소개하면서 큰 방향성에 대해 살펴보고자 한다.

세계 환경시장은 지난 10년간 지속적인 성장세를 유지하여 1996년 474조원, 2000년 532조원, 2006년 742조원에 달하고 있으며, 향후에도 지속적으로 성장하여 2015년에는 1,100조원에 이를 것으로 전망되고 있다(AT커니, 2006). 특히, 최근 본격적인 경제개발로 심각한 환경문제에 직면해 있는 BRICs, 동남아, 중동 등 아시아 환경시장은 연평균 10% 이상 급성장할 것으로 전망되고 있다.

환경산업의 분야별 수요측면에서 보면, 상하수와와 폐기물분야가 전체시장의 약 80%로 가장 큰 비중을 차지하고 있으며, 향후에는 청정기술 및 공정, 재생가능에너지, 환경 측정·분석 및 환경컨설팅업 서비스분야가 크게 성장할 것으로 전망되고 지구 온난화로 청정에너지의 필요성이 증대됨에 따라 바이오매스, 폐기물에너지, 연료전지 등의 신재생에너지 분야가 높은 성장률을 기록할 것으로 전망된다.

EBI에 의하면 2006년 우리나라 환경산업 시장 규모는 85억 달러로 전 세계 환경시장의 1.1%를 차지하고 있다. 그러나 환경부의 환경산업통계조사에 의하면 2006년 국내 환경산업 시장은 약 29.2조원으로 EBI 추정치의 약 3.6배에 이르고 있다.

2007년 기준 환경산업통계조사 결과에 의한 국내 환경시장 규모는 2004년 21조 4천억, 2005년 23조9천억, 2006년 29조 2천억, 2007년은 34조 1천억원으로 국내총생산의 3.8%를 차지여 지속적인 성장세에 있는 것으로 나타났다.

이외에도 산업연구원은 2010년까지 세계 환경시장의 규모가 6,880억 달러에 이를 것으로 전망한 바 있으며, 삼성지구환경연구소에서는 지난 2005년 국내 환경산업 시장 전체 규모가 2010년에는 약 360억 달러에 달할 것으로 추산하였다.

세계 환경산업을 분야별로 살펴보면, 폐기물과 상하수도 분야의 시장이 각각 전체 시장의 약 40%씩으로 양대 산맥을 형성하고 있다. 다만, 기존의 환경 산업 시장 분석에서는 신재생에너지나 새로운 환경산업 영역이 제외되어 있어 광의의 환경산업으로 확대해 보면, 전 세계 환경산업 시장 규모는 이미 2조 달러를 넘어선 것으로 추정된다(KEITI, 2010).

한편, OECD 기준에 따른 국내 환경 관련 산업체 수는 28,198개소로 제조업 3,593(12.8%), 도·소매업 18,389개(65.2%), 건설업 1,055개(3.7%), 수도사업 257개(0.9%), 서비스업 794개(2.8%)이다. 다만, 우리나라의 세계 환경시장 점유율은 2005년 기준으로 3.3% 수준으로서 환경산업의 체계적 육성을 위한 시책 추진이 필요한 상황이며, 특히 국내 환경기초시설의 투자가 완비됨에 따라 내수환경시장의 성장률이 점차 둔화되는 선진국형 시장 성숙구조로 이행될 전망이다(환경백서, 2009),

앞으로 환경산업은 지구온난화, 오존층 파괴 및 생물다양성 감소 등 지구환경문제에 대한 전 세계적 수요가 높아짐에 따라 인간과 환경이 조화를 이루는 환경친화적 과학기술을 중심으로 발전해 나갈 것이다. 그리고 과거의 사후처리 방식에서 사전오염예방기술로 환경기술개발의 중심이 전환될 수밖에 없다. 다시 말해, 수질·대기오염 방지 및 폐기물 처리중심의 기술에서 지구환경보전기술, 해양환경기술, 환경위해성기술, 사전오염예방(청정기술)기술로 그 우선순위가 뒤바뀌게 될 것이다.

이외에도 환경규제가 점점 다양해지고, 기업들의 환경경영이 강화되는 추세에 맞추어 유망업종으로 각광받는 환경컨설팅과 토양정화업이 전문 업종이 될 전망이며, 사전오염예방, 생태환경복원 등 관련 신기술의 개발과 보급이 더욱 확대될 것으로 보인다.

5 우리나라의 환경산업

5.1 환경산업체 현황 및 환경기술

우리나라에서 대표적인 환경산업체라고 하면, 대기오염방지시설업, 수질오염방지시설업, 소음·진동방지시설업 등 환경오염방지시설업이 높은 비중을 차지하고 있다.

대표적인 환경산업체중 하나인 환경오염방지시설업은 대기오염방지시설업, 수질 오염방지시설업, 소음·진동방지시설업 등 3가지로 분류되는데, 이들 업체는 대기·수질배출허용기준의 강화, 기업의 환경에 대한 관심 증대에 따라 그 투자가 꾸준히 증가하는 추세이다.

〈표 7-10〉 환경오염 방지시설업 등록 현황

구분	계	대기	수질	소음·진동	대기·수질 소음진동	대기·수질	수질소음·진동
계	1,051	197	574	44	189	3	44

주 : 2009년 12월 31일 기준

2009년 현재 방지시설업체 등록현황을 살펴보면, 모두 1,051개소로 수질 부문이 574개로 절반 정도를 차지하고 있으며, 다음이 대기오염 방지시설업으로 197개이다.

국내 최대의 환경정보제공센터인 KONETIC의 환경산업 기술정보 DB(www.konetic.or.kr)에는 2011년 1월 현재 모두 23,936개의 환경산업체가 등록되어 있다. 세부 분야별로 살펴보면, 방지시설업이 1,383개, 설계·시공업이 2,103개, 측정검사대행업 286개, 수집·운반·처리업이 2,699개, 환경설비 제조, 판매업이 8,005개, 서비스업 6,483개, 에너지 1,353개 등으로 나타나고 있다.

「환경기술개발 및 지원에 관한 법률」에서는 환경기술을 "환경의 자정능력을 향상시키고 사람과 자연에 대한 환경피해 유발요인을 억제·제거하는 기술로서 환경오염을 사전에 예방·저감하고 오염 및 훼손된 환경을 복원하는 등 환경의 보전 및 관리에 필요한 기술"이라고 정의하고 있다.

선진국들이 70년대부터 환경기술개발투자를 적극적으로 추진한 반면, 우리나라는 환경기술개발투자가 10년 정도에 불과하고, 연구개발투자의 저조 등으로 환경기술 수준은 전반적으로 선진국 대비 80% 수준에 불과하다.

대체로 사후처리기술분야인 오·폐수 고도처리, 대기 및 수질오염방지기술, 배연탈황기술 등은 선진국의 70~80% 수준에 이르고 있는 반면, 유해물질 평가, 지구환경 대책기술, 생태계 복원기술 등의 첨단 환경기술 수준은 선진국의 40~60% 수준이며, 이에 대한 투자비중도 전체 환경기술 투자비의 25% 수준에 불과한 실정이다(환경부, 2009).

5.2 우리나라 환경산업의 문제점

영세성

우리나라 환경산업의 가장 큰 문제점은 전체 매출액 규모에 비하여 환경업체는 많고, 사업체별 종사자 수는 적다는 점이다.

2008년도 우리나라 환경산업 매출액은 40조 8,061억원으로 추정되며, 2007년도 환경부문 매출액 34조 1,117억원 대비 19.6%가 증가하였다. 세부적으로 살펴보면, 오염관리관련 건설업의 매출이 7조 753억원으로 전년 5조 3,194억원 대비 33.0% 증가하였고, 오염관리관련 서비스업 및 자원관리유통업의 매출이 전년대비 각각 22.8%, 22.4% 증가한 것에 기인한 것이다. 환경보호활동 5대 분류 중 자원관리관련 유통업이 26.3%로 전년에 이어 가장 높은 비중을 차지하고 있다.

〈표 7-11〉 우리나라 환경산업 매출액 규모

단위 : 억원

구분	계	오염관리 생산	자원관리생산	오염관리건설	자원관리유통	오염관리서비스
2007년	341,117 (100%)	57,294 (16.8%)	68,776 (20.1%)	53,194 (15.6%)	87,588 (25.7%)	74,265 (21.8%)
2008년	408,061 (100%)	59,893 (14.7%)	79,000 (19.4%)	70,753 (17.3%)	107,219 (26.3%)	91,196 (22.3%)

자료 : 2008년 환경산업통계조사보고서, 2010.

다음으로 2008년 말 기준 환경산업통계 작성범위 내의 환경관련 사업체 수는 약 30,221개로 전년도(28,198개소)에 비하여 7.2% 증가 하였다. 그리고 이들 사업체에서 종사하는 총 종사자 수는 432,831명이고, 이 중 환경부문 종사자 수는 185,346명으로 42.8%를 차지하여 2007년도 환경부문 종사자 수 180,079명 대비 2.9% 증가하였다.

〈표 7-12〉 환경산업별 사업체 및 종사자 수

단위 : 개소, 명

구분	2007년도		2008년도	
	업체수	환경부문 종사자수	업체수	환경부문 종사자수
전(全) 산업	28,198	180,079	30,221	185,346
제 조 업	3,593	43,997	3,389	39,919
수 도 사 업	257	17,261	247	16,898
건 설 업	1,055	16,583	1,147	16,250
도·소 매 업	18,389	44,261	20,542	48,152
사업서비스업	794	13,353	848	13,954
개인서비스업	4,110	44,624	4,048	50,173

이와 같이 환경산업 업체수 대비 매출액 및 인력 규모는 타산업에 비하여 매우 영세한 것으로 나타나고 있다. 즉, 영세한 규모의 많은 관련 업체들이 난립함으로서 ① 업체 및 기술의 홍보와 기술투자 미흡, ② 업체간의 과당경쟁로 인한 부실시공 유발, ③ 정보 부족으로 인한 시장성이 결여된 기술 개발, ④ 정부정책의 변화에 따른 시장구조의 왜곡 등과 같은 문제들이 야기되고 있다.

결국 업체가 영세하다는 것은 개발된 신기술의 신뢰도가 낮고, 현장적용이 실패할 경우 책임소재가 불분명하여 기술 채택이 기피하게 되며, 기술개발 자금의 부족으로 자체기술 개발보다는 과당경쟁에 의한 무분별한 외국기술의 도입이 만연하게 된다.

수익·분배구조의 왜곡

현재의 환경산업 구조에서 환경전문업체는 건설업체의 하청업체에 불과하다는 지적이 많다. 실제 현장에서 환경기술에 속하는 기계, 전기부문 공사비가 전체 공사비의 50% 이상임에도 불구하고 환경업체는 건설업체의 하도 대상으로 전락하는 경우가 많다. 때문에 기술축적 기회를 상실하게 될 뿐만 아니라 전문성도 결여될 수밖에 없다. 무엇보다 큰 문제는 정상매출의 60~70% 수준의 매출 발생으로 수익구조와 분배구조가 심각하게 왜곡된다는 점이다.

여기에는 정책적인 차원에서의 문제도 있는데, 환경전문업체가 보유한 환경면허는 입찰시 보조적이고 형식적인 면허일 뿐 실질적으로 사용할 곳이 전무하다는 점이다. 때문에 환경면허만으로 개발한 신기술을 구현할 공사는 전무한 실정이며, 공제조합의 결성으로 이행보증이 가능한 건설면허와는 달리 보증력도 전혀 없는 실정이다. 그리고 설계 및 공사 입찰이 아직까지도 가격경쟁 위주로 운영되기 때문에 기술발전 및 업체 전문화에 커다란 저해요인으로 작용하고 있다.

재원조달의 한계성

앞에서 살펴본 바와 같이 우리나라 환경산업의 가장 큰 걸림돌은 영세하다는 것이다. 이와 같은 문제는 산업계에서 필요한 자본이 적시에 조달되지 못하기 때문에 더욱 큰 문제이다. 대부분의 환경산업은 창투사 등으로부터의 투자재원 확보가 곤란한데, 기술개발이 수익창출과 직결되지 못하는 전형적인 B2B(Business to Business)사업은 그 속성상 투명한 분배구조를 요구하지만, 환경산업은 그렇지 못하기 때문이다.

그리고 환경산업은 타 업종처럼 신기술 개발에 대한 연구・개발(R&D) 비용을 대기업이 지원하고 중소벤처기업이 기술을 개발하여 이를 양사의 이익으로 나누고 향유하는 윈윈(win-win)구도가 현 제도하에서는 담합 등에 해당되어 금지되어 있어 재원조달이 더욱 곤란하다는 문제가 있다.

정책 및 인프라의 부재

환경정책은 다른 정책과 달리 정책적 형성부터 지속적이며 일관성 있는 정책 추진 노력이 매우 중요하다. 지금까지 우리나라의 환경정책은 경제정책의 우선순위에 따라 손바닥 뒤집듯이 바뀌어 왔던 것이 사실이다. 이로 인한 문제점은 첫째, 정책적 차원에서 환경법규 준수에 대한 점검 및 지도, 투자계획 수행의 일관성이 결여된다는 것이다.

둘째, 정책이나 법규가 기회의 균등이나 공정성 등 보수적이고 전 근대적인 시각으로만 제정·집행됨으로 인해서 오히려 수많은 영세업체를 양산하는 결과를 초래하였다. 따라서 기술과 경쟁력을 갖춘 환경산업체를 선택하여 집중 육성하는 것이 필요하다.

셋째, 환경산업의 분산관리 및 사후처리위주 관리이다. 환경산업이 각 부처별로 분산·관리됨에 따라 중복투자 및 이중규제의 가능성 및 환경산업 관리의 효율성이 떨어지게 된다. 특히나 환경부, 과기부, 산자부 등 부처별로 추진하고 있는 환경기술개발사업의 유기적인 협조체계 미흡하여 오히려 유망기술이 사장되는 경우도 발생할 수 있다.

넷째, 환경산업을 사후처리 관련산업 위주로 관리, 국제적으로 급성장하고 있는 새로운 분야에 대한 대응이 미흡하다.

환경기술의 개발 및 보급 미흡

환경산업의 발전동력은 환경기술의 개발 및 보급으로부터 출발함에도 불구하고 지속적인 연구·개발 노력은 미흡하다. 2008년 정부의 R&D 예산은 2007년의 11조 784억원에서 12조 3,437억원으로 지속적으로 증가하였다. 이 중 부처별 R&D 예산규모를 보면, 지식경제부는 전체 예산 총 12조 2,000억원 중 R&D 예산이 12조억 원으로 부처 중 R&D 예산 비중이 32.8%로 가장 높다.

반면에 환경부는 전체 예산 4조 900억원 중 R&D 예산이 1,974억 원으로 그 비중이 4.8% 정도록 낮은 실정이다. 따라서 전세계적으로 투자를 확대해 나가고 있는 환경산업 기반 확충을 위해서는 환경기술 개발 및 투자확대를 위한 환경 R&D 예산규모 확대가 중요하다.

우리나라의 환경산업은 수처리 설비, 유해 폐기물 관리 등 사후처리분야가 대종을 이루고 있는 반면 선진국의 환경산업은 오염예방을 위한 청정개발기술 분야로 전환하고 있다. 청정개발기술이란 저공해 생산 공정기술, 저공해 원료 사용기술 등 오염물질 발생의 사전예방기술을 말한다. 풍력 조력 태양열 등 재생가능 에너지를 이용한 전력생산 등이 대표적 기술이고 연료의 탈황·탈질기술도 여기에 포함된다. 특히 유엔 기후변화협약은 선진국이 개발도상국에 온실가스 감축기술을 이전하면 이를 온실가스 감축실적에 반영해 주는 '청정개발체제'를 채택하고 있어 독일 등 선진국들은 기후변화협약 발효를 앞두고 이 분야 기술발전을 위해 막대한 투자를 하고 있다.

환경산업체의 대응능력 부족

환경산업뿐만 아니라 모든 산업의 발전을 위해서는 정보유통과 홍보 및 상거래 행태에 능동적으로 대응해 나가야 한다. 우리나라의 정보·홍보·상거래 형태가 인터넷 기반체제로 급변하고 있으나, 대부분의 환경산업체에서는 이를 적절하게 활용하지 못하고 있는 실정이다.

그리고 재원의 조달방식에 있어서도 정부 의존비율이 매우 크다. 이는 민간자본 투자수요가 많이 않은 것이 근본적인 문제이지만, 투자재원의 조달방식이 정부지원금에서 민간자본시장을 활용하는 방향으로 변화하지 못할 경우 환경산업의 발전은 한계를 노정할 수밖에 없다.

5.4 우리나라 환경산업의 육성방안

환경산업을 왜 육성해야 할까?

첫째, 환경산업은 고부가가치를 창출할 수 있는 미래의 국가 신성장동력의 원천으로 고도의 기술과 전문지식을 필요로 하는 선진국형 산업이기 때문이다.

둘째, 환경산업은 생명공학, 정보통신, 우주·항공산업과 함께 21세기에 세계시장을 선도할 것으로 전망되는 산업이기 때문이다.

셋째, 우리나라는 환경산업 관리체계의 분산, 기술력 부족, 시장의 협소 등으로 환경산업의 경쟁력이 전반적으로 저조하다.

넷째, 국내 환경질의 개선은 물론 WTO체제하의 환경시장 개방 확대와 선진국의 환경보호를 목적으로 한 무역규제에 능동적으로 대응하기 위해 고부가가치·지식산업인 환경산업을 21세기 수출전략산업으로 중점 육성할 필요가 있다.

따라서 우리나라 환경산업의 발전을 위해서는 ①환경전문업체의 육성과 규모화, ②환경산업·기술 관리체계의 효율화, ③환경기술 개발 및 보급 촉진, ④국내 환경시장의 수요 창출, ⑤환경산업의 해외시장 진출 촉진 등이 보다 체계적으로 추진되어야 한다.

환경전문업체의 육성과 규모화

환경산업이 발전하기 위해서는 다양한 형태의 환경사업을 수행할 때만이 가능하다. 그러나 우리나라는 환경산업이 중소규모에 한정되어 있고, 건설업체의 하청형태로 이루어짐에 따라 수익성이 악화되고 부실공사의 우려도 많으며, 무엇보다 자체적인 기술축적의 기회를 상실하게 된다.

따라서 환경전문업체들이 일반 건설업체와 공동도급의 형태(Joint Venture)로 발전되어야 하며, 이를 위해서는 공공부문의 발주, 입찰, 계약제도의 개선이 선행되어야 한다.

오늘날 세계적인 환경업체는 환경기초시설의 설계, 제작, 시공, 시운전 및 운영까지 직접 수행하고 있는데 반해, 우리나라의 종합 기술능력을 갖춘 회사비율은 전체의 5% 수준에 불과하기 때문에 환경전문업체의 규모화도 매우 중요하다.

환경산업·기술 관리체계의 효율화

환경산업의 효율화를 위해서는 첫째, 환경산업·기술 통합관리체계를 체계적으로 구축해야 한다. 이것의 핵심은 현재 정부 각 부처별로 분산·추진되고 있는 환경기술 개발, 정책 추진 등을 범정부적 차원에서 수립하고, 그 추진체계를 정비하는 것이 무엇보다 중요하다. 이를 우해서 정부는 2009년에 '녹색기술 연구개발 종합대책'을 마련하여 추진하고 있다. 녹색 R&D의 핵심전략과 목표는 재생에너지 등 환경 친화적 자원활용기술과 함께, IT, BT, NT 등과 융합된 융합녹색기술로 영역을 확장하고, R&D 투자의 확대와 기초·원천기술 연구 비중의 확대 등이다. 이와 같이 환경기술 개발의 종합적이고 효율적인 추진을 위해서는 범정부적인 차원에서 계획을 수립·시행함과 아울러 각 부처에서는 이를 적극적으로 반영함으로써 하나의 틀 안에서 관련 정책이 추진되어야 한다.

둘째, 환경산업 업종의 합리적인 조정이 필요하다. 이를 위해서는 무엇보다 세분화되어 있는 환경산업 업종을 통폐합하는 것이 중요하다. 오염물질 사후처리에서 오염원별 기초조사, 설계·시공, 운영·관리 등 전과정을 총괄 관리하는 Full-Service체계로 전문화 유도하고, 환경기술 및 환경경영의 평가, 환경현황 및 환경영향 조사, 환경자료 조사·통계·분석, 환경분쟁 해결 등 환경컨설팅업을 중점 육성해야 할 필요가 있다.

셋째, 유망 중소기업 및 벤처기업을 적극적으로 육성하여야 한다. 주지하다시피 우리나라의 중소기업과 벤처기업은 신기술을 바탕으로 산업발전의 모태가 되고 있다. 따라서 우수 환경 신기술을 보유한 기업이 세계적인 환경전문업체로 성장할 수 있도록 중점 지원해야 할 필요가 있는 것이다. 지원내용으로는 ①관련단체 조직화 및 지원, ②각종 정보인프라 제공, ③기술개발 및 실용화 지원, ④기업·기술 홍보의 대행 등이다.

이와 함께 영세한 국내 환경산업체를 업종별 특성에 따라 전문화하고 KT(Korea Technology), NT(New Technology), 특허, 환경기술평가 인증업체 등 기술력 있는 업체에 대해 환경기술개발 및 산업화자금 등을 우선 지원하여 경쟁력 있는 업체로 중점 육성하는 것도 중요하다.

환경기술 개발 및 보급 촉진

환경산업의 발전을 위해서 무엇보다 중요한 것이 환경기술(녹색 R&D)이며, 이를 효과적으로 보급함으로서 관련 기술의 공유를 통한 관련 사업간의 상호발전이 중요하다. 이를 위해서는 첫째, 환경산업·기술정보망이 보다 내실 있게 구축·운영되어야 한다. 현재도 국가환경산업·기술정보망을 구축하여 정보가 제공되고 있으며, Web-Hosting 사업에 의한 중소환경업체 홈페이지 개설 지원, 유휴환경설비 등 환경기술인력 알선, 사이버 컨설팅, 사이버 환경기술 복덕방 운영 등이 운영되고 있다. 이를 보다 내실화하는 노력이 필요하며, 실질적으로 활용도를 높일 수 있도록 하는 방안들이 지속적으로 제시되어야 한다.

둘째, 신기술 수요창출 및 신기술 사용 활성화를 위한 다양한 수단을 도입하여야 한다. 환경산업은 규모도 영세할 뿐만 아니라 대체로 신기술이 높은 비중을 차지하고 있다. 따라서 다른 산업보다 초기자본이 많이 들고 위험도도 높다. 따라서 환경기초시설의 설계·운영관리 최적화를 위한 최적설계제도(Value Engineering), 이미 도입된 신기술사용장려제 및 환경신기술 신뢰도 제고를 위한 환경기술평가제도 활성화 등이 보다 활성화되어야 한다. 특히, 기술개발 투자시 민간이 투자위험을 해결하기 위하여 상용화 및 기존 기술의 개선 등과 관련된 기술 역량 강화는 민간이 주도하고 정부는 차세대 핵심기술 역량을 강화하는데 주력하는 방식의 역할 분담체계도 필요하다.

오늘날 환경산업 선진국들의 발전추세를 보면, 중소규모의 업체는 전문성을 강화하는 방향으로 대형업체는 다양한 기술과 인력을 바탕으로 일괄도급(Turn-Key) 형식의 사업을 수행하고 있다. 다시 말해, 우리나라의 환경산업도 전문화할 부분은 전문화하고 규모화 할 부분은 강도 높은 규모화를 추진해야 한다. 또한 사후처리기술 중심에서 탈피하여 청정기술개발, 생명공학, 우주공학, 환경복원기술 등 고부가가치 창출형 산업으로 전환해야 한다.

따라서 환경기술의 개발에는 정부, 기업, 연구기관 등 관련 부문간의 총체적인 협력체계 탄탄하게 구축하고, 청정기술과 같은 고부가가치형 기술에 역량을 집중하는 것이 중요하다.

국내 환경시장의 수요 창출

환경산업의 발전단계를 보면, 초기에는 무엇보다 내수시장이 활성화되는 것이 중요하다. 특히, 환경산업의 수요는 정부정책에 따라 인위적으로 창출된다는 특성이 있으므로 공공부문에 의한 환경투자뿐만 아니라 정책변화를 통한 수요 창출도 중요하다.

그리고 국내 환경시장을 확대·발전시키기 위해서는 첫째, 환경친화적인 생산·소비체계를 구축하는 것이 필요하다. 환경마크 인증상품 우선구매·사용 대상 공공기관의 범위 확대 및 정부 조달 구매물량을 확대하고, 일반 소비자의 환경상품 사용 확대를 위하여 제품의 환경영향정도를 수치화하여 표시하는 환경성적표지제도가 도입·운영될 필요가 있다. 그리고 친환경적 기업경영체제 유도를 위한 「기업의 환경성과 평가체계」를 개발하여 금융기관의 기업신용평가 및 투자자의 기업가치 결정 등에 활용하여야 한다.

둘째, 사전예방적·자율적 환경관리를 위한 산·학·연·관 관계전문가가 함께 참여하여 사전 진단 실시 및 자율적 개선사업을 유도할 수 있도록 하는 인력연계시스템을 정착시켜야 한다.

셋째, 각종 오염물질 처리기준 등 환경규제기준의 합리적 조정과 아울러 환경기초시설의 민영화를 지속적으로 추진하여 환경시장을 확대해 나가야 한다. 하수종말처리시설 위주로 진행중인 민간유치를 폐기물 처리시설(소각장, 매립장), 음식물 쓰레기 자원화시설, 매립가스 자원화시설 등의 분야로 확대해 나가고, 지자체에 민영화 유인을 주기 위해 민자유치 추진 지자체에 대해 국고보조금 및 지방양여금 우선 지원해야 한다. 그리고 환경기초시설 운영관리 전반에 대해 그 성과를 객관적 평가기준을 개발하여 적용할 필요가 있다.

해외시장 진출 촉진

환경산업의 발전을 위해서는 내수시장의 규모화와 해외시장으로의 진출이 관건이다. 특히, 해마다 급성장하고 있는 중국시장을 비롯하여 일본 등으로 다양한 형태의 환경산업기술을 접목시킬 수 있는 지리적 위치가 뛰어나기 때문에 해외시장

진출에 유리하다. 또한 정부 차원에서 환경산업의 R&D 투자 확대와 개도국 등을 대상으로 한 해외진출을 적극 지원하고 있다.

이를 위해서는 환경산업관련 대외 홍보를 강화, 해외 환경시장 및 기술동향 등의 정보를 수집·전파하며, 우리나라 환경산업체가 동남아 등 개도국에 진출시 대외경제 협력기금 등을 적극 활용할 수 있도록 해야 할 필요가 있다. 또한 환경산업은 사회간접자본(SOC) 성격이 강하므로 정부의 지원이 절대적으로 필요하기 때문에 공적개발원조(ODA)를 연계 활용하는 방안에 대한 검토도 필요하다.

환경산업의 해외 진출을 위해서는 기업들 차원에서도 공동마케팅, 합작투자 형태로 동반 진출하여 위험은 줄이고 기회는 확대해 나가야 한다. 그리고 국내 기업의 진출가능성이 높은 아시아 지역을 중심으로 민간차원의 환경산업 협력체계를 구축함으로써 아시아 지역 국가간 협의, 연구원 등 민간부문의 네트워크 구축이 필요하다.

또한 국내·외에서 개최되는 환경산업 관련 박람회 및 전시회에 환경산업체들이 참가할 수 있도록 적극 지원하고 중국·동남아 등 수출유망국을 대상으로 환경기술연수 프로그램을 운영 등 환경산업 수출연계 노력이 중요하다.

정부차원에서는 해외 시장 진출이 보다 용이하도록 수출신용 공여 등을 통해 국내 기업의 경쟁력 확보를 적극 지원하여야 한다. 그리고 방대한 해외 네트워크 자원을 기반으로 하여 수출 대상국의 환경관련 정보수집, 사업 우선순위 선정, 지역별 전략 수립, 대상지역의 환경수요 파악, 기술지원, 홍보, 행정지원 등 수출업무 지원도 보다 체계적으로 이루어져야 한다.

읽을거리

우리나라 환경산업의 실태를 잘 나타내주는 산업분류별 사업체수 종사자수 환종경사수 및 매출액, 산업분류별 환경부문 매출액, 환경보호 활동별 환경부문 매출액을 살펴보기로 하자.

〈표 7-13〉 산업분류별 사업체수 종사자수 환종경사수 및 매출액(2009)

단위:개, 명, 백만원

구 분	2009년(2007년)				
	사업체수	종사자수	환경부문 종사자수	매출액	환경부문 매 출 액
전(全)산업(01~91)	28,198	408,273	180,079	170,973,767	34,111,652
제조업(15~37)	3,593	71,602	43,997	35,853,477	8,529,400
15.음식료품제조업	272	6,640	4,237	1,253,775	472974
17.섬유제품제조업	6	104	37	9,450	7,546
21.펄프,종이및종이제품제조업	59	753	753	48,895	48,895
23.코크스,석유정제제품및핵연료제조업	75	846	846	99,171	99,171
24.화학물및화학제품제조업	1,631	22,442	16,622	7,645,614	2,314,204
25.고무및플라스틱제품제조업	121	1761	1,375	254,719	182,364
26.비금속광물제품제조업	131	5097	3,743	837,983	318,696
28.조립금속제품제조업	46	1747	1,131	508,655	321,443
29.기타기계및장비제조업	602	17,101	7,376	5,953,294	2,204,724
31.기타전기기계및전기변환장치제조업	40	1,645	1,106	1,729,596	229,437
33.의료,정밀,광학기기및시계제조업	130	2,602	1,361	508,942	275,204
34.자동차및트레일러제조업	21	6,359	921	16,298,076	1,351,283
36.가구및기타제품제조업	6	79	63	9,425	7,577
37.재생용가공원료생산업	453	4,426	4,426	695,882	695,882
수도사업(41)	257	19,666	17,261	4,959,750	4,179,953
건설업(45~46)	1,055	138,910	16,583	100,515,644	5,324,492
45.종합건설업	1,004	133,963	16,208	96,225,791	5,035,543
46.전문직별공사업	51	4,947	375	4,289,853	288,949
도소매업(50~52)	18,389	44,261	44,261	8,758,753	8,758,753
51.도매및상품중개업	10,888	32,000	32,000	8,275,773	8,275,773
52.소매업	7,051	12,261	12,261	482,980	482,980
사업서비스업(73~75)	794	58,924	13,353	5,335,907	1,239,094
73.연구및개발업	45	2,390	1,678	183,508	133,613
74.전문,과학및기술서비스업	666	55,151	10,960	4,938,487	1,001,122
75.사업지원서비스업	83	1,383	715	213,912	104,359
개인서비스업(90~91)	4,110	74,910	44,624	15,550,236	6,079,960
90.하수처리,폐기물처리및청소관련서비스업	4,102	74,801	44,515	15,549,207	6,079,180
91.회원단체	8	109	109	1,029	780

주 : ( ) 는 작성기준 년도

자료 : 환경부,『환경통계연감』, 2010, p.566

〈표 7-14〉 산업분류별 사업체수 종사자수 환종경사수 및 매출액(2010)

단위:개, 명, 백만원

구 분	2010년(2008년)				
	사업체수	종사자수	환경부문 종사자수	매출액	환경부문 매 출 액
전(全)산업(01~91)	30,221	432,831	185,346	234,251,913	40,806,110
제조업(15~37)	3,389	73,183	39,919	71,889,644	9,100,423
15.음식료품제조업	154	8,832	3,006	1,739,489	596,536
17.섬유제품제조업	4	100	80	18,747	18,411
21.펄프,종이및종이제품제조업	56	766	766	62,112	62,112
23.코크스,석유정제제품및핵연료제조업	77	1,180	180	168,228	168,228
24.화학물및화학제품제조업	1,673	21,539	15,684	9,392,566	2,377,161
25.고무및플라스틱제품제조업	124	1,503	1,264	183,323	142,281
26.비금속광물제품제조업	88	2,006	1,685	839,674	231,357
28.조립금속제품제조업	40	1,365	729	551,136	275,780
29.기타기계및장비제조업	556	19,476	7,808	9,453,641	3,111,459
31.기타전기기계및전기변환장치제조업	45	1,467	634	483,750	132,614
33.의료,정밀,광학기기및시계제조업	124	2,600	1,438	738,497	321,850
34.자동차및트레일러제조업	15	7,381	730	47,337,670	744,301
36.가구및기타제품제조업	4	63	10	7,609	5,131
37.재생용가공원료생산업	429	4,905	4,905	913,202	913,202
수도사업(41)	247	23,763	16,898	11,040,007	4,835,204
건설업(45~46)	1,147	144,113	16,250	114,940,197	7,421,349
45.종합건설업	1,057	138,764	15,459	110,219,337	7,281,576
46.전문직별공사업	90	5,349	791	4,720,860	139,773
도소매업(50~52)	20,542	48,152	48,152	10,721,933	10,721,933
51.도매및상품중개업	12,161	34,734	34,734	10,174,749	10,174,749
52.소매업	8,381	13,418	13,418	547,184	547,184
사업서비스업(73~75)	848	68,525	13,954	9,357,882	1,258,814
73.연구및개발업	42	2,725	1,166	622,452	159,952
74.전문,과학및기술서비스업	708	55,831	11,092	4,984,355	928,599
75.사업지원서비스업	98	9,969	1,696	3,751,075	170,263
개인서비스업(90~91)	4,048	75,095	50,173	16,302,250	7,468,387
90.하수처리,폐기물처리및청소관련서비스업	4,042	75,006	50,084	16,300,069	7,466,206
91.회원단체	6	89	89	2,181	2,181

주 : ( ) 는 작성기준 년도

자료 : 환경부, 『환경통계연감』, 2010, p.566

〈표 7-15〉 산업분류별 환경부문 매출액

단위 : 백만원

구 분	2007(2005)	2008(2006)	2009(2007)	2010(2008)
전(全)산업(01~91)	23,897,207	29,186,187	34,111,652	40,806,110
제조업(15~37)	5,574,024	7,689,670	8,529,400	9,100,423
15.음식료품제조업	369,103	450,612	472,9740	596,536
17.섬유제품제조업	400	3,129	7,546	18,411
21.펄프,종이및종이제품제조업	45,649	53,649	48,895	62,112
23.코크스,석유정제제품및핵연료제조업	115,339	129,144	99,171	168,228
24.화학물및화학제품제조업	1,598,832	1,872,894	2,314,204	2,377,161
25.고무및플라스틱제품제조업	128,004	291,641	182,364	142,281
26.비금속광물제품제조업	367,975	614,345	318,696	231,357
28.조립금속제품제조업	51,054	104,903	321,443	275,780
29.기타기계및장비제조업	1,274,089	2,402,171	2,204,724	3,111,459
31.기타전기기계및전기변환장치제조업	72,910	152,986	2,204,724	132,614
33.의료,정밀,광학기기및시계제조업	110,583	172,505	275,204	321,850
34.자동차및트레일러제조업	808,776	588,226	1,351,283	744,301
36.가구및기타제품제조업	4,857	7,696	7,577	5,131
37.재생용가공원료생산업	626,452	845,770	695,882	913,202
수도사업(41)	3,786,992	4,082,153	4,179,953	4,835,204
건설업(45~46)	3,032,366	3,905,305	5,324,492	7,421,349
45.종합건설업	2,992,275	3,858,66	5,035,543	7,281,576
46.전문직별공사업	40,091	46,643	288,949	139,773
도소매업(50~52)	6,049,311	7,339,442	8,758,753	10,721,933
51.도매및상품중개업	5,707,847	6,942,452	8,275,773	10,174,749
52.소매업	341,464	396,990	482,980	547,184
사업서비스업(73~75)	766,742	931,393	1,239,094	1,258,814
73.연구및개발업	135,277	116,789	133,613	159,952
74.전문,과학및기술서비스업	562,369	750,362	1,001,122	928,599
75.사업지원서비스업	69,096	64,242	104,359	170,263
공공행정업(76)	3,000			
개인서비스업(90~91)	4,684,772	5,238,224	6,079,960	7,468,387
90.하수처리,폐기물처리및청소관련서비스업	4,683,612	5,237,841	6,079,180	7,466,206
91.회원단체	1,160	383	780	2,181

주 : ( ) 는 작성기준 년도

자료 : 환경부,『환경통계연감』, 2010, p.568

〈표 7-16〉 환경보호 활동별 환경부문 매출액

단위 : 백만원

구 분	2007(2005)	2008(2006)	2009(2007)	2010(2008)
총계	23,897,207	29,186,187	34,111,652	40,806,110
오염관리관련생산업	3,158,209	4,447,919	5,729,441	5,989,287
대기오염제어기기제조	1,369,056	1,982,724	2,174,687	2,328,988
폐수관리기기및제품제조	1,223,782	1,675,225	2,604,883	2,745,032
고형폐기물관리기기제조	215,748	277,427	253,609	322,965
토양,지표수,지하수개선및정화기기제조	39,138	90,308	222,586	149,138
소음및진동저감장치제조	193,198	278,362	283,208	244,890
환경감시,분석및측정장치제조	117,286	143,874	190,468	198,274
자원관리관련생산업	6,184,505	7,279,759	6,877,591	7,900,007
발전,수도사업및에너지보존	4,109,426	4,281,506	4,434,919	5,261,975
재생재료및재활용제품제조업	2,075,079	2,998,253	2,442,672	2,638,032
오염관리관련건설업	2,984,910	3,883,165	5,319,406	7,075,275
대기오염제어관련시설건설	679,543	1,005,211	1,587,203	1,656,374
폐수관리관련시설건설	1,831,437	2,443,959	3,166,142	4,498,052
고형폐기물관리관련시설	418,726	342,619	454,189	782,471
소음및진동저감시설건설	55,204	91,376	111,872	138,378
자원관리관련유통업	6,049,311	7,339,442	8,758,753	10,721,933
재활용제품유통업	6,049,311	7,339,442	8,758,753	10,721,933
오염관리관련서비스업	5,520,273	6,235,903	7,426,461	9,119,608
대기오염제어서비스	3,472	383	780	2,181
폐수관리서비스	1,189,24	1,328,266	1,485,000	1,656,475
고형폐기물관리서비스	3,545,267	3,998,589	4,717,708	5,930,889
토양,지표수,지하수개선및정화서비스	73,602	61,874	117,141	195,093
환경연구개발서비스	122,488	137,898	163,926	181,855
환경관련계약및엔지니어링서비스	452,054	573,715	662,687	800,916
분석,자료수집및평가서비스	134,147	135,177	279,219	352,199

주 : ( ) 는 작성기준 년도

자료 : 환경부, 『환경통계연감』, 2010, p.569

참고문헌

박종식, "국제 환경규범의 현황과 전망", 21세기의 기술변화와 환경 심포지움(STEPI).

한국은행, 2001년 중 환경오염방지지출 추계결과, 2002.12.

한국환경기술개발원, 21세기 환경기술개발 장기종합계획, 1993.

환경부,『환경백서』, 2009, p.95, 96, 210.

환경부,『환경통계연감』, 2010

한국환경산업기술원(KEITI), 해외녹색성장정책정보 special Issues, 2010.3, p.155.

EBI, *The Global Environmental Industry : A Market and Needs Assessment*, 1996.

OECD, *Interim Definition and Classification of the Environment Industry*, 1996.

환경컨설팅정보시스템(www.konetic.or.kr)

제 8 장 환경경영

환경문제를 유발하지 않는 산업이 있을까?

환경과 경제가 조화롭게 지속가능한 성장은 불가능할까?

대체로 산업혁명 이전까지는 1차 산업 중심으로 생태계의 자정능력 내에서 오염물질을 배출해 왔다고 한다면, 산업혁명 이후는 2, 3차 산업이 발달함에 따라 생태계의 자정능력을 초과하는 오염물질이 배출되고 있다. 따라서 지구상의 모든 산업은 환경적으로 불건전하며, 이것은 일개 지역이나 국가 차원의 문제가 아니라 지구와 인류 공동의 관심사이다.

눈부신 경제성장의 이면에 날로 증가하는 환경문제로 인하여 궁극적인 삶의 질은 저하되었다. 정치, 경제, 문화 등 모든 여건 역시 환경의 질적 수준에 따라 변화하였으며, 기술혁신, 제품 수명의 단기화, 국제 경쟁 등 경영 여건도 변화하였다. 또한 선진국을 중심으로 각종 환경법규가 제정, 강화되고, 정부기구의 확대·재편, 산업계의 대응이 구체화되었다.

과거에 환경문제는 기업경영에 있어 별 문제가 되지 않았지만, 오늘날은 환경문제가 기업경영의 흥망성쇠를 좌우하는 결정변수가 되었다. 특히, 소비자들의 환경의식과 기업경영에 대한 관심이 높아지면서 이에 대응하지 못하는 기업은 끝내 도태되고야 마는 것이 오늘날의 현실이다.

1 환경경영 동향 및 실태

1.1 국제적 동향

오늘날 주요 선진국들은 청정생산을 통해 환경보전과 경제발전을 동시에 추구하는 지속가능한 개발(Sustainable Development)에 관심을 기울이고 있다. 환경경영이 국제사회에서 설득력을 갖기 시작한 것은 세계무역기구(WTO) 뉴라운드에서 환경과 무역을 연계시키는 논의가 구체화되면서 부터이다. 국제 환경협약과 각국의 환경정책이 무역과 연계되어 비관세 무역장벽으로 작용하고 있는 것이 현실이다.

미국, EU 등의 선진국들은 환경규제를 갈수록 강화할 뿐만 아니라 수입제품에 대해서도 같은 기준을 적용하고 있다. 특히 출범한 뉴라운드에서는 제품특성과 무관한 생산공정과 생산방식(Production and Precess Methods, PPMs) 역시 규제대상으로 구체화되고 있으므로 우리나라를 비롯한 개도국들의 환경경영의 필요성이 증대되고 있다.

주요 선진국들이 환경경영에 적극 나서는 이유 중 하나는 환경 문제에 대응하겠다는 공공의 목표 달성에 주력하는 한편 환경 문제 대응 능력을 새로운 기업경쟁력의 원천으로 인식하고 있기 때문이다. 즉, 환경경영의 실천은 선택의 문제가 아니며 현대 기업경영의 필수적인 과정으로 인식되고 있는 것이다.

일본은 지난 1997년에 경단련을 통해 마련한 '환경 자율 행동계획(35개 업종)'에서 이산화탄소 배출량을 1990년 수준으로 삭감하겠다는 공동 목표를 세워 그동안 노력해 왔는데, 이러한 이산화탄소 효과 가스 배출량의 삭감 목표치를 상향 수정하였다. 2010년 10월에 개최된 일본 경제산업성과 환경성의 합동심의회에서 17개 산업에서 연간 약 1,550만 톤의 이산화탄소 배출 가스를 추가적으로 삭감하기로 한 것이다. 1,550만 톤의 이산화탄소는 일본이 2005년에 배출한 13억 6,000만 톤의 약 1.1%에 해당하는 규모이다. 단순하게 환경규제에 대응하는 것은 환경경영이라고 할 수 없으며, 일본기업은 자율적·사전적으로 환경 문제에 대응하면서 한발 앞선 대응능력을 활용해서 경쟁력을 제고하는 환경 경영에 박차를 가할 것으로 보인다.

독일은 약 10,000여 개의 기업들이 환경경영을 실천하고 있고, 점차 증가하는 추세에 있다. 구체적으로 살펴보면 2,000개 독일기업들은 유럽 환경관리감사규칙인 EMAS를, 약 5,000개 독일기업들은 국제규격인 ISO14001을 인증 받았으며, 약 2,000개 기업들도 이와 유사한 시스템을 운영하고 있다. 또한 최근 독일연방환경성(BMU)과 연방환경청(UBA)은 독일기업들이 환경경영이라는 주제에 어떻게 접근하고 실천하는가에 관해 연구를 위탁한 바 있다. 연구를 실시한 future e.V., IFOK, Adelphi 컨설팅업체들은 ISO, EMAS 등 환경경영프로그램에 참여하고 있는 기업들의 만족도가 상당히 높으며, 환경경영이 기업 내부적으로 비용절감과 환경오염의 현저한 감소를 비롯하여 각종 2차 이익들을 발생시켰다고 보고하였다. 기업이 환경경영을 통해 법적안정성을 확보하고 기업경영구조를 개선시킬 수 있었다는 점도 특히 주목할 만하다(독일연방환경성, KONETIC, 환경산업동향).

1.2 우리나라의 환경경영 실태

우리나라에서도 환경문제의 해결에 대한 소비자들의 욕구가 날로 증대하고 있으며, 환경규제도 대폭 강화되고 있다. 실제로 자동차, 철강, 석유화학 등 중화학 중심의 산업은 환경친화적인 형태로 재편이 불가피해지고 있으며, 기업들의 환경비용 지출도 증가하고 있다.

우리나라는 지난 1995년 '환경친화적산업구조로의전환촉진에관한법률'을 제정하면서 비로소 기업들의 청정생산 지원에 관심을 표명하기 시작하였고, 1999년 1월에 '국가청정생산지원센타'를 설립하고 청정생산기술사업을 추진하고 있다. 우리나라 청정생산의 중점 추진방향은 업종별 공정과 국내외 환경 쟁점을 분석해 해당 업종의 핵심 청정생산 기술을 개발해 공유하도록 했다. 그러나 우리나라는 청정생산을 포함한 환경경영에 대하여 구체적인 접근방법 뿐만 아니라 개념적인 이해가 아직 많이 부족한 상태이다.

주요 기업들이 청정생산에 대한 인식이 부재하였으며, 일부 실천기업들 역시 청정생산의 체계적이며, 구체적인 방법에 대해 제대로 인식하지 못하고 있다. 청정생산을 실천하고 있는 기업들도 주로 폐열회수와 열병합 등 에너지절약시스템과 대체에너지 활용에 주력하고 있다. 따라서 고부가가치와 새로운 시장창출을 주도할 수 있는 선진국형 대체물질 개발이나 청정제품 개발에 대한 이해가 절실한 실정이다.

2 환경경영이란?

2.1 환경경영의 개념

환경경영의 개념에 대해서는 기업의 환경성과 개선을 위한 구체적 기능이나 방법을 중심으로 한 좁은 의미에서의 환경경영과 환경문제를 기업의 전반적인 활동과 연계하여 경영전략 차원에서 해석하고 접근하려는 넓은 의미에서의 환경경영으로 구분할 수 있다.

월터스(Wolters, T., 1995) 등은 환경경영을 "환경에 관한 기업의 유해한 영향을 통제하고 감소시키는 것"이라고 설명하였으며, 크리스티(Christie, I., 1995)는 "오염의 사후처리 방식에서 탈피, 폐기물 및 오염 예방과 청정생산으로의 전환을 지원하는 일련의 기법과 실천수단"을 환경경영이라 정의하였다.

이에 반해 그레이(Gray, R., 1993) 등은 환경경영을 "환경에 대한 기업의 입장을 검토, 개선하기 위해 전략을 개발, 시행하고 지속적 개선이나 효과적인 관리를 위해 경영시스템을 개선하는 일련의 환경적 대응활동"이라고 정의하였다. 그리고 노스(North, K., 1992)는 "기업의 경제적, 생태적 성과를 최적화하기 위해 환경보호를 기업의 모든 경영활동에 통합하는 것"이라고 광의적으로 해석하고 있다(이병욱, 1997).

이와 같이 다양한 환경경영의 개념에 대한 정의를 종합해보면, 환경경영이란 “기업활동의 전 과정에 걸쳐 환경성과를 개선함으로써 경제적 수익성과 환경적 지속성을 동시에 추구하는 일련의 경영활동”이라고 할 수 있다.

2.2 환경경영의 필요성

오늘날 기업은 왜 환경친화적인 경영으로 전환할 수밖에 없는가?

여러 가지 이유가 있겠지만, 무엇보다 환경경영을 도입함으로써 비용은 줄이고 효율은 높일 수 있기 때문일 것이다. 환경오염 물질이 필요 이상으로 배출된다는 것은 곧 필요 이상으로 돈이 버려진다는 것이며, 이는 곧 자원이용이 비효율적이라는 것이다. 그리고 이렇게 배출된 오염물질은 소비자들의 기업에 대한 이미지를 반감시킬 뿐만 아니라 직접적인 소비에도 영향을 미치게 된다. 우리나라의 어떤 기업은 낙동강에 페놀을 유출하여 기업이미지의 손상뿐만 아니라 소비자들의 불매운동으로 인해 엄청난 손실을 입었던 적이 있다. 이에 반해 어떤 기업은 지속적으로 환경을 가꾸고 투자하여 그 기업하면 청정과 친환경적인 이미지가 자연스럽게 연상되기도 한다.

이제 환경경영은 과거와 같이 목표나 표어만 그럴싸하게 늘어놓던 시절과는 판이하게 달라져야 하며, 실제 빠르게 변화하고 있다. 환경경영을 도입해야 하는 여러 가지 필요성들을 몇 가지로 정리해보면 다음과 같다.

환경문제에 대한 인식의 변화

환경경영이 빠르게 발전하는 배경에는 환경문제에 대한 심각성에 대한 인식이 보편화되고 있기 때문이다. 그동안 인류는 보팔시 농약 누출, 체르노빌 원전 폭발, 발데즈호 해양오염 등 수많은 대규모 환경재해를 경험했다. 최근에는 환경오염의 결과로 인한 백혈병, 피부암, 환경호르몬 등도 삶의 질을 심각하게 위협하고 있다. 인간이 만들어 내는 화학물질은 대략 10만종 정도 된다고 하는데, 그 중에서도 환경 호르몬(외인성 내분비교란물질)의 위험은 심각하다. 대만에서는 PCB에 오염된 식용유를 사용한 산모에게서 태어난 아이들 가운데 성장 지연, 주의력 결핍증, 사춘기의 성기외소증 등이 나타났다. 미국 오대호의 물고기를 많이 먹은 산모에게서 태어난 아이들 가운데 출생시 뇌의 크기가 작고 운동신경장애 등의 경험이 상대적으로 많다고 알려졌다. 그리고 네덜란드의 환경이 오염된 지역의 산모에게서 태어난 아이들은 상대적으로 행동과 학습의 장애가 많고 면역기능이 저하되었다고 한다. 우리나라도 예외는 아니다. 베트남 전쟁에 참전, 고엽제 피해자들 중 일부가 불임이나 성기능 장애 발생했고, 어느 전자부품공장에서 유기용제인 솔벤트 −5200을 취급하는 근로자들에게 집단적인 불임 발생한 보고도 있었다. 그래서 선진국들은 너나 할 것 없이 환경오염 배출 PCB 수입을 강력히 규제하고 있다. 결국 국내 업계의 대응책 마련이 시급하다는 얘기가 된다. 그리고 환경호르몬 문제는 선진국들이 환경호르몬 물질이 함유된 상품수입을 규제함으로서 새로운 무역분쟁의 불씨가 되기도 한다.

이와 같은 환경문제는 당연히 소비자들의 각성과 함께 인식을 변화시키고 환경친화적 제품에 대한 욕구를 증대시키게 된다. "돌핀은 안전하다(Dolphin Safe)"는 표시가 있는 참치캔만 골라서 사먹는 소비자도 많아진다고 한다. 또한 EU 회원국에 세탁기를 팔려면 물이나 전기사용에 관한 EU환경기준을 통과했다는 '에너지라벨'을 붙여야 한다. 또한 EU가 지정한 환경친화적 포장재를 사용하지 않을 경우 수출은 커녕 벌금을 내거나 형사처벌까지 감수해야 한다. 이와 같이 환경문제의 증가는 사회적 가치를 점차 생태주의적 가치를 중요시하는 방향으로 변화시키고 있으며, 이러한 추세는 앞으로도 계속 확대될 것으로 보인다.

기업가치의 제고

요즘에는 세계 일류기업이라 하더라도 '환경친화경영'이라는 수식어가 붙지 않으면 지속가능한 기업이 될 수 없다. 미국의 신용평가기관 S&P, Moody's에서는 기업의 신용도에 환경위험, 환경성과의 영향이 있다고 판단될 경우 이에 대한 분석을 평가과정에 포함시키고 있다.

환경친화적 사업이 단순히 비용 상승을 초래하는 게 아니라 오히려 기업가치를 제고시킬 수 있다는 인식의 대전환이 이루어지고 있는 것이다. 이에 따라 국내 기업들도 최근 들어 환경경영을 잇따라 선언, 환경제품 개발에 매진하면서 환경보호 사업에도 앞장서고 있다. 어떤 재단은 전국의 120여곳의 초등학교에 우리꽃 화단을 보급하는가 하면, '생명의 텃밭'을 조성해주기도 한다. 어떤 백화점은 환경가치 경영을 선언하고 인체에 무해한 '콩기름 전단'을 발행하는 등 환경제품 생산에도 주력하고 있다. 다시 말해, 환경보호운동 및 환경마케팅이 국민을 대상으로 한 이미지 개선 차원이라면 환경제품 개발은 기업 생존과 직결된다.

미국 환경청이 미국 내 300개 기업을 대상으로 조사한 결과를 보면, 환경경영 활동을 50% 개선시킨 기업은 체계적 위험도와 자본비용이 각각 13.2%, 0.6% 줄어들고 기업가치가 5.3% 증가한 것으로 분석됐다. 이는 환경경영이 선진기업으로 가는 주요 수단 중 하나임이 입증된 것으로 친환경 사업에 대한 국내 기업들의 보다 높은 관심이 요청되고 있다(국민일보, 2004).

국내외 환경규제의 강화

최근 환경과 무역을 연계시키려는 논의가 본격화되고 있는데, 이는 선진국들이 '환경장벽'을 통한 자국 산업보호 및 수출 증대와 깊은 관련이 있다. 이러한 사실이 극명하게 드러난 것이 이른바 '쉬림프&터틀(Shrimp&Turtle)' 분쟁이다.

사건은 1996년 5월로 거슬러 올라간다. 미국은 당시 한국 등 52개국이 잡은 새우는 사지 않겠다며 수입 금지조치를 내렸는데, 그 이유는 새우를 잡다가 멸종 위기에 처해 있는 바다거북이가 피해를 입는다는 것이었다. 이에 태국 말레이시아 파키스탄 3국은 미국의 수입금지 조치가 자유무역을 주창하는 WTO 규정을 위반한 것이라며 WTO에 제소했다. 이들은 "미국의 새우 수입금지조치는 환경을 빌미로 자국 기업을 보호하려는 환경 제국주의적 음모"라며 "수입품인 새우만 멀쩡하면 됐지, 왜 바다거북을 끌어들이느냐"고 맞섰다. 결론이야 어찌되었든 이 분쟁은 선진국들이 환경문제와 관련해 높은 비관세 무역장벽을 쌓아가고 있음을 상징적으로 보여주는 많은 사례 가운데 하나다. 미국은 멕시코와 베네수엘라에서 잡은 참치를 수입하지 않는다. 이들이 작업하는 동태평양 열대 수역에는 참치가 돌고래 떼 아래에 살고 있어 참치를 잡다보면 애꿎은 돌고래도 함께 잡혀 죽는다는 이유이다.

자유무역과 환경보전이라는 두마리 토끼를 한번에 잡기는 현실적으로 불가능하다. 그러나 이같은 선진국들의 논리는 세계화의 흐름을 타고 새로운 무역장벽으로서 자리할 수밖에 없을 것이다. 환경을 고려한 경제발전이 중요하다는 인식 속에서 강화되는 국제규제 수준을 능동적으로 대처해 나갈 때만이 경쟁에서 살아남을 수 있다는 것이다.

한편, 유럽은 2005년 8월부터 모든 폐전자・전기제품을 생산자가 수거・처리토록 의무화하고, 2006년 7월부터는 모든 전자・전기제품에 납・수은・카드뮴・6각크롬・난연재 2종(PBB, PBDE) 등 6가지의 유해물질 사용을 금지키로 했으며, 미국・일본・중국 등도 이와 유사한 조치를 시행 또는 준비하고 있다.

그리고 환경경영규격인 ISO 14000시리즈 역시 지난 1996년 국제표준화기구가 제도 시행을 확정한 이후 국제 무역거래에 영향을 미치는 중요한 요소로 등장했다. 이 제도는 환경설비 업계에서도 외국진출 전략을 세우는데 간과할 수 없는 분야로 인식되고 있으며, ISO 인증을 획득하지 못한 제품은 무역에 있어서 수입 규제와 같은 불이익을 받을 가능성이 증대되고 있다.

3 ISO 14000시리즈

3.1 ISO 14000시리즈의 개요

ISO 시리즈는 국제표준화기구(ISO)가 규정한 품질 혹은 환경 규격을 만족한 기업, 단체에게 수여하는 공식 인증서로서 9000시리즈와 14000시리즈가 대표적이다. 이 중 ISO 14000시리즈는 기업활동의 전과정에 걸쳐 지속적 환경성과를 개선하는 일련의 경영활동을 위해 제정한 환경경영체제(Environmental Management System, EMS)에 관한 규격을 말한다.

ISO 9000시리즈는 무역을 촉진하기 위해 만들어진 품질보증체제로 9001(제품설계에서부터 개발, 설치, 서비스에 이르기까지 생산 전 과정에 걸친 품질보증체제), 9002(제조와 설치부문), 9003(최종검사와 시험에 관한 체제), 9004(품질경영시스템 자문을 심사 대상) 등 4가지로 분류된다.

그리고 ISO 14000시리즈는 기업의 경제적 수익성과 환경적 지속 가능성을 전제로 조직 내 공정, 제품 및 서비스까지의 과정을 제3기관에 객관적으로 검사받는 인증제도를 말한다. 환경분야에 대한 국제적 표준화 작업은 1991년 환경보호를 위한 국제적 공동대응 필요성과 국제적 표준의 환경경영 시스템의 필요에 따라 유엔환경개발위원회(UNCED)에서 ISO 및 국제전자위원회(IEC)에 환경관리에 관한 국제표준 제정을 요청하였고, 이에 기술위원회(TC) 207을 설립하여 ISO 환경경영 표준을 마련하게 되었다.

ISO 9000 시리즈가 제조업을 대상으로 한다면 환경경영체제인 14000 시리즈는 서비스 업종을 포함해 전부문을 대상으로 한다는 점에서 차이가 있으며, 특히 환경단체 등 이해 관계자들의 욕구를 충족시켜 주어야 한다는 점에서 9000시리즈에 비해 심사절차가 복잡하다.

ISO 시리즈와 관련된 기관으로는 인정기관과 연수기관으로 구분된다. 인증기관은 업무의 내용에 따라 정부의 권한을 위탁받아 인증기관·연수기관 지정 및 지정취소, 인증심사원 자격인증업무를 수행하는 인증기관과 인정기관으로부터 인증기관 지정을 받아 기업에 대한 환경경영체제 인증업무를 수행하는 인증기관이 있다. 그리고 연수기관은 ISO 인증심사원 양성기관으로서 역할을 한다. 2011년 2월 현재 한국인정원(KAB) 인증 인증기관은 약 30여개 정도이다.

3.2 ISO 14000시리즈의 인증 획득 절차

ISO 인증의 획득은 시스템구축 ⇒ 인증신청 ⇒ 인증심사 ⇒ 인증 순으로 이루어진다(www.kab.or.kr).

STEP 1 : 시스템구축

인증을 획득하기 위해서는 우선 자사의 시스템을 점검하여야 한다. 그런 후 해당시스템을 ISO 14000 규격의 요구사항에 따라 문서화하고, 문서화된 자사의 시스템을 운영해보고 그 결과를 내부감사 및 경영자검토를 거쳐 평가하고 개선한 이후에 인증기관에 인증을 신청하면 된다. 이 과정에서 국제규격의 내용을 이해하고 자사의 시스템과의 비교평가를 위해 직원을 교육시키거나 자문(컨설팅)을 받기 위해 전문가를 고용한다. 이러한 전문가를 컨설턴트라고 하고, 소요 비용 또한 준도 천차만별이어서 일반 회사의 입장에서는 우수한 컨설팅기관의 여부를 잘 파악해야만 한다. 자문을 통한인증은 엄격히 분리되어야 하며, 이것이 입증되지 않으면 해당한 인증에 대한 신뢰도가 없어져 사실상 제3자 인증의 효력이 상실되므로 기업은 이에 대해 각별히 유의하여야 한다.

STEP 2 : 인증의 신청 및 인증계약의 체결

인증을 신청할 준비가 되면, 인증기관을 선택하여 인증을 신청한다. 이 경우 인증기관은 인증계약서를 제시하고 해당 기업과 인증절차, 인증범위 및 비용 등에 대한 협의와 인증기업이 준수해야 할 사항들을 알려주도록 되어 있다. 인증심사 일수는 정해진 기준 내에서 인증기관이 해당 기업의 품질시스템 구축정도 및 준비상태를 고려하여 산정한다. KAB로부터 인정받은 인증기관은 매년 1회 이상의 정기 사후관리를 받도록 되어 있으며, 이러한 사후관리를 통하여 국제기준에 적합한 인증심사를 수행하고 있는지 여부를 지속적으로 평가 받는다.

STEP 3 : 인증심사 수검-심사반 변경의 사유

인증계약이 체결되면 인증기관은 계약서에 나타난대로 인증심사반을 구성하고, 해당 기업의 문서를 심사하여 해당 경영시스템이 국제기준에 적합하게 구축되어 있는지 여부를 심사하고, 기업이 신청한 인정범위가 적절한지를 확인한다. 이 경우 일부 인증기관은 기업이 신청한 인증범위가 적절한지 여부를 평가하기 위해 예비방문 또는 문서심사 이후에 심사반을 구성하는 경우도 있다. 그 이후 기업에 심사반원 명단을 통보하고 현장을 방문하여 문서에 기재된 사항들이 제대로 이행되고 있는 여부를 확인한다. 이 경우 필요에 따라 특정 분야의 전문가를 대동할 수 있으며, 이를 기술전문가라 칭한다. 현장을 방문하여 심사하는 도중 기업이 신청한 인증범위가 사실과 다르거나 적용불가능한 경우 해당 심사반은 이를 인증기관에 보고하고 해당 기업과 절절한 인증범위를 협의하여 인증계약을 갱신 체결한다.

STEP 4 : 부적합의 시정 및 인증의 결정

인증심사반은 현장심사를 마치면서 해당 기업에게 부적합보고서 및 종합평가결과를 구도 또는 문서로 알려주고 심사결과를 인증기관에 보고한다. 인증기관은 심사반의 심사결과를 검증하고 해당 기업에 최종 심사결과보고서를 제공한다. 이때 심사반의 심사결과와 차이가 있는 부분에 대해서 상세한 이유와 함께 설명해 주어야 한다. 인증기업이 모든 부적합에 대하여 시정조치를 완료하면, 인증기관은 심사결과를 인증심의위원회 등 인증심의 및 결정을 담당한 조직에 회부하여 인증 여부를 결정한다.

STEP 5 : 사후관리 심사

인증을 받은 기업은 인증기관과의 계약에 따라 최소 년 1회의 사후관리를 받아야 한다. 사후관리의 주기는 인증기관마다 나름대로의 근거 및 기준을 가지고 설정해 놓고 있다.

STEP 6 : 인증의 갱신(갱신심사 수검)

인증을 받은 기업은 인증의 유효기간인 3년마다 인증기관과의 계약을 갱신하여야 한다. 이때에 실시되는 심사를 갱신심사라 하는데, 통상적으로 그 심사규모는 최초 인증의 2/3 이상이며, 절차는 최초 인증절차와 동일하다. 최초로 인증을 획득한 날로부터 3년 이내에 갱신을 하지 않으면 그 인증은 자동으로 효력을 상실한다.

3.3 환경경영시스템의 목적과 효과

환경경영시스템 인증의 목적

환경경영시스템 인증의 목적은 크게 다음과 같이 경영적인 측면과 기업의 이익적인 측면, 원가절감적인 측면에서 근거한다.

〈표 8-1〉 환경경영시스템의 인증 목적

구분	내 용
경영적인 측면	· 기업의 신용에 대한 객관적인 입증 · 법규 준수 및 공공 정책에의 부응 조장 · 계약 및 보험 요건을 충족 · 비상사태시 손실을 최소화 · 직원들의 환경의식 제고 및 기술향상
기업 이익적인 측면	· 자원의 효율적인 활용으로 원가절감 및 폐기물 감소 · 고객 및 지역사회로부터 불만 예방 · 직원들의 사기진작 및 기업경영의 체계적인 적합성 유지 · 잠재적인 사고 예방 및 위험의 최소화
원가절감 측면	· 전력, 용수, 연료, 원부자재(공정 합리화) 감소 · 단열, 절연, 냉난방, 환기 등 간접비용 절감 · 폐기물 감소 · 고객 및 지역사회의 불만예방으로 소송비용 감소
지역사회에 기여 측면	· 지역주민에 대한 환경, 안전등 기업의 신뢰성을 제공 · 가스, 매연, 먼지, 악취, 박테리아 등 발생예방 · 토양오염, 경관, 식수, 동식물 사육 · 소음, 진동, 방사능 등 유해예방

자료 : 엠에스컨설팅(http://iso9000.gazio.com/)

환경경영시스템은 말 그대로 환경과 품질에 대한 국제인증으로 일석이조의 효과가 있다. ISO 14001 인증을 받게 되면, 인증을 내세워 시장을 확대해 나갈 수 있고 가격경쟁보다는 품질경쟁에서 우위를 점할 수 있기 때문이다. 우리나라에서는 사기업뿐만 아니라 공기업에서도 환경전담조직을 확대 신설하고 환경경영을 중점과제로 선정, 추진하는가 하면, 환경친화적 핵심기술로 육성에서 힘쓰고 있는 이유도 이 때문이다.

환경경영시스템 도입의 효과

환경경영을 실천하는 기업이 얻게 되는 효과로는 첫째, 에너지나 자원절감 효과가 클 뿐만 아니라 폐기물을 감소시킨다. 또한 문서화된 증거나 기록으로 수집된 정보를 이용하여 회사의 규정준수 의무활동을 홍보 내지는 주장할 수 있으며, 경영자의 환경인식 제고 혹은 플랜드 변경과 관련된 의사결정에 활용할 수 있다. 특히 환경경영의 수행은 환경적 목표를 달성하는데 있어 비용효과적인 자료를 축적할 수 있다는 이점이 있다.

둘째, 지역사회에 대해서는 회사의 이미지를 제고하고 신뢰성을 향상할 수 있는 계기가 된다. 또한 지역사회의 환경에 기여할 수 있다.

셋째, 규제 당국은 기업의 환경경영체계 수립으로 기업 스스로 각종 환경규제를 준수한다는데 큰 이점이 있으며, 개별기업의 자료를 이용하여 국가 혹은 지구차원의 환경문제를 해결하는 기초자료로 활용할 수 있다(업코리아, 2004).

최근 ISO 인증 건수 성장세가 다소 주춤했음에도 불구하고 세계 각국 ISO 인증은 꾸준한 확산세를 보이고 있다. 특히 세계의 공장으로 급부상한 중국의 2002년도 ISO 인증건수가 세계 최다를 기록해 주목된다. 2003년 ISO 중앙사무국이 발표한 'ISO9000·14000 인증 서베이' 자료에 따르면, 지난 2002년 ISO 9000 인증은 총 56만1747건으로 2001년(51만0616건) 대비 10%성장세를 보였다. 이는 지난 수년 간 ISO 인증시장이 이루어온 매년 20% 이상 성장과 비교할 때 비교적 낮은 수치다. ISO9000 인증 선두국가인 영국 프랑스 독일에서는 인증 총발급건수가 사상 처음으로 감소하기도 했다.

하지만 중국이 급속한 성장세를 보이는 등 세계적으로 ISO 인증시장은 꾸준히 확대되고 있다. ISO9000 기준으로 국가별 2002년 인증 건수를 보면 중국이 7만5755건으로 세계1위를 차지했고 2위는 이탈리아로 6만1212건을 인증받았다. 우리나라는 1만4520건으로 9위를 차지했다. 특히 중국은 전년대비 인증 증가 건수에서도 1만7972건으로 1위를 차지해 눈길을 끌었다. ISO14001 인증건수도 세계적으로 4만9462건 인증서가 발행돼 2001년 3만6765건에 비해 34.54%나 증가했다. 상위 10개국 인증서 증가 건수를 살펴보면 1위 일본(2497), 2위 중국(1718), 3위 스페인(1164), 4위 미국(975), 5위 이탈리아(858), 6위 스웨덴(660), 7위브라질(550), 8위 프랑스(375), 9위 독일(320), 10위 헝가리(300) 등이다(매일경제, 2004).

〈표 8-2〉 환경경영시스템의 효과

구분	내 용
기업경영측면의 효과	·기업경영과 관련된 환경문제 해결을 위한 원칙 정립 ·국내외 환경법규의 준수, 기업의 환경방침, 환경경영프로그램의 체계적 실행 ·종업원들의 책임, 권한 및 절차 그리고 특수업무를 규명, 이를 문서화함으로써 일상업무에서 환경에 대한 부정적인 영향을 최소화 ·환경경영에 필요한 조직체제 및 책임 규명, 자원의 효율적 공급 ·종업원의 환경책임과 환경인식의 향상을 도모, 체계적인 교육 실시 ·환경성과의 대내외 공표, 다양한 이해관계자들로부터 환경경영의 투명성과 신뢰성 확보 ·제반 환경경영 활동을 통한 기업 경쟁력 확보
무형효과	·세계적 환경기준에의 적응으로 무역장벽에 대한 공격적 대응 ·그린 소비자 요구에 부응하는 고객기대 충족으로 시장점유율 향상 ·환경친화적 기업으로 부각 ·대 주민 환경민원 감소 및 고객 설득력 확보 ·전 임직원의 환경경영 및 환경보전 마인드 고취 ·이해관계자와 유대관계 강화 및 대응 (정부, 주민, 보험사, 증권 등) ·환경관리체제 효율화
유형효과	·기업홍보비용 절감 ·폐기물 감소 및 처리 비용절감, 대체물질개발을 통한 원가혁신 ·환경, 안전사고 감소로 비용절감 ·원자재 및 에너지 절감 ·환경성과와 환경상태 개선 ·환경산업에로의 사업분야 확장 ·환경친화적 생산 및 유통

자료 : 엠에스컨설팅(http://iso9000.gazio.com/)

3.4 ISO 14000 시리즈의 주요 규격 및 지침

ISO 14000 시리즈는 환경방침, 환경목표 및 세부목표 수립, 추진계획 규정, 환경감사, 경영자 검토 등의 체계적인 접근방법, 제3자 인증을 통한 조직의 신뢰확보 수단으로 활용되는 환경경영체제, 환경심사에 대한 일반원칙, 절차, 심사원의 자격을 규정하고 있는 환경심사, 환경마크 부착에 따른 지침 및 절차, 환경제품의 일반지침 및 원칙을 규정하고 있는 환경라벨링, 조직의 환경성과에 대한 평가기준 설정, 측정, 평가 절차, 성과보고 방법 등에 대한 환경성과평가, 제품의 전과정에 사용되고 배출되는 에너지 및 물질의 양을 정량화, 평가, 개선방안 수립하는 전과정평가 등으로 구성된다.

〈표 8-3〉 ISO 14000 시리즈의 주요 규격 및 지침

구분	내용	규 격
환경경영시스템 (EMS)	· 조직의 환경방침 설정, 이를 실행하기 위한 시스템에 대한 기준 제시 · 방침설정, 책임체제 정비, 환경영향 파악, 목표설정, 목표달성 계획과 실행메뉴얼 준비, 환경감사 실시 등으로 구성	ISO 14001 ISO 14004
환경감사 (EA)	· 환경경영의 일반원칙에 관한 규칙과 감사 실시 절차에 대한 기준 제시 · 규칙으로는 감사자의 자격요건 및 감사계획에 관한 기준 등 · 실시절차로는 EMS의 유효성 감사, 환경보고서 감사, 공장현장 감사 등이 종류별로 상정	ISO 14010 ISO 14011 ISO 14012
환경라벨링 (EL)	· 유사상품군에서 환경을 배려한 상품에 우선 순위를 두기 위한 기준 · 외부 기관의 심사에 의한 형태와 기업 자발적인 형태로 구분	ISO 14020 ISO 14021 ISO 14024 TR 14025
환경성과평가 (EPE)	· 조직의 환경성과를 정성적-정량적 지표를 사용하여 평가하는 방법 · 조직의 규모, 사업의 종류에 상관 없이 적용가능한 일반 방법과 산업별로 적용을 달리하는 특별 방법으로 구분 · 평가의 핵심은 평가지표(EPI)로 조직의 환경성과를 측정하기 위한 대상범주와 측정 스케일	ISO 14031 TR 14032
전과정평가 (LCA)	· 원료조달에서 폐기에 이르는 전 단계에 걸쳐 기업활동이 환경에 미치는 영향 분석 · 실시 원칙, 데이타 관리와 축적을 위한 목록 분석, 환경 부하를 평가하는 영향평가, 환경부하 개선을 위한 개선평가의 세 분야로 나누어 검토	ISO 14040 ISO 14041 ISO 14042 ISO 14043 TR 14047/14049
용어 및 정의 (T&D)	각종 환경규격, 이론상 용어를 국제적으로 통일, 정의한 규격	ISO 14050

자료 : http://eq21.net

3.5 환경경영체제

급속한 경제성장과 함께 여러 환경문제가 심각해지는 가운데, 모든 기업은 갈수록 강화되는 환경규제와 소비자들의 의식 변화에 따라 친환경적 기업으로 변화하지 않으면 도태될 수밖에 없는 것이 오늘의 현실이다. 이에 부응하기 위한 산업계의 과제는 환경경영체계의 구축이다.

환경경영의 틀(framework) 중에서도 가장 핵심적인 것이 환경경영체계(Environmental Management System)인데, 이것은 생산 및 소비활동에서 발생하는 환경오염 예방과 인간과 경제의 지속 가능한 개발(Sustainable Development)을 추구하는 수단으로 이해되고 있다.

ISO 14001 규격은 환경경영 표준의 가장 핵심적인 내용인 환경경영체제를 "환경방침을 개발·실행·검토 및 유지 관리를 위한 조직의 구조, 계획수립, 책임, 관행, 절차, 과정 및 자원 등을 포함하는 전체 경영체제의 일부분" 이라고 정의하고 있다(이병욱, 1997).

환경경영체제 관련 주요 용어

- **지속적인 개선**(Continual Improvement)

전반적인 환경성과의 개선을 달성하기 위해서 조직의 환경방침과 연계하여 환경경영시스템을 향상시키는 과정. 그 과정은 모든 영역의 활동에서 동시에 발생할 필요는 없음.

- **환경목표**(environmental objective)

환경방침을 바탕으로 하여 스스로 달성하고자 설정한 전반적인 환경목표로서 가급적 정량화되어야 함.

- **환경세부목표**(environmental target)

조직 전체 혹은 일부에 실제로 적용될 수 있는 구체적인 환경성과 요건으로서 이는 환경목표를 근거로 그 목표를 달성하기 위해 설정되고 이행되어야 함.

• **환경방침**(environmental policy)

전반적인 환경성과에 대한 조직의 의도와 원칙을 담고 있는 선언서로서 조직의 행동과 환경목표 및 세부목표의 설정에 기본적인 틀을 제공함.

• **환경측면**(environmental aspect)

환경과 상호 작용할 수 있는 조직의 활동, 제품 혹은 서비스 요소. 중대한 환경측면은 중대한 환경영향을 미치거나 미칠 수 있음.

• **환경영향**(environmental impact)

조직의 활동, 제품 혹은 서비스로부터 발생하는 부정적 혹은 긍정적 그리고 총체적 혹은 부분적인 영향에 관계없이 환경에 미치는 모든 변화.

• **환경감사**(environmental management system audit)

조직에 의해 설정된 환경경영시스템 감사기준을 환경경영시스템이 충족시키고 있는지를 판단하기 위한 증거자료를 객관적으로 획득하고 평가하며 그리고 이러한 과정을 통하여 얻은 결과를 경영자에게 의사 전달하는 체계적이고 문서화된 검증절차.

• **환경성과평가**(environmental performance evaluation)

지표를 선정하고, 자료를 수집·분석하고, 환경성과기준에 준하여 정보를 평가하며, 보고 및 의사소통함으로써 조직의 환경성과에 관하여 경영자의 의사결정을 지원하며, 이러한 과정을 정기적으로 검토하고 개선하는 절차. 환경지표를 선정하는 절차에는 지표의 선택과 개발을 포함함.

• **환경성과지표**(environmental performance indicator)

조직의 환경성과에 관한 정보를 제공해 주는 특정한 표현. 조직의 운영부문의 환경성과에 관한 정보를 제공해 주는 환경성과지표를 운영성과 지표(OPI)라 칭함. 조직의 환경성과에 영향을 미치는 경영자의 노력에 관한 정보를 제공해 주는 환경성과지표를 경영성과지표(MPI)라 칭함.

• **전과정 평가**(life cycle assessment:LCA)

제품시스템의 전과정에 걸쳐 투입물과 산출물 및 잠재적 환경영향을 종합, 평가하는 기법.

• **전과정 목록분석**(life cycle inventory analysis)

주어진 제품시스템의 전과정에 걸쳐 투입물과 산출물을 종합하여 정량화하는 전과정평가의 한 단계

환경경영체제의 기본모형

ISO 14001에서 규정한 환경경영체제의 구조는 일반적인 경영체제가 갖는 특성을 모두 포함한다. 즉, 환경경영체제는 현황분석, 개선계획 수립, 계획 실행, 실행결과에 대한 점검과 시정조치 등 일반적으로 경영체계가 가져야 할 기본적인 요소들을 모두 반영하고 있다.

환경경영체제는 다음 그림과 같이 계획(plan), 실행(do), 점검 및 시정(check), 개선(action) 등 소위 PDCA 단계로 구성되어 있으며, 환경영영체제의 구조 가운데 핵심적인 내용을 요약해 보면 다음과 같다(이병욱, 1997).

〈그림 8-2〉 환경경영체제의 구조 중 핵심적 내용

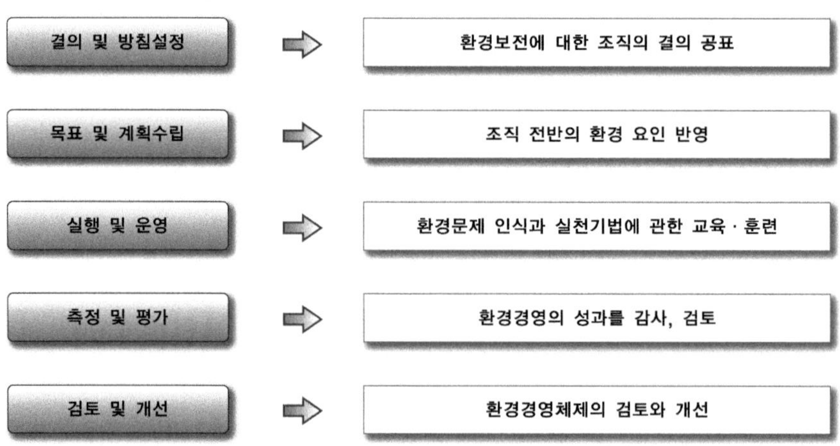

자료 : 이병욱, 1997, p.386을 기초로 작성

3.6 환경감사

환경감사(environmental audit)는 서구에서 처음 시작되어 국제상공회의소에서 이론적 틀 및 지침서 등을 정립한 이후에 본격적으로 도입되었다. 그리고 ISO 14000 시리즈의 환경심사에 대한 일반원칙(ISO 14010)과 심사절차(ISO 14011) 및 환경심사원에 대한 자격기준(ISO 14012) 등이 만들어지면서 체계화되었다.

환경감사의 개념과 목적

환경감사를 한마디로 정의하기는 어렵지만, 1988년 11월 국제상업회의소(The International Chamber of Commerce) 56차 회기에서는 다음과 같이 정의한 적이 있다. "환경감사란 첫째, 환경보호를 실천하는데 필요한 관리 수단을 촉진하고 둘째, 법적인 준수 사항을 지키는 것을 포함한 '회사의 방침'에 부합되는지 평가함으로써 조직과 관리, 설비가 환경을 보호하려는 회사의 목적에 부합해 얼마나 양호하게 이행되고 있는지를 독립적이고, 체계적이며, 문서를 통해, 주기적이고, 객관적으로 평가하는 절차이다."

이와 같은 논의를 발전시켜보면, 환경감사는 "환경관련 업무의 경영활동을 촉진하고, 법적 요건과 관련 규격을 바탕으로 한 회사 환경방침의 실천 여부를 점검함으로써 조직과 경영활동, 설비 등이 환경보호에 기여하는 정도를 체계적, 정기적, 객관적으로 평가하는 문시화된 경영기법" 이라 할 수 있다. 따라서 환경감사는 법규제, 환경기준, 기업정책 등에 대한 준수여부를 평가하고 증빙하고자 하는 일반적 요구에 부응하는 한편, 현실적으로 기업의 목적, 문화, 경영철학, 조직규모 등 폭넓은 요구를 만족시키기 위해 고안되었다고 볼 수 있다. 기업은 다양한 목적을 충족하기 위해 환경감사를 실시하지만, 기본원칙은 환경설비의 운영상태를 확인하고 문서화하는 것이다.

따라서 모든 환경감사는 상당부분이 법규준수에 초점을 두고 있으며 관련설비들이 다양한 환경기준을 지키면서 운영되고 있는가를 점검하는 데 일차적인 목적을 두고 있다. 환경감사의 목적을 몇 가지로 정리해보면, ①환경법 준수상태의 확인/문서화, ②최고경영자에게 확신 부여, ③환경성과 개선을 위한 설비관리 지원, ④전반적인 환경인식 수준 향상, ⑤환경경영시스템의 전반적 개발 촉진, ⑥환경리스크의 관리시스템 개선, ⑦잠재적인 환경리스크로부터 기업 보호, ⑧환경적 자원을 활용하기 위한 기반을 구축하는 것 등이다.

흔히 기업이 환경감사를 처음 시작할 때는 문제점을 확인하고 그것을 교정하는데 초점을 두지만, 환경감사가 발전함에 따라 감사는 보다 진보적인 기준을 대상으로 이루어지게 된다. 즉 처음에는 주요 법적 규제에 대한 준수상태 입증에 치우치지만, 궁극적으로는 기업이 환경성과를 개선하여 문제가 없다는 것과 모든 환경기능이 만족스럽게 운영되고 있다는 것을 확인하게 된다. 이처럼 환경감사가 성공적으로 수행될 때 환경관리의 효율성이 증대되고, 환경문제에 대해 안심할 수 있게 된다. 결국 환경리스크가 적절히 관리된다는 관리상의 확신, 지역사회 및 행정규제기관에 대한 이미지 제고, 환경보호를 경영우선순위에 두고 있다는 사실에 대한 종업원들의 확신, 교정행동의 실행과 운영시스템에 있어서 비효율성의 확인 등이 환경감사가 가져다 주는 효과라 할 수 있다.

환경감사의 일반원칙과 내용

환경감사의 일반원칙(ISO 14010)을 살펴보면 다음과 같다. ①감사자는 객관적이고 독립적이며, 충분한 능력을 갖춰야 한다. ②감사자는 고객의 요구에 따라 철저한 직업의식, 비밀 보호, 신중한 행동이 필요하다. ③환경감사는 엄격하고 체계적인 감사 절차를 따라야 한다. ④감사 범주는 감사 전에 결정되어야 하며, 증거는 범주에 따라 수집되고 결과물은 이 범주와의 비교에 근거해 작성되어야 한다. ⑤결과물의 신뢰 수준이 설정되어야 한다. ⑥작성된 보고서는 고객에게 제출되어야 한다.

환경감사의 내용은 크게 법규 준수 감사(Compliance Audit), 환경경영시스템 감사(Environmental Management System Audit), 환경리스크 감사(Environmental Risk Audit)로 구분되며, 주요 내용은 다음 표와 같다.

〈표 8-4〉 환경감사의 내용

구 분	감사내용	비 고
법규 준수 감사	·국내 환경법규 및 국제 관련 법규, 기업의 환경방침-목표에 대한 준수상태	·예상되는 법규의 변화까지 포함 ·국제법규는 각종 국제협약 위주
환경경영시스템 감사	·환경경영시스템의 기본요건 충족 및 운영 정도	·환경경영시스템 구축 이후 실시가능
환경리스크 감사	·원재료의 획득, 저장, 분배 등 제조공정에서의 잠재적인 위험	·위험요소의 식별→리스크와 결과에 대한 평가→리스크 감소계획의 수립 등의 순으로 실행

환경감사의 실시

환경감사의 실시를 위해서는 메뉴얼을 구체적으로 규정화해 두는 것이 중요하며, 메뉴얼에는 반드시 ①환경감사의 목적, 유형, 범위, ②평가방법과 평가기준, ③감사 결과의 종합 등에 대한 항목이 포함되어야 한다. 대부분의 사람들은 새로운 프로그램이 자신에게 어떠한 영향을 미치는가에 대해 민감하게 반응하므로 충분한 사전 조율작업을 가져야 한다. 따라서 효과적인 환경감사를 위해서는 각 사별로 마련된 목적과 목표에 대해 먼저 세심한 주의를 기울일 필요가 있다.

환경감사는 크게 ①감사 준비, ②현장 감사, ③감사 정리의 세 단계로 나눌 수 있으며, 모든 환경감사에는 정보수집, 현황분석, 설비상태에 관한 판단, 감사결과의 경영진에 대한 보고가 포함된다. 또한 효과적인 감사수행을 위해서는 현장사정에 밝은 전문가가 포함된 감사팀의 구성질문서 및 체크리스트의 준비, 그리고 감사측과 피감사측의 충분한 사전작업이 필수적이다(환경리포트, 1994).

3.7 환경라벨링

환경라벨링제도의 도입 목적

오염원에 대한 직접적 규제와 단속만으로는 근본적인 환경문제 해결과 환경개선이 어려워지게 됨에 따라 점차 환경친화적인 생산·소비 촉진을 통한 지속가능한 사회체계 구축에 대한 요구가 높아지고 있다. 이런 배경에서 제품의 환경성에 대한 정보를 제품에 표시함으로써 기업체로 하여금 환경친화적 제품의 개발 및 생산을 촉진하고, 소비자가 이러한 친환경상품을 선택·사용하게 하여 환경보전에 스스로 참여하도록 유도하는 환경라벨링제도가 도입·시행되고 있다.

환경라벨링제도의 유형

소득수준 향상과 지속가능한 생산시스템 구축에 대한 필요성이 점증함에 따라 제품의 환경성 정보를 제품에 표시함으로써 소비자 선택을 확대하고 기업에게는 환경친화적 제품 개발을 유인하기 위한 정책으로 환경라벨링제도가 시행되고 있다.

〈표 8-5〉 친환경라벨링제도의 유형

구분	내 용
환경표지 (Type Ⅰ)	·제품의 환경성기준 및 품질기준을 설정하고 동 기준에 합당한 경우 환경표지 사용을 인증하는 제도 ·동일 제품군 중에서 환경성과 품질 등이 탁월한 상품에 대하여 환경표지 사용을 인증하는 방법이며, 기준은 통상적으로 상위 20%정도(Leading Group)의 선택성을 유지함. ·2009년 11월말 현재, 1,439개 업체 6,291개 제품이 환경표지 인증
환경성 자기주장 (Type Ⅱ)	·제품의 생산자가 자체적으로 제품의 환경성에 대한 주장을 할 수 있는 방법, 조건 등을 정하는 제도 ·생산자의 무분별한 환경성 주장에 따른 소비자 기만행위 및 혼란예방을 위하여 제품의 환경적 특성 주장방법, 조건 등을 정함.
환경성적표지 (Type Ⅲ)	·제품에 대한 전과정평가(LCA)를 토대로 제품의 환경성을 계량적으로 분석하고 그 계량적 표지(데이타)를 인증하는 제도 ·제품의 이용자에게 제품에 대한 환경성 정보를 정확하게 제공함으로써 이용자의 환경적 수요에 맞는 제품의 소비/이용을 유도 ·제품 생산으로 인한 환경영향을 계량화함으로써 장기적으로 생산단계에서의 계량적 환경관리체계 구축유도 ·2009년말 현재, 29개 대상제품에 대한 작성지침이 개발, 유효 인증수는 6개 업체, 26개 제품

환경라벨링제도는 크게 3가지 유형으로 구분된다. TypeⅠ이 잘 알려진 환경표지(환경마크) 제도이다. 환경표지제도는 제품의 제조·유통·사용 또는 폐기 과정에서 동일 용도의 다른 제품에 비하여 환경오염을 적게 일으키거나 자원을 절약할 수 있는 제품임을 인증하는 제도로서 '환경기술개발 및 지원에 관한 법률'에 근거를 두고 시행하고 있다. TypeⅡ는 생산자 자신이 제품의 환경성을 주장할 수 있는

방법·조건 등을 규정하는 제도(제품의 환경성 자기주장제도)로서 소비자 기만방지를 위해 공정거래위원회에서 '표시·광고의 공정화에 관한 법률'에 근거하여 시행중이다. TypeⅢ는 제품의 환경성정보를 계량화하여 도표·그래프 등으로 표시하는 제도(환경성적표지제도)로서 '환경기술개발 및 지원에 관한 법률'에 근거를 두고 시행하고 있다.

최근에 바뀐 우리나라의 환경마크(표지)는 환경을 지키는 형상을 상징적으로 나타낸 모양으로, e를 상징적으로 시각화하여 환경적(Environmental)이며 경제적(Economic)임을 나타낸다고 한다. 도안의 상단에는 "친환경0000"의 형태로 친환경제품임을 표시하여야 하고, 도안의 하단에는 '환경기술개발 및 지원에 관한 법률' 시행령 제23조 제2항의 규정에 따라 교부된 '환경마크인증서'에 명시되어있는 '인증사유'를 표시하도록 되어 있다.

〈그림 8-3〉 우리나라의 환경표지

자료 : 환경마크협회(www.kela.or.kr)

외국의 환경관련 표시제도

외국에서의 환경관련 표시제도는 환경마크제도뿐만 아니라 에너지관련제도, 재질표시제도 등 다양한 형태로 시행되고 있다. 운영방식 또한 개별 국가에서 운영되는 경우도 있고, 여러 나라에서 공동으로 운영되는 형태 등 다양하게 존재하고 있다. 특히, 시민들의 환경의식이 높은 지역(국가)에서는 환경마크제도가 시민단체에 의해 주도적으로 운영되는 경향이 있다.

〈그림 8-4〉 외국의 환경표지

독일 유럽연합 북유럽 캐나다 일본

자료 : 환경마크협회(www.kela.or.kr)

〈표 8-6〉 외국의 환경라벨

국 가	제 도 명	도입년도
독 일	Blue Angel	1977
일 본	EcoMark	1989
북구제국	White Swan	1989
캐 나 다	Environmental Choice	1990
미 국	Green Seal	1991
스 웨 덴	Good Environmental Choice	1990
뉴질랜드	Environmental Choice	1990
인 도	EcoMark	1991
오스트리아	Austrian Eco-Label	1991
호 주	Environmental Choice	1991
한 국	환경마크	1992
싱가포르	Green Label Singapore	1992
프 랑 스	NF-Environment	1992
네덜란드	Stichting Milieukeur	1992
E U	European Flower	1992
크로아티아	Environmentally Friendly	1993

자료 : 환경마크협회(www.kela.or.kr)

환경라벨링제도는 1979년 독일에서 최초로 시행되었고 현재는 북구유럽, 일본, 캐나다 등 40여개 국가에서 시행 중에 있으며, 각국의 제도운영기관은 지난 1994년부터 국제환경라벨링협의기구(GEN)를 결성하여 정보교류 및 회원국간 상호인정협정 등을 추진하고 있다.

3.8 환경성과평가

환경성과평가의 개념과 목적

환경성과평가(Environmental Performance Evaluation, EPE)는 "지표를 선정하고 이와 관련된 자료를 수집·분석하며, 환경성과 기준을 근거로 정보를 평가하고 그 결과를 보고·전달하는 일련의 과정을 주기적으로 검토·개선함으로써 조직의 환경성과에 관한 경영자의 의사결정을 지원하는 절차"로 정의하고 있다.

이처럼 기업 경영자의 의사결정에 필요한 정보를 제공하는 환경성과평가는 지속적인 환경성과의 개선을 추구하는 환경경영에 필수적인 기능을 하게 된다. 따라서 환경경영체제(Environmental Management System, EMS)의 도입 여부나 기업의 특성에 관계없이 환경경영을 실천에 옮기고자 하는 모든 기업은 자체적으로 환경성과평가를 실시할 필요가 있다. 기업은 객관적이고 투명한 평가결과를 공표함으로써 다양한 이해관계자의 정보욕구를 충족시킴과 동시에 규제당국과의 신뢰 제고에도 활용할 수 있다. 또한 환경경영이 기업활동의 전과정을 대상으로 하는 만큼 환경성과평가에 필요한 지표의 범위도 환경문제와 직결되는 기존의 배출물 지표 뿐만 아니라 환경에 영향을 미치는 모든 경영활동에 대한 것으로 확대할 필요가 있다(이병욱, 1998).

환경성과평가의 목적은 ①환경성과를 측정하고 평가·분석, ②환경성과에 대한 개선 및 교정, ③지속적인 환경성과 개선을 위한 기초, ④조직활동의 환경영향에 대한 이해증진, ⑤환경방침과 목표의 달성정도 파악, ⑥ 성과제시, ⑦ 내부·외부 이해관계자들과의 의사소통, ⑧환경위험에 대한 평가 등이다.

환경성과평가의 방법

환경성과평가는 Plan(계획)→DO(실행)→Check and Act(확인과 개선) 등의 순으로 이루어진다. 계획단계에서는 ①환경성과평가 계획 설정, ②환경성과평가를 위한 지표 선정(경영성과지표, 운영성과지표, 환경여건지표) 등이 이루어지며, 확인과 개선 단계에서는 ①선택된 지표와 관련된 자료 수집, ② 조직체의 환경성과평가 정보가 될 수 있도록 자료를 분석·전환시키고, ③얻어진 정보를 사업장의 환경목표와 비교·평가하고, ④ 사업장의 환경성과로 나타낼 수 있는 정보로 변환시키게 된다. 그리고 앞서 실행된 정보를 바탕으로 사업장에서 수행되고 있는 모든 업무를 재확인 및 개선방향을 제시하여 환경친화형사업장으로 운영되도록 한다.

〈그림 8-5〉 환경성과평가의 추진체계

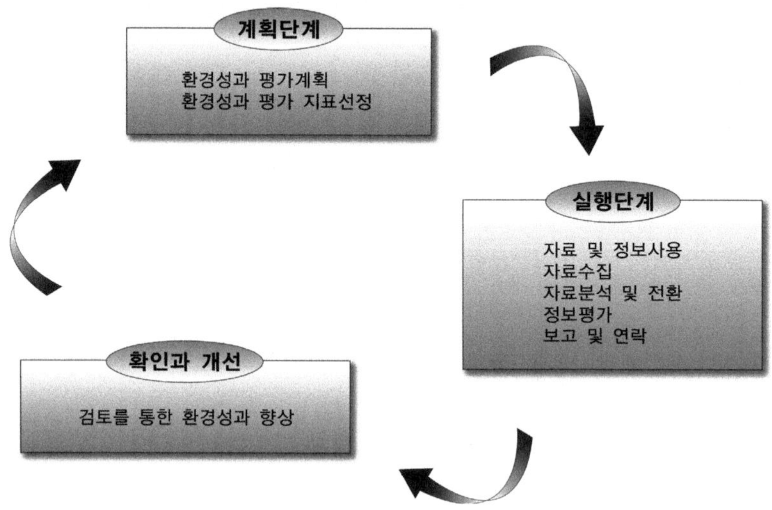

자료 : www.ef21.co.kr/iso_epe.html

3.9 전과정평가

전과정평가의 개념

전과정평가(Life Cycle Assessment, LCA)는 서비스를 포함한 특정 제품의 전과정, 즉 원료 및 가공, 제조, 수송 유통, 사용, 재활용, 폐기물 관리 과정에 소모되고 배출되는 에너지 및 물질의 양을 정량화하여 이들이 환경에 미치는 영향을 총체적으로 평가하고 이를 토대로 환경개선의 방안을 모색하고자 하는 객관적인 평가방법이다. 또한 현재 인류가 직면하고 있는 자원고갈과 생태계 파괴, 지구환경 문제 등을 근본적으로 해결하기 위해 각종 개선방안을 모색하는 기술적·체계적 과정이다

전과정평가는 1960년대에 처음으로 개발되기 시작하여 1969년 코카콜라의 지원으로 음료 용기를 대상으로 오염 배출량과 천연자원 소모량을 비교, 분석하기 위한 연구가 있었으며, 전과정목록 분석(life cycle inventory analysis)의 기초가 된다.

전과정평가 방법(www.fmtc.co.kr)

LCA는 목표 및 범위정의, 목록분석, 영향평가의 세 단계를 기본으로 이러한 결과를 가지고 결과를 종합하는 해석단계에서 주요 이슈를 규명하고 실제 제품시스템에 적용한다.

첫째, 목적 및 범위 설정에서는 연구를 수행하는 목적과 적용할 분야, 연구결과를 전달할 대상자를 명확히 설정하고 수행하고자 하는 시스템의 경계, 기능단위 등을 설정한다. 제품의 전과정에서 환경적으로 가장 중요한 단계를 확인하여 기존 제품의 환경개선을 위한 방향을 지적하거나 새로운 제품이나 서비스의 설계에 도움이 되는 이 되제공 등을 목적으로 할 수 있다. 연구범위는 연구의 적용목적과 일관되도록 설정하며 제품 시스템의 기능(function), 기능단위(functional unit), 연구할 제품 시스템(product system), 시스템 범위(product system boundaries), 데이터의 종류 및 요건(data quality requirements), 할당절차(allocation procedures), 영향평가방법(methodology of impact), 정밀검토(critical review) 등을 포함한다.

둘째, 목록분석은 선정된 시스템을 대상으로 해당 시스템에 투입되는 에너지 및 원료, 그리고 산출되는 제품, 부산물, 오염물질 등의 종류와 양을 파악하여 정량화하는 과정이다. 목록분석은 우선 흐름도 작성, 자료수집, 환경부하 계산 및 목록분석결과에 대한 해석 등의 단계로 진행되며 데이터 수집과정에서 적용목적에 부합하는 데이터를 수집할 수 없는 경우 목적 및 범위를 수정하는 반복적인 과정을 거친다.

셋째, 영향평가는 목록분석단계에서 규명된 에너지 및 자원의 소요와 배출물이 환경에 미치는 잠재적인 영향을 정량적, 정성적으로 파악하고 평가하는 과정으로 목적과 범위에 맞추어 환경영향의 범주별로 목록분석결과를 분류하는 분류화(classification), 분류된 항목들이 해당 범주에 미치는 영향의 정도를 정량화하는 특성화, 각 영향범주별로 영향정도의 단위를 동일하게 하는 정규화, 그리고 환경영향의 범주별 중요도를 결정하는 가치평가의 단계로 수행된다.

넷째, 전과정평가의 목적에 대한 해석은 평가결과와 비교하여 신뢰성과 유효성을 검토하게 되며, 목록분석결과는 다른 제품 또는 시스템과의 정성적인 비교 평가가 가능하다. 영향평가 결과를 가지고 환경영향의 정량적인 평가, 각 환경문제의 상대적 중요성을 단일지표에 의해 상대평가, 제품 시스템의 개선에 대한 검토를 할 수 있다. 해석단계에서는 가장 중요한 투입물, 산출물, 잠재적인 영향의 규명하고 연구의 완성도(completeness), 민감도(sensitivity), 일관성(consistency)을 평가한다. 최고경영자 등 의사 결정권자에게 보고하기 위해 전과정평가의 결과를 바탕으로 최종적인 결론을 도출하고 환경영향이나 자원 또는 에너지 사용을 줄이기 위한 대안을 모색하여 건의한다. 전과정평가의 최종적인 결과를 초기에 설정한 목적 및 범위에 적합하도록 해석하여 보고 한다.

읽을거리

오늘날 환경문제는 일부 국가나 지역에 국한되지 않고 전지구적이며, 전산업적인 문제로 확대되고 있다. 이는 제한된 자원 하에서 효용극대화만을 추구해온 경제활동의 결과이다. 직면한 환경문제의 해결을 위하여 인류가 선택 가능한 대안은 생태적 부하용량(caring capacity) 수준으로 생산을 줄이거나 생산과정을 친환경적으로 전환하는 방법밖에 없다. 궁극적으로 선택될 수밖에 없는 생산방식의 친환경적 전환은 자원효율적인 생산공정으로의 전환뿐만 아니라 최대한의 배출 통제로부터 시작된다.

산업공생(industrial symbiosis)은 말 그대로 생태계에서 이루어지는 생물체들간의 공생관계를 산업부문에 적용한 것으로서 모든 생산공정에서 발생한 폐기물과 부산물의 교환을 통해 효율적 자원이용과 아울러 환경오염물질도 감축하는 시스템이다. 산업공생의 가장 대표적 사례는 덴마크의 소도시 칼룬버그이다. 칼룬버그의 산업체들은 난방열과 각종 용수의 재활용, 산업 부산물의 교환과 재활용을 기본 축으로 하는 공생 네트워크를 구축하고 있다. 산업공생의 중심이 되는 화력발전소는 인접한 정유공장과 제약회사, 인근 주민들에게 스팀과 난방열을 제공한다. 화력발전소에서 사용된 냉각수는 다시 송어 양식장에서 재활용되며, 폐수로 저장된 물은 공업용수로 재사용된다. 화력발전소는 정제된 가스를 공급받으며, 제약회사 생산과정에서 발생되는 부산물들은 농가에서 퇴비로 활용된다.

자원순환 네트워크 구축을 위한 사례로서 영국의 생태산업프로그램 NISP(National Industrial Symbiosis Programme)가 있다. NISP는 정부주도적이며 대상지역을 국가단위로 광범위하게 설정하여 활용가능한 모든 자원을 대상으로 하고 있다. 특히, 전산업분야간 다양한 네트워크 구축은 산업다양성의 확충과 자원순환뿐만 아니라 다양한 인적·물적·기술적 교류를 촉진한다. NISP와 같은 자원순환 네트워크가 우리나라 농업부문에 구축될 경우, 생산비 절감, 친환경적 자원순환, 오염부하량 감축 등 그 기대효과가 매우 클 것으로 예상된다. 뿐만 아니라 중장기적으로는 산업다양성의 확충으로 지역의 지속가능성 유지에도 큰 역할을 할 것으로 기대된다(허승욱, 2008).

참고문헌

국민일보, 2004.5.26.

매일경제, 2004.5.17.

업코리아, 2004.4.22.

이병욱,『환경경영론』, 비봉출판사, 1997, p.70, 382, 386.

이병욱, ISO시리즈에서의 환경성과평가, 그린삼성 봄호, 1998.

환경리포트 11-12월호, 통권 제 11호, 1994.

허승욱, 농업부문 자원순환 네트워크 구축의 필요성과 방향, 한국국제농업개발학회지 20(2), 2008.

Christie, I., H. Rolfe and R. Legard, *Cleaner Production in Industry,* Policy Studies Institute(London), 1995, p.54.

Gray, R., J. Bebbington and D. Walters, *Accounting for the Environment*, Paul Chapman Publishing(London), 1993, p.6.

North, K., *Environmental Business Management*, International Labor Organization(Geneva), 1992, p.164.

Wolters, T., M. Bouman and M. Peeters, "Environmental Management and Employment: Pollution Prevention Requires Significant Employee Participation", *Greener Management International 11*, 1995, pp.63-72.

www.envi21.com

www.fmtc.co.kr

제 9 장 그린마케팅

1 마케팅의 개념과 마케팅 과제

마케팅(marketing)이란 시장(market)에서 시장을 대상으로 이루어지는 기업 활동의 연속적 진행과정이다. 다시 말하면 마케팅은 시장에서 교환행위를 지속적으로 관리함으로써 고객의 욕구만족이 실현되도록 노력하는 기업활동이다. Kotler는 마케팅이란 단순히 물건을 파는 것이 아니라 수익성 있는 고객을 찾아내어 그들이 원하는 편익과 가치를 제공하는 과학이자 예술로 정의하고 있다(박명호 외, 2008).

이 때, 시장이란 재화나 서비스를 판매 또는 구매하고자 하는 사람들이 모이는 곳이며, 수요와 공급 관계 및 범위를 말하기도 한다. 또 시장은 고객(customers)과 판매회사(company), 경쟁회사(competitors) 등 3Cs가 각자의 목적을 달성하기 위해 교환을 통해 거래가 이루어지는 곳이다. 또 시장의 구성요소는 3Ms로서 물적 재화(merchandise; 재화와 서비스), 화폐적 재화(money), 사람(man)을 들 수 있다.

마케팅의 환경과 상품시장의 여건은 빠른 속도로 변화되고 있다. 그래서 마케팅의 개념과 마케팅 과제도 변화된다. 예를 들면 생산자(판매자) 중심의 시장과 수요자(구매자) 중심의 시장은 각각 다른 마케팅 개념과 마케팅 과제를 가지고 있다. 그 이유는 기업이 치열한 경쟁에서 살아남기 위해서는 소비자의 생활양식(life style)과 경영여건, 사회 환경 등의 변화에 부응해야 하기 때문이다. 따라서 기업은 경영의 사고(경영 초점)를 변화시키고, 마케팅이나 광고 등 기능 분야도 변화시켜야 한다.

마케팅 활동의 고객 욕구 충족 유무에 따라, 마케팅 개념을 과거의 낡은 개념(old marketing concept)과 새로운 개념(new marketing concept) 개념으로 구분하고 있다(박명호 외, 2008; 홍성태, 1998).

과거의 마케팅 개념으로서, 1935년에 정리된 마케팅에 대한 최초의 공식적인 견해를 보면, NAMT(National Association of Marketing Teachers, 1935)는 "마케팅은 생산으로부터 소비에 이르는 재화와 서비스의 흐름과 관련되는 여러 가지 기업 활동(경제활동, 영업적 활동)을 포함하는 것이다"고 하였다. 또 AMA(American Marketing Association, 1948과 1960)는 "마케팅이란 생산자로부터 소비자 또는 사용자까지의 재화와 서비스의 흐름이 원활히 이루어지도록 관리하는 기업 활동의 수행이다"고 하였다.

이러한 마케팅 개념을 직선형 마케팅(linear marketing concept) 또는 제품밀어내기 시스템(product-out system)이라고 부른다. 이것은 생산자 또는 판매자가 가치 있는 것으로 판단하여 생산한 상품이나 서비스를, 강력한 촉진활동을 통해 소비자(또는 구매자)에게 전달하는 기업 활동을 말한다. 따라서 이 경우의 마케팅 활동이란 생산된 상품이나 서비스를 단순히 시장으로 밀어내기 위해 수행되는 기업 활동일 뿐이라는 것이다. 즉, 고객의 구매목적이 무엇이며 또 구매목적이 제대로 달성되었는지에 대해서는 관심이 없고, 생산자(또는 판매자) 일방적인 이윤목적의 달성에만 관심이 있는 생산자 위주의 개념인 것이다(박명호 외, 앞의 책).

그런데 새로운 개념의 마케팅은 고객의 욕구충족 추구가 핵심적인 요소로서, 어떠한 재화와 서비스를 생산 공급할 것인가에 대한 판단을 생산자나 판매자 입장에서 내리는 것이 아니라, 소비자의 욕구에서 찾는다는 개념이다. 즉 AMA(1985)는"마케팅이란 개인 및 조직의 목표를 충족시키는 교환을 창출하기 위해 아이디어, 재화와 서비스를 창안하는 활동과 가격설정 활동, 촉진활동, 유통활동을 계획하고 수행하는 과정이다"고 하였다. 또는 "마케팅이란 구매 전후를 막론하고 생산요소, 재화, 용역에 대한 거래와 소유권행사와 관련된 모든 경제활동을 의미한다"는 것이다. 그리고 AMA의 1960년 정의에 대해 "마케팅은 실제적 혹은 잠재적 수요로부터 출발하며 생산자와 그 외 기관에서는 소비자의 욕망에 반응하는 것이다. 또 유통은 재화와 용역의 이동뿐 만 아니라 이것을 일어나게 하거나 일어나도록 충격을 주는 활동도 포함된다"고 하였다(유병서, 2003).

과거 낡은 마케팅은 생산자 또는 판매자 위주의 관점에서 매출액의 증대를 통해 이윤을 달성하며, 상품이 일단 판매되고 나면 마케팅활동이 끝난다는 개념이다. 그러나 새로운 마케팅에서는 소비자의 욕구에 반응하여 상품의 종류와 품질 등을 결정, 생산·판매하고 판매된 이후에 고객의 만족도를 파악하는 방식을 통해 이윤을 달성한다. 그래서 이것을 순환적 마케팅개념(cyclical marketing concept)이라고 한다. 그 핵심적인 내용은 소비자 지향(consumer orientation), 통합적·전사적 마케팅(integrated·total marketing) 활동의 전개, 고객만족 마케팅 활동, 소비자의 장기적 복리 증진 등에 기초를 둔 개념이다.

〈그림 9-1〉 새로운 마케팅개념과 과거의 낡은 마케팅개념

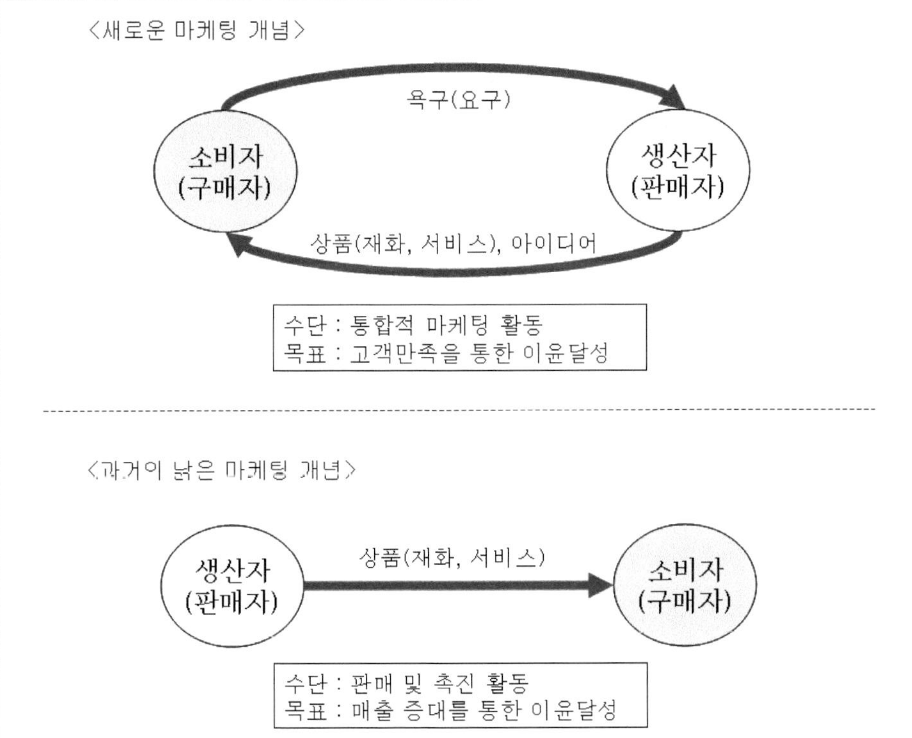

<표 9-1>은 마케팅 개념유형의 변화에 따른 마케팅 과제를 나타낸 것이다. 마케팅이 생산중심의 개념이었을 때에는 생산하기만 하면 판매되었기 때문에, 생산 및 유통의 효율성 향상을 통한 비용절감의 추진에 마케팅 과제의 초점이 있었다.

또 판매개념의 마케팅 유형에서는 구매자의 상품에 대한 구매저항 심리에 대해 다양한 자극과 강력한 판매조직을 형성하여 구매를 유도하는 단계이다. 이러한 생산지향 개념과 판매지향 개념의 마케팅은 과거의 낡은 마케팅 개념에 해당된다.

〈표 9-1〉 마케팅 개념 유형에 따른 마케팅 과제

개념 유형	소비자의 구매특성	마케팅 과제
생산지향 개념	• 제품이용 가능성과 저가격에 관심 • 경쟁제품의 가격 인지 • 비가격요인 중요시 안함	• 생산 및 유통의 효율성 향상 • 비용절감
판매지향 개념	• 대다수 상품에 대한 구매저항 심리	• 다양한 자극으로 구매 유도 • 강력한 판매조직 형성
제품지향 개념	• 최고 품질의 제품 구매 • 경쟁제품의 품질이나 성능 인지	• 품질향상
마켓지향 개념	• 다양한 욕구 • 자신의 욕구를 충족시키는 상품 구매	• 시장세분화 • 목표시장 선정
사회복지지향 개념	• 건강·환경문제에 민감 • 기업의 윤리적 측면 고려	• 삶의 질 향상 제공 • 인간지향적 사고 • 사회적 책임 중시

자료 : 박명호 외(2008)와 홍성태(1998)를 참조하여 작성.

그리고 제품지향의 개념인 경우에는 구매자가 경쟁제품의 품질이나 성능을 잘 알고 있고 최고의 품질을 구매하려는 경향이 강해진다. 그래서 기업은 품질 향상을 통해 경쟁력을 갖추려고 노력한다. 또 마켓지향 또는 고객지향 개념의 단계에서는 소비자가 다양한 욕구를 가지고 있으며, 각각의 욕구를 비교적 가장 잘 충족시켜줄 수 있는 제품을 구매하려는 경향을 나타낸다. 이에 대응하기 위해 고객욕구의 종류에 따라 시장을 세분화하고 목표시장을 설정하여 욕구충족도가 높은 제품을 개발·공급하여야 고객의 유지와 확보가 가능하다.

오늘날 또는 가까운 미래에는 마케팅 개념이 사회와의 상호관계를 의식하는 사회복지지향 마케팅(social marketing concept)이 될 것이라고 전망하고 있다. 즉 소비자는 건강, 환경문제에 민감하며 기업의 윤리적 측면을 고려하여 구매하는 경향이 강해진다. 그래서 마케팅도 소비자 복지, 과소비 억제, 환경문제 등을 심각하게 고려함으로써, 소비자의 삶의 질을 향상시키고 사회적 책임을 의식하는 사회복지

지향 마케팅을 추진해야 한다.

새로운 마케팅 개념 또는 차세대 마케팅 개념에는 제품지향, 마케팅 지향, 사회지향 등이 해당된다고 할 수 있다. 이 개념들은 제품의 종류나 품질의 선택에 있어 고객의 욕구를 반영하며, 제품소비에 대한 고객의 반응을 중시한다는 특징이 있다. 여기에서 그린마케팅은 새로운 마케팅 개념에 해당되며, 고객의 건강 및 환경문제에 대한 관심과 욕구를 반영한 것이라고 할 수 있다.

2 그린마케팅이란 무엇인가

2.1 그린마케팅의 개념

그린마케팅의 개념 정의에 대해 살펴보자. 그린마케팅에 대한 학자들의 견해는 여러 가지가 있지만 핵심적인 내용은 거의 유사하다.

먼저 Ken Peattie는 "그린마케팅이란 인간생활을 포함한 지구환경과 생명체에 대한 관심의 증대에 기반을 두고 있는 마케팅 형태로서, 소비자와 사회의 환경에 대한 욕구를 식별, 예측하고 만족시키면서 이익을 추구하는 기업의 책임 있는 마케팅 관리과정"(Peatti, K. 장흥섭·구동모 역, 1997)이라고 하였다.

박재기는 "단순히 고객의 욕구, 필요, 수요 충족에만 초점을 맞추는 것이 아니라 고객을 보다 넓은 차원에서 인식하여 인간의 삶의 질을 높이는 데에 초점을 둔 마케팅 활동"이라고 하였다(박재기, 2006). 조관수 등은 "그린마케팅은 인간의 삶의 질을 향상시키기 위한 기업의 사회적 책임을 강조한 개념이고, 궁극적으로 기업이 환경요인을 기회요인으로 포착하여 장기적 이윤을 추구하는 전략적인 마케팅 활동"이라고 규정하고 있다(조관수 외, 1995).

그리고 한국마케팅연구원은 소비자의 관점과 기업의 관점 및 정부의 관점으로 구분하여 개념 정의를 하고 있다. 즉 "소비자의 관점에서는 제품 사용 시 환경보전의 중요성을 자각하고 공해물질이 없거나 제한적으로 포함된 상품을 구매·사용하려는 노력이고, 기업의 관점에서는 기업이 환경보호에 앞장서면서 동시에 자사 제품의 제조과정이나 최종 사용에 있어 공해를 유발시키지 않도록 하며, 정부의 관점에서는 환경파괴 제품의 제조·판매 및 소비를 규제하고 소비자와 기업들이 환경보호에 힘쓰도록 유도하는 것"이라고 하였다(한국마케팅연구원, 1991).

또 대한상공회의소는 "환경적 역기능을 최소화하면서 소비자가 만족할 만한 수준의 성능과 가격으로 제품을 개발하여 환경적으로 우수한 제품 및 기업이미지를 창출함으로써, 기업의 이익 실현에 기여하는 마케팅"이다. 그리고 기업의 이익 추구를 강조하고 있는데, "환경보호를 위해 소비를 줄여야 한다는 극단적인 환경보호주의(environmentalism)적 마케팅과는 달리 기업의 생존과 경쟁력 확보를 위해 능동적으로 그린마케팅을 채택"하는 것이라고 하였다. 또 "자연의 오염흡수 능력(자정능력)을 초과하지 않는 한도 내에서 자원을 사용하는 지속가능한 개발의 이념에 바탕을 두고 환경보존에 대한 기업의 사회적 책임을 강조하는 마케팅 개념"이라는 것이다(대한상공회의소, 2003).

2.2 그린마케팅과 전통적 마케팅의 비교

<표 9-2>는 전통적 마케팅과 그린마케팅의 가치관과 목표, 수단을 비교한 것이다. 전통적 마케팅의 가치관은 물질적 생활수준의 향상과 경제적 성장의 극대화를 강조한다. 그런데 그린마케팅의 가치관은 건강이나 환경보전을 통해 사회적 편익(benefit)을 증대시켜 삶의 질을 향상시키고 지속가능한 개발이나 성장을 도모한다.

그래서 전통적 마케팅은 고객만족과 기업의 수익성 양자 간 조화에 목표를 두는 반면에, 그린마케팅은 여기에 사회의 환경적 지속가능성을 추가하여 3자 간 조화를 목표로 하고 있다. 그리고 이를 달성하기 위한 수단으로서, 전통적 마케팅은 무결점 고품질 제품의 개발, 생산, 유통, 소비를 통해 품질 측면의 기업 이미지를 부각시킨다. 그린마케팅은 환경적 측면에서의 우수한 제품(친환경제품 또는 그린제품)을 개발, 생산, 판매함으로써 친환경적인 기업 이미지를 창출하는 것이다.

그렇지만 두 가지 마케팅의 궁극적인 목표는 기업의 수익성 향상에 두고 있다.

다만 차이점은 마케팅 전략수립에 있어, 고객의 욕구 중 환경요인을 반영하는가 또는 그렇지 않은가에 있는 것으로 볼 수 있다. 즉 그린마케팅의 도입 여부는 소비자의 환경문제에 대한 인식수준이 어느 정도인가 또 소비자의 환경친화적인 제품에 대한 욕구가 어느 정도인가 그리고 기업이 이를 얼마나 정확히 파악하고 있는가에 달려있다고 할 수 있다.

〈표 9-2〉 전통적 마케팅과 그린 마케팅의 비교

구 분	전통적 마케팅	그린 마케팅
가 치 관	◦ 물질적인 생활수준 향상 ◦ 경제적 성장의 극대화	◦ 사회적 편익 증대에 의한 삶의 질 향상 ◦ 지속가능한 성장
목 표	◦ 양자 조화 - 고객만족 - 기업의 수익성 ◦ 경제학적 목표	◦ 3자 조화 - 환경적 지속가능성 - 고객만족 - 기업의 수익성 ◦ 경제학적 및 생태학적 목표의 균형 추구
수 단	◦ 고품질 제품의 개발·생산·유통·소비 ◦ 기업 이미지 : 품질	◦ 환경친화적 제품의 개발·생산·유통·소비 ◦ 기업 이미지 : 환경적 친화성

자료 : 이병욱(1998)과 여훈구(1995)를 근거로 작성.

3 그린소비자의 개념과 실태

3.1 그린소비자의 개념

그린소비자(green consumer)란 환경에 대한 부정적인 영향이 상대적으로 적은 제품을 적극적으로 선호하는 고객집단이다. 그리고 그린소비(green consumption)는 환경친화적 제품이나 좋은 환경이미지를 가지고 있는 기업이 생산한 제품의 구매를 선호하는 것이다. 또한 환경성과의 개선을 위해 제품가격이 어느 정도 인상되더라도 기꺼이 이런 제품을 구매할 의사를 가진 소비 형태를 말한다(이병욱, 1998). 즉 그린소비자는 환경친화적 제품을 선호하며, 이에 대해 실제로 더 높은 가격을 지불할 의사를 가진 주체라고 할 수 있다.

3.2 그린소비자의 실태

월드리서치의 조사(2007)[9]에 의하면, 일반국민의 친환경제품에 대한 관심도가 74.3%, 만족도는 86.4%로 높게 나타났다. 그리고 친환경제품의 강점으로서 인체에 해가 없고(46.9%), 환경보전에 기여한다(39.3%)는 응답이 많았다. 이것은 건강에 대한 관심과 환경오염에 대한 우려가 커지고 있으며, 친환경 제품에 대한 관심과 구매의도가 증가하고 있음을 말해준다. 또 친환경제품에 대해 생각나는 내용으로는 친환경 유기농산물(39.9%), 재활용제품(29.6%), 자연주의 상품(20.9%)이었고, 친환경제품 판매코너를 방문하겠다는 국민은 56.3%이었다. 이런 조사결과는 향후 친환경제품을 가지고 그린마케팅을 추진하는 것이 주요 마케팅활동이 될 것이라는 점을 시사해준다.

〈표 9-3〉 그린 소비자의 인식수준 및 구매실태에 대한 조사결과

단위 : %

주요 조사항목	응 답 결 과
◦ 친환경제품에 대한 관심도	매우 관심 있다(13.7), 약간 관심 있다(60.6), 별로 관심 없다(23.7), 전혀 관심 없다(2.0)
◦ 친환경제품에 대한 연상 내용	친환경 유기농산물(39.9), 재활용제품(29.6), 자연주의 상품(20.9), 정부공인마크 부착제품(9.6)
◦ 환경마크 부착제품 구입·이용 경험	있다(35.4), 없다(64.6)
◦ 구입·이용 경험이 있는 친환경제품 종류(복수응답)	화장지·세제류 등 개인용품(84.5), 사무용지·라벨지 등 사무용품(22.3), 세탁기·공기청정기 등 전자제품(13.8), 책상·의자 등 가구제품(9.0), 타이어·오일 등 자동차용품(5.1)
◦ 친환경제품의 만족도	매우 만족(3.1), 다소 만족(83.3), 다소 불만족(13.0), 매우 불만족(0.6)
◦ 친환경제품의 강점	인체에 무해(46.9), 환경보전(39.3), 품질우수(7.6), 에너지 절약(5.9), 사용편리(0.3)
◦ 친환경제품의 약점	가격(45.5), 품질(24.9), 정보의 정확성(11.0), 디자인(6.8), 사용 편리성(6.2), 내구성(5.1), 없음(0.6)
◦ 친환경제품의 지불의사가격 수준	평균(16.3), 최대(47.1)
◦ 친환경제품 판매코너 방문의향	매우 있다(4.3), 다소 있는 편(52.0), 별로 없는 편(37.5), 전혀 없다(6.2)

자료 : 월드리서치, 2007.

9 2007년 9월 16일부터 10월 10일까지 전국의 만 19세 이상 1,000명을 대상으로 조사한 결과(95% 신뢰수준 최대허용오차 ±3.1%p).

그런데 환경마크를 부착한 제품을 구입·이용한 경험이 있는 국민은 35.4%이고, 친환경제품의 약점으로 가격(45.5%)과 품질(24.9%)을 주로 지적하고 있다. 그린 마케팅 전략으로 환경문제에 대해 정부와 기업이 환경마크에 대한 홍보 강화, 친환경제품의 품질향상 노력과 적정가격 등에 초점을 두어야 할 것이다.

3.3 합리적 그린소비

환경오염과 자원고갈, 생태계의 파괴, 인간의 건강과 생명의 보호를 위해서는 소비자의 합리적 소비가 무엇보다 중요하다. 그린소비자의 입장에서 합리적 소비 행태란 무엇인가에 대해 살펴보자.

먼저, 사회적 만족도를 극대화하는 소비가 필요하다. 정부나 시민사회단체는 소비자의 그린소비에 대한 교육과 계몽활동을 실시할 필요가 있다. 또 기업은 기업 자신의 질적 가치와 사회적 가치를 부여하는 그린제품을 개발해야 한다. 두 번째로, 자원절약을 고려한 소비를 해야 한다. 우리가 사용하고 있는 자원은 부존량이 제한되어 있어 지속가능한 소비양식이 요구되고 있다. 예를 들면, 생태적 위기를 인식한 소비, 합리적이고 책임 있는 자원 활용을 통한 소비를 하는 것이다. 세 번째로, 인간과 환경을 고려한 의식적인 소비를 해야 한다. 이를 지적인 소비(intelligent consumption)라고 한다. 예를 들면, 상품에 대한 정확한 정보와 상품 선택의 기회를 제공하여 소비지출의 만족도를 극대화하는 것이다. 또 자신의 소비로 인해 초래될 환경적 영향을 고려하는 소비행동이 중요하다.

다음 <그림 9-2>는 일반소비자와 그린소비자의 구매과정을 비교한 것이다. 그린소비자의 구매과정의 특징을 중심으로 설명하자. 먼저, 욕구인식 단계에서 자신의 욕구와 욕망에 대해 재평가한다. 그래서 가급적 소비를 억제하여 지금 사용하고 있는 제품을 재사용하거나 환경친화적인 소비를 한다. 관련 정보탐색 단계와 대안평가 단계에서는 대안적인 구매와 소비를 모색한다. 예를 들면 중고품을 구매하거나 대여 또는 임대하여 사용함으로써 가능한 한 소비를 줄인다.

그런데 만일 구매의 필요성을 느껴 구매의사를 결정하는 단계에 들면, 그린제품을 구입하고 인터넷 및 우편주문이나 협동조합 등 대안적인 유통경로를 선택하여

유통과정에서 자원소비량을 줄이고자 한다. 또 상품의 구매는 제품 수명에 근거하여 잠재수명이 긴 제품을 선택하고 가급적 다량구매(예; 250g 2병 대신 500g 1병)를 한다. 끝으로, 구매 후 행동 단계에서는 제품의 유지와 관리에 노력하여 오래 사용하고 재사용하며, 폐기 시에는 안전하고 유용한 폐기물 처리방식을 선택한다.

〈그림 9-2〉 일반소비자와 그린소비자의 구매과정

일반소비자		그린소비자
◦ 무엇을 원하는가?	욕구인식	◦ 정말 원하는가? 필요한가?
◦ 가격과 제품의 특성은?	↓ 관련 정보탐색	◦ 생산·소비의 환경효과는?
◦ 제품이나 대체품의 편익은?	↓ 대안평가	◦ 사회적·환경적 비용은?
◦ 무엇을 언제 구매?	↓ 구매결정	◦ 언제까지 구매하지 않고 지낼 수 있는가?
◦ 새로운 제품은 언제 구매?	↓ 구매후 행동	◦ 제품의 사용기간과 사용 후 처리는?

4 그린마케팅 전략

그린마케팅 전략을 수립하기 위해서는 다음과 같은 단계를 거친다. 먼저 마케팅 활동에 영향을 주는 상황에 대해 분석하고, 그 분석결과에 따라 시장을 세분화한다. 그리고 목표시장의 설정과 자사 상품을 적절한 위치에 놓는 포지셔닝, 마케팅 믹스의 수립 등을 추진한다.

4.1 상황분석(Situation analysis) : 그린 SWOT 분석

상황분석이란 마케팅활동에 영향을 미치는 상황적 요인을 분석하는 것이다. 예를 들면 상황분석을 위해 SWOT 분석을 하는 방법이 있다. 기업내부적인 조건으로서 기업이 현재 가지고 있는 강점(S; strengths)과 약점(W; weaknesses), 그리고 기업 외부적 환경요인인 기회요인(O; opportunities)과 위협요인(T; threats)을 찾아 분석하는 것이다.

그린 SWOT분석에서 상황에 따라 어떤 특징은 기업의 강점이 되기도 하고 약점이 되기도 한다. 먼저, 강점 또는 약점이 될 수 있는 요인은 다음과 같다.

- 첫째, 기존 마케팅 믹스가 환경친화적인가? 그렇지 않은가?
- 둘째, 제품 시스템과 기술의 환경친화성 정도는 어느 수준인가?
- 셋째, 기업경영의 정책 및 경영기술은 환경보전을 지향하는가?
- 넷째, 원료와 에너지의 원천(source)은 무엇이고 그 효율성은 어느 수준인가?
- 다섯째, 기업이 환경적 및 사회복지 지향적 실천성과를 거두었는가? 그리고 그 명성을 얻었는가?
- 여섯째, 기업이 환경적 및 사회적 성장에 대해 어느 정도 기여 하였는가?

그리고 기회가 될 수 있는 요인은 다음 다섯 가지를 들 수 있다.

- 첫째, 환경친화적인 신제품의 기술개발과 출시가 가능한가?
- 둘째, 환경친화적인 제품의 차별화와 품질개선을 위한 방법을 찾았는가?
- 셋째, 시장점유율을 높일 수 있는가?
- 넷째, 경쟁업체는 얼마나 있는가?
- 다섯째, 외국에 대한 수출기회는 있는가?

또 위협요인은 다음과 같다.

- 첫째, 고객이 환경친화적인 제품을 외면하지는 않는가?
- 둘째, 그린제품과 생산기술이 수입되지는 않는가?
- 셋째, 다른 제조업체에서 허위 및 과장 광고를 하고 있지는 않는가?
- 넷째, 그린제품의 생산 및 유통 비용이 부담되지는 않는가?
- 다섯째, 친환경 제품에 대한 사회적 인식에 변화는 없는가?

4.2 시장세분화

시장세분화(market segmentation)란 전체 시장을 일정한 기준에 따라 욕구가 유사한 몇 개의 시장으로 나누는 것을 말한다. 즉 다양한 소비자들을 유사한 구매특성을 가지는 소집단으로 범주화하는 과정이다. 시장세분화의 기준은 대체로 소비자의 인구통계적 특성, 심리통계적 특성, 생활양식, 제품의 속성, 소비자가 지각하는 편익, 사용상황 등이다. 마케팅 활동에서 시장세분화는 목표시장(target market)의 설정, 자사상품을 적절하게 위치시키는 포지셔닝(positioning) 전략의 수립, 마케팅 믹스(marketing mix)의 구성 등에 매우 중요하다.

그린마케팅은 제품이나 서비스의 환경적 차별성을 마케팅 활동의 주된 요소로 활용하고자 하는 것이다. 따라서 제품이나 서비스의 환경성에 대한 소비자반응의 특성을 고려한 시장세분화가 필요하다. <그림 9-3>은 친환경 제품의 구매의사와 소비의 사회·환경적 비용의 높고 낮음을 기준으로 하여 소비자 유형을 네 가지로 구분한 것이다.

〈그림 9-3〉 그린마케팅에서 시장세분화

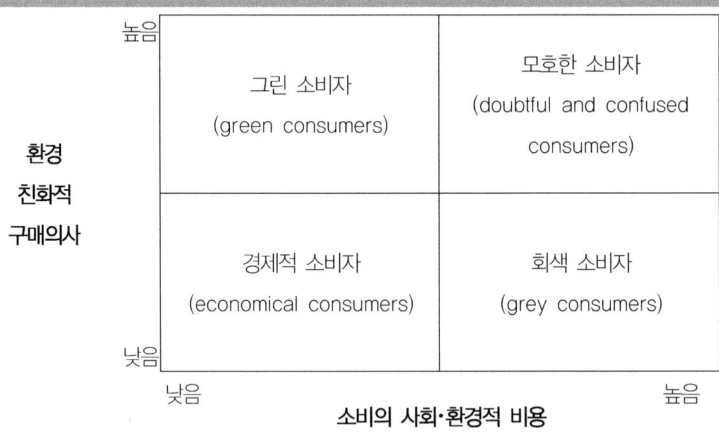

자료 : Peattie, K.; 이병욱(1998)에서 재인용.

경제적 소비자(economical consumers)와 회색 소비자(grey consumers)는 전통적 가치기준에 따라 구매의사를 결정하기 때문에 친환경 제품의 구매의사가 낮다. 따라서 제품의 환경친화성을 근거로 하는 마케팅 활동의 대상으로는 적합하지 않다고 할 수 있다. 그리고 모호한 소비자(doubtful and confused consumers)는 친환경 제품에 대한 구매의사는 높지만, 소비의 사회·환경적 비용 부담 때문에 쉽게 구매의사결정을 하지 못하는 소비자 유형이다. 이들은 단기적으로는 목표시장이 될 수 없지만, 중장기적인 잠재적 목표시장이 될 수 있다. 그린 소비자(green consumers) 유형 그룹은 친환경 제품의 구매의사를 가지고 있기 때문에, 그린마케팅의 일차적 목표시장이라 할 수 있다.

4.3 그린마케팅 믹스

일반적으로 마케팅 믹스는 제품(product), 가격(price), 유통경로(place), 촉진(promotion) 등 4P's로 구성된다. 그린 마케팅 믹스는 이러한 네 가지 요소에 환경요인을 반영하여 경쟁력을 제고시키기 위한 것이다. <표 9-4>는 그린마케팅 믹스를 나타낸 것이다.

그린마케팅 믹스의 주요 내용을 살펴보자.

첫째, 제품전략으로서, 기업은 사회적 및 환경적 성과가 좋은 상품이나 서비스 즉, 친환경 제품 또는 그린 제품을 개발하고 생산함으로써 환경의 보전 및 개선에 기여하는 것이다. 예를 들면 생산과정과 소비과정에서 자원의 소비를 줄이고 에너지를 효율적으로 사용하며 오염물질을 감소시켜야 한다. 또한 제품의 안전성을 향상시키고 제품의 수명주기(life cycle)가 길어야 할 뿐 아니라 재사용 및 재활용을 가능하게 한다는 점이 핵심적인 제품요소이다. 또한 가시적인 제품요소로서 상표명과 디자인, 환경마크의 부착, 재생 포장지 사용 등도 요구된다.

둘째, 가격전략은 제품의 환경성 수준과 제품의 일차적 성능, 소비자가 기꺼이 지불할 의사가 있는 가격 등 3자의 균형을 이루는 것이다. 즉 소비자 알고 있는 제품의 그린 가치에 대해 제품의 가격을 조화시켜야 한다는 점이다. 이러한 가격전략에 있어 핵심적인 부분은 환경비용 요인과 환경수요의 측정 문제이다. 친환경 제품의 환경비용 요인은 두 가지로 구분할 수 있다. 먼저, 환경비용 증가 요인으로서 환경친화적인 원료 투입비용, 폐기물 정화시스템 도입 비용, 경영변화 및 마케팅과 관련된 환경 간접비, 환경관련 법 및 제도에 대한 적응 비용 등이 있다. 그리고 환경비용 절감 요인은 원료 및 에너지 투입의 절약분, 포장 감소분, 환경보전과 관련된 과세의 절감 부분 등이다. 한편 환경수요의 요인으로는 일반제품과 차별화 정도, 기업의 환경친화적 수준, 소비자의 환경의식 및 그린제품 가치에 대한 인식수준, 환경 프리미엄 가격에 대한 소비자의 이해 등이 있다(노현정, 2000).

〈표 9-4〉 그린마케팅 믹스

전 략	주 요 내 용
제품전략 (product)	○ 사회적 및 환경적 성과가 좋은 상품이나 서비스 - 자원 및 에너지 고효율성 - 오염물질의 감소 - 제품의 안전성 향상 - 제품의 수명주기 연장 - 재사용 및 재활용 가능성 제고 등
가격전략 (price)	○ 소비자가 지각하고 있는 그린 가치를 반영한 가격 - 가격, 환경, 제품의 일차적 성능 등 3자의 균형 - 환경비용 요인 측정 • 증가 요인 : 환경친화적 원료 비용, 폐기물 정화시스템 도입비용, 경영변화 및 마케팅 관련 환경간접비, 환경법·제도에 대한 적응 비용 등 • 절감 요인 : 원료 및 에너지 투입 절약, 포장 감소, 환경 관련 과세의 절감 등 - 환경수요의 측정 : 일반제품과 차별화 정도, 기업의 환경친화적 수준, 소비자의 환경의식 및 그린 제품 가치에 대한 인식수준, 환경 프리미엄 가격에 대한 소비자 이해 등
유통경로 전략 (place)	○ 자원 절약, 폐기물 감소 및 재순환 유통경로 - 물류수단 및 연료를 절감할 수 있는 유통경로 - 유통과정 중의 폐기물 감소 - 공급체인의 단순화 : 공급체인 및 단계의 축소 - 폐기물의 재활용 및 재사용 시스템
촉진전략 (promotion)	○ 환경지향적 기업과 그린제품에 대한 신뢰성 구축 - 기업 이미지 및 그린 제품의 광고 - 무료 시용 및 샘플 제공 - 제품 내구성의 보증 - PR과 캠페인을 통한 그린 메시지 전달

셋째, 유통경로 전략은 제품의 유통과정 중 자원을 절약하고 폐기물을 감소시킬 뿐 아니라, 재활용 또는 재사용 등 재순환 유통경로를 갖추는 것이다. 이를 위해 연료를 절감할 수 있는 물류수단 및 유통경로의 선택, 유통과정 중의 폐기물 감소, 공급체인 및 단계의 축소 등 공급체인의 단순화, 제품 사용 후에 발생되는 폐기물의 재활용 및 재사용 시스템을 구축하는 것이 중요하다.

넷째, 촉진전략은 제품전략과 더불어 그린마케팅 믹스의 핵심적인 요소이다. 일반 소비자의 행동과 태도를 환경 의식적 소비자의 행태로 전환시켜 그린제품을 구매하도록 유도하며, 환경지향적 기업과 그린제품에 대해 신뢰성을 갖도록 하는 것이다. 이를 위한 대표적인 수단은 광고와 PR, 캠페인 등이 있다. 즉 기업의 친환경 이미지 및 제품을 광고하고, 무료 시용이나 샘플을 제공하며, 제품 내구성을 보증하는 것이다. 또한 PR과 캠페인을 통해 소비자에게 그린 메시지를 전달한다.

5 친환경 유기농산물의 그린마케팅 믹스

친환경 유기농산물의 그린마케팅 전략은 유기농업의 환경보전적 이미지 확산과 식품안전성의 보장, 소비자의 만족도를 높이는 데에 있다. 그래서 유기농산물 그린마케팅 믹스에서는 상품전략(product strategy)과 촉진전략(promotion strategy)이 가장 중요한 요인이 될 것이다.

<표 9-5>는 유기농산물의 그린마케팅 믹스를 나타낸 것이다. 그린마케팅의 목적 및 목표는 유기농업의 환경친화성에 대한 소비자 인식도의 제고, 식품에 대한 소비자 만족도의 제고, 농가수익성의 유지 향상 등을 통해 우리나라 농업을 지속적으로 발전시킬 뿐 아니라 국민의 삶의 질을 향상시키는 데에 있다.

유기농산물 그린마케팅 믹스는 상품전략과 가격전략, 유통경로 전략, 촉진전략 등 네 가지 요소로 구성된다.

첫째, 상품전략으로서 사회적 및 환경적으로 지속가능한 농업에 의한 안전한 고

품질의 유기농산물을 생산한다. 예컨대 농약이나 화학비료 등 화학적 농자재의 투입을 감소시키거나 전혀 사용하지 않는 친환경 유기농업의 실시, 친환경 품질인증의 획득과 농약잔류검사 체계 등을 구비하여 농산물 및 식품의 안전성을 보장, 철저한 표준규격화 및 수확 후 관리를 통한 품질의 향상 등을 추진하고 있다. 그리고 가시적인 상품요소로서 원산지 표시, 포장디자인과 브랜드의 그린화와 친환경 인증 마크가 부착되고 있다.

둘째, 가격전략은 소비자가 인식하고 있는 유기농업의 환경적 공익기능에 대한 가치와 안전한 유기농산물의 품질을 반영하고자 하고 있다. 현재 친환경 유기농산물의 가격이 일반농산물보다 더 높은 가격을 받고 있지만, 그린제품으로서 가격과 품질, 사회적 및 환경적 공익 가치의 균형이 이루어지는 완전한 가격전략이 추진되고 있지는 않다. 앞으로 친환경 유기농산물 품질인증을 받은 경우에는 차별화된 가격이 형성되도록 추진하여야 할 것이다.

셋째, 유통경로 전략으로서 친환경 유기농산물을 직거래로 유통하고 있다. 직거래는 유통체인의 단순화 및 효율화를 통해 자원과 에너지를 절감시키는 유통경로이며, 유통과정 중에 발생되는 폐기물을 감소시킨다. 그리고 음식 쓰레기를 자원화하고 포장박스 및 포장용기를 재사용하고 있다. 환경문제의 해결을 위한 3Rs인 오염원인물질의 감소(reduce), 재활용(recycle), 재사용(reuse)을 실천하고 있는 유통경로 전략이라 할 수 있다.

넷째, 촉진전략을 보면, 유기농업이 국토환경 보전에 기여하는 환경적 공익기능을 수행하고 있다는 사실을 소비자부터 인정을 받고 신뢰를 얻고 있다. 이를 위한 구체적인 촉진전략으로서 유기농업의 환경친화적인 이미지를 광고하거나 유기농산물의 안전성 인증을 받는 것이다. 그리고 친환경 안전한 유기농산물을 전시하고 무료 시식하도록 한다. PR과 캠페인을 통해 유기농업의 환경적 공익기능에 관한 메시지를 지속적으로 전달하는 것이다.

〈표 9-5〉 유기농산물 그린마케팅 믹스

구 분		주 요 내 용
유기농산물 그린 마케팅의 목적		○ 국민의 삶의 질 향상 ○ 우리나라 농업의 지속적 발전
유기농산물 그린 마케팅의 목표		○ 유기농업의 환경친화성 인식도 제고 ○ 식품안전성 보장 ○ 식품에 대한 소비자 만족도 제고 ○ 농가 수익성 향상
주요 전략	상품전략	○ 사회적 및 환경적으로 지속가능한 유기농산물 - 농약 및 화학비료의 비사용 - 유기농산물 안전성 보장 : 품질인증, 농약잔류 검사 등 - 품질향상 : 맛, 영양, 안전성, 신선도 등 - 영양성분 표시 ○ 가시적 상품 요소 - 원산지(지역), 포장디자인, 브랜드, 유기인증 마크 등 부착
	가격전략	○ 소비자가 인식하고 있는 유기농업의 환경적 공익가치를 반영한 가격 - 품질, 환경적 공익기능, 가격 등의 균형 - 일반농산물보다 높은 차별적 가격
	유통경로 전략	○ 폐기물 감소 유통경로 - 유통과정 중 폐기물 감소 - 음식 폐기물의 재활용 시스템 - 포장 박스, 용기의 재사용 ○ 직거래 : 유통체인의 단순화 및 효율화 - 불합리한 유통단계의 축소 - 상품화 작업의 효율화 - 수집·분산물류의 효율화
	촉진전략	○ 유기농산물의 환경적 공익기능에 대한 인식 확산 및 신뢰성 구축 - 유기농업의 환경친화적 이미지 광고 - 유기농산물의 식품안전성 인증 - 유기농산물의 전시 및 무료 시식 - PR과 캠페인을 통한 유기농업의 환경적 공익기능 메시지 전달

읽을거리

한살림의 그린마케팅 사례: 차별화된 제품전략과 촉진전략

한살림은 우리나라 대표적인 친환경 유기농산물 소비자단체이다. 1986년 12월에 창립된 이후, 20년 동안 시대의 변화와 조직 규모의 확대에 따라 단계적인 구조변화를 도모해왔다. 2010년 말 현재 전국에 19개 지역한살림과 약 25만가구의 회원, 약 1,800억 원의 매출액으로 성장해왔다. 또한 한살림의 운동측면과 사업측면의 적절한 균형을 유지해오고 있다. 이와 같은 한살림의 성장 요인을 그린마케팅 관점에서 살펴보면 제품전략과 촉진전략이 주효한 것으로 보인다.

첫째, 한살림은 산업사회의 경쟁원리와 이기주의 및 개인주의에 대한 대안운동으로서, 보편성과 공익성을 나타내는 명확한 목적 및 목표를 가지고 있다. 한살림의 설립목적은 '더불어 사는 생명살림 세상의 실현'과 '생명의 세계관 및 가치관의 확산'으로서, 대사회적 캠페인을 위한 활동을 전개하고 있다. 그리고 이를 달성하기 위한 목표로 '생태순환형 지역농업의 육성과 실현'과 '환경친화적 생활양식의 실천', '생산자와 소비자의 공존 공생' 등 자본주의 단점을 보완하는 구체적인 도달점을 제시 실천하고자 하고 있다. 이는 한살림이 단순히 친환경 유기농산물의 공급활동에만 주력하고 있는 일반유통업체와 차별성을 가지고 있는 점이다. 한살림의 친환경농산물 그린마케팅 믹스(4P's 전략)는 기본적으로 이러한 한살림운동의 이념과 철학을 바탕으로 이루어지고 있다.

둘째, 한살림의 제품전략은 식품의 안전성 및 친환경성 측면에서 차별적 우위성을 가지고 있다. 유기농산물 공급을 지향하고 최소한 무농약 재배 이상의 친환경농산물을 공급하며, 위해한 식품첨가물 뿐 아니라 불확실한 첨가물도 사용하지 않음으로써 가공식품의 안전성도 확보하고 있다. 더구나 정부의 친환경농산물 인증기준보다 더 엄격한 자체 기준에 의해 생산을 관리함으로써, 대형유통업체 등 일반유통업체에 비해 제품의 우위성을 가지게 된다는 점이다.

셋째, 한살림의 유통경로 전략으로서 자체 물류센터를 설립 운영함으로써, 불필요한 유통단계를 축소할 뿐 아니라 직거래를 체계화하였다. 그래서 물류비용을 절감하고 물류 효율성을 높이고 있는데, 총 마진율이 약 20% 안팎에 그치고 있다. 이것은 한살림의 소비자가격이 다른 경쟁업체보다 더 낮은 원인이다.

넷째, 한살림의 촉진전략은 생산자와 소비자, 실무자 등 구성주체의 자발성 및 자율성, 협동성, 신뢰성, 친밀성 등을 기반으로 이루어지고 있다. 이러한 기반은 이들 구성주체가 한살림의 이념과 철학에 공감함으로써 가능한 것이다. 이를 위해 한살림의 중앙조직인 사단법인한살림 및 사업연합이 이들 구성주체에 대해 정기적이고 지속적으로 교육 프로그램을 전개하고 있다. 지역한살림 또한 해당 구역의 소비자들이 주체가 되어 스스로 식품안전 관련 행사와 교육 및 홍보활동을 기획 추진하고 있다. 이러한 소비자의 자발적이고 자율적인 홍보 프로그램의 추진은 한살림의 협동조합 구조에서 유발되는 조합원의 주인의식의 발로라고 할 수 있다. 또한 협동조합 원칙에 입각한 협의와 추진체계 등에도 기인하고 있다.

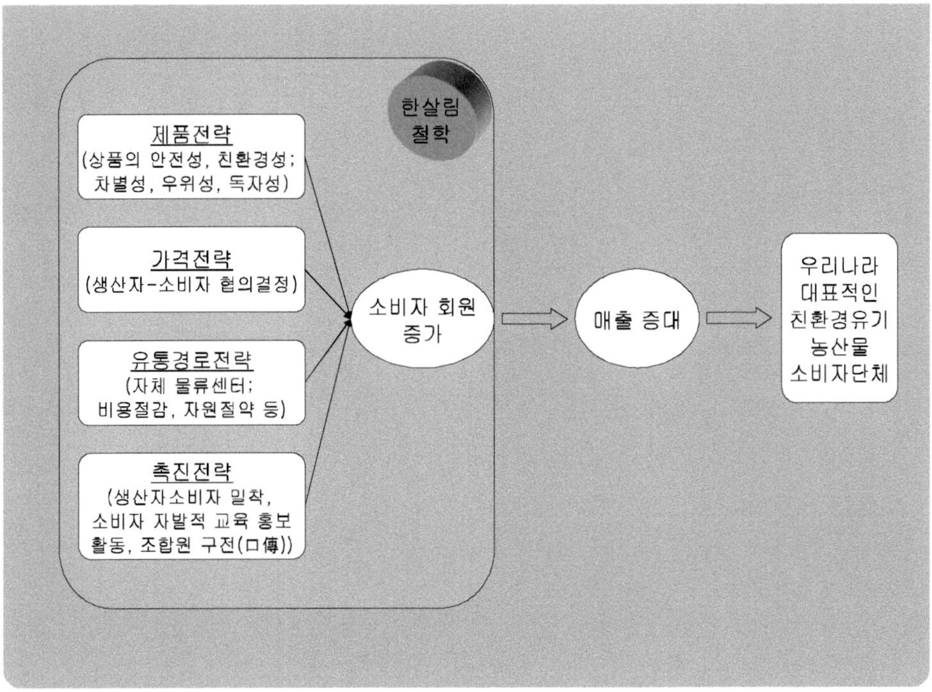
한살림
철학
제품전략
(상품의 안전성, 친환경성;
차별성, 우위성, 독자성)
가격전략
(생산자-소비자 협의결정)
유통경로전략
(자체 물류센터;
비용절감, 자원절약 등)
촉진전략
(생산자소비자 밀착,
소비자 자발적 교육 홍보
활동, 조합원 구전(口傳))
소비자 회원
증가
매출 증대
우리나라
대표적인
친환경유기
농산물
소비자단체

참고문헌

김호, "농산물의 그린 마케팅 전략 도입을 위한 시론", 『식품유통연구』, 2004. 3.

김호, "한살림의 친환경농산물 그린마케팅 추진실태와 시사점", 『한국유기농업학회지』, 2007. 3.

노현정, "우리나라 기업의 그린 마케팅 전개방안에 관한 연구", I. E. News, 2000.

박명호·박종무·윤만희, 『마케팅』, 경문사, 2008.

박재기, 『그린마케팅』, 집문당, 2006.

유병서, 『유통경제학』, 성균관대 출판부, 2003.

이병욱, 『환경경영론』, 비봉출판사, 1998.

조관수·김영국, "제품에 대한 관여도가 그린광고의 효과에 미치는 영향", 『광고학연구』, 1995.

한국마케팅연구원, 『경영과 마케팅』, 1991. 5.

홍성태, 『보이지 않는 뿌리』, 박영사, 1998.

Peatti, K.(장흥섭·구동모 역), 『그린 마케팅』, 삼영사, 1997.

제 10 장 환경과 국제무역

1 국제 환경협약 현황

세계적으로 경제성장을 위한 산업화와 도시화가 빠른 속도로 진행됨에 따라 환경문제는 이제 범지구적인 쟁점이 되었다. 예를 들면 오존층 파괴, 생물종의 멸종추세, 기후변화 등은 지구전체의 환경변화에 영향을 미치기 때문에 지구환경을 보전하기 위한 국가 간 이해와 협력이 중요해지고 있다. 그 일환으로 환경문제와 관련된 무역규제를 포함한 다양한 국제환경협약이 체결되고 있다. 국제환경협약은 각 나라의 경제활동 전반에 걸쳐 직간접적으로 영향을 미칠 뿐 아니라, 국가 간의 자유로운 무역을 제한하기 때문에 무역마찰이 일어나는 사례가 늘고 있다.

<표 10-1>은 국제환경협약의 현황과 우리나라가 가입한 협약의 현황을 나타낸 것이다. 2009년 2월 현재 체결된 국제환경협약은 대기, 수질, 폐기물, 자연환경분야에서 221개에 달하고, 164개가 발효되었다. 이 가운데 우리나라가 가입하고 있는 협약은 56개인데, 협약이 제대로 이행되도록 하기 위해 무역규제 조치가 점점 증가하고 있는 추세이다. 예를 들면 '지구온난화 방지를 위한 기후변화 협약(기후변화협약)'과 '오존층 파괴물질에 관한 몬트리올 의정서', '멸종위기에 처한 야생동식물종의 국제거래에 관한 협약(CITES)'[10], '생물다양성 협약' 등은 협약의 규제대상에 따라 국내산업에 다양한 영향을 미치고 있다.

10 CITES란 "Convention on International Trade in Endangered Species of Wild Fauna and Flora"의 약자.

〈표 10-1〉 국제환경협약과 우리나라의 가입 현황(2009. 2 현재)

구 분	대기·기후	담수보호	해양·어업	자연·생물보호	핵 안전	유해물질·폐기물	기 타	계
채 택	14	15	86	50	13	13	30	221
발 효	10	9	66	40	12	8	19	164
가 입	8	–	23	8	7	3	7	56

자료 : 환경부, 2009.

우리나라가 가입한 국제환경협약의 종류는 <표 10-2>, <표 10-3>에 나타나 있으며, 주요 내용을 요약하면 다음과 같다.

첫째, 대기·기후에 관한 국제환경협약은 주로 오존층 파괴물질의 사용을 금지하는 것과 지구온난화를 방지하기 위한 CO_2 등 온실가스 배출의 감축에 관한 것이다. 구체적으로는 오존층 파괴방지를 위한 과학기술협력, 오존파괴물질 지정과 단계적 감축, 비가입국에 대한 무역규제, 비당사국과 교역금지, 규제물질에 대한 수출입 허가제도 등과 지구온난화 방지를 위한 각국의 온실가스배출 감축, 온실가스 감축을 위한 당사국의 의무 등이 있다.

둘째, 해양·어업에 관한 국제환경협약은 해양생물자원과 해양생태계의 보호, 해양오염 방지, 유류오염 사고에 대한 피해배상과 책임 문제 등에 관한 것이다. 예를 들면 고래의 과도한 남획으로부터 보호, 해양생물자원의 보호와 합리적 개발에 따른 협력 도모, 북대서양지역 어업자원의 최적이용과 보전의 증진, 남극의 해양생태계 및 해양생물자원의 보호 단체 설립, 산란을 위해 강을 거슬러 올라가는(소하성) 어족, 해양을 이동하는(회유성) 어족의 보존, 참치와 명태의 최적 이용 등과 해양환경의 오염방지 및 신속한 방제, 유류 유출에 의한 해양오염 방지, 유류오염 사고 피해에 대한 민사상 책임과 보상 기준, 유류업자와 화주의 오염배상 국제기금 설치, 폐기물 투기에 의한 해양오염방지를 위한 각국의 의무 규정 등이다.

셋째, 유해물질·폐기물에 관한 협약은 유해폐기물과 유해 화학물질, 농약, 잔류성 유기오염물질의 국가 간 이동·처리·교역의 통제에 관해 규정하고 있다.

넷째, 자연·생물보호에 관한 협약의 주요 내용은 질병과 해충을 지닌 식물의 확산 방지, 습지 보전, 멸종위기에 처한 야생 동식물의 보호, 생물다양성과 생태계

균형, 유전적으로 변형된 생명체(LMOs)의 안전관리 등에 관한 것이다.

다섯째, 핵안전에 관한 협약은 핵무기 실험·생산·이동의 제한 및 금지, 핵사고·방사선 오염피해의 최소화와 안전관리 등에 관한 것이다.

여섯째, 기타 협약으로서 환경보호를 위한 남극 관리, 달 등 외기권의 탐색·이용에 있어 국가 활동의 원칙, 사막화 방지, 세계문화유산 및 자연유산의 보호, 환경변경기술·세균무기·독소무기의 개발·생산·비축의 금지 등에 관한 것이 있다.

〈표 10-2〉 우리나라가 가입한 국제환경협약(대기·기후, 해양·어업)

구 분	국제환경협약 명칭
대기·기후 (8개)	◦ 오존층 보호를 위한 비엔나 협약 ◦ 오존층 파괴물질에 관한 몬트리올 의정서(몬트리올의정서) ◦ 몬트리올 의정서의 런던 개정서 ◦ 몬트리올 의정서의 코펜하겐 개정서 ◦ 몬트리올 의정서의 몬트리올 개정서 ◦ 몬트리올 의정서의 베이징 개정서
	◦ 기후변화에 관한 국제연합 기본협약(기후변화협약) ◦ 기후변화에 관한 국제연합 기본협약에 대한 교토의정서
해양·어업 (23개)	◦ 국제포경규제협약 ◦ 대서양 참치의 보존에 관한 국제협약 ◦ 동남 대서양 생물자원 보존협약 ◦ 북대서양 어업에 있어서 장래 다자간 협력에 관한 협약 ◦ 남극 해양생물자원의 보존에 관한 협약 ◦ 인도양 참치위원회 설립 협정 ◦ 중부베링해 명태자원의 보존과 관리에 관한 협약 ◦ 남방 참다랑어 보존 협약 ◦ 북태평양 소하성 자원보전 협약 ◦ 공해상 어선의 국제적 보존관리조치 이행증진을 위한 협정 ◦ 중서부 태평양 고도 회유성 어족의 보존과 관리에 관한 협약
	◦ 1954년 유류에 의한 해양오염 방지를 위한 국제협약(1962년 및 1969년 개정 포함) ◦ 폐기물 및 그 밖의 물질의 투기에 의한 해양오염방지에 관한 협약(런던협약) ◦ 유류오염 손해에 대한 민사책임에 관한 국제협약 ◦ 유류오염 손해에 대한 민사책임에 관한 1969년 국제협약의 의정서 ◦ 1971년 유류오염 손해배상을 위한 국제기금 설치에 관한 국제협약 ◦ 1973년 선박으로부터 오염방지를 위한 국제협약 및 1978년 의정서 ◦ 해양법에 관한 국제연합 협약 ◦ 1982년 12월10일 해양법에 관한 국제연합협약 제6장의 이행과 관련된 협정 ◦ 1969년 유류오염손해에 대한 민사책임에 관한 국제협약을 개정하는 1992년 의정서 ◦ 1971년 유류오염손해배상을 위한 국제기금의 설치에 관한 국제협약을 개정하는 1992년 의정서 ◦ 1990년 유류오염의 대비, 대응 및 협력에 관한 국제협력 ◦ 폐기물 및 기타 물질의 투기에 의한 해양오염방지에 관한 협약(런던협약) 1996년 의정서

자료 : 환경부, 2009.

〈표 10-3〉 우리나라가 가입한 국제환경협약(유해물질·폐기물, 자연·생물보호, 핵안전, 기타)

구 분	국제환경협약 명칭
유해물질·폐기물 (3개)	◦ 유해폐기물의 국가간 이동 및 그 처리의 통제에 관한 바젤협약(바젤협약) ◦ 특정 유해화학물질 및 농약의 국제교역에 있어 사전통보승인에 관한 로테르담 협약 ◦ 잔류성 유기오염물질에 관한 스톡홀름 협약
자연·생물보호 (8개)	◦ 멸종위기에 처한 야생 동·식물종의 국제거래에 관한 협약 ◦ 생물다양성 협약 ◦ 물새 서식지로서 국제적으로 중요한 습지에 관한 협약(1982년 및 1987년 개정포함) ◦ 국제식물보호 협약 ◦ 동남아시아 태평양지역 식물보호 협정 ◦ 1983년 국제열대목재 협정 ◦ 1994년 국제열대목재협정 ◦ 생물다양성협약 바이오안전성에 관한 카르타헤나 의정서
핵안전 (7개)	◦ 대기권, 외기권 및 수중에서의 핵무기 실험금지 조약 ◦ 핵물질의 방호에 관한 협약 ◦ 핵사고의 조기통보에 관한 협약 ◦ 핵사고 또는 방사선 긴급사태시 지원에 관한 협약 ◦ 핵안전에 관한 협약 ◦ 핵무기 및 기타 대량파괴 무기의 해저·해상 및 그 하층토에 있어서의 설치금지에 관한 조약 ◦ 사용 후 핵연료 및 방사성폐기물 관리의 안전에 관한 공동협약
기타 (7개)	◦ 남극조약 ◦ 환경보호에 관한 남극조약 의정서 ◦ 심각한 한발 또는 사막화를 경험한 국가(특히 아프리카)들의 사막화 방지를 위한 유엔 협약(사막화 방지 협약) ◦ 세계문화유산 및 자연유산의 보호에 관한 협약 ◦ 달과 기타 천체를 포함한 외기권의 탐색과 이용에 있어서의 국가 활동을 규율하는 원칙에 관한 조약 ◦ 환경변경기술의 군사적 또는 기타 적대적 사용의 금지에 관한 협약 ◦ 세균무기(생물무기)및 독소무기의 개발, 생산, 비축의 금지와 그 폐기에 관한 협약

자료 : 환경부, 2009.

2 무역자유화와 환경보호의 관계에 대한 논쟁

국제무역이란 각 국가가 상호 이익을 얻기 위해 상품을 수출하거나 수입하는 경제행위를 말한다. 이러한 무역이 환경에 미치는 영향에 대해 상반된 주장이 있다. 하나는 무역이 환경에 긍정적인 영향을 미친다는 주장이고, 다른 하나는 부정적인 영향을 미친다는 주장이다.

먼저, 무역자유화가 환경문제를 더욱 심각하게 만든다는 주장에 대해 알아보자.

첫째, 자유무역은 기본적으로 환경문제의 외부성 즉, 사회적 비용을 내부화하는 장치를 가지고 있지 않기 때문에 환경을 더욱 파괴하는 방향으로 작용한다. 지구환경기금(World wild life fund; WWF)은 자유무역 자체가 환경을 파괴하는 요인으로 작용하는 경우가 있다고 주장한다. 또는 환경조건에 부합되지 않은 무역이 환경파괴 요인으로 작용할 수 있다고 한다. 다시 말하면, 환경기준이 낮은 국가는 무임승차자(free-rider)가 되어 무역의 불공정성을 조장할 뿐 아니라, 나아가 지속가능한 발전을 저해한다는 것이다.

둘째, 무역에 있어 효과적인 환경보호조치를 수반하지 않는다면, 자연자원의 지속 불가능한 소비를 초래할 뿐 아니라 폐기물도 증가하게 된다. 즉 무역자유화에 따라 환경적으로 비친화적인 상품의 생산과 소비를 세계적으로 확산시켜 환경오염을 심각하게 만든다는 것이다. 또 무역을 위해 산업의 가동률이 높아지면 희소한 자연자원의 고갈과 생태계의 파괴를 초래한다. 그리고 만일 무역자유화로 인해 외국인 투자가 자유화되면 환경기준이 낮은 오염천국(pollution havens)으로 생산공장이 옮겨감으로써, 환경오염을 더욱 가중시킬 우려도 있다. 오염천국이란 환경기준이 낮은 나라는 환경비용이 상대적으로 덜 들기 때문에, 산업은 환경기준이 높은 나라에서 낮은 나라로 이동하는 것을 말한다. 그 결과, 세계경제의 단위 생산량당 오염수준은 더 높아진다는 것이다.

셋째, 개발도상국은 OECD와 선진국의 환경동기를 의심한다. 즉 선진국은 환경기준을 높은 수준으로 설정함으로써, 개발도상국의 상품 수출을 제한하는 수단으로 이용하려 한다는 것이다. 또한 선진국은 개발도상국의 환경개선을 위해 지원하기 보다는, 무역제한이라는 수단을 통해 개발도상국이 스스로 환경개선 노력을 하도록 유도한다. 그러나 이것은 오히려 개발도상국의 지속가능한 개발을 저해하고 환경파괴의 악순환을 초래한다고 주장한다.

넷째, 무역자유화에 따른 무역규모의 확대는 국제 간 운송량을 증가시키는데, 이것은 환경에 부정적인 영향을 미친다. UR협상과 WTO체제의 출범에 따른 무역자유화의 효과는 세계무역량을 3~4% 정도 증가시키며, 이에 따른 운송량의 증가는 4~5%에 이르는 것으로 추정된다고 한다. 운송량의 증가는 연료 등 자원 사용량을 증가시키고 매연이나 기름 유출 등 때문에 환경오염을 증가시키게 될 것이다.

반면에, 무역자유화가 환경을 개선한다는 주장이 있다. Grossman과 Krueger는 무역이 환경에 대해 구성효과(composition effect)와 규모효과(scale effect), 기술효과(technology effect) 등을 발생시킨다고 하였다.

첫째, 구성효과란 무역자유화가 생산과 소비의 국제적인 구성을 변화시키는 효과를 말한다. 이 논리에 따라, 국제무역을 통해 환경적으로 비교우위에 있는 나라가 환경적으로 비교열위에 있는 나라로 환경문제를 이전시킴으로써 환경문제의 구성을 변화시킨다. 즉 무역은 세계적으로 환경문제를 재배분하는 기능을 한다. 만일 수출부문의 환경오염 발생도가 수입부문의 환경오염 발생도보다 더 높다면, 무역의 순 환경효과(net environmental effect)는 플러스로 나타날 것이다.

둘째, 규모효과에 의해 무역은 각국의 경제규모를 확대시킨다. 경제규모가 확대되면 생산의 환경친화성과 자원절약 수준이 높아진다. 자유무역론자들은 자유무역으로 인해 소득이 증가하게 되면 환경의 질에 대한 수요도 증가하고, 증대된 소득으로 환경보호를 위해 투자할 수 있다고 주장한다. 생산규모가 커지는 지역에서는 환경자원에 대한 압박도 함께 커지므로, 환경효과는 환경의 질에 대한 수요와 환경자원에 대한 압박의 균형에 의해 결정된다.

셋째, 기술효과는 물리학 및 생물학 과정이나 생산방법의 변화와 관련된 것으로서, 생산수단이나 생산기술의 특정한 변화를 말한다. 무역자유화는 무역장벽을 제거함으로써 환경친화적인 제품 및 환경서비스의 교역을 촉진시킨다. 또 무역자유화에 의해 소득이 증가하게 되면, 청정생산 방식으로 생산된 친환경상품에 대한 소비자의 수요도 증가한다. 따라서 기업이 기술혁신을 통해 전통적인 기술로부터 청정기술(clean technology)로 전환해 가는 것이다. 청정기술은 제품과 서비스, 생산시설, 기술적 노하우, 조직과 경영기법, 생산공정 등과 관련하여 사전에 환경오염을 방지한다. 이 청정기술은 오염발생 감축기술과 재활용 기술을 포함하는 개념이다.

한편, 선진국과 개발도상국간에도 환경과 무역의 연계에 대해 대립된 의견을 보이고 있다.

개발도상국은 환경보전을 위한 무역규제의 도입이 개발도상국에 대해 불공정한 무역차별로 악용될 수 있다고 생각한다. 또한 기술수준 및 재정능력 측면에서 선진국에 뒤떨어져 있는 개발도상국과 지속적으로 발전 격차를 유지하려는 의도가 있음을 지적하고 있다.

반면에 선진국은 환경보전을 위한 수단을 광범위하게 활용하여야 한다고 주장하고 있다. 그리고 이러한 수단은 직접적인 무역규제 수단에서부터 경제적인 수단 등에 이르기 까지 다양한 방식을 활용할 수 있다고 한다.

3 주요 국제기구의 환경과 국제무역에 관한 논의

환경보전을 위하여 무역규제를 포함하는 각종 국제환경협약이 체결되고, 환경 목적을 달성하기 위한 다양한 무역정책의 수단이 광범위하게 활용되고 있다. 그래서 환경과 무역 간에 마찰이 발생될 가능성이 높아지고 있어, 환경 규정과 무역 규정이 상호 조화를 이룰 필요성이 제기되고 있다. 양자 간의 조화를 위한 국제적인 논의에 대해 살펴보자.

3.1 국제연합(UN)의 논의

유엔은 1972년 6월에 스웨덴의 스톡홀름에서 "하나 뿐인 지구(Only One Earth)"라는 주제로 유엔 인간환경회의(UN Conference on the Human Environment)를 개최하였다. 그리고 7개의 선언과 26개 원칙으로 구성된 인간환경선언을 선포하였다. 이 선언에서 지구적 환경문제는 단일국가의 노력으로 해결할 수 없기 때문에 모든 국가가 공동으로 대응해야 한다는 점을 강조하였다. 이에 대한 후속조치로서 1972년에 유엔 환경프로그램(UN Environmental Program; UNEP)을 설립하였다. 1983년에는 2000년대의 지구환경보전 전략의 수립을 위해 세계환경개발위원회

(World Commission on Environment and Development; WCED)를 설립하기로 하였다. 이것은 브룬트란트(Brundtland) 위원회[11]라고도 부르며, 1987년에 그 유명한 "우리공동의 미래(Our Common Future)"라는 보고서를 제출하였다.

1992년에는 브라질의 리우에서 126개국 정상급 대표가 참석한 지구정상회담 즉, 유엔 환경과 개발회의(UN Conference on Environment and Development; UNCED)가 개최되었다. 그 결과, 리우선언과 세부실천계획으로서 21세기 인류의 과제인 "의제 21(Agenda 21)"에 대해 합의하였다. 이것은 1992년 UN 총회에서 확정되었으며, 의제 21의 이행상황을 감시하고 대책을 논의하기 위한 유엔 지속가능개발위원회(UN Commission on Sustainable Development; UNCSD)가 설립되었다.

이러한 유엔의 활동 가운데 환경과 국제무역의 연계에 관한 기본방향은 리우회의에서 정립되었다. 리우선언의 원칙에는 환경목적의 무역조치가 자의적이고 불공정한 차별로 악용되는 것을 방지하고 일방주의를 회피해야 함을 명시적으로 규정하고 있는 것이다. 또한 구체적인 과제로서, 의제 21에서는 지속가능한 개발의 목표에 합치되고 비교우위에 따라 지구차원에서 생산의 적정배분을 유도하는 다자간 무역체제는 모든 무역 당사자에게 이익이 된다는 점을 명기하고 있다. 즉 환경과 무역정책의 상호 조화를 통해 건전한 환경과 지속가능한 발전을 이룩해야 한다는 기본방향을 제시한 것이다.

이를 위한 원칙은 첫째, 환경과 무역은 상호 지지적이어야 한다. 둘째, 환경 목적의 무역조치는 최소한이어야 한다. 셋째, 다자간 무역체제가 자원을 효율적으로 배분할 수 있게 함으로써 생산과 소득의 향상에 기여하며, 경제성장과 개선된 환경보호에 필요한 재원을 공급한다. 넷째, 건전한 환경은 지속가능한 개발에 필요한 자원을 제공하고 무역의 지속적인 활동에 기여한다. 다섯째, 적절한 환경정책의 지지를 받는 다자간 무역체제는 환경에 긍정적인 영향을 미칠 수 있다.

11 위원장의 이름이 Brundtland(노르웨이의 수상)라는 데에서 유래.

2.2 경제개발협력기구(OECD)에서 논의

경제협력개발기구(Organization for Economic Cooperation and Development; OECD)는 1961년 9월에 설립되었고 주로 선진국으로 구성되어 있으며, 우리나라는 1996년 말에 29번째 회원국으로 가입하였다. OECD는 1972년에 환경정책의 국제 경제적 측면과 관련된 4대 원칙을 제시하였다.

첫째, 오염자 부담의 원칙(Polluter Pays Principle; PPP)이다. 제품이나 서비스로부터 초래된 모든 환경비용은 오염자가 부담해야 한다는 것이다.

둘째, 조화의 원칙(Harmonization Principle)이다. 각 국가가 채택하는 환경정책 및 환경기준은 국가 간에 조화를 이루어야 한다.

셋째, 내국민 대우 및 무차별 원칙(National Treatment and Non-discrimination Principle)이다. 각 국가는 환경보전을 위하여 무역제한조치를 취할 때에는 GATT(General Agreement on Tariffs and Trade; 관세와 무역에 관한 일반협정)[12]의 내국민 대우 및 무차별원칙을 준수하여야 한다.

넷째, 보복적 수입세 및 수출보조금 금지 원칙(Compensating Import Levies and Export Rebates Principle)이다. 각 국가는 환경기준의 차이 때문에 발생하는 경쟁력의 차이를 상쇄하기 위하여 수입세를 부과하거나 수출보조금을 지급하는 등의 조치를 취해서는 안 된다.

그리고 1991년에 구성된 「무역환경전문가회의」가 1995년 OECD 각료회의에 보고한 연구결과는 다음과 같다. 이것이 구체적인 조치나 결정사항은 아니라 해도 무역과 환경의 연계에 관한 국제적 논의에 있어 OECD의 입장을 잘 나타내고 있다.

첫째, 무역자유화가 경제발전 및 환경에 긍정적인 영향을 미칠 수 있도록 환경정책과 무역정책이 상호 통합 및 조화가 되도록 노력하여야 한다.

둘째, 환경정책에 따른 경쟁력 하락을 방지하기 위해 환경보호와 관련된 상계

12 GATT는 자유무역을 추진하는 국제협정.

관세나 보호주의적인 무역조치를 취해서는 안 된다. 또한 무역증진을 위해 환경기준 및 보건기준 등을 낮출 수 없다.

셋째, 환경보호 목적의 무역규제 수단을 사용할 때에는 국제적 합의가 필요함을 지적하고 있다. 불필요할 뿐 아니라 무역 왜곡적인 성격의 무역조치를 방지하기 위해 국제적으로 협조하여야 한다는 것이다. 즉 다자간 환경협약(Multilateral Environmental Agreements; MEAs)에 규정된 국제적인 환경목적의 달성을 위해 국제적으로 합의된 무역규정을 채택할 필요성을 인정하였다.

넷째, 환경보호 목적의 제조공정 및 생산방법(Processes and Production Methods; PPMs)의 규제가 무역에 미치는 영향에 관한 원칙이다. PPMs는 원료를 조달해 투입하는 단계에서부터 완제품을 생산하여 시장에 출하하는 모든 과정을 가리킨다. 만일 제품 자체가 소비 또는 사용과정에서 환경오염을 일으킬 뿐 아니라, 제품의 공정 및 생산과정에서도 환경오염을 유발한다면 국제적 협력(다자간 환경협력)을 통해 논의하여야 한다. 그러나 PPMs에 근거한 일방적 수입금지 조치 등 무역규제를 보호무역의 수단으로 이용되는 것에 대해서는 반대 입장을 명확히 하였다.

다섯째, 제품의 수명주기(life cycle) 접근방법에 의한 환경규제가 무역에 미치는 영향에 관한 원칙이다. 제품의 수명주기란 원료의 채취와 가공, 제조, 운반, 유통, 사용, 보수, 폐기물의 재활용, 최종처분까지의 모든 단계를 포함한다. 그리고 제품 수명주기 평가((Life Cycle Assessment; LCA)란 전과정평가라고도 하며, 제품의 수명주기에서 나오는 오염물질의 종류 및 오염량을 분석하여, 이것이 환경에 미치는 영향을 평가하는 방법이다. 따라서 제품의 수명주기 전과정을 통해 환경오염이 발생되지 않도록 관리하여야 한다는 것이다. 그러나 OECD는 LCA 분석방법이 현재 개발초기에 있으며 국제적으로 합의된 방법론이 없는 것이다. 따라서 LCA분석을 활용할 때에는 높은 투명성을 보장하여야 하며, 국제적으로 합의된 기준과 상호인증 방안의 강구 등 다양한 조치가 수반되어야 한다는 점을 지적하고 있다. 그리고 OECD 국가는 LCA에 근거하여 정책을 시행함으로써 발생되는 불필요한 무역제한 효과를 제거해야 한다는 사실을 확인하였다.

여섯째, 환경보호 목적의 경제적 수단 사용과 무역 간의 관계이다. 환경목적을 달성하기 위한 경제적 수단으로는 환경세와 환경부담금, 배출권 거래허가제, 환경예치금, 환경보조금 등이 있다. OECD는 이러한 환경 관련 경제적 수단의 사용을 지지한다. 그렇지만 환경 목적의 경제적 수단을 사용함에 있어 투명성이 보장되어야 하고, 외국의 생산자에게 불리하게 작용되어서는 안 된다.

일곱째, 환경정책과 기준은 국제적으로 상호 조화를 이루어야 한다. 즉 환경기준이 상호 조화되어야 할 뿐 아니라 환경에 대한 심층 분석 방법도 조화를 이루어야 할 필요성을 지적하고 있다. 그래서 OECD 국가들이 공통의 환경문제 해결을 위한 환경기준의 조화 문제를 계속 검토할 것을 권고하였다.

여덟째, 환경과 관련된 무역 분쟁을 해결할 수 있는 방안을 마련하여야 한다. 세계무역기구(WTO)의 무역분쟁해결기구는 무역 분쟁의 해결 절차에 관련 전문가의 활용을 명시하고 있다. 따라서 환경 관련 무역 분쟁의 해결을 위하여 MEAs 내에 분쟁해결 절차 메커니즘을 포함하고, 무역전문가 활용의 보장을 권고하였다.

2.3 세계무역기구(WTO)에서 논의

WTO(World Trade Organization)는 UR 협상이 타결된 후 1995년에 출범하였다. 새로운 국제무역 질서를 수립하기 위해 설립되었으며, 국제무역 협정과 기구를 갖춘 다자간 무역체계를 구축하기 위한 것이다. 이러한 WTO를 통해 국가 간 무역 분쟁과 마찰을 조정하고, 각 나라의 자의적인 무역보복이나 무역장벽 조치를 규제하고 있다.

WTO는 원래 GATT의 협정을 포함한 국제무역 협징을 채택하였는데, GATT/WTO 기본 규범은 다음과 같다.

제1조 최혜국 대우 원칙이다. 이것은 모든 수입상품들이 동일한 대우를 받아야 한다는 것을 의미한다. 즉 수입되는 모든 제품에 대해 부여하는 편의, 특전, 의무면제를 모든 다른 회원국에 똑같이 부여해야 한다.

제3조 내국민 대우의 원칙이다. 이것은 수입상품에 대한 내국세 및 기타 과징금

의 부과에 있어, 국내에서 생산된 동일한 상품에 적용되는 것보다 불리한 대우를 하지 않아야 한다는 것을 의미한다.

제11조 수량제한 금지의 원칙이다. 관세·조세 및 다른 과징금 외의 금지나 제한을 두어서는 안 된다. 쿼터(quota)나 수출입 허가 및 기타 조치들을 엄격한 조건에 따른 경우를 제외하고는 금지하고 있다.

제20조 일반적 예외가 있다. 일정한 조건 하에 각 나라가 취할 수 있는 조치로서 GATT 기본원칙의 예외를 규정한다. 예를 들면 인간 및 동식물의 생명 또는 건강을 보호하기 위해 필요한 조치와 자국 내의 생산 또는 소비에 대한 제한과 관련하여 실시되는 한정된 천연자원의 보호에 관한 조치는 예외로 한다. 이것은 환경보호를 목적으로 한 각 나라별 조치의 근거로 인용되고 있다.

그러면 WTO에서 무역과 환경문제에 관한 논의에 대해 알아보자.

먼저, 1994년 4월 마라케쉬 각료회의에서 무역과 환경에 관한 결정을 채택하고, WTO 각료회의 산하에 「무역환경위원회(Committee on Trade and Environment; CTE)」를 설치하기로 하였다. WTO/CTE를 중심으로 <표 10-4>와 같은 10가지 의제에 대한 논의가 진행되고 있다. 10가지 의제를 검토한 뒤 환경보호를 위한 다자간 무역체제(Multilateral Trade System; MTS) 규범의 개정 필요성의 여부에 대한 권고문을 작성하기로 하였다.

이러한 10가지 의제에 대하여 WTO/CTE에서는 1995년부터 1996년까지 13차례의 공식회의를 통해 논의하였으나, 선진국과 개발도상국 간의 입장차이로 구체적인 합의를 도출하지 못하였다. 그리고 1996년 싱가포르 WTO/CTE 각료회의와 1999년 시애틀 3차 WTO 각료회의에서도 유럽연합(EU)과 개발도상국의 의견 차이로 합의 도출에 실패하였다. 그러나 2001년 11월의 카타르 도하에서 열린 4차 WTO 각료회의에서 다수의 환경과 무역 연계 쟁점이 협상 및 검토 대상 의제로 포함되어 2002년 도하개발아젠다(DDA) 협상이 진행되고 있다(환경부, 2003, 2004).

〈표 10-4〉 WTO/CTE의 10가지 주요 의제

의제	주 요 내 용
1	국제 환경협약(MEAs)의 무역조치와 다자간 무역체제(MTS) 규정 간의 관계
2	현저한 무역효과를 수반하는 국내 환경정책·조치와 다자간 무역체제 규정(MTS) 간의 관계
3	다자간 무역체제(MTS) 규정과 다음 사항 간의 관계 • 환경 목적의 부과금 및 조세 • 표준 및 기술규정, 환경마크, 포장, 재활용 등 환경과 관련된 제품의 요건
4	환경관련 무역조치의 투명성
5	다자간 무역체제(MTS)의 분쟁해결 절차와 국제 환경협약(MEAs)의 분쟁해결 체제 간의 관계
6	환경 관련 조치가 개도국의 시장접근에 미치는 영향, 무역제한 조치나 왜곡의 제거에 따른 환경편익
7	국내 판매금지 물품의 수출문제
8	지적재산권 협정(TRIPs)과 환경과의 관계
9	서비스 무역협정과 환경과의 관계
10	비정부기구(NGO)의 참여문제, 투명성 제고를 위한 정보·자료의 교류 문제

DDA에 포함된 환경과 무역 연계의제는 3개 환경협상 의제와 3개 환경검토 의제로 구분되어 있다.

① 환경협상 의제

환경협상 의제는 WTO의 기존 규범과 MEAs의 무역 관련 의무와의 관계, MEAs 사무국들과 WTO 위원회의 정기적인 정보교환 및 옵저버 자격 절차, 환경 관련 제품 및 서비스에 대한 관세 및 비관세 장벽의 감축 및 철폐 등 3가지이다(도하각료선언문 제31조 ①~③항).

<표 10-5>의 협상의제 ①과 ②는 자유무역을 지향하는 다자통상규범과 환경보호를 목적으로 하는 다자환경규범 간 조화를 목표로 하고 있다. 이는 환경을 보호하기 위한 무역조항이 야기할 수 있는 국제분쟁을 미연에 방지하기

위한 방안을 다루고 있다. 이 의제와 관련하여 MEAs 무역조항과 WTO 규범과의 일반적인 관계를 정립해야 한다는 EU의 입장과 관계정립보다는 분쟁사례별 해결을 지지하는 미국, 호주의 입장이 대립되어 왔으나, 2005년부터는 회원국들의 논의 흐름이 협상의제 ③번으로 집중되면서 이 의제는 논의가 활발하게 이루어지지 않고 있다.

현재 DDA 무역환경협상에서는 협상의제 ③ 환경 관련 제품 및 서비스에 대한 관세 및 비관세 장벽의 감축 또는 철폐가 가장 활발하게 논의되고 있는데, 환경상품 및 서비스의 무역자유화로써 회원국 간 환경기술 이전을 통한 환경개선과 경제발전의 조화를 목표로 하고 있다.

〈표 10-5〉 환경협상 의제

환경협상 의제	주요 내용
① WTO의 기존 규범과 MEAs의 무역 관련 의무와의 관계 ② MEAs 사무국들과 WTO 위원회의 정기적인 정보교환 및 옵저버 자격 절차	◦ MTS 규정과 MEAs 규정 간 상호보완성 강화 - 다자간 무역체제를 통한 무역자유화와 환경친화성의 증진 - 환경목적의 무역규제 규범이 야기할 수 있는 국제분쟁을 미연에 방지하기 위한 제도적 절차 확립
③ 환경 관련 제품 및 서비스에 대한 관세 및 비관세 장벽의 감축 또는 철폐	◦ 환경제품 및 서비스의 무역자유화를 촉진함으로써, 회원국 내 환경문제 해결에 대한 환경적 및 경제적 효율성의 제고

② 환경검토 의제

도하각료선언은 무역과 환경과 관련하여 회원국 간 논의가 필요한 의제로서 다음 3가지 검토의제를 제시하고 있다(도하각료선언문 제32조). 첫째, 환경규제의 시장접근 효과, 무역규제 및 왜곡 철폐의 무역 환경 개발 파급효과 둘째, 무역 관련 지적재산권 협정(TRIPs)의 환경적 측면 셋째, 환경목적의 환경 라벨링(Eco-labelling) 요건 등이다.

검토의제 ①은 회원국 환경정책이 각국 산업 및 국제무역에 미치는 영향을 규명하는 것이다. 검토의제 ②는 전통지식의 보호, 유전자원 개발이익의 공유와 같은 환경 관련 지적재산권 문제와 무역 관련 지적재산권협정(TRIPs)의 관계를 검토하는 것이다. 검토의제 ③은 개별국 차원에서 자율적으로 추진되고 있는 환경목적의 라벨링이 무역에 미치는 효과를 검토하고, 환경라벨링이 무역장벽으로 작용하는 것을 방지하기 위한 국제적 합의 도출을 목적으로 한다.

검토의제는 협상의제에 비해 논의가 활발하게 이루어지지 않고 있다. 검토의제 중 회원국 간 입장대립이 가장 심한 의제는 환경라벨링이다. 환경라벨링 제도의 국제 표준화를 추진하고 있는 EU는 이 의제에 대한 논의의 활성화를 주장하는 반면, 미국 및 대다수 개도국은 반대입장을 표명하고 있다. 따라서 회원국 간 입장 조율에 상당한 시간이 걸릴 전망이다(환경부, 2009).

〈표 10-6〉 환경검토 의제

환경검토 의제	주요 내용
① 환경규제의 시장접근 효과, 무역규제 및 왜곡 철폐의 무역 환경 개발 파급효과	◦ 자유무역의 확대가 회원국 및 지구환경에 미치는 영향 ◦ 회원국의 환경정책이 각국 산업 및 국제무역에 미치는 영향
② 무역 관련 지적재산권 협정(TRIPs)의 환경적 측면	◦ 전통지식의 보호, 유전자원 개발이익의 공유 등 환경관련 지적재산권 문제와 무역관련 TRIPs 간의 관계
③ 환경목적의 환경 라벨링(Eco-labelling) 요건	◦ 자발적인 환경기준의 시장접근 효과에 관한 것 - 개별국 차원에서 자율적으로 추진되고 있는 환경목적 라벨링이 시장접근 및 무역에 미치는 효과 - 환경 라벨링이 무역장벽화하는 것을 방지하기 위한 국제적 공조 방안

4 국제 환경협약과 선진국의 환경정책이 우리나라의 산업에 미치는 영향

주요 국제 환경협약이 우리나라의 산업에 미치는 영향에 대해 알아보자(환경부, 2004).

첫째, 「오존층 파괴물질에 관한 몬트리올 의정서」에 관한 것이다. 몬트리올 의정서는 염화불화탄소(CFC)와 할론(Halon), 메틸브로마이드 등을 규제한다. 따라서 CFC는 냉매, 세정제, 발포제로 사용되기 때문에 이를 대량으로 사용하는 자동차, 전기, 냉동기기, 화학산업 등에 제조공정에 영향을 미칠 것이다. 그리고 소화제인 할론, 살균제인 메틸브로마이드 등을 사용하는 관련 산업의 원료수급에 영향을 미치고, 생산비가 증가될 것으로 예상된다.

둘째, 「기후변화협약」은 이산화탄소(CO2)등 온실가스를 규제하고 있다. 기후변화협약은 화석에너지를 대량으로 소비하고 있는 업종인 철강, 석유화학산업 등에 영향을 미칠 것으로 예상된다.

셋째, 「바젤협약」은 47개종의 폐기물을 규제하고 있다. 따라서 재사용 플라스틱, 고무, 고철을 활용하는 산업에 영향을 미칠 것이다.

넷째, 생물유전자원을 규제하고 있는 「생물다양성 협약」이다. 이 협약에 의해 유전자원의 주권을 행사할 수 있어 유전자원에 대한 접근성이 제약되고, 유전공학의 안전성에 의한 무역규제가 예상된다. 그래서 농업, 축산업, 의약품업 등이 영향을 받을 것이다.

다섯째, 「멸종위기에 처한 야생 동식물종의 국제거래에 관한 협약(CITES)은 호랑이 뼈, 코뿔소의 뿔, 웅담, 사향 등을 규제한다. 이것을 약재 원료로 사용하는 제약산업, 동물의 가죽을 이용한 피혁산업, 화훼농업 등에 영향을 미칠 것이다.

〈표 10-7〉 CITES 규제대상 멸종위기 동·식물

부속서Ⅰ	부속서Ⅱ	부속서Ⅲ
◦ 멸종위기에 처한 종 중에서 국제거래로 인해 영향을 받거나 받을 수 있는 종	◦ 현재 멸종위기에 처해 있지 않지만, 국제거래를 엄격하게 규제하지 않으면 멸종위기에 처할 수 있는 종	◦ 협약 당사국이 자국 관할권 안에서 과도한 이용 방지를 목적으로 국제거래를 규제하기 위해 다른 협약 당사국의 협력이 필요하다고 판단하여 지정한 종
◦ 상업 목적의 국제거래 금지 (학술·연구 목적의 거래 만 가능)	◦ 상업·학술·연구 목적의 국제거래 가능	◦ 상업·학술·연구 목적의 국제거래 가능(부속서Ⅱ에 비해 규제 완화)
◦ 호랑이, 고릴라, 따오기, 밍크고래, 반달곰 등	◦ 하마, 강거북, 황제전갈, 오엽인삼 등	◦ 바다코끼리(캐나다), 북방살모사(인도) 등

자료 : 환경부, 2009.

한편 각 나라의 환경정책이 우리나라의 산업에 어떠한 영향을 미칠 것인지에 대해 살펴보자.

첫째, 미국과 유럽연합(EU)이 시행하고 있는 자동차의 배기가스 기준에 관한 정책이 있다. 이 정책은 자동차 배기가스의 배출기준을 강화하여 대기오염을 방지하고자 하는 것이다.

둘째, 미국은 경고 라벨부착을 규칙화하고 있다. 즉 오존층 파괴물질을 사용한 제품에 대한 CFC 경고 라벨을 부착한다는 것이다. 이로 인해 반도체와 가전기계, 화학산업에 영향을 주고 있다.

셋째, 독일은 포장 쓰레기 규제법을 시행함으로써, 생산자가 포장 쓰레기를 직접 회수하거나 재생 포장지를 재사용하도록 하는 쿼터를 설정하여 쓰레기 오염을 방지하고 있다. 이것은 전 업종에 영향을 미친다.

넷째, 유럽 각국은 에너지세 및 탄소세를 시행하고 있다. 주요 내용은 CO_2 배출량 및 에너지 사용량에 대해 일정률의 세금을 부과하여 에너지 사용을 억제하는 것이다. 관련 산업으로서, 철강, 비철금속, 자동차, 석유, 화학 등이 있다.

다섯째, 선진국들이 시행하고 있는 환경마크제가 있다. 즉 환경상품에 마크를 부여함으로써 소비자의 구매와 생산자의 무공해 상품개발을 유도하는 것이며, 모든 업종이 영향을 받고 있다.

읽을거리

지구는 내 운명

지구의 날(매년 4월 22일)은 1969년 미국 캘리포니아주의 산타바바라(Santa barbara)[13] 해상 기름 유출 사고를 계기로 1970년 4월 22일 미국에서 전개된 대규모 자연보호 캠페인을 기념하여 지정되었다. 지구의 날을 맞아 매년 전 세계적으로 다채로운 환경보호 행사들이 개최되고 있어 지구촌 시민환경 축제의 날로 자리매김하고 있다. 우리나라도 민간 환경단체를 중심으로 지자체와 협력하여 1995년부터 매년 전국적으로 '차 없는 거리' 등 지구의 날 행사가 열리고 있다.

그 동안 지구의 날은 민간영역의 자발적 환경보호운동과 활동 위주로 인식되어 온 측면이 강하다. 환경부는 지구의 날과 관련하여 민간의 자율과 창의를 촉진하고 그 동안 미흡했던 중앙정부 차원의 역할을 새롭게 정립할 필요가 있다는 문제인식 하에 2009년 지구의 날을 풀뿌리 지구사랑 실천 확산의 계기로 조성하는데 주력하였다.

13 미국 L.A 근교의 휴양도시.

환경부는 2009년 지구의 날(4.22)을 맞아 국민들과의 소통을 통해 정부 주도의 일방적 구호가 아닌 자발적 참여 선언을 이끌어내고, 지구사랑 실천 확산의 계기를 조성하기 위해 '풀뿌리 지구사랑 실천선언 공모전'을 개최하였다.

이번 공모전은 2009년 3월 20일부터 4월 12일까지 24일간 지구의 날 홈페이지를 통해 진행하였으며, 기후변화 대응, 생물다양성 보전, 자원 절약 등 지구사랑 실천에 기여할 수 있는 자발적 참여선언과 구체적 실천방법에 대한 국민들의 빛나는 아이디어를 발굴하는데 주력하였다. 특히, 실천이 있으려면 관심이 있어야 하고 관심은 흥미를 느끼는 것에서부터 시작된다는 보편적 경험칙을 존중하여 심사기준으로 재미와 참신성을 크게 강조하였다.

풀뿌리 지구사랑 실천선언 공모전이 올해 처음 개최되었고, 비교적 짧은 기간 동안 이루어졌음에도 불구하고 사회 각층에서 높은 관심을 보여 주었다. 3주간 접수된 응모작이 1,300건을 넘었고, 사진과 삽화를 가미하여 공을 들인 작품들도 다수였다.

환경부는 국민들의 반짝이는 아이디어를 바탕으로 전문가로 구성된 심사위원회의 검토를 거쳐 색다른 환경보호 메시지를 내놓았다. '지구는 내 운명: 2009 지구사랑을 위한 나의 작은 실천'이라는 제목의 이번 실천 다짐은 재미와 참신성이라는 측면에서 기존의 구호성 실천 선언문들과 크게 차별화된다.

'지구는 내 운명'은 궁극적으로 기후변화 대응, 생태계보전, 자원절약을 이야기하면서도 이러한 단어를 한 번도 사용하고 있지 않다. 예를 들면 이런 식이다. 냉난방을 줄여 에너지를 절약하자는 구호 대신 '여름엔 핫!하게 겨울엔 쿨~하게 살겠습니다.'라고 다짐한다. 산림과 동물을 보호하자라는 말을 하기 위해서 '종이청구서와 헤어지고, 전자청구서와 사귀겠습니다.' '계곡에 놀러가서 도랑치고 가재 잡지 않겠습니다.'라고 말한다. 급출발, 급가속하지 말자는 말을 하기 위해 우리에게 익숙한 '진달래꽃'의 한 구절을 응용하여 '자동차 엑셀은 진달래꽃 즈려밟듯, 살포시 밟겠습니다.'하고 부드럽게 회유하기도 한다.

(출처: 환경부, 환경백서 2009)

참고문헌

김영생, 『무역과 환경』, 두남, 2002.

손태빈 외, 『무역학개론』, 두남, 2002.

임송수 외, 『무역·환경 연계 논의와 환경농업 정책과제』, 한국농촌경제연구원, 1998.

허승욱, 『환경경제 길라잡이』, 그린, 2004.

환경부, 국제환경동향과 우리의 대응, 2004.

환경부, 『환경백서』, 각 연도.

제 11 장 환경영향평가

오늘날처럼 환경과 경제의 조화로운 개발을 강조한 적이 없었던 것 같다. 인간들의 끊임없는 개발에 대한 욕구는 갈수록 높아지는데 반해, 생태계는 갈수록 몸살을 앓아 왔다. 더 이상의 물러설 곳이 없는 한계상황에 대한 인식은 발전에 대한 새로운 관점과 접근을 요구하고 있다.

그 중에서도 인간 중심적 개발이 환경에 미치는 영향을 제대로 분석하고 대처해야 할 필요성이 크다. 인류의 복지를 위한다는 명분이 결국 인류의 뒷발목을 잡는 결과를 초래해서야 되겠는가.

어떻게 하는 것이 환경과 경제의 상생(相生)인가? 여러 대안 중의 하나가 환경영향평가이다. 환경영향평가는 대규모 택지개발, 산업단지 조성, 댐, 간척사업 등의 사업을 행할 때 환경에 미치는 영향을 정량·정성적으로 평가하고, 환경피해를 최소한으로 줄이고 예방하자는 사전 예방적 환경정책이다.

2004년부터는 개발사업의 계획입안과정에서 입지의 타당성, 주변 환경과의 조화 등을 검토해 환경친화적인 개발을 도모하기 위하여 사전환경성검토제도가 시행되었다. 그동안 환경영향평가만 통과하게 되면 사업을 추진할 수 있었기 때문에 사업이 중간에 취소되는 경우에는 엄청난 사회적 손실을 감수할 수밖에 없었다. 때문에 난개발과 각종 환경문제를 사전에 예방하기 위한 차원에서도 사전환경성검토제도는 그 중요성을 더하고 있다.

이처럼 환경영향평가는 환경과 경제의 상생을 위한 필수적인 절차이며, 앞으로도 더욱 발전되어야 할 제도이다.

이 장에서는 환경영향평가제도의 의의 및 발전과정, 절차 등 전반적인 내용과 함께 제도가 갖는 한계와 발전방향에 대해서도 살펴보기로 하겠다.

1 환경영향평가제도의 의의

1973년에 소양강댐이 건설되었다. 당시로서는 우리나라 최대의 소양강댐은 여러 경제적인 편리도 주었지만, 환경적으로 강원도 춘천지역을 서리와 안개가 과거보다 자주 끼게 만들었다. 안개나 서리가 많아지면, 비단 사람들의 쾌적함만을 저하시키는 것이 아니라 식물들의 광합성에 필요한 일조량을 저감시키며, 이른 서리는 출하기 과수의 품질을 떨어뜨리게 된다. 결국 인간들의 정주조건 뿐만 아니라 동식물을 포함한 환경상의 커다란 변화를 야기하게 되는 것이다.

이와 같은 인공시설물로 인한 환경변화 때문에 최근 미국의 오레곤주에서는 댐을 파괴해 자연을 원상태로 돌리려는 시도들이 이루어지고 있다. 환경은 한번 파괴되면 되돌릴 수 없거나 되돌리는데 천문학적인 비용을 감수할 수밖에 없다.

소 잃고 외양간을 고치는 것이 나은지 아니면 소 잃기 전에 외양간을 튼튼히 해 놓는 것이 나은지에 대해서는 동서양의 세 살배기도 알 것이다. 즉, 사후관리적 관점에서 탈피하여 사전예방적 수단의 중요하며, 이에 대한 대안중의 하나가 환경영향평가이다.

미국은 1969년에 국가환경정책법(NEPA: National Environmental Policy Act)을 도입하면서 환경에 영향을 미칠 수 있는 사업을 시행할 때마다 다양한 환경적 요소를 체계적으로 분석해 정책결정자에게 제공하고 있다. 그리고 EU는 1985년에 모든 회원국들이 3년 이내에 환경영향평가를 위한 각종 적용범위와 규제를 입법화하도록 하였다. 오늘날 환경영향평가는 실시의 강제성 여부, 대중의 참여정도, 평가대상사업의 종류 및 실제 운영형태 등 국가마다 다소 상이하지만, 전세계적으로 시행되고 있다.

UNEP는 1987년의 결정문서인 '환경영향평가의 목표와 원칙'에서는 "환경영향평가는 환경적으로 건전하고 지속가능한 개발을 보장하는 관점에서 개발행위에 있어 계획된 대상사업에 의한 환경에 미치는 영향을 조사·분석·평가하는 것을 의미한다"라고 정의하고 있다.

우리나라에서 환경영향평가는 1977년 환경보전법이 제정되면서 함께 도입되었으며, 1981년부터 시행되기 시작했다. 그 뒤 1990년 환경정책기본법, 1993년 환경영향평가법, 1999년 '환경·교통·재해 등에 관한 영향평가법'으로 근거법이 변경되면서 제도적인 변화가 거듭되어 왔다. 환경·교통·재해 등에 관한 영향평가법 제2조 1호에서 환경영향평가를 다음과 같이 정의하고 있다. "환경영향평가라 함은 제4조의 규정에 의한 환경영향평가 대상사업의 시행으로 인하여 자연환경·생활환경 및 사회·경제·환경에 미치는 해로운 영향을 예측·분석하고, 이에 대한 대책을 강구하는 것이다".

2 환경영향평가제도의 발전과정

2.1 도입기

환경영향평가제도는 1971년 공해방지법 제16조의 '공해사전대책' 조항에 도시개발, 산업입지의 선정·조성 및 정비에 관한 시책의 책정과 실시를 함에 있어 그 부근의 지리·기상·수리·산업 분포 등을 조사한다는 환경영향평가 관련 내용이 언급된 바 있다. 그리고 현재 시행되고 있는 환경영향평가는 1977년에 제정된 환경보전법 제5조(사전협의)에 "행정기관이 시행하는 도시개발, 산업입지의 조성, 에너지개발 등 3개 분야에 대한 협의근거"를 마련함으로써 처음으로 도입되었으나 이후에 구체적인 시행지침이 마련되지 않아 실제적으로 시행되지는 못하였다.

이후 1981년 2월 "환경영향평가서 작성에 관한 규정(환경청고시 제'81-4호)"을 제정·고시함에 따라 환경영향평가 대상사업의 범위가 11개 분야로 확대되었고, 행정기관 외 공공단체, 정부투자기관 및 민간이 시행하는 사업까지 포함하여 1982년부터 본격 시행되었다.

2.2 정착기

1990년 환경청이 환경처로 승격되었는데, 이 때 환경보전법을 개별법화하여 환경법 체계를 전면적으로 개편하였다. 이중 환경정책기본법은 환경정책의 기본이념과 방향을 정립하는 법으로써 환경영향평가에 대한 사항도 대폭 보완·강화한 내용을 담고 있다. 대상사업은 종전의 33개 단위사업에서 47개 단위사업으로 확대되었으며, 초안평가서 작성 후 주민의견을 반영하여 최종평가서를 작성하도록 하였고, 평가협의내용에 대한 이의 신청, 사업계획의 변경에 따른 재협의, 평가협의 내용의 이행여부조사 확인 등 사후관리제도를 도입하여 평가협의 내용 이행에 실효성이 확보되도록 하였다. 1992년 8월에 개정된 환경정책기본법 시행령에서는 지역단위의 개발사업에 대한 환경영향평가 협의업무를 지방환경청으로 위임하여 현지성 있는 환경성검토가 가능하도록 하였다. 이 법이 제정되면서 주민의견수렴을 위한 설명회와 공청회를 의무적으로 개최하도록 하는 한편 협의내용의 충실한 이행을 위하여 협의내용관리대장 비치 및 관리책임자 지정을 의무화, 협의내용 미이행으로 공사 중지 명령을 받은 사업자가 동 명령을 위반하는 경우 형사처벌을 과하도록 하였다.

2.3 발전기

지방자치제도의 실시, OECD 가입 등 환경영향평가를 둘러싼 국내외적 여건이 크게 변화함에 따라 1997년 3월 7일에 환경영향평가법을 개정하여 동년 9월 8일부터 시행하였는데, 주요 개정내용은 첫째 법령상의 대상사업의 범우에 해당되지 않는 사업이라 하더라도 각 시·도 조례에 근거하여 지역적 특수성을 고려하여 대상사업의 범위를 확대할 수 있도록 하였다. 둘째, 환경영향평가 및 협의시에 예측하지 못한 중대한 환경영향이 발생하여 주변환경에 심각한 영향을 미치는 경우에는 환경영향재평가를 실시하여 추가적인 저감방안을 마련토록 하였다. 셋째, 평가서의 전문적 검토, 환경관련 정책 및 기법의 연구·개발을 위한 한국환경정책·평가연구원을 설립하였다. 넷째, 사업자와 계열회사관계 평가대행자의 대행업무

금지, 평가대행자의 업무수행능력 향상을 위하여 평가대행실적 등을 환경부장관이 정기적으로 공고토록 하고, 평가서를 허위로 작성한 자에 대한 형사처벌을 신설하는 등 평가대행자에 대한 관리·감독을 강화하였다. 다섯째, 폐수배출시설 등의 배출농도에 관한 협의내용을 위반한 경우에는 협의기준 초과부담금을 부과·징수하여 협의내용이 충실히 이행되도록 하였다.

그러나 그 동안의 환경영향평가, 교통영향평가, 재해영향평가, 인구영향평가 등이 각각 서로 다른 법률에 근거를 두고 서로 다른 기관에서 실시함에 따라 동일한 사업이 2가지 이상의 영향평가의 대상이 될 경우 절차의 중복과 비용의 과다 등 시간적·경제적 부담이 가중되었다. 따라서 이를 줄이기 위해 환경영향평가제도를 중심으로 교통영향평가, 인구영향평가 및 재해영향평가제도를 통합하여 평가절차를 통일하고 영향평가서 작성을 단일화하기 위해 1999. 12. 31일 「환경·교통·재해 등에 관한 영향평가법」을 제정·공포하고, 2000. 12. 30일 시행령과 시행규칙을 제정하여 2001년 1월 1일부터 통합영향평가법을 실행하고 있다.

〈표 11-1〉 분야별 환경영향평가

구분	실시목적
환경영향평가	환경영향평가 대상사업의사업계획을 수립·시행함에 있어서 미리 당해 사업이 환경에 미칠 영향을 평가·검토하여 환경적으로 건전하고 지속가능한 개발이 되도록 함으로써 쾌적한 환경을 유지·조성함을 목적으로 한다.
교통영향평가	대량의 교통수요를 유발할 우려가 있거나 대량의 교통수요를 처리하기 위한 사업을 시행하거나 시설을 설치하는 경우, 미리 당해 사업의 시행 또는 시설의 설치로 인하여 발생할 교통장애 등 교통상의 각종 문제점을 검토·분석하고 이에 대한 대책을 강구함을 목적으로 한다.
인구영향평가	대규모개발계획을 수립·시행함에 있어 미리 당해 사업이 인구증가 및 수도권문제에 미칠 영향을 검토하여 인구증가에 따른 수도권집중, 교통문제, 환경문제 등을 방지함으로써 수도권문제 완화 및 쾌적한 환경조성을 목적으로 한다.
재해영향평가	각종개발계획을 수립하거나 개발사업을 시행하고자 하는 경우 당해 사업이 홍수 등 재해의 가능성과 재해의 정도 및 규모 등에 영향을 예측·분석하고 재해영향을 줄일 수 있는 방안을 강구함을 목적으로 한다.

2003년 12월 「환경·교통·재해 등에 관한 영향평가법」을 개정하여 평가서를 작성하기 전에 평가대상사업 및 지역의 특성에 따라 평가항목·범위를 미리 결정하여 평가서를 작성하도록 하는 스코핑(Scoping) 제도를 도입하고, 사업자가 환경영

향평가서 작성에 관한 대행계약을 체결하는 경우 설계 등 다른 계약과 분리하여 별도로 계약을 체결하도록 하였다.

2005년 5월 「환경·교통·재해 등에 관한 영향평가법」 을 개정하여 평가서 작성시 사전환경성검토서의 내용을 활용할 수 있도록 하고, 사전환경성검토시 의견수렴을 적정하게 한 경우 평가단계에서 의견수렴절차를 생략할 수 있도록 하는 등 사전 환경성검토와의 연계를 강화하였다(환경백서, 2009).

③ 환경영향평가의 목적 및 기능

환경영향평가제도는 사업시행이 환경에 미치게 될 영향을 계획의 입안단계에서부터 사업자가 미리 고려토록 하고 아울러 이해관계자의 의견을 개발계획 과정에서 최대한 반영토록 함으로써 환경에 미치는 부정적 영향을 최소화하여 환경친화적인 개발이 이루어지도록 하는데 그 목적이 있다. 따라서 환경영향평가제도는 기본적으로 정책의 틀, 사업의 틀, 대안검토, 평가, 의사결정의 일련 과정 속에서 운영되는 활동이므로 사전예방성, 합목적성, 절차의 민주성, 의사결정도구로서의 조정성, 종합자료의 정보성의 기능을 수행하는 것으로 파악된다.

〈그림 11-1〉 환경영향평가제도의 기능

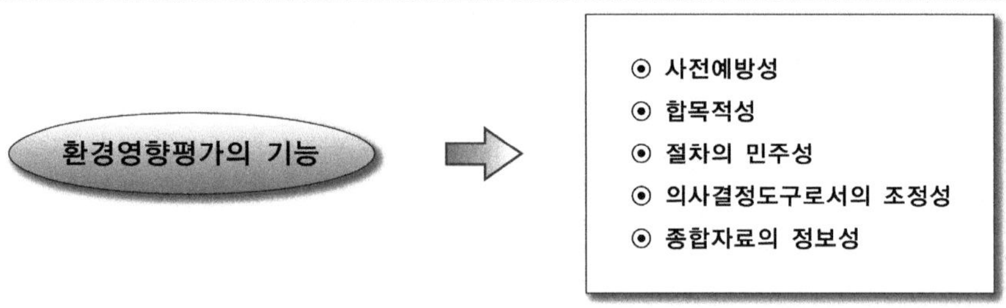

첫째, 개발사업 시행이 주변환경에 어떠한 영향을 미칠 것인가를 예측하고 저감방안을 마련하는 사전예방성의 기능을 하고 있다.

둘째, 과거에는 사업계획을 수립함에 있어 기본이 되는 주요한 요소는 사업의 경제성 측면과 계획의 실현을 위한 기술적인 가능성 측면 등에 있었으나 환경이라는 공공재의 가치성이 부각되고 이에 대한 각종 민원이 계속 제시되고 있기 때문에 사업자 측면에서도 이를 고려하지 않고는 최선의 사업계획이라고 자신할 수 없는 상황이 초래되었기 때문에 궁극적으로 환경영향평가 활동은 사업계획의 합목적성을 객관적으로 인정시키는 기능의 역할도 크다.

셋째, 도시기본계획입안 등 일부 계획 활동에 지역주민의 참여를 보장하고 있기는 하나 대부분의 단위개발사업은 지역주민의 의사와 관계없는 사업계획을 수립하고 추진하고 있으나 환경영향평가는 환경영향평가서의 공람과정과 주민의 참여를 통해 사업계획 수립 전반에 관한 절차적 민주성을 기한 제도라 할 수 있다.

넷째, 의사결정 조정성으로 환경영향평가의 역할이 합리적인 사업계획의 수립에 있다면 사업계획 수립과정에서 환경적으로 고려되고 예측된 여러 가지의 부정적 검토사항이 수록된 환경영향평가 보고서는 사업자나 최종사업 계획을 승인하는 기관의 의사를 결정하는데 도움을 줄 수 있다. 다섯째 환경영향평가 실시결과를 보고서 형태로 제출한 환경영향평가서는 당해지역 주변의 환경현황과 장래 환경질의 예측치들이 수록되어 있기 때문에 이들 지역에 대한 환경관련 자료의 종합적인 정보자료로서의 기능을 수행한다.

4 환경영향평가의 주요내용

4.1 환경영향평가의 개요

환경영향평가 대상사업

일반적으로 개발사업은 그 규모가 크건 작던 사업시행에 따라 환경에 영향을 미치므로 절대적 환경보전을 위한다면 모든 개발사업이 평가대상이 되어야만 한다. 그러나 타 법령에 의하여 환경성이 검토되거나 그 실익이 없는 경우에는 평가비용 및 시간 등을 고려하여 평가대상에서 제외하는 것이 바람직하다.

따라서 일반적으로 환경영향평가 대상사업의 선정 기준은 첫째, 골프장 건설 등 사업특성상 자연환경·생태계 훼손우려가 큰 사업, 둘째 자연공원 집단시설지구 등 환경적으로 민감한 지역에서의 시행 사업, 셋째 매립사업, 댐 건설 등 환경영향이 장기적·복합적으로 발생하여 쉽게 예측이 곤란한 사업, 마지막으로 택지·공단조성 등 대기·수질오염 등 복합적 환경오염이 발생될 것으로 우려되는 사업 등이 주로 평가대상이 된다.

우리나라는 평가대상사업을 법령에 구체적으로 명시하는 방법인 Positive List방식을 원칙으로 하여 국가, 자치단체 등 공공기관 및 민간사업자가 시행하는 사업을 대상사업으로 하고 있다. 1977년 12월에 제정된 환경보전법에서는 행정기관이 사업시행자가 되는 도시개발, 산업입지 조성, 에너지개발의 3개 사업으로 한정되었으나, 1981년 12월 환경보전법 2차 개정시에는 공공단체, 정부투자기관이 시행하는 개발사업을 포함시키고, 19886년 12월 4차 개정시에는 민간개발사업을 평가대상사업에 포함시켰다.

1990년 8월 환경정책기본법이 제정되면서 하천의 이용 및 개발 등이 추가되어 15개 사업으로 확대되었고, 1993년 6월 환경영향평가법이 제정되면서 국방·군사시설 설치사업이 추가되어 16개 사업으로 대상사업이 확대되었다. 또한 1995년 4월에는 동법 시행령의 개정을 통해 토석·모래·자갈·광물 등의 채취사업을 평가대상사업에 추가하여 17개 분야에 이르렀다. 그리고 1997년 9월 환경영향평가법 시행령 개정으로 신항만 건설사업, 고속철도 건설사업, 석유비축시설 건설사업 등이 추가되었고, 발전용 원자로와 관개시설 및 농지개발 촉진법에 의한 저수지 또는 유수지 사업이 삭제되어 환경·교통·재해 등에 관한 평가법 하에서는 17개 분야 63개 단위사업을 대상으로 하였다가 현재는 17개 분야 76개 사업으로 확대되었다.

〈표 11-2〉 환경영향평가 대상사업의 범위

사 업 분 야	세부 사업명 및 규모
1. 도시개발 (11개)	도시개발, 주거환경정비, 대지조성, 임대주택단지, 교육, 유통단지·공동집배송단지, 여객자동차터미널, 화물터미널, 마을정비구역 조성사업, 도시계획사업, 하수종말처리시설
2. 산업입지 및 공업단지 조성 (7개)	산업단지, 중소기업단지, 자유무역지역지정, 공장, 공업용지조성, 산업기술단지, 연구개발특구조성
3. 에너지개발 (7개)	전원개발, 전기설비, 광업, 해저광업, 송유관시설중 저유시설, 석유사업자 또는 한국석유개발공사의 저유시설, 가스저장시설
4. 항만건설 (4개)	어항시설, 항만시설, 신항만시설, 항만준설
5. 도로건설 (1개)	도로
6. 수자원개발 (2개)	댐건설, 농업생산기반시설
7. 철도건설 (4개)	철도, 도시철도, 고속철도, 삭도·궤도
8. 공항건설 (1개)	공항 개발
9. 하천개발 (1개)	하천공사
10. 매립·개간 (1개)	매립, 개간
11. 관광단지 (6개)	관광사업, 관광지 및 관광단지, 온천, 유원지, 자연공원, 도시공원
12. 산지개발 (4개)	묘지·납골시설, 초지, 산지전용, 임도
13. 특정지역개발 (7개)	지역균형개발및지방중소기업육성에관한법률에 의한 가.-타.하 및 더의 사업, 지역종합개발사업, 주한미국시설·국제화지구·평택시개발, 행정중심복합도시, 경제자유구역개발, 기업도시개발, 신공항건설
14. 체육시설 (5개)	청소년 수련시설, 청소년 수련지구, 체육시설, 경륜·경정시설, 경마장
15. 폐기물·분뇨·축산폐수처리시설 (2개)	매립시설·소각시설, 분뇨·축산폐수공공처리시설
16. 국방군사시설 (3개)	국방·군사시설, 군용항공기지, 해군기지
17. 토석 등 채취 (7개)	하천 및 연안구역, 산지, 해안광물, 해안골재, 채석단지지정, 골재채취예정지, 골재채취단지지정

영향평가 협의실적

환경영향평가는 제도의 시행을 위한 법령 및 세부시행지침이 마련된 1981년 2월부터 시행되기는 하였으나, 제도시행 초기에는 행정기관이나 정부투자기관의 사업을 대상으로 하였고 환경영향평가제도에 대한 의식 또한 미흡하여 1980년대 말까지는 협의건수가 매우 적었다. 그러나 1990년대 들어 국민들의 환경의식이 높아지고 수차례의 법령 개정을 통해 대상사업의 범위가 확대되면서 평가실적도 증가하였다.

〈표 11-3〉 연도별 환경영향평가 협의 실적

구 분	총 계	1993	1996	1999	2002	2005	2008
총 계	3,484	149	151	154	167	323	282
도시개발	686	36	37	27	25	46	22
에너지개발	352	4	15	3	2	4	6
산업단지	344	14	16	7	11	21	42
도로건설	830	47	40	61	59	81	27
체육시설	252	4	–	6	5	16	37
기 타	1,020	44	49	50	65	64	148

주 : 총계는 1982~2008년 합계치임.
자료 : 환경부, 환경백서, 2009, p.354.

환경영향평가 분야 및 항목

환경영향평가항목은 대상사업의 시행으로 인하여 영향을 받게 되는 환경분야를 대기환경, 물환경, 토지환경, 자연생태환경, 생활환경, 사회·경제환경 등 6개 분야로 분류하고 환경영향을 예측·분석하는 23개 항목으로 규정하고 있다. 그러나 환경영향평가서의 작성 등에 관한 규정에서는 관련분야별로 해당되는 평가항목만 주로 평가하도록 되어 있으나, 주요 평가에 관한 사항이 사업특성, 입지여건 등에 관해 고려가 부족하여 실제로는 23개 평가항목을 일률적으로 평가함에 따라 평가서 분량의 과다하고 형식적인 기술 등의 문제점이 나타난다. 이러한 문제점을 보완하기 위하여 대상사업별로 사업특성, 입지여건 등을 고려하여 중점적으로 평가하여야 할 항목을 설정하도록 하는 중점평가제도를 도입하여 시행중에 있다.

〈표 11-4〉 환경영향평가 분야 및 항목

분야	대기환경	물환경	토지환경	자연생태환경	생활환경	사회·경제환경
평가항목	기상 대기질 악취 온실가스	수질(지표·지하) 수리·수문 해양환경	토지이용 토양 지형·지질	동·식물상 자연환경자산	친환경적 자원순환 소음·진동 위생·공중보건 전파장해 일조장해	인구 주거 산업

자료 : 환경부, 환경백서, 2009, p.351.

영향평가기준 및 대상지역

영향평가 기준이라 함은 환경영향평가시 고려되어야 할 평가항목별로 이루고자 하는 목표치를 의미하는 것으로 환경정책기본법 제10조의 규정에 의한 환경기준을 적용하고 있으며, 환경기준이 설정되지 아니한 평가항목에 대하여는 현재의 과학적 지식, 경험 및 외국에서 사용되고 있는 기준 등을 고려하여 잠정적인 환경보전목표를 설정하도록 하고 있다.

한편 영향평가대상지역은 사업시행으로 인하여 환경영향을 받게 되는 지역으로 환경영향을 과학적으로 예측·분석한 자료에 의하여 그 범위가 설정된다.

4.2 환경영향평가서 작성

평가서 초안 작성 및 주민의견 수렴

사업자는 평가서를 작성하기 전에 평가서초안을 작성하여야 하며, 사업지역 주민의 의견을 수렴해야 한다. 주민의견 수렴이라 함은 개발사업의 시행에 따른 환경영향의 직접적 피해자이자 당해 지역실정에 밝은 주민(환경영향평가대상지역내의 주민으로서 주민등록법 제6조의 규정에 의한 주민)의 의견을 듣는 절차로, 사업의 시행으로 인한 지역주민의 생활 및 재산상의 환경피해를 파악하여 이해관계를 사전 조정하는데 그 목적이 있다.

그리고 주민참여를 실질적으로 확대하기 위하여 평가서 초안을 지자체 홈페이지 및 환경영향평가정보지원시스템(www.eiass.go.kr)에 게시하도록 하고 있다. 또한 중대한 사업계획의 변경이 있는 경우 주민의견 재수렴을 해야 하며, 평가서 협의완료 후 30일 이내에 평가서 공개를 의무화하고 있다.

평가서의 작성

평가서는 개발사업의 수립 또는 시행주체인 사업자가 작성하는 것을 원칙으로 하고 있으나 , 사업자가 전문지식이 부족하여 평가서(초안)를 작성하기 어려운 경우 일정한 자격요건을 갖추어 환경부장관에게 등록한 환경영향평가대행자로 하여금 대행이 가능하도록 하고 있다. 평가대행자로 등록하고자 하는 자는 통합영향평가법시행규칙 제4조 별표1에서 정하고 있는 기술능력, 시설 및 장비 등을 갖추어 지방환경관서의 장에게 등록신청하여 지정을 받아야만 한다. 2011년 1월 현재 환경영향평가정보지원시스템에 등록된 환경영향평가 대행자는 336개소이다.

평가대행시 분리계약 대상을 구체화하였으며, 평가대행자 분야별 등록기준이 일부 변경되었고, 평가서 허위 및 부실작성에 대한 판단기준(규치 별표2)이 신설되었다.

4.3 환경영향평가서 협의

평가서의 협의·검토

사업시행자는 평가서를 작성한 후 대상사업에 대한 승인 등을 행하는 기관의 장에게 평가서를 제출하면, 승인기관의 장은 다시 관계중앙행정기관의 장에게 평가서를 제출, 협의를 요청하게 된다. 만약 대상사업에 대한 행정기관의 승인 등이 필요하지 아니한 경우에는 사업자가 직접 평가서를 관계중앙행정기관의 장에게 제출하고 협의를 요청할 수 있다. 사업승인기관은 평가서를 검토한 후 의견이 있으면 환경부장관에 협의를 요청하며, 환경부장관은 평가서 접수 후 그 기본요건, 내용적 충실성을 검토하는데, 동 검토시 한국환경정책·평가연구원, 주민 추천전문가 등의 의견을 청취한다. 제시된 전문가 등의 의견을 취합, 평가서내용의 수정, 추가 및 보완 등에 관한 최종 협의내용을 결정하여 사업승인기관에게 통보하고, 사업승인기관은 동 협의내용을 사업계획 승인시 사업계획 등에 반영하게 된다.

최근 개선된 협의제도의 내용은 협의기관별 평가대상사업 구분, 조건부 협의제도 도입, 이의신청절차 개선, 원형보전지역에 대한 토지이용계획 변경시 환경부 협의 필요, 변경협의절차 간소화, 간이평가절차 도입 등이다. 이 중 간이평가절차는 평가서 초안과 본안을 하나로 통합하여 협의절차를 간소화하는 것으로서 지역 및 사업의 특성을 고려하여 스코핑 위원회에서 대상여부를 결정하게 된다.

이의신청 및 재협의

환경부장관으로부터 통보된 협의내용에 대하여 사업자 또는 사업승인기관이 이의가 있는 때에는 통보일로부터 90일 이내에 이의를 신청할 수 있고, 동 이의신청에 대하여 환경부장관은 90일 이내에 처리결과를 통보하여야 한다. 또한 협의완료 후 사업계획 등이 변경되는 경우에는 재협의 또는 재협의 대상이 아닌 사업계획 등의 변경절차에 따라 환경영향저감방안을 강구하거나 검토해야 한다.

협의의견 조정

하나의 사업이 2개 분야 이상의 영향평가대상이 되고 그 결과 평가협의기관의 의견이 상충될 경우 승인기관의 장은 환경부장관에게 조정을 요청할 수 있다. 또한 환경부장관은 영향평가조정협의회의 심의를 거쳐 협의의견을 조정한 후 승인기관에 통보(법 제20조 및 규칙 제21조)하고, 승인기관은 협의기관이 보내온 협의의견의 상충여부를 확인한다.

4.4 협의내용의 관리

협의내용의 관리·감독

환경영향평가가 그 실효성 갖기 위해서는 협의 내용이 충실히 이행될 때만이 가능하다. 따라서 사업자는 협의 내용을 성실히 이행하여야 하며, 이를 위한 협의 내용 관리 대장 비치, 협의 내용 관리 책임자 지정, 사후 환경 영향 조사 등의 의무를 질뿐만 아니라, 환경 영향 평가 협의 내용으로 확정된 오염 물질의 배출 농도에 관한 협의 기준을 위반하는 때에는 협의 기준 초과 부담금이 부과된다.

환경영향평가서 협의내용의 이행을 관리·감독할 1차적인 책임은 승인기관에 있으므로 승인기관은 사업장에 임하여 협의내용의 이행여부를 확인해야 한다. 사업자가 협의내용을 이행하지 아니한 때에는 공사중지 등 그 이행을 위하여 필요한 조치(법 제26조)를 할 수 있고, 평가서 협의기관도 협의내용의 이행여부를 조사·

확인하여 승인기관에 협의내용의 이행을 위해 필요한 조치를 요구할 수 있다.

통합영향평가법에 따라 작성된 평가서가 허위로 작성되었을 경우, 1년 이하의 징역 또는 500만원 이하의 벌금 내지 2년 이하의 징역 또는 2천만원 이하의 벌금을 부과토록 하고 있다. 또한 협의완료 전 사전공사, 평가서 부실작성에 대해서는 1천만원 이하의 벌금을 부과할 수 있다.

사업자의 협의내용 이행 의무

사업시행자는 사업계획 등에 반영된 협의내용을 성실히 이행하기 위해 공사현장에 협의내용 관리대장 비치, 관리책임자를 지정해야 한다. 또한 공사착공 후부터 사업완료 후 일정기간까지 당해 사업의 시행으로 인한 환경영향을 주기적으로 측정·조사하고(사후환경영향조사) 주변환경의 피해를 방지하기 위하여 추가적인 조치가 필요한 경우에는 즉시 이를 이행해야할 의무가 있다.

지금까지의 환경영향평가는 공사시행을 위한 형식적인 절차라고 인식하는 경향이 많았으나 앞으로는 환경영향평가시 협의사항을 제대로 이행하지 않을 경우 법적 제재가 강화된. 실제로 중앙환경분쟁조정위원회에서는 각종 개발사업을 추진하면서 환경영향평가 협의사항을 제대로 준수하지 않는 지방자치단체와 건설업체 등에게 배상을 판결한 사례도 있다. 중앙환경분쟁조정위는 택지개발주체들에게 고속도로 소음으로 수면장애, TV 시청 곤란 등 피해를 보고 있는 주민들에게 배상요구액을 모두 지급하라고 결정한 경우가 그것이다. 개발주체들이 환경영향평가 협의사항인 방음벽 설치 등 도로소음 방지대책을 성실히 이행하지 않았기 때문이다(동아일보, 2004).

〈그림 11-2〉 환경영향평가 절차도

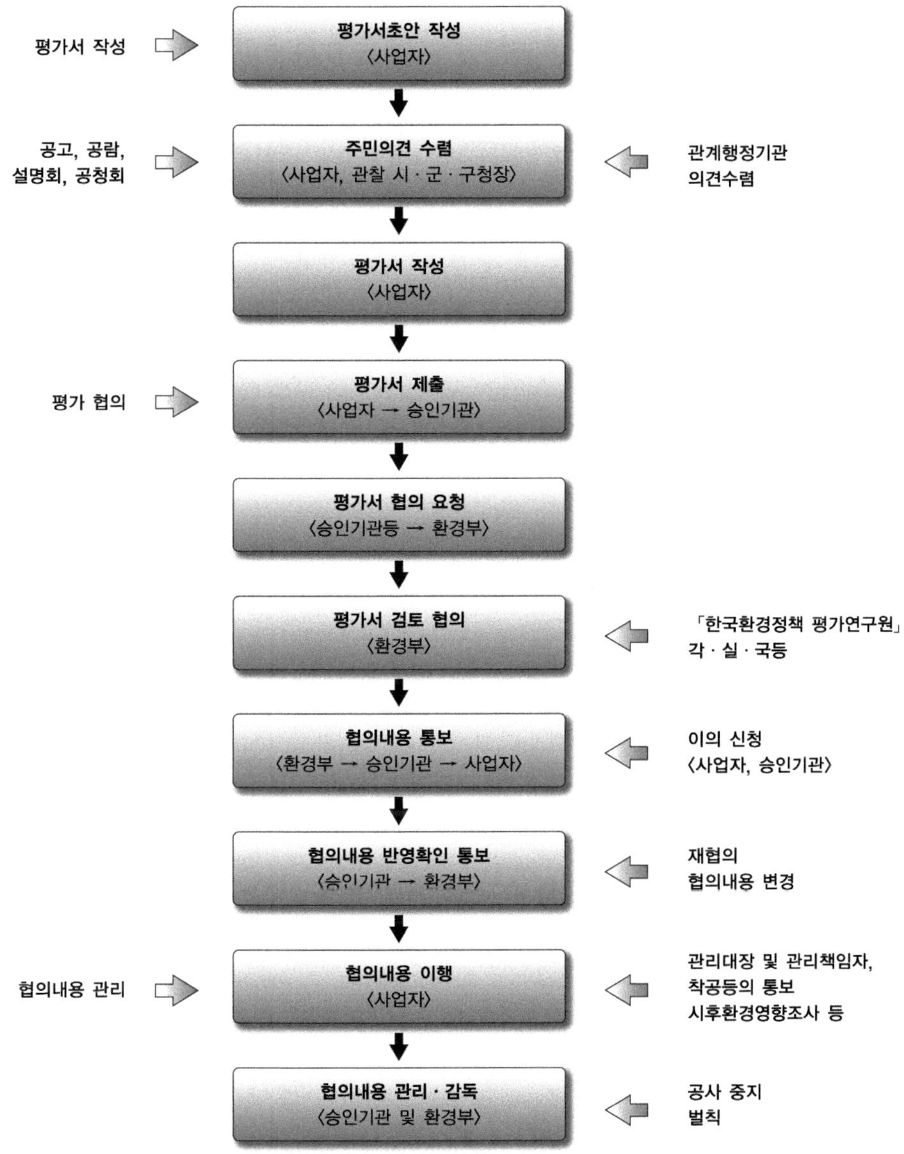

자료 : 한국환경정책평가연구원(www.kei.re.kr)

5 환경영향평가의 한계와 발전방향

5.1 환경영향평가의 한계

환경영향평가제도는 환경오염의 사전적 예방수단으로서 개발사업계획을 수립할 경우 개발과 보전이 조화를 이룰 수 있는 제도로서 사업시행으로 인한 환경오염 발생을 최소화하도록 환경투자를 적극 유도할 수 있는 효과가 있다. 또한 환경영향평가서 작성 과정에 있어서 지역 주민의 의견을 수렴토록하고, 사업계획 및 평가내용의 공개 등을 통해 환경보전에 대한 사회적인 관심을 제고할 수 있다.

그러나 이러한 효과에도 불구하고 환경영향평가는 완벽한 제도가 아니라 지속적인 보완과 발전을 필요로 하는 제도이다. 시간과 공간에 따라 환경문제의 형태가 달라지고 현존하는 다양한 형태의 불확실성에 대한 예측을 평가하는 기법이기 때문이다.

환경영향평가가 갖는 한계점은 첫째, 예측 오차를 줄이기 위해서는 고도의 전문적 환경기술과 수많은 자료 및 경험의 축적을 필요로 하는 끊임없는 보완과 시행착오를 요구하며, 완벽한 평가기법을 도출하기란 대단히 어려운 한계점이 있다. 둘째, 제안된 개발의 대안이 경제적·기술적으로 한정되어 있고 대안의 가치에 대한 확실성이 결여되기 쉽고, 대안가치의 객관화·계량화가 어려워 대안간 비교가 곤란하다. 셋째, 개발과 보전의 조화수준과 이에 대한 판단기준이 모호하다는 점이다. 환경영향평가제도가 추구하는 목표는 지속가능한 개발을 달성하고 환경오염을 사전에 예방하며, 환경과 개발을 조화시키고자 하는 것이다. 그러나 수많은 변수의 분석과 예측을 통해 파악된 환경질의 훼손과 개발의 필요성의 가치에 대한 계량화와 판단기준이 모호하여 가치의 우선순위를 정하기가 어렵다. 넷째, 환경재의 경제적 편익에 비하여 환경적 손실(비용)을 경제적으로 계량화하는 데 한계가 크다. 즉, 환경영향평가에서 경제성평가는 환경을 평가대상으로 포함하여 개발로 인하여 환경피해가 예상되면 사회적 비용으로 환경이 개선되면 환경편익으로 간주되는데, 이에 대한 평가범위와 방식에 대한 한계들이 상존한다.

5.2 환경영향가제도의 발전방향

평가서 작성주체와 평가의 공정성

개발 이전부터 해당 사업의 환경적 적절성을 평가하기 위한 환경영향평가제도는 경부고속철도, 서울외곽순환도로, 새만금간척사업, 4대강 사업 등 각종 국책사업을 둘러싸고 환경영향평가가 제 역할을 하지 못했다는 지적이 많이 제기되었다

이는 정책담당자 또는 사업자가 환경영향평가서가 본래의 취지보다는 사업추진을 위한 형식적인 절차로 인식하는 경향이 크기 때문이다.

새만금간척사업만 하더라도 그렇다. 1989년에 작성된 새만금간척지 환경영향평가에 따르면, 사업완공 후 새만금 담수호의 부영양화와 관련이 있는 총인(T−P)농도 추정치는 0.1ppm으로 농업용수기준(0.1ppm)을 만족시키는 것으로 예측되었으나, 1999년 민간합동조사단 조사에서는 사업 완공 후 담수호의 총인농도가 최고 0.19ppm으로 예측되어 환경영향평가와 상당한 차이를 보였다.

따라서 환경영향평가서를 사업주체가 작성하는 것이 아니라 환경부, 승인기관 또는 제3의 기관에서 작성토록 하여 객관성을 확보하여야 한다는 주장이 제기되고 있다.

그리고 환경영향평가가 형식적으로만 추진되는 것을 막기 위해서는 일회성의 현행 주민의견 수렴제도를 개선하여 평가의 공정성을 확보함으로써 평가서의 부실 작성을 방지할 수 있어야 하며, 평가서 검토기능을 강화하여 부실평가서의 확인 및 보완, 각종 평가기법, 환경정보체계의 구축, 평가대행자에 대한 관리 등을 지속적으로 추진할 필요가 있다. 또한 주민의견 수렴대상을 시민단체 등 지역주민이 아닌 자에까지 확대하고 평가단계마다 이해관계자가 참여할 수 있도록 평가과정을 공개하는 방향으로의 제도개선이 바람직하다.

평가서 협의주체

환경영향평가서의 협의(또는 심사)주체를 누구로 할 것인지를 정하는 것은 환경영향평가의 주된 관심사중의 하나이다. 이와 관련하여 환경부와 환경단체간에 큰 입장차이가 있다. 환경부는 환경영향평가제도가 사업승인 전에 사업자로부터 평가서를 제출받아 이를 협의해주고 필요시 사업승인기관에 공사중지명령을 요청하는 제도이기 때문에 이 제도를 인·허가 개념으로 해석해서는 안된다는 입장이다. 이에 반해 환경단체들은 이 제도의 취지를 적극적으로 해석하여 사후 환경관리적 차원이 아니라 구체적인 규제수단으로 활용하여야 한다는 입장이다.

미국, 독일 등 많은 국가에서는 협의주체를 크게 평가대상 사업에 대한 계획을 승인하는 행정기관과 환경부로 구분하여 운영하고 있는데, 이는 환경성만을 고려하는 것이 아니라 경제성, 기술적 실현가능성 등을 종합적으로 검토할 수 있고, 사업계획의 기본속성을 훼손하지 않으면서 환경적 악영향을 최소화할 수 있는 장점을 지니고 있다. 일반적으로 환경관서에 의한 평가서의 협의는 환경보전 측면에서 볼 때는 가장 이상적이나 환경 이외의 분야에 대한 고려가 미흡할 수 있다.

우리나라의 경우 아직까지 개발부처가 자체적으로 평가서를 검토하기는 어려우므로 중·장기적으로 개발부처에서 직접 평가서를 검토할 수 있도록 관련 조직과 인력을 확보하고 관련된 법적·제도적 준비가 필요하다.

평가대상사업

일반적으로 환경영향평가대상사업의 종류 및 규모를 규정하는 방식은 크게 두 가지이다. 첫째는 미국, 캐나다 등 구체적 타당성을 중시하는 판례법주의 국가에서 흔히 채택하는 것으로서 평가대상을 인간환경질에 중대한 영향을 미치는 행위 등으로 포괄적으로 규정, 각 행위별로 구체적인 환경영향을 사전 심사하여 평가대상여부를 결정하는 Screening 방식이다. 또 다른 방법은 독일, 일본 등 법적안정성 및 예측가능성을 중시하는 성문법주의 국가에서 흔히 채택하는 것으로서 평가대상을 사업종류 및 규모별로 구체적으로 명시해주는 Positive, Negative List 방식이 있다. 각국에서는 사회·경제적 여건, 행정체계, 평가실시경험 등 여건을 고려하여 선택하고 있으며, 우리나라는 둘째방식을 채택하여 운영하고 있다. 그러나 Positive, Negative List방식은 평가대상여부를 결정할 경우 사업지역의 입지여건 또는 대상사업별 특수성을 충분히 고려하지 못하고, 평가대상사업에 근접한 규모 미만사업에 대한 환경성 고려가 불가능하다는 문제가 있다.

현재 우리나라는 환경영향평가대상 사업을 법령에서 구체적으로 그 종류와 규모를 열거, 환경영향평가에 있어 중점평가항목을 「환경영향 평가서작성 등에 관한 규정」에서 대상사업별로 규정하고 있어 평가제도가 법적으로 안전하고 예측가능하다는 장점이 있으나 지나치게 경직적이기 때문에 상황에 따라 합리적으로 대응할 수 있는 유연성이 부족하고 구체적인 타당성을 상실할 가능성 또한 높다.

따라서 향후 평가제도는 평가대상사업을 일본이나 유럽과 같이 절대적 평가대상과 상대적 평가대상으로 구분하여 상대적 평가대상사업은 입지여건 등을 고려하여 평가여부를 결정하는 스크리닝제도를 도입할 필요가 있다.

또한 환경영향이 단순하고 평가방식이 정형화되어 있는 사업에 대하여는 그 절차를 대폭 간소화하는 약식평가제도를 도입하여 평가대상 사업별 평가항목 선정에 있어 불필요한 평가항목 최소화할 수 있어야 한다. 아울러 사업의 특성과 입지여건에 따라 효율적이고 경제적인 평가를 위해서는 협의기관, 사업자, 승인기관 및 관계 전문가가 참여하여 평가항목을 결정하는 스코핑 제도의 도입도 고려할 필요가 있다.

지역영향평가 및 누적영향평가

최근 지역개발 촉진을 위한 광역단위 개발계획이 증가하고 있으나 현행 영향평가법은 개별 사업자 및 개별사업 중심으로 평가가 이루어지고 있다. 동일한 환경영향권역 내에서 다수의 개발사업이 동시 또는 시차를 두고 시행될 경우 나타나는 경영향은 상호 복합·상승작용을 유발하며, 산림에서 채석을 하거나 해안에서 골재나 광물을 채취하는 경우, 환경영향평가를 고의적으로 회피하기 위해 사업을 분할하여 시행하는 경우에 대해 현행법상 대응이 어려운 실정이다. 다수의 개발사업으로 이루어지는 지역개발사업의 경우 미리 지역개발계획에 대한 사전 환경성검토가 이루어진다면 그 과정에서 환경성 평가가 가능할 것으로 보지만 아직 사전 환경성검토제도가 미완의 제도임을 감안할 때 평가제도 자체 내에 보완책이 마련될 필요가 있다. 따라서 산림이나 해안에서 석재, 광물 또는 골재를 채취하는 경우에는 대상지역 전체를 대상으로 사업자단체 또는 인·허가를 행하는 행정관청이 평가서 작성주체가 될 수 있도록 하여 사업의 분할시행으로 영향평가 회피를 방지하고 단위사업만을 대상으로 하는 단편적인 평가의 문제점도 해결할 수 있을 것이다.

읽을거리

강의 생명, 강의 죽음

강은 수천, 수만년을 두고 굽이굽이 흐르며 인간과 동식물들에게 넉넉한 생명의 터전을 제공해 왔다. 그러나 때로 강은 인간이 부른 재앙으로 희생되기도 한다. 그러면 주변의 인간, 동식물도 응당 위기에 처할 수밖에 없다.

지난주 헝가리에서 난 독성 슬러지 유출 사고는 이런 위기와 재앙의 연결고리를 생생하게 보여주었다. 헝가리 다뉴브강 지류인 마르칼강 부근 알루미늄 공장에서 슬러지 대량 유출 사고가 발생했다. 사고로 슬러지가 마을을 덮쳐 7명이 숨졌다. 납, 카드뮴 등 독성물질이 함유된 슬러지가 마르칼강을 거쳐 동유럽의 젖줄 다뉴브강으로 흘러들었다. 마르칼강은 전 생태계가 파괴됐고 다뉴브강 본류에서도 죽은 물고기가 산발적으로 발견됐다. 하류 쪽의 크로아티아, 세르비아, 루마니아, 불가리아, 몰도바 등에도 식수오염 비상이 걸렸다. 현재 사고 공장에서 2차 대형 유출이 일어날 위험이 높다고 한다. 그린피스는 "유럽에서 지난 20~30년 사이 발생한 최악의 환경 재앙"이라고 밝혔다.

우리는 이 사고가 4대강 사업을 성찰하는 계기가 돼야 한다고 본다. 다뉴브강은 '아름답고 푸른 도나우' '도나우강의 잔물결' 같은 음악을 탄생시킨 아름다운 강이다. 아름다움에선 우리 강들도 뒤지지 않는다. 군사정권의 한강 종합개발 같은 훼손사례가 있긴 했지만 한국만큼 강의 원형이 잘 보전돼 있는 나라는 흔치 않다. 그러나 목하 강 살리기란 이름으로 이 강들을 전면 개발하는 4대강 사업이 벌어지고 있다. 그것도 이명박 대통령의 임기 안에 끝내겠다며 전력질주를 하고 있다. 생태 파괴를 걱정하는 사람들은 4대강 살리기가 아니라 죽이기라고 경고하며 공사 축소, 속도 조절을 호소하건만 막무가내다.

4대강 사업은 돌발적인 다뉴브강 사고와 성격이 다른 것인가. 그렇지 않다. 둘은 인위적인 것이란 점에서 본질이 같다. 도리어 다뉴브강 사고는 인간의 실수로 인한 일회적인 것인 데 비해 4대강 사업은 조직적으로 엄청난 돈을 쏟아부어 강을 죽음으로 몰아넣는 일이라는 것이 생태주의자들의 주장이다. 인간의 욕심과 무책임의 합작품이다. 왜 아니겠는가. 환경영향평가와 예비타당성조사는 졸속으로 끝냈다. 이러다 보니 환경부가 국토해양부를 환경영향평가법 위반 혐의로 고발키로 하는 일까지 벌어졌다.

자연은 자연 상태로 있을 때 가장 아름답다. 보를 쌓고 준설을 해 생명유지장치를 채운 강, 물줄기를 곧게 편 인공의 강은 진짜 강이 아니다. 현재의 강 살리기 속도전은 결국 강 죽이기 속도전으로 판명날 수 있다(경향신문, 2010).

참고문헌

경향신문, 2010.10.10.

남영숙, 『환경영향평가서 작성주체 개선방안』, 한국환경정책·평가연구원, 1999.

동아일보, 2004.5.24.

서울신문, 2004.8.5.

설석진, 『환경영향평가법과 제도』, 국립환경연구원 환경영향평가반 자료.

이병인, 『환경영향평가 -이론과 실제-』, 양서각, 2000.

한상욱, 『환경영향평가론』, 동화기술, 2001.

환경부, 『환경백서』, 2009, p.350.

제 12 장 환경·자원의 경제적 가치평가

국내외적으로 환경문제를 최소화하고, 인간 삶의 쾌적함(amenity)을 유지하기 위한 노력이 다각적으로 전개되고 있다. 환경문제의 해결은 그 특성상 과학·기술의 적용만으로는 한계가 있기 때문에 경제학적 모색과 접근이 동시에 이루어질 때만이 가능하다. 환경문제는 인간의 과도한 욕구와 소비행태에서 비롯되었기 때문에 효과적인 경제학적 접근이 절대적으로 필요하다는 것이다. 구체적으로 환경질의 쾌적함을 유지하기 위한 정책 수립과 증가하는 환경사고에 대한 보상기준 마련 등이 그것이며, 이를 위해 환경·자원의 경제적 가치평가에 대한 이론의 정립이 중요하다. 즉, 환경이 인간의 경제활동에 미치는 영향을 구체적으로 계량화함으로써 경제계와 환경계의 교호작용(interaction)을 보다 바람직한 방향으로 유도할 수 있게 되는 것이다.

이 장에서는 환경문제의 경제학적 접근을 위하여 환경자원의 공공재적 성격 및 외부효과와 경제적 가치평가의 필요성과 가상가치평가법을 중심으로 여행비용법, 헤도닉가격기법의 이론적 배경, 평가 방법(절차) 및 기존 연구의 검토, 적용상의 문제점 등에 대하여 살펴보기로 하겠다.

1 환경·자원의 경제적 가치평가

환경문제가 증가한다는 것은 외부불경제가 규모화 된다는 것을 의미한다. 지금까지 환경문제로 인한 피해는 대부분 적정한 가격으로 보상되거나 지불되지 않았다. 이해당사자들간의 공식적인 거래가 시장을 통하여 이루어지기 위해서는 거래비용(transaction cost)이 있어야 하며, 거래비용이 편익의 크기보다 작을 경우에는 시장에서의 존립기반을 상실하게 되기 때문이다.

〈그림 12-1〉 환경의 경제적 가치평가 방법

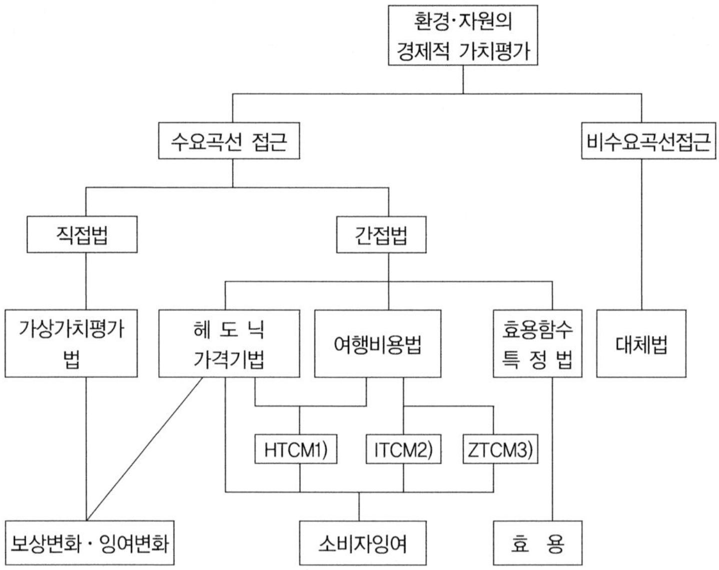

주 1) HTCM : Hedonic Travel Cost Method.
2) ITCM : Individual Travel Cost Method.
3) ZTCM : Zone Travel Cost Method

자료 : Turner, R. K., Pearce, D., Bateman, I., Environmental Economics : An Elementary Introduction, Harvester Wheatsheaf, 1994, pp.115 ; 加田良平 外, 『農林業の外部經濟效果と環境農業政策』, 多賀出版, 1995, p.65.

최근 들어 환경·자원에 대한 경제적 가치평가는 환경문제에 직면하고 있는 나라뿐만 아니라 전지구적 차원에서 활발하게 연구되고 있으며, <그림 12-1>과 같이 다양한 평가방법들이 제시되고 있다. 불과 20년 전에만 하더라도 이러한 연구는 실험적 수준에 머물렀으나, 근래에 들어서 미국, EU 등을 중심으로 환경·자원의 가치평가를 정형화하려는 연구가 보다 구체화되고 있다. OECD 농업위원회에서는 농업이 가지고 있는 여러 공익적 기능을 평가할 수 있는 보다 정밀한 방법의 개발을 요구하고 있으며, 이의 연계선상에서 가상가치평가법에 대한 연구가 진행되고 있다. 그리고 미국에서는 1981년 레이건 행정부 행정명령 12291의 발효로 비용이 1억달러를 초과할 것으로 예상되는 환경사업이나 규제에 대해서는 비용-편익분석을 법제화한 바 있다.

환경·자원에 대한 가치평가의 궁극적인 목적은 환경·자원으로부터 발생되는 여러 형태의 외부경제효과를 효율적으로 이용하자는 것이다. 이를 위해서는 환경자원의 가치를 적정하게 평가하고 이를 내부화하여야 한다. 그리고 외부불경제로 인한 부정적 영향들은 다양한 정책기제를 통해 그 영향을 최소한으로 억제시켜야 한다.

환경재의 경제적 가치평가에 있어서 Freeman(Freeman, A. M., 1979)은 다음과 같은 이론적인 조건들을 갖추어야 한다고 하였다. 첫째, 대상물의 평가에 따라 화폐단위로 평가의 결과를 나타낼 수 있어야 한다. 둘째, 평가기법 및 순서는 분석적, 실증적이면서도 개인의 행동과 선호에 기초하고 있어야 한다. 셋째, 평가기법에 환경의 질을 나타내는 척도가 변수로 반드시 포함되어야 한다. 넷째, 평가액은 개인행동에 대한 이론적 모델과 시장구조 등 경제주체간의 관계에 근거하여야 한다. 다섯째, 실증연구에 사용되는 현실척도는 이론모델에서 사용되는 변수와 될 수 있는 한 밀접한 관계이어야 한다. 여섯째, 평가방법은 이론적 모델에 근거하는 실증적 분석기법을 사용하여야 한다.

외부효과를 내부화 시키는 것은 궁극적으로 시장기구를 통하여 환경재가 효율적으로 배분되는 효과를 가지며, 어떠한 방향에서 정책이 수립되는가에 따라 환경질의 제고에 직간접적 영향을 미치게 된다. 특히, 환경문제와 결부되어 발생되는 외부효과는 단기간에 해결하기에는 막대한 자본이 필요하고, 완전한 복구가 불가능하다. 따라서 환경재의 비가역적 성격, 외부불경제로 인한 피해의 규모나 대상이 불특정 다수라는 점 때문에 외부효과를 완전히 내부화 하는 데에는 일정 한계가 따른다.

그리고 환경·자원의 경제적 가치평가는 경제이론을 바탕으로 하고 있기 때문에 이 기법들이 추정해내는 가치는 기본적으로 경제적 가치이며, 그 추정기법들은 모두 경제적 가치가 가지는 한계를 공유하게 된다. 즉, 경제적 가치 평가는 경제학의 가치판단의 문제가 개입되지 않는 상황을 전제로 하기 때문에 상황에 대한 판단과 평가법의 적용이 매우 중요하다(이정전, 1996)

환경에 본질적으로 내재되어 있는 가치를 특정한 지불수단으로 평가하는 것은 아직까지 이론·계량분석·기술적 측면에서 많은 한계점을 노정하고 있다. 그러나 이러한 문제는 지속적인 연구를 통하여 보완되고 있으며, 날로 환경문제가 심각해지고 있는 현 상황을 고려할 때 환경·자원의 경제적 가치평가가 갖는 중요성은 더욱 커지고 있다.

2 가상가치평가법

가상가치평가법(contingent valuation method, CVM)은 환경·자원, 공공재 등 비시장재화로부터 발생되는 가치를 화폐단위로 평가하는 방법이다. 휴양과 자연자원의 가치평가를 위하여 Davis(Davis, R. K., 1964)에 의해 최초로 시도된 이래, Ciriacy-Wantrup, Randall, Freeman, Eastman, Carson 등에 의해 이론적 발전을 이루었다. 우리나라에서 CVM은 가상가치평가법, 임의가치평가법, 가상가치접근법, 조건부가치측정법 등으로 불리우는데, 이 책에서는 가상가치평가법으로 칭하기로 하겠다.

일반적으로 소비자들이 어떤 재화를 구입하고자 할 때에는 그 재화의 소비로 인한 효용의 증가분을 화폐단위로 기꺼이 지불할 의사가 있다는 것을 의미한다. 즉, 경제주체들은 재화를 소비함으로써 얻게되는 편익에 상응하는 대가를 화폐단위로 기꺼이 지불하고자 한다. 그러므로 재화의 가치(가격)는 그 재화를 구입하기 위해 기꺼이 지불할 의사가 있는 금액(willingness to pay, WTP)을 의미하며, 재화를 소비함으로써 얻게 되는 한계효용(한계편익)과 동일한 개념이다.

대기, 수자원 등을 비롯한 대부분의 환경재는 공공재적 성격을 가지고 있기 때문에 시장에서 거래되지 않는 비시장재화이다. 그러나 환경재는 경제계 내의 모든 경제주체들에게 효용과 생산과정에서의 편익을 제공하고 있다는 점을 주목해야 한다.

CVM은 설정된 가상적인 상황하에서 가계의 효용 변화를 화폐가치로 평가하는 방법이다. 다시 말해, 가치를 평가할 재화나 지불의사 등이 모두 가상적인 상황에서 전개되는데, 앞으로 수질이나 대기질이 특정 수준으로 개선된다면 이에 대해 어느 정도 가치를 두느냐를 질문하는 사전적(ex-ante) 후생수준의 변화를 측정하는 방법이므로 여기서 개선된 수준은 사실 가상적인 상황을 의미한다(곽승준·전영섭, 1995).

CVM에 의한 가치 또는 편익추정은 다른 가치평가 방법과는 달리 효용함수에 대한 일반적 가정이나 수요함수의 도출이라는 복잡한 중간과정을 거치지 않고 직접 응답자의 지불의사 또는 수용의사(willingness to accept, WTA)를 통해 지출함수에서 Hicks적 후생개념인 동등변이(epuivalent variation, EV), 보상변이(compensating variation, CV), 동등잉여(equivalent surplus, ES), 보상잉여(compensating surplus, CS) 등을 추정할 수 있는 방법이다.

경제상태가 변화하는 경우에 일반적으로 사적재의 가격과 공공재의 공급량이 변화하게 되는데, 여기에서 CV란 변화 전의 효용수준을 유지하기 위하여 지불 또는 손실되는 화폐액을 의미한다. 그리고 EV는 변화 후의 효용수준을 유지하기 위하여 또는 변화 전의 효용수준을 증가시키기 위하여 지불 또는 손실되는 화폐액을 의미한다.

2.1 가치 평가 방법

일반 상품의 경우 대부분 거래되는 시장이 존재하고 있기 때문에 판매자나 구매자가 행동을 통해 직접적인 선호를 나타낼 수 있지만, 공공재의 경우에는 직접적인 시장구조가 존재하지 않는다.

전통적인 경제학적 가정 하에서 개인의 선호는 소득과 소비되는 재화들간의 대체관계에 의해 결정되었다. 이와 같은 가정은 여러 가치평가 방법들의 기초가 되고 있으며, 그 중 하나가 환경·자원, 인간의 건강, 여가활동 등과 같은 비시장재화(non-market goods)의 가치를 평가하고자 하는 CVM이다.

어떤 환경재로부터 편익을 얻는 경우 대부분의 이용자들은 가상적인 시장이 주어질 경우 그들이 가지고 있는 가치를 표현하게 되는데, CVM은 편익의 증가 내지는 위험의 감소에 대해 지불 가능한 최대 금액을 직접 설문함으로써 가치를 평가한다. 이와 함께 재정적인 보상을 전제로 하여 기꺼이 수용할 수 있는 위험의 증가에 대해서도 설문할 수 있다.

CVM 연구를 효과적으로 수행하기 위해서는 다음 6가지 상항을 중점적으로 고려하여야 한다. ①가치를 평가할 모집단(population)의 설정, ②가치화 될 산출물(product)에 대한 정의, ③지불수단(payment vehicle)의 선택, ④연구의 목적과 편의의 통제를 위한 CVM의 질문방법(입찰게임, 이선선택형 등), ⑤자료의 분석(data analysis), ⑥추가적인 자료(supplement data)의 획득 여부 등이다(Bromley, D. W., 1986). 그리고 CVM 수행의 절차는 다음 <그림 12-1>과 같다.

〈그림 12-2〉 CVM 수행의 절차

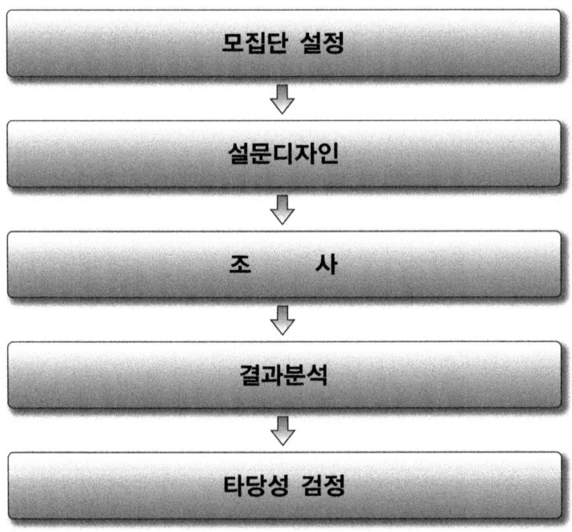

모집단 설정

CVM 연구의 첫 번째 단계는 가치측정의 대상과 가치를 평가할 모집단을 결정하는 것이다. 주지하다시피 환경재가 갖는 공통적인 특징은 다양한 가치를 공급하는 것이다. Boyle·Bishop(Boyle, K. J., 1985)은 이와 같은 가치를 4가지로 구분하였는데 첫째, 수렵 등의 소모성의 이용가치 둘째, 야생 동식물을 보는 것 등을 통해 만족을 느끼게 되는 비소모성의 이용가치 셋째, 독서와 영화, TV 등에 의한 간접적인 서비스의 제공이며 넷째, 어느 서식지와 종이 존재하고 있다는 사실 그 자체로부터 얻는 만족에 대한 가치이다.

일반적으로 환경재가 제공하는 비시장 편익은 사용가치, 선택가치, 그리고 존재가치로 구분된다. 사용가치(use value)는 말 그대로 현재 사용하는 가치로 특정한 지불 없이 얻게 되는 편익이다. 선택가치(option value)는 사람들이 미래의 사용가치보다 현재의 실질적인 사용을 선호하는 것이다. 그리고 존재가치(existence value)는 대상의 존재 자체만으로도 가치를 가진다는 것이다. 존재가치의 잠재적 중요성은 Boyle·Bishop의 연구에 의해 추정된 바 있는데, 이 연구에 의하면 위스컨신의 납세자들은 실질적으로 사용이나 선택(option)적 가치가 없는 작은 황어를 비롯하여 striped shiner(줄무늬 은빛의 작은 물고기)의 보호에 연간 1천 2백만 달러를 지불할 의사가 있다는 것이다. 또한 이 연구의 결과는 자원(생물종)의 존재만을 위하여(존재가치) 종의 보호를 구체적으로 요구하는 것이기도 하였다. 이와 같이 비시장재화에 대한 가치의 개념이 확대됨에 따라 CVM 연구에서 적용 가능한 모집단이 확대되고 있다(Boyle, K. J., 1987).

오늘날 CVM은 매우 광범위하게 적용되고 있으며, 특히, 비사용가치(nonuse value)의 평가에 많이 활용되고 있다. 이에 대한 외국의 실증사례 몇가지를 정리해 보면 다음과 같다.

〈표 12-1〉 CVM을 통한 비사용가치의 실증사례

연구자	평가 대상	평가 가치	조사방법 (조사년도)	표본 크기	추정 결과 ($)
Bennett1)	남부 오스트레일리아의 자연	존재가치	개별면접 (1979)	467	0~750 평균값 : 27.08 중앙값 : 5.21
Brookshire, Eubanks, Randall2)	와이오밍의 회색곰과 야생양	선택가치	우편조사 (1983)	회색곰:751 야생양:785	회색곰 : 10.0~21.0/년 야생양 : 16.7~22.0/년
Hoevenagel, Linden3)	2015년의 쾌적한 환경	총가치	우편조사 (1989)	893	평균 WTP=16.6~29.0
Holmes, Kramer4)	숲 생태계의 보호	총가치	우편조사 (1991)	486	지불카드법 : 평균 WTP=22.9 이선선택형 : 평균 WTP=40.4
Kahneman, Knetsch5)	재난으로부터의 보호	총가치	전화조사 (1989)	그룹1 : 64 그룹2 : 74	환경서비스 : 평균=135.9 중앙값=50.0 재난 준비의 개선 : 평균값=29.1~151.6 중앙값=10~50.0

주 1) Bennett, J. W.,"Using Direct Questioning to Value the Existence Benefits of Preserved Natural Areas", Australian Journal of Agricultural Economics 28, 1984, pp.136-152.

2) Brookshire, D. S., Eubanks, L. S., Randall, A.,"Estimating Option Price and Existence Values for Wildlife Resources", Land Economics 59, 1983, pp.1-15.

3) Hoevenagel, R., van der Linden, J. W.,"Effects of Different Descriptions of the Ecological Good on Willingness to Pay Values", Ecological Economics 7, 1993, pp.223-237.

4) Holmes, T. P., Kramer, R. A.,"An Independent Sample Test of Yea-Saying in Dichotomous-Choice Contingent Valuation", Research Triangle Park, NC, Forestry Sciences Lab. 1993.

5) Kahneman, D., Kntsch, J. L.,"Valuing Public Goods : The Purchase of Moral Satisfaction", Journal of Environmental Economics and Management 22, 1992, pp.57-70.

설문디자인

CVM의 조사방법은 일반적인 조사방법과 유사하지만, CVM에서 추정하고자 하는 대상에 대한 WTP를 객관적으로 유도하기 위하여 여러 가지 방법들이 활용된다. 그것은 CVM 연구가 가상적인 상황을 가정하기 때문에 현실 상황과의 괴리를 최소한으로 줄이는 것이 중요하기 때문이다.

조사방법으로는 전화, 우편 등을 이용한 간접조사보다는 직접면접조사(personal interview)를 권장하고 있다. 1989년 Exxon Valdez의 알래스카 원유 유출사건의 법적 처리과정에서 NOAA(National Oceanic and Atmospheric Administratione) 위원회는 CVM이 상실한 비사용가치를 포함한 피해를 평가하는데 있어 충분히 신뢰할만한 추정치를 산출할 수 있다는 결론을 내렸으며, 이 위원회에 보고된 가이드라인에서 CVM 적용시에 요구되는 일반적인 권고사항(general guidline)은 다음과 같다. 표본 수와 크기에 대해서는 전문가의 권고를 참고할 것, 무응답비율을 최소화할 것, 개별면접(face-to-face interview)을 이용할 것, 조사원 효과(interviewer effects)를 사전에 검정할 것, 표본 수, 모집단, 표본 추출방법, 무응답 비율 등에 대하여 구체적으로 표현할 것 등이다(NOAA, 1993). 전화나 우편을 통한 설문조사는 응답자의 전략적 행위(strategic behavior)를 적절하게 통제하기 어렵기 때문이다. 직접면접조사는 조사 내용을 충분히 파악하고 있는 조사원에 의해 수행되므로 응답자가 질문의 내용을 이해하는데 도움을 주고 응답자로부터 정확한 응답을 이끌어낼 수 있다는 장점이 있다.

CVM 연구를 위한 설문지는 다음의 사항을 염두에 두고 구성하여야 한다. 첫째, 조사하고자 하는 대상을 구체적으로 인식할 수 있도록 해야 한다. 둘째, 이해하기 쉽고 간결, 명료하게 작성해야 한다. 셋째, 연구내용에 따라 WTP 유도방법을 잘 고안하여야 한다. 넷째, 충분한 정보를 제공하여 편의의 발생을 최소한으로 억제하여야 한다.

응답자들이 생각하고 있는 유효한 가치를 정확히 표현할 수 있도록 하기 위해서는 가치평가의 대상에 대한 보조자료를 잘 활용해야 한다. 대표적인 보조수단으로는 사진, 신문기사 스크랩, 차트, 지도, 비디오 등과 같은 시각적 자료(visual displays)나 조사를 위해 특별히 고안된 자료 등을 활용해야 한다.

그리고 CVM 연구에서 가상적 가치시장 설정시 중요한 과정중의 하나는 지불수단(payment vehicle)을 제공하여 응답자가 제시한 가치가 현실성 있도록 유도한다. Mitchall·Carson은 응답자의 지불의사를 유도하기 위한 가장 실제적인 방법은 지불수단을 잘 선택하여 응답자들의 함축된 평가를 도출하는 것이라고 하였다. 그리고 여러 질문형태 중 입찰게임방식에서 고정점 편의가 발생할 가능성이 있기 때문에 지불수단의 선택에 주의가 필요하다고 하였다(Smith, V. K., 1986).

일반적으로 많이 이용되는 지불수단으로는 연구 목적에 따라 소득세, 재산세, 부가세, 환경세, 수도세, 입장료의 인상 등 여러 유형을 고려할 수 있다. 지불수단을 선택할 때 가장 중요한 점은 평가하려는 대상과 관련하여 현실성 있고 사실과 일치하는 수단을 선택하여야 한다. 그리고 응답자들은 새로운 형태의 조세를 신설하는 것보다는 현재의 상태를 보다 선호할 것이므로 자동차 유류비에 주행세를 포함시킨다든지 수돗물 요금에 수질개선부담금을 포함시키는 등의 방법을 고려하여야 한다.

설문방법

CVM 연구에 자주 이용되는 설문방법으로는 입찰게임, 개방형질문, 지불카드형태, 이선선택형질문 등이 있으며, 이외에도 카드형태 등 일체의 보조자료를 이용하지 않고, 평가대상의 WTP를 유도하는 직접질문법(direct question)이 있으나, 이 방법은 정확성과 편의의 유발 가능성, 추정된 결과의 신뢰성이 불투명하여 이용되지 않는 추세이다.

입찰게임(biding game)은 경매법이라고도 불리우며, 이 방법은 경매를 하듯이 응답자의 WTP나 WTA를 유도하기 위하여 최초의 입찰가격(starting point bid)을 제시한 후 계속 그 가격을 높여나간다. 응찰 여부를 확인하면서 계속 반복하게 되면 응답자의 최종적인 낙찰 가격을 얻게 된다. 이 낙찰된 금액이 응답자의 최대 지불의사액(maximum willingness to pay, MWTP) 또는 최소 수용의사액(minimum willingness to accept, MWTA)이 된다.

개방형 질문(open-ended questions)은 응답자가 가치평가의 대상물과 지불수단에 대한 정보만을 제시하고 추가적인 정보, 반복적인 입찰이나 다른 과정을 생략하고 의사결정을 하게 된다. 이 방법은 우편조사시에 유용하게 이용될 수 있으며, 입찰게임에서 발생될 우려가 있는 출발점 편의를 제거할 수 있다는 장점이 있다.

지불카드형태(payment card format)는 조사원이 응답자의 응답을 용이하게 하기 위하여 일련의 보조자료를 이용한다. 보조자료는 응답과 관련된 내용, 예를 들어 소득계층별로 공공재의 이용에 대한 세금의 액수 또는 유사한 가계의 지출 유형 및 내용 등이 적힌 카드 형태가 많이 이용된다.

이선선택형(dichotomous choice question)은 '예' 또는 '아니오'의 두가지 질문 중에서 어느 한쪽만을 선택하여 응답하게 하는 방법이다. 지금까지 제시되었던 세 가지 형태의 질문방법은 응답자들이 정확한 액수를 표현해야 하는데 반해, 이 방법은 긍정 또는 부정 중 하나만 선택하면 되기 때문에 손쉽게 의사결정을 내릴 수 있다는 장점이 있다. 그리고 이 방법은 설문과정이 매우 손쉽기 때문에 우편조사나 전화조사에 많이 이용될 수 있다(Bromley, D. W, 1986).

자료 분석

CVM 연구에서 조사된 자료를 분석할 때 유념해야 할 것은 첫째, 관찰치가 너무 작거나 추정치의 검증이 곤란한 경우에 어떠한 분석방법을 적용할 것인가를 사전에 고려히여야 한다.

둘째, 표본집단으로부터 얻어진 WTP와 독립변수와의 관계, 평균 또는 중앙값(median) 등과 같은 통계적 결과를 구하고, 연구 목적에 부합하도록 분석이 이루어져야 한다.

셋째, 자료분석시에 응답자의 WTP가 0이나, 비정상적으로 높은 경우에는 새로운 질문을 통해 진실로 평가대상의 가치를 0으로 응답하였는지 확인하여 신뢰성이 있을 경우에는 분석 자료에 포함시켜야 하나 그렇지 않은 경우에는 분석에서 제외시켜야 한다. 이와 같이 상반된 응답시의 문제를 해결하기 위한 체계적 접근방법이 Desvousges·Smith·McGivney(Desvousegs, W. H., 1983)와 Edwards, Anderson

(Edwards, S. F., Anderson, G. D.) 등에 의하여 연구되었으며, 일차적으로는 무응답 비율을 최소화하는 것이 중요하다(Bromley, D. W, 1986).

2.2 CVM의 적용사례

환경기준의 강화나 이에 따른 여러 가지 환경정책들의 시행에는 막대한 비용을 필요로 한다. 따라서 환경질의 개선에 따른 편익을 화폐적 가치로 측정하여 정책 시행에 있어서 경제적 효율성을 확보하고자 하는 비용-편익분석은 선진국에서 이미 보편화되어 있다. 수자원개발사업의 경제성을 평가하기 위하여 도입된 비용편익분석은 1936년의 미국 「홍수방지법」(The Flood Control Act of 1936)에 도입되기 시작한 이래 정부의 공공사업계획의 경제성을 평가하는 수단이 되고 있다. 그리고 환경문제에 비용편익분석이 이용되게 된 것은 1972년 미국 에너지성(Department of Energy)에서 고속핵증식로 사업기술의 경제성 분석을 비롯하여 수질 개선정책, 오염방지계획, 유독물질 규제의 경제성 분석 등으로부터 시작되었다(Kneese, A. V., 1984, 유동운, 1994)

그러나 환경재의 정확한 가치나 환경오염은 가격기구를 통하여 거래되지 않기 때문에 대기질이나 수질 등 환경재화의 가치나 또는 공해방지사업으로 인한 후생수준의 증가를 화폐 가치로 측정하는 데에는 많은 어려움이 따른다.

그럼에도 불구하고 환경문제로 인한 법적 문제, 집단 갈등 등이 날로 확대됨에 따라 이를 평가할 수 있는 보다 정밀한 기법의 개발이 요구되고 있다. 특히, 미국에서는 1989년 Exxon Valdez의 알래스카 원유 유출사건을 계기로 환경자산 평가에 대한 연구가 법적 문제로까지 발전되었다. 이를 계기로 미국에서는 환경자산의 가치평가에 대한 많은 연구들이 수행되었으며, CVM 연구의 저변 확대에 적지 않은 영향을 미쳤다. 최근에 들어서 환경·자원에 대한 경제·생태적 분석은 환경경영이나 환경정책 수립의 기초자료로 활용되고 있다. 특히, 공공재의 가치평가를 위하여 광범위하게 적용되고 있을 뿐만 아니라 비시장재화의 가치평가를 위한 기초적인 연구방법으로 인정받고 있다.

우리나라에서의 CVM은 자연자원의 가치평가, 통일비용 추정, 수원함양림의 가치 평가, 휴양가치의 추정 등 비교적 여러 분야에 연구·적용되고 있다. 그러나 아직까지 대부분의 연구는 정책자료로 활용된다는 측면보다는 연구방법적인 측면에서 적용 가능성, 여러 방법간의 비교·분석 등에 중점을 두고 있다.

윤여창·김성일(1992)은 산림자원의 휴양가치를 CVM과 여행비용법(travel cost method, TCM)을 이용하여 비교·분석하였다. TCM과 CVM을 통해 3개 국립공원에 대한 산림휴양의 경제적 가치는 CVM을 적용하였을 경우에 1회 방문에 대한 편익은 설악산이 292,000원, 속리산이 340,000원으로 나타났으며, 두가지 모델을 적용한 TCM에서는 두 모델의 결과가 매우 상이하였으며, CVM에 의한 평가보다 현저히 낮은 것으로 나타났다.

이창재(1994)는 산림이 발휘하는 수원함양 편익의 수혜자에게 수원함양림의 조성·관리에 따르는 비용을 분담하게 하고, 수혜자가 이 편익에 대하여 어느 정도의 가치를 부여하는가를 평가하기 위하여 CVM의 이선선택형 질문으로 한강유역내 산림이 갖는 수원함양림의 가치를 평가하였다. 이 연구에 의하면, 서울시민들이 한강유역 산림의 수원함양 편익에 부여하는 가치는 가구당 월 14,965원으로 추정되었으며, 서울 시민 전체의 가치는 5,070억원으로 추정되었다. 그리고 편익의 제공자인 팔당호 유역의 상수원보호구역 내 산림 및 수원함양보안림 소유자들이 수원함양림의 유지를 위해서 보상받고자 하는 금액은 연간 ha당 82만원으로 임목생산에 의하여 기대할 수 있는 수익보다 높게 나타났다.

이 연구를 통해 한강상류 또는 팔당호 유역산림의 수원함양 편익의 수혜자들은 지금까지 국내에서 수행된 대체비용법에 의한 평가치 보다는 낮지만, 개별 경제주체의 입장에서 편익의 가치를 부여하고 있으며, 수익자부담원칙을 시행하는 데에 응용이 가능할 것으로 평가하였다.

곽승준·전영섭(1995)은 수돗물의 안전성 확보를 위하여 정부가 계획한 수원지의 수질자동화측정장치와 비상보조저수지를 설치함으로써 발생하는 편익 추정에 CVM을 적용한 바 있다. 이 연구 결과 가구당 월평균 WTP는 2,211~2,902원이었으며, 연간 평균지불의사는 약 829억 4,400만원으로 산출되었다.

윤여창·이광석(1995)은 우리나라 국민들의 농업에 대한 인식의 정도와 농업과 농촌에 대해 부여하고 있는 상징적 가치를 평가하기 위해 전국에서 500명을 대상으로 가구당 농특세에 대한 부담의사를 CVM으로 분석하였다.

이 연구에서 우리나라 국민들은 농업과 농촌이 유지·발전되는 상황을 기대하면서 상당한 수준의 효용을 느끼게 되며, 그러한 효용의 유지를 위해 적어도 가구당 월평균 24,300원 내지 31,690원을 지불할 의사가 있는 것으로 추정되었으며, 추정된 금액을 이용하여 우리나라 전체가구가 부담할 수 있는 총액은 연간 3조 2,700억원에서 4조 2,200억원 규모로 추정하였다.

한상렬(1995)은 야외휴양의 경제적 가치를 평가하기 위하여 CVM을 적용하였다. 이 연구에서는 대구광역시와 인근 시·군 주민들이 많이 이용하는 팔공산 자연공원의 야외휴양가치를 입찰게임, 지불카드형, 이선선택형으로 비교·검정하고, 적절한 평가기법을 제시하여 급증하는 야외휴양 수요에 대한 휴양정책의 재평가와 합리적인 정책수립의 기초자료를 제시하고자 하였다.

이주훈·장원태(1997)는 국민들이 통일비용을 어느 정도 지불할 의사가 있는지를 측정하기 위하여 CVM을 적용하였다. 국민들이 통일이 되었을 때 효용의 증가가 있다면 그 증가분 만큼 화폐단위로 기꺼이 지불할 의사가 있을 것이라는 가정하에서 통일의 경제적 가치와 통일에 대한 WTP는 동일하다고 가정하였다. 이 조사는 통일이라는 재화(상황)에 대하여 응답자들이 잘 알고 있기 때문에 전화조사를 통해 이루어졌으며, 이선선택형 질문으로 WTP를 도출하였다. 이 연구를 통해 국민들의 통일에 대한 WTP 즉, 통일에 의해 얻을 것으로 기대하는 경제적 편익은 103~129조원으로 추정되었다.

3 여행비용법

여행비용법(travel cost method, TCM)은 Harold Hotelling이 1947년 미국 국립공원국(National Park Service) 국장에게 보낸 편지에 의해 최초로 제시되었으며, 자연자원이 제공하는 다양한 여가의 기회(호수, 강, 또는 유적지 등)에 대하여 사람들이 지출한 비용과 그 시간 동안에 상실한 기회비용(opportunity cost)을 기초로 가치를 평가하는 방법이다(Bromley, 1986).

3.1 평가 방법

일반적으로 여가활동(recreations)의 수요는 비배제적 성격을 갖고 있기 때문에 가격이 없거나, 낮은 가격으로 공급된다. 그러나 이 가격만으로는 여가활동의 진정한 가치가 평가된 것이라고 볼 수 없다. 대부분의 여행자는 여비를 지불하며, 이 경우 여행지출은 보다 많은 효용을 얻고자하는 소비행위이기 때문에 이 보완관계를 이용하게 되면 대상 여가활동의 가치평가가 가능하다.

여행비용법을 이용하여 환경·자원의 가치를 평가하는 일반적인 방법은 방문율을 기초로 여행경험(whole recreation experience)으로부터 얻어지는 수요곡선을 먼저 도출한 후, 이를 바탕으로 평가하고자 하는 대상의 수요곡선을 도출한다(Clawson, M., Knetsch, J., 1965, 유동운, 1994).

따라서 가장 핵심적인 과정은 공원, 관광지 등의 이용에 따른 여행경비가 얼마나 되는지를 구하는 것이다. 이를 위해 대상지역까지 여행하는 데 따르는 비용에 관한 정보가 이용되며, 이러한 정보들을 종합하여 다양한 모형에 적용하여 분석한다.

어느 장소에서의 방문율과 여비의 관계를 나타내는 방문회수방정식은 여행비용과는 다른 사회·경제학직 특성을 독립변수로 하여 추정된다.

즉, TC를 여행비용, $X_1, \cdots X_n$은 소득 및 교육 수준 등을 포함하는 사회·경제적 변수라고 할 때, 방문율 Q_i는 다음 식 (12-1)과 같이 나타낼 수 있다.

$$Q_i = f(TC, X_i, \cdots, X_n) \qquad (12-1)$$

여기서 여행비용을 가격으로 간주하여 추정된 식에서 수요곡선을 구하게 되면, 일회에 해당하는 소비자잉여와 거리가 다른 각 지역의 소비자잉여를 구할 수 있으며, 이와 같이 산출된 소비자잉여에 방문 회수를 곱하게 되면 전체 소비자잉여를 구할 수 있다.

이론적으로 TCM은 Marshall의 소비자잉여를 평가하는 것이다. 따라서 CVM과 같이 보상변이(CV)와 동등변이(EV)를 통해 소비자 후생의 변화를 정확하게 측정하기 어렵다. 그러나 해당 재화의 소득효과, 또한 가격의 소득신축성, 또는 시장재화에 대한 대체의 정도 등에 대한 충분한 정보가 있다면, 후생변화의 근사치를 구하는 것이 가능하다. 그리고 자연환경으로부터 아무런 지불 없이 얻게되는 편익이나 여가활동의 수요 등을 TCM으로 평가하여 CVM과 비교하는 것도 가능하다.

3.2 HTM의 적용사례

TCM은 Hotelling의 편지 이후 Trice·Wood(1958), Clawson·Knetsch(1959, 1963, 1966) 등에 의해 이론적 발전을 이루었다. 특히, Clawson·Knetsch는 TCM 적용에 가장 많이 이용되는 모형을 제시하였으며, Pearse(1968)는 여행비용을 휴양장소까지 가는데 소요되는 고정비용과 휴양장소에서 체류하면서 소요되는 변동비로 구분하고 거리-비용의 접근방법에 소득수준을 포함시켰다. 그리고 Merewitz(1966)는 휴양 수요량과 편익수준의 평가에, Stevens(1965)는 소비자잉여를 이론적으로 고찰하기 위하여 TCM을 적용하였다.

최근에 들어서는 CVM과의 비교 연구도 활발하게 이루어지고 있는데, Choe·Whittington·Lauria(1996)는 강과 바다에 인접한 필리핀 다바오지역을 대상으로 수질 개선에 따른 경제적 편익분석 방법으로 CVM과 TCM을 적용하여 그 결과가 일치성이 있음을 입증하였다. 그리고 Browon·Jewell(1996)은 텍사스 지역을 대상으로 하여 간경화 사망률과 알콜 이용수준과의 관계를 고찰하기 위하여 TCM을 적용한 바 있다. 이외에도 휴양활동의 가치를 평가한 연구로 Layman·Boyce·Criddle(1996), Offenbach·Goodwin(1994) 등이 있으며, TCM 연구 방법 및 비판적 관점에서의 연구는 Randall(1994), Dobbs(1993), Cameron(1992), Brown·Mendelsohn(1984) 등이 있다.

국내에서는 김사헌(1981), 윤여창(1982), 박석희(1985) 등이 관광지와 산악형 국립공원지역의 가치평가를 위하여 TCM을 적용한 바 있다.

3.3 여행비용법 적용의 한계

자연경관이나 여가 활동에 대해 지불하는 비용을 환경의 가치로 평가하는 TCM은 다음과 같은 적용상의 문제점이 지적되고 있다. 첫째, 여러 가지 목적을 가진 여행자의 경우 각각의 목적에 따라 여행비용을 분리하는 문제 둘째, 여행목적에 따라 장기 체재하는 경우의 문제 셋째, 방문자마다 상이한 거리비용에 대한 계산의 어려움 넷째, 시간의 기회비용을 어떻게 추정할 것인가의 문제 등이 있다.

지금까지의 연구에 의하면, TCM은 비사용가치(nonuse value)에 대한 평가가 불가능하므로 전략적 편의의 발생 가능성은 감소한다. 그러나 중요한 평가 절차인 방문회수방정식의 추정이 헤도닉가격기법에서와 유사한 통계적 문제에 직면하게 되며, 선택가치(option value)나 존재가치가 포함되지 않기 때문에 환경가치가 과소평가될 우려가 있다.

이러한 문제점을 보완하기 위하여 지역마다 집계된 자료에 의한 여행비용법(zone travel cost method, ZTCM) 외에도 집계되지 않은 자료를 이용하는 여행비용법(individual travel cost method, ITCM)이 연구되고 있다. 먼 지역에서 자주 방문하지 않는 일상적인 여가활동에 대해서는 집계에 의한 정보의 손실을 최소화해야 할 필요가 있기 때문에 ITCM이 보다 적합할 것으로 여겨진다. 그러나 개인적인 자료를 효과적으로 처리하기 위해서는 이산성 등 통계적 처리의 어려움이 따른다.

그리고 TCM은 특정 장소의 환경특성을 평가하는 것이 아니기 때문에 특정한 환경특성을 평가하기 위하여 개발된 것이 헤도닉－여행비용법(hedonic－travel cost mehtod, HTCM)이다. 그 절차는 헤도닉가격기법과 동일하지만, 재산의 가격과 여행비용을 바꾸어 적용한다는 점이 다르다. 또한 TCM이 관광지나 여가 활동 전체의 가치를 평가하는 것에 비하여, HTCM에서는 관광자원을 구성하는 경관의 상태, 전원풍경, 혼잡성을 각각 평가한다는 차이가 있다(加田良平 外, 1995).

전술한 바를 바탕으로 TCM이 가지고 있는 한계점을 정리해 보면 첫째, TCM은 어느 특정지역의 방문은 오로지 휴양목적에만 있다고 가정한다는 점이다. 따라서 여행자가 다목적을 가지고 여행하는 경우 각각의 목적들에 대한 화폐와 기회비용이 자의적으로 평가될 수 있다는 점이다.

둘째, 기술적인 측면에서 추정된 결과의 의미가 불확실하다는 점이다.

셋째, 환경의 사용가치만을 측정하게 되므로 존재가치나 선택가치에 대한 편익은 배제되며, 공공재로서의 환경 가치가 과소평가 될 우려가 있다. 결국 TCM은 여가활동에 관한 편익의 추정에 유용한 수단이다(곽승준·전영섭, 1995).

4 헤도닉가격기법

환경요인이 토지와 주택 등 부동산의 가격에 반영되어 있다는 가설(capitalization hypothesis)에 기초하여 부동산가치를 평가하는 방법(property value model)이 환경·자원의 가치평가 방법에도 적용되고 있다. 그 중에서 이론적으로 가장 발전된 방법이 Griliches, Roson 등에 의하여 발전된 헤도닉가격기법(hedonic price technique, HPT)이다.

HPT의 기초적인 형태는 동일 시점에 여러 지역의 부동산 가격이 형성되는 유형을 분석하고, 그 중에서 그 지역의 환경 편익을 도출하여 화폐로 평가하는 형태이다. 이러한 접근은 가치를 특성으로 그 잠재가격을 평가하기 때문에 '특성가격기법' 또는 '만족가격기법'으로 불리기도 한다.

4.1 평가 방법

HPT는 환경재에 대한 시장이 명시적으로 존재하지 않을 경우에 그 대체시장으로서 토지나 주택시장을 이용하여 해당 환경재의 가치를 추정하는 기법이다. 따라서 HPT는 주택에 내재되어 있는 재산가치와 대지, 주택의 규모나 종류, 직장과의 통근거리, 소속된 학군, 공공시설 이용의 편리함뿐만 아니라 대기오염, 소음, 자연경관, 상하수도 등과 같은 주변환경의 제반 속성이 상이하다는 점에서 출발한다.

HPT를 이용한 편익의 추정방법은 각 특성의 한계내포가격(marginal implicit price, MIP)을 추정하고 둘째, 추정된 가격을 그 특성 외의 다른 모든 특성(선호에 관한 정보, 특성에 관한 수요)들에 대하여 회귀시킴으로써 그 특성에 대한 수요곡선을 추정한다.

HTP 연구에 이용되는 자료는 몇 년간의 시계열자료나 특정시점의 여러 가지 속성을 가진 재산가치의 횡단면자료를 많이 이용하는데, 이는 시간의 경과에 따라 재산가치에 영향을 미치는 여러 변수의 영향을 배제시킬 수 있기 때문이다.

최근 들어 HPT는 환경요인을 포함하는 도시생활의 질적 평가에도 이용되고 있으며, HPT의 장점으로는 첫째, 시장자료를 이용하는데 있어 CVM과 TCM에 비하여 저렴한 비용으로 평가가 가능하다.

둘째, 절차상의 자의성을 상당히 배제할 수 있다.

셋째, 자료의 허용범위에서 외부경제효과를 다양한 요인으로 분석하여 평가가 가능하다는 점 등이 있다(加田良平 外, 1995).

4.2 HPT의 적용사례

HPT는 1970년대 후반과 1980년대 초반에 집중적으로 연구가 이루어진 후 현재는 시장자료를 이용한 간접적 편익추정의 대표적인 방법으로 간주되고 있다.

HPT는 1939년 Court(1939)의 논문에 최초로 등장하였으며, 1961년 Griliches(1961)가 자동차의 질적 변화에 대한 가치를 추정하기 위한 방법으로 적용하면서 확대·보급되었다. 이 연구를 환경·자원의 평가에 처음으로 적용한 것은 Ridker와 Henning(1967)이었는데, 이 연구에서는 부동산가격과 대기오염의 관계를 추정하고, 그 피해를 화폐액으로 평가하였다.

우리나라에서 HPT를 적용하여 대기질 개선의 편익 추정은 임영식·전영섭(1993)에 의해 최초로 시도되었다. 이 연구에서는 국토개발연구원의 주택, 금융 및 시장조사 설문자료를 이용하여 서울의 주택시장에 대한 헤도닉가격방정식을 추정하고, 그것을 기초로 대기질수요와 대기질 개선시의 편익을 추정하였다.

그러나 이 연구에서는 Rosen의 방식을 이용하여 식별문제에 대한 고려가 이루어지지 않았으며, 헤도닉가격방정식의 함수형태에 대한 검정이 이루어지지 않은 점이 제기되었다.

이계평(1996)은 서울의 주택시장과 대기질 개선 편익분석을 위하여 HPT를 적용하였다. 이 연구에서는 서울시 주택시장을 주택형태에 따라 분류한 후 아파트와 단독주택 시장을 분리하여 분석을 시도하였으며, 연구 결과 단독주택의 자료보다는 아파트의 자료를 이용하는 것이 보다 적절하다는 결론을 도출하였다. 아파트에 대한 헤도닉가격방정식의 추정은 식별문제를 해결하기 위하여 Mendelsohn의 방식을 적용하였고, 분진의 한계가격과 가구특성변수인 소득을 분진의 이차함수로 가정하여 그 계수들을 추정한 후에 연립방정식을 풀어 그 해로서 역수요함수를 추정하였다.

이 연구는 임영식·전영섭의 연구에서 문제점으로 제기되는 식별문제의 해결에 중점을 두고 진행되었다. 그러나 함수형태의 검정에 있어서는 2차 Box-Cox 회귀를 이용한 분석이 필요한데, 이를 위한 적절한 자료를 확보하지 못하여 제한적인 선형 Box-Cox 회귀를 이용하였다는 점, 다중시장의 자료를 구성함에 있어 자료의 선택에 문제가 제기된다. 그리고 보다 정확한 가치 추정을 위해서는 간접적인 시장자료를 이용하기보다는 직접적인 편익분석 방법인 CVM 등과의 비교, 연구 등이 고려되어야 할 것으로 보인다.

4.3 헤도닉가격기법 적용의 한계

HPT의 이론과 추정의 실증적 방법에 대한 이론적 문제로는 가정의 설정이 해당지역에 타당한 것인지에 대한 문제이다. 이는 그 지역에 환경 편익이 부동산가격에 포함되어 있다는 가설의 현실적 타당성을 입증하는데 많은 한계가 따르기 때문이다. 특히, 우리나라와 같이 지역별로 환경 질에 대한 신뢰성 있는 자료가 부족하고, 지역별 소득자료 및 경제재에 대한 불완전한 정보, 정책·규제 등에 따른 부동산시장(균형)의 영향, 그리고 주택가격의 거품현상에 따라 공급반응이 민감하게 이루어지게 되는 경우에 HPT에 의한 평가액은 편의를 갖게 된다. 그리고 추정과정상에서는 데이터의 수집과정과 오차에 의한 다중공선성, 중요한 독립변수의 확보가 어렵다는 점, 함수형태의 오류, 이중계산(double counting) 등에 의해서 헤도닉가격함수의 신뢰성을 떨어뜨릴 수 있다. 또한 HPT는 주거선택의 결과에만 의존하므로 공원, 기타 위락시설 등 그 지역 내 다른 환경질 개선에 대한 가계의 선택을 반영하지 못하며, 사람들의 구체적인 행동반응에 기초한 것이므로 건강 등에 미치는 장기적인 효과를 제대로 반영하지 못한다는 점 등이 적용상의 문제점으로 지적되고 있다.

지금까지 HPT 주로 대기질 개선에 대한 편익 추정에 많이 사용되어 왔다. 그러나 사람이 체감할 수 있는 분진이나, 아황산가스 등의 편익 추정시에는 적용이 가능하지만, 체감하기 어려운 대기질의 미세한 성분에 대해서는 적용에 많은 한계가 있다(Brookshire). 또한 강과 호수 등 수질의 가치를 추정하고자 할 경우에도 수질의 계절적 변화, 이용 목적의 상이함 등 추정에 어려움이 따르며, 일반적으로 판단하기 어려운 부영양화 된 호수에 주택이 인접해 있는 경우에 그 가치를 정확하게 평가하기 어렵다는 문제가 있다(Willis, C. E., Foster, J. H., 1982). 따라서 HPT는 독립변수의 선택 여부가 추정 결과에 많은 영향을 미치게 된다.

이와 같은 문제점들을 개선시키기 위해서는 독립변수들과 다중공선성의 문제를 일으키지 않도록 모형 선택에 신중을 기해야 하며, 변수의 선택에 앞서 평가하고자 하는 대상의 상황을 면밀하게 고려하여야 한다. 또한 최종적으로 구해진 편익의 추정치가 갖는 현실적인 의미를 다각적으로 분석하여야 한다. 또한 HPT에 의한 추정 결과가 한정된 것이기는 하지만, 평가의 포괄성과 그 이론적 적용이 중요한 의미를 갖기 때문에 CVM, TCM 등과의 비교·분석을 통한 상호보완이 이루어질 경우 추정 결과의 신뢰성이 높아질 것으로 생각된다.

읽을거리

시장에서 거래되지 않는 재화인 비시장재화에 대한 경제적 가치 평가, 즉 환경가치에 대한 평가와 연구방법 등을 집대성한 포털이 2011년 들어 구축되었다. 한국환경정책·평가연구원(KEI)에서 구축한 환경가치종합정보시스템(Environmental Valuation Information System:EVIS)이 그것이며 주소는 http://evis.kei.re.kr/이다. 불과 몇 년전만 하더라도 환경가치 평가와 관련된 자료 하나 제대로 찾기 위해서는 발품 꽤나 팔아야 했다. 모은다 하더라고 일부에 한정될 수밖에 없던 차제에 이 같은 서비스는 그야말로 긴 가뭄의 단비와도 같다. EVIS의 주요내용을 소개하자면 다음과 같다.

EVIS는 정부부처 및 민간기업의 의사결정자를 비롯하여 학계, 환경컨설팅, 환경NGO 등에게 환경질(enviornmental quality) 변화에 따른 환경가치 추정치에 대한 기초정보를 제공함으로써 비용편익분석, 환경영향평가, 사업타당성 평가를 포함한 다양한 정책분석 지원을 일차적인 목표로 한다.

환경가치 종합정보시스템은 KEI의 녹색성장정책연구 세부과제인 "환경가치 DB 구축 및 원단위 추정(2009~2011)" 연구사업의 일부로 2009년부터 개발이 시작되었으며, 3년의 사업기간 동안 구갠 환경자원/서비스의 분류체계 제시, 국내 환경가치 온라인 DB 설계 및 구축, 국내 환경가치 연구의 요약정보 제공(연구개요, 평가방법 세부사항, 추정결과), DB 분석을 통한 국내 환경가치 추정 선행연구의 종합분석 결과 제공 등과 같은 연차별 추진계획에 기반하여 진행 중이다.

EVIS 구축현황을 보면, 국내 학술지 위주로 2010년 11월 현재 255개의 선행연구가 요약정리되어 수록되어 있다. 먼저 분류체계별로 선행연구의 구축현황을 살펴보면, 생활환경 분야에서는 대기질과 수질에 대한 연구가 각각 25개, 24개로 다른 분야에 비해 상대적으로 많은 연구가 축적되어 있으며, 토지/토양/지질, 소음/진동, 폐기물 분야는 선행연구 수가 5개 인하로 매우 빈약하다. 이는 과거 환경정책의 우선순위가 대기와 물에 치우쳐져 왔음으로 보여주는 결과이기도 하다. 개별생태계 분류 내에서는 습지, 강/하천/호소, 산림, 도시, 자연공원을 대상을 각각 32개, 29개, 44개, 30개, 25개의 선행연구가 정리되어 있으며, 해양, 해안, 도서, 경작지 등에 비해 상대적으로 많은 수의 선행연구가 진행된 것으로 나타났다. 생태계기능/서비스/편익 측면에서는 휴양/생태관광이 압도적으로 많은 수치를 보여주고 있으며, 경관 및 수질정화 기능에 대한 연구가 뒤를 잇고 있다.

앞으로 EVIS는 환경가치 평가 분야를 진일보시킬 수 있는 큰 밑거름 구실을 할 것이다. 또한 이를 바탕으로 연구의 다양성이 보다 확대되고, 환경 중심의 환경정책 수립에 없어서는 안될 양분을 제공할 것으로 기대된다. 이러한 보고가 사장되지 않도록 하기 위한 모두의 관심과 지원이 무엇보다 중요하지 않을까 한다.

참고문헌

곽승준·전영섭, 『환경의 경제적 가치』, 학현사, 1995, p.68, 38, pp.116−136.

김사헌,"여행비용 접근법에 의한 관광자원 수요분석에 관한 연구", 「관광학회지」 5, 1981, pp.105−113.

박석희, 「산림의 관광위락가치 추정에 관한 연구−설악산 및 속리산 국립공원을 중심으로−」, 서울대학교 박사학위논문, 1985.

윤여창, 「산림휴양 수요 및 편익에 관한 연구−덕유산 국립공원을 중심으로−」, 서울대 석사학위논문, 1982.

윤여창·김성일, "산림자원의 휴양가치 산출을 위한 경제적 평가방법론 비교연구", 「환경경제연구」 1(1), 1992, pp.155−184.

유동운, 『환경경제학』, 비봉출판사, 1995, pp.489−490.

윤여창·이광석, "농특세 부담의사와 농업의 상징적 가치평가", 「농업정책연구」 22(2), 1995, pp.21−29.

이계평, 「서울의 주택시장과 대기질개선편익에 관한 연구−식별문제를 고려한 헤도닉가격기법의 응용」, 서울대 박사학위논문, 1996.

이정전, 『녹색정책』, 한길사, 1996, pp.150−153.

이주훈·장원태,"국민의 통일비용 지불의사에 관한 연구", 「동북아경제연구」 9(1), 1997, pp.131−168.

이창재, 「수원함양림의 가치평가 및 비용분담에 관한 연구」, 서울대 박사학위논문, 1994.

임영식·전영섭,"헤도닉가격기법을 이용한 대기질 개선시의 편익추정", 「자원경제학회지」 3, 1993, pp.81−106.

한상렬, 「Contingent Valuation의 세 가지 기법을 이용한 산림휴양가치 평가에 관한 연구 : 팔공산 자연공원의 사례」, 경북대 박사학위논문, 1995.

Dobbs, I. M.,"Adjusting for Sample Selection Bias in the individual Travel Cost Method", *Journal of Agricultural Economics* 44, 1993, pp.335−342.

Boyle, K. J., Bishop, R. C.,"The Total Value of Wildlife Resources : Conceptual and Empirical Issues", Association of Environmental and Resource Economists Workshop on Recreational Demand Modeling, 1985.

Boyle, K. J., Bishop, R. C.,"Valuing Wildlife in Benefit-Cost Analysis : A Case Study Involving Endangered Species", *Water Resources Research* 23, 1987, pp.942-950.

Bromley, D. W., *Natural Resource Economics : Policy Problems and Contemporary Analysis*, Kluwer·Nijhoff Publishing, 1986, p.92, 117, 122-123.

Brown, G. M., Mendelsohn, R.,"The Hedonic Travel Cost Method", *Review of Economics and Statistics* 66, 1984, pp.427-433.

Browon, R. W., Jewell, R. T.,"County-Level Alcohol Availability and Cirrhosis Mortality", *Eastern Economic Journal* 22, 1996, pp.291-301.

Cameron, T. A.,"Combining Valuation and Travel Cost Data for the Valuation of Nonmarket Goods", Land Economics 68, 1992, pp.302-317.

Choe, K., Whittington, D., Lauria, D. T.,"The Economic Benefits of Surface Water Quality Improvement in Developing Countries : A Case study of Davao, Philippines", *Land Economics* 72, 1996, pp.519-537.

Clawson, M., "Methods of Measuring the Demand for and Value of Outdoor Recreation", Resource for the Future, 1959 ; Knetsch, J. L. "Outdoor Recreation Demands and Benefits", *Land Economics* 39, 1963, pp.387-396 ; Clawson, M., Knetsch, J. L., "Outdoor Recreation Research : Some Concept and Suggested Areas of Study", *Natural Resources Journal* 3, 1963, pp.250-275 ; *Economics of Outdoor Recreation*, John Hopkins University Press, 1966.

Clawson, M., Knetsch, J., *Economics of outdoor Recreation*, Johns Hopkins University Press, 1965.

Court, A. T.,"Hedonic Price Indexes with Automotive Examples", *The Dynamics of Automobile Demand*, General Motors Corporation, 1939, pp.99-117.

Davis, R. K.,"Recreation Planning as an Economic Problem", *Natural Resource Journal* 3, 1963, pp.239-249 ; "The Value of Bid Game Hunting in a Private Forest", *Transactions of the Twinty-Ninth North American Wildlife and Natural Resources Conference* 29, 1964, pp.394-403.

Desvousegs, W. H., Smith V. K., McGivney M. P., *A Comparison of Alternative Approaches for Estimating Recreation and Related Benefits of Water Quality Improvement*, U. S. Environmental Protection Agency, 1983.

Dobbs, I. M.,"Adjusting for Sample Selection Bias in the individual Travel Cost Method", *Journal of Agricultural Economics* 44, 1993, pp.335-342.

Edwards, S. F., Anderson, G. D., *Valuing Non−Marginal Changes in the Water Quality of the Rhode Island Salt Ponds*, University of Rhode Island, Department of Resource Economics Staff Paper.

Freeman, A. M., *The Benefits of Environmental Improvement*, Johns Hopkins University Press, 1979, pp.124−145.

Griliches, Z.,"Hedonic Price Indexes for Automobiles : An Econometric Analysis of Quality Change", *The Price Statistics of the Federal Government*, U.S. Government Printing Office, 1961.

Kneese, A. V., *Measuring the Benefits of Clean Air and Water*, Resource for the Future, 1984.

Layman, R. C., Boyce, J. R., Criddle, K. R.,"Economic Valuation of the Chinook Salmon Sport Fishery of the Guikana River, Alaska, Under Current and Alternate Management Plane", *Land Economics* 72, 1996, pp.113−128.

Merewitz, L.,"Recreational Benefits of Water Resource Development", *Water Resources Research* 2, 1966, pp.624−640.

NOAA,"Natural Resource Damage Assessments Under the Oil Pollution Act of 1990", *Federal Register* 58, No 10, 1993, pp.4601−4614.

Offenvach, L. A., Goodwin, B. K.,"A Travel−Cost Analysis of the Demand for Hunting Trips in Kansas", *Review of Agricultural Economics* 16, 1994, pp.55−61.

Pearse, P. H.,"A New Approach to the Evaluation of Non−Priced Recreational Resources", *Land Economics* 44, 1968, pp.87−99.

Randall, A.,"A Difficulty with the Travel Cost Method", *Land Economics* 70, 1994, pp.88−96.

Ridker, R. G., *Economic Cost of Air Pollution : Studies in Measurement*, Praeger, 1967.

Ridker, R. G., Henning, J. A.,"The Determinants of Residential Property Values with Special Reference to Air Pollution", *Review of Economics and Statistics* 49, 1967, pp.246−257.

Smith, V. K., Kesvousges, W. H., *Measuring Water Quality Benefits*, Kluwer·Nijhoff Publishing, 1986, p.81.

Stevens, J. B.,"Recreation Benefits from Water Pollution Control", *Water Resources Research* 1, 1965, pp.167−182.

Trice, A. H., Wood, S. E., "Measurement of Recreation Benefits", *Land Economics* 34,

1958, pp.195－207.

Willis, C. E., Foster, J. H.,“The Hedonic Approach : No Panacea for Valuing Water Quality Change”, *Journal of the Northeastern Agricultural Economics Council* 12, 1982, pp.53－57.

加田良平 外,『農林業の外部經濟效果と環境農業政策』, 多賀出版, 1995, pp.63－65, 58－151.

환경가치 종합정보시스템(http://evis.kei.re.kr)

제 13 장 환경정책

환경문제가 경제활동으로부터 비롯된다는 것은 분명한 사실이다. 환경문제를 어떻게 해결할 것인가? 환경문제의 해결을 위해 경제성장을 중단할 수 없는 이상 환경과 경제의 조화를 통한 지속가능한 발전이 이루어질 수 있는 대안을 찾는 일이 중요해진다. 환경문제를 해결하는 방법은 이론적으로는 의외로 간단하다. 인간들의 생산과 소비활동이 지구가 허용하는 환경용량의 테두리를 벗어나지 않으면 되는 것이다.

이 장에서는 환경과 경제의 조화로운 발전을 위한 경제학적 접근방법에 대해서 살펴보고자 한다. 먼저 대표적인 환경정책인 직접규제를 살펴보고, 정부의 적극적 역할을 강조한 피구(A. Pigou)와 경제주체 간의 자발적인 해결을 강조하는 코우즈(R. Coase)의 이론, 그 밖의 경제적 유인책 등을 중심으로 살펴보도록 하자.

1 환경정책의 방향

1.1 환경정책의 기본방향

정책(policy)이란 정부·단체·개인이 앞으로 나아갈 노선이나 취해야 할 방침을 의미하지만, 일반적으로는 정부 또는 정치단체가 정치적 목적을 실현하기 위한 방책을 가리킨다. 따라서 환경정책이란 환경과 관련된 목표를 실현하기 위한 방침 또는 방향으로 정의할 수 있다. 이를 좀 더 경제학적으로 표현한다면, 환경정책은 국가정책의 한 구성요소로서 자원의 효율적인 이용과 더불어 적정 환경오염 수준을 결정하고, 적정 환경오염 수준을 어떻게 달성할 것인가를 고려하는 것이라고 할 수 있다. 그래서 환경부는 자연환경을 대상으로 이를 유지하고 개선하기 위해

직·간접적인 규제 등의 수단을 동원하여 시행하고 있다.

환경정책의 추진방향은 다음 다섯 가지로 정리할 수 있다.

첫째, 정부와 기업 그리고 모든 국민이 환경친화적 방식으로 행동할 수 있도록 추진되어야 한다. 즉, 정부는 정책을 수립할 때 현재 세대는 물론이고 미래 세대에 미칠 환경영향까지 신중하게 고려하여야 한다. 그리고 환경친화적이고 자원절약적인 기업 활동과 소비문화를 정착하여 건전하고 지속가능한 사회를 구축하여야 한다.

둘째, 오염물질의 사후관리보다는 사전예방에 중점을 둠으로써 환경오염에 의한 건강의 악화와 환경 피해를 미리 예방해야 한다. 즉 오염 예방적 환경기술 확산을 통해서 생산 공정에서부터 사전에 오염물질 발생을 줄여나가야 한다. 또한 기업이 자율성과 창의성을 바탕으로 환경보전을 추구할 수 있도록 자율 환경관리를 유도하고 새로운 물질에 대한 환경위해성 평가도 강화하여야 한다.

셋째, 환경정의(environmental justice)를 실현시키고 환경책임을 확보하여야 한다. 환경정의란 인종, 소득, 문화 또는 사회계급에 관계없이 환경적 위험과 건강위험으로부터 모든 사람들이 평등하게 보호받게 되는 것을 말한다. 따라서 환경적 약자에 대한 배려를 강화하고, 사회구성원 모두가 자신들의 행동이 초래하는 환경적 결과에 책임을 지도록 하여야 한다. 상수원 보호지역 지정 등으로 불편을 겪고 있는 지역 주민이나 농어촌 등 환경 취약 지역에 대한 지원을 강화하여 지역 간 삶의 질 불균형을 해소하여야 한다. 그리고 환경오염 및 파괴 행위에 대한 책임은 철저히 추궁하여 행정의 형평성과 신뢰성을 높여 나가야 한다. 이는 환경평등(environmental equity)과 관련된 것으로서, 모든 사회구성원이 환경오염과 건강위험을 균형 있게 분담하는 것을 의미한다(환경사회학회, 2004).

넷째, 정책의 추진은 정부주도 방식에서 국민의 참여와 합의에 의한 방식으로 전환해야 한다. 즉, 정부는 국내외 모든 주체들과 파트너십을 구축하여 환경보호와 지속가능한 발전을 위해 공동 노력하여야 한다. 특히 외국정부, 국제기구 등과의 동반자적 협력관계를 강화하여 인류의 생존을 위협하는 기후변화와 지구온난화, 오존층 파괴 등 지구문제 해결을 위한 우리의 국제적 위상을 높여 나가야 한다. 또한 지속가능한 발전이 지방차원에서 정착될 수 있도록 지방자치단체의 환경관리역량도 강화해야 한다.

다섯째, 환경여건 변화에 신속하고 효율적으로 대응하여야 한다. 이를 위해 경직적이고 규제 위주의 정책과 제도를 국민 모두가 쉽게 이해하고 지킬 수 있는 투명한 정책과 제도로 개선하여야 한다. 성장과 공급위주의 정책은 자원과 에너지의 과다 소비를 부추겨 대기오염 및 수질오염 등을 심화시켰다. 따라서 환경이라는 유한한 자원을 효율적으로 이용할 수 있도록 시장기구적 유인을 확대하여 수요관리를 강화하는 방향으로 정책이 전환되어야 한다.

1.2 환경부의 환경보전 중기 종합계획

환경부에서 발표한 제4차 환경보전 중기 종합계획(2008~2012)을 보면, 비전으로서 환경·경제·사회가 조화롭게 발전하는 녹색국가를 내세우고 있다. 그리고 3대 목표로는 ① 에너지 고갈, 기후변화 등 환경위기를 경제·사회 발전계기로 전환, ② 환경과 경제의 통합을 통한 신성장동력 확충, ③ 환경성 질환으로부터 국민건강 보호 등 고품격 환경수요 충족이 있다.

기본원칙으로 다음 4가지를 제시하고 있다. 첫째, 자연과 인간의 조화와 균형 유지이다. 자연 없이는 인간 존립이 불가능하다는 인식을 토대로 인간은 자연이 감당할 수 있는 환경용량의 범위 내에서 발전을 추구한다. 둘째, 환경 친화적인 경제발전이다. 생산부터 소비, 재활용, 폐기까지 전 분야에 걸쳐 환경을 고려하고, 환경 친화적인 것은 경제적으로도 이익이 되는 경제발전을 구현한다. 셋째, 환경적 형평성의 추구이다. 환경자원으로 인한 혜택을 세대 내 및 세대 간 공유가 가능하도록 환경적 기회의 형평성을 구현한다. 넷째, 국민 참여의 확대이다. 국민 개개인이 자발적으로 환경보전 활동에 참여하고 실천할 수 있는 환경 거버넌스 체계를 구축한다.

이에 대한 추진전략에는 7가지가 있다.

첫째, 건강하고 활력 있는 국토 생태계의 보전이다.

DMZ 등 한반도 핵심 생태 축을 보전·복원한다. 즉 생태벨트의 조성, 훼손된 생태계의 복원, 생태·경관의 보전, 자연경관 심의제를 등을 추진하여 국토 생태 축을 체계적으로 보전·관리하는 것이다. 그리고 생태우수지역과 고유 생물자원을 체계적으로 보전·관리한다. 구체적으로, 자연보호지역을 OECD 수준(국토면적의 15%)으로 확대한다.

또 멸종위기 야생 동·식물을 증식 복원하고, 외래종에 대한 위해성을 평가하며, 유전자변형생물체(LMOs)의 안전성 관리를 강화한다. 그리고 국토 오염 및 훼손을 사전에 예방하기 위해 토양, 지하수 및 해양의 오염예방 체계를 강화한다.

둘째, 자연자원의 보전과 지속가능한 이용이다.

우선, 친환경적이고 순환 이용을 위한 자연자원의 관리이다. 통합형 빗물 관리 시스템의 구축, 중수도·하수 처리수 이용의 확대, 지하수 관리 등으로 물 순환체계를 개선한다. 그리고 산림구조의 개선과 수산자원의 증강사업 등을 통해 산림과 수산자원의 경제성 및 건강성을 회복한다. 또 친환경 농축수산물의 생산기반 마련과 친환경 직불·인증제를 확대한다.

다음으로는 폐기물의 순환이용 촉진으로 자원순환형(Zero−Waste)사회를 형성하는 것이다. 이를 위해 가연성 폐기물 등 에너지화가 가능한 폐기물을 에너지화하고, 규모의 경제를 살릴 수 있는 폐기물 에너지 타운의 건설을 추진한다. 또 폐기물의 발생을 원천적으로 감축하고 재활용을 위한 생산기반과 유통구조, 제도적 지원책을 마련하는 것이다.

셋째, 안전하고 살기 좋은 생활환경을 조성한다.

먼저, 상하수도 구조개편을 통해 선진적인 상하수도 시스템을 구축하고 수도사업 대형화로 안전한 수돗물을 공급하며, 수도사업에 전문 경영기법 도입, 수돗물 내 미량 유해물질 관리대상을 확대한다. 또 하수도 기반시설을 지속적으로 확충하고 서비스 품질 평가제를 도입한다.

그리고 환경성 질환 및 유해물질에 대한 국가관리체계를 구축한다. 즉 환경보건법의 제정과 새집 증후군 등 실내 공기질의 관리를 강화한다. 또 화학물질의 위해성 심사항목을 확대하고 사업장 배출량 정보공개 등 화학물질의 안전관리를 강화하는 것이다. 그리고 유해폐기물 처리방법의 개선, 사업장 폐기물의 폐기물 적법처리 시스템 사용의 의무화 등 유해폐기물 관리를 고도화한다.

도시 생활공간의 쾌적성도 증진시킨다. 저공해 자동차의 보급, 자전거·대중교통 이용의 활성화, 사업장 배출허용 총량 할당, 청정연료 보급 등을 통해 대기의 질을 개선한다. 그리고 녹지총량제의 도입 등을 통한 녹지공간 확충, 도심하천의 자연생태하천으로 복원도 추진한다. 소음·진동·악취 발생원의 집중관리로 정온하고 상쾌한 생활공간을 조성하는 것이다.

또 유역단위의 효율적 물 관리로 하천수질을 개선한다. 이를 위해 수질오염총량제 정착, 비점오염원 및 산업폐수의 유해물질 관리를 강화한다.

넷째, 환경을 지키는 경제, 경제를 살리는 환경을 추진한다.

우선, 환경기술을 개발하고 환경산업을 육성한다. 미래 유망 기술의 연구개발(R&D)에 집중적으로 투자하고, 대기업의 환경산업 진출 촉진 및 중소기업의 전문화·대형화를 유도한다. 또한 환경플랜트 분야의 해외진출을 집중 지원하고 전문인력을 양성하며 좋은 일자리를 창출한다.

그리고 환경을 고려하는 기업경영 및 소비를 촉진하는 환경친화적 경제체계를 구축한다. 즉, 친환경 소재·제품, 무배출 공정 등 청정생산기술 개발과 기업의 환경정보 공개 및 환경경영 지원 등을 통해 지속가능한 경영을 확산시킨다. 또 친환경상품의 유통구조 개선과 정보제공 강화로 소비자의 친환경상품 구매를 촉진시킨다. 그리고 환경·경제 통합계정을 개발하고 환경친화적 조세체계를 도입한다.

다섯째, 환경 형평성 구현기반의 구축이다.

환경오염에 취약한 계층 즉 어린이, 노인, 저소득층과 폐광 및 산업단지 지역주민 등에 대한 건강영향 조사를 실시한다. 특히 어린이 환경안전관리기준의 도입 등 안전관리대책을 마련한다.

그리고 환경피해 구제제도를 개선하여 사회 구성원의 환경권 보장을 강화한다. 이를 위해 환경분쟁 조정대상의 확대와 이용의 실효성을 확보하여 국민이 손쉽게 환경분쟁을 해결하도록 지원한다. 또한 환경오염 피해복구 및 손해배상에 대한 책임이행이 가능하도록 보험제도를 도입한다.

여섯째, 동북아 및 아·태지역의 환경협력을 강화한다.

먼저, 황사대응 등 지역 공동체를 구축한다. 즉 한·중·일 환경장관회의, 한·일, 한·중 환경협력공동위원회 등 동북아 환경협력 채널을 공고히 구축한다. 또 지역 공동 관심사항 중심의 신규 협력사업을 발굴한다.

그리고 북한과의 환경협력 사업을 발굴하여 추진한다. 예를 들면 두만강 환경보전사업 등 동북아 협력사업 및 UNEP 지원사업 등을 활용한다. 또한 남북보건의료·환경보호협력분과위원회 등 남북환경협력의 공식대화 창구를 통한 환경현안 중심의 협력사업을 발굴 추진하는 것이다.

일곱째, 전 지구차원의 지속가능한 발전을 선도한다.

기후변화 대응을 위한 저탄소형 사회경제체제로 전환을 도모한다. 즉 기후변화 대응 이행기반 구축 등 전 사회적 기후변화 대응역량을 결집한다. 그래서 청정에너지 보급의 확대, 기후친화형 산업구조로 전환, 저탄소형 수송·교통체계의 개선, 녹색 생활·소비문화 정착 등을 통해 온실가스 배출을 감축시킨다. 또 기후변화 예측 및 적응 기반을 구축하여 환경·사회·경제 피해를 최소화한다.

또한 국제환경 문제 대응을 위한 환경외교를 강화한다. 국제환경협약과 환경·통상 문제에 대한 대응체계를 강화할 뿐 아니라 개도국과의 환경협력도 강화한다(환경부, 2008).

2 환경정책의 수단과 경제적 유인

환경정책이 환경문제를 해결하고, 쾌적함(amenity) 속에서 인간 삶의 질을 어떻게 향상시키는가 하는 것이 중요하다. 이런 환경문제를 해결하기 위해 여러 가지 정책수단이 제시되고 있다(Bohm and Rusell, 1985).

첫째, 캠페인 등 도덕적 감정에 호소하는 방법이다. 가계나 기업 등 경제주체들에게 그들의 행위가 환경문제를 초래한다는 사실을 깨닫게 하는 등 그들의 도덕적 감정에 호소하여 환경을 개선하도록 유도한다.

둘째, 정부가 직접 오염 제거활동을 한다. 오염제거 활동이 정부 고유의 업무 중 하나라는 관점에서 정부가 직접 수행한다. 이 때 필요한 재원은 일반조세를 징수하여 충당한다.

셋째, 보조금을 지급하는 방법이 있다. 오염방지나 오염제거 활동의 성과에 비례하여 보조금을 교부하는 오염방지의 유인책이다. 보조금의 재원은 조세를 징수하여 충당한다.

넷째, 배출허용기준을 설정한다. 기업이 배출할 수 있는 오염배출 허용기준을 설정하여 그 기준을 따르도록 의무를 부과하는 규제방법이다. 만일 이 의무를 위반할 경우에는 벌과금, 조업정지 등의 법적·행정적 제재를 가하는 정책수단이다.

다섯째, 조세 또는 부과금을 부과하는 방법이다. 오염배출량에 비례하여 조세를 부과하는 것으로서, 오염량을 줄이기 위해 오염방지시설을 설치하거나 오염방지 기술을 개발하도록 유인하는 것이다.

여섯째, 오염배출권 제도를 시행하는 것이다. 정부가 총 오염배출량을 설정하고, 그에 해당되는 오염배출권을 발행하여 오염배출권 거래시장에 공급한다. 오염을 배출하는 기업은 오염권의 수요와 공급에 의해 결정된 가격으로 오염배출권을 구입 또는 판매하는 제도이다.

일곱째, 비용부담제도를 도입하는 방법이 있다. 오염을 배출하는 기업이 협회를 설립하여 스스로 결정하거나, 정부가 설정한 환경의 질 기준에 맞추기 위해 협회 자체 내에서 비용을 조달하여 오염방지사업을 전개한다.

환경정책의 수단은 직접규제, 경제적 유인제도, 신축적 환경관리수단, 자율적 환경관리 등을 적절히 혼합한 환경정책(nvironmentalpolicy-mix) 유형이어야 한다.

경제적 유인수단은 시장기구를 통해 오염방지에 대한 경제적 유인을 제공함으로써 환경목표를 달성하고자 하는 정책수단이다. 환경오염과 같은 외부불경제에 의해 발생된 사회적 비용만큼을 오염부과금(Pigouvian tax; 피구세)으로 부과하는 것이다. 그리고 신축적 환경관리수단이나 자율 환경관리는 시장 인센티브의 이용이나 기업의 자의성 및 창의성을 통해 효율적으로 환경목표를 달성하고자 하는 수단이다.

경제적 유인수단(incentive-based controls)의 가장 큰 장점은 직접규제 수단에 비해 비용면에서 효율적으로 정책목표를 달성할 수 있다는 데에 있다. 그런데 환경정책의 형성과 추진에 있어 어디까지 정부가 개입하고, 어디까지 시장기구에 맡길 것인가가 문제이다. 정부의 직접개입이나 직접규제는 정부 주도의 환경문제 해결방식이며, 배출부과금이나 보조금 등은 시장기구의 역할을 강조하지만, 이 역시 정부가 주도하게 된다. 오염배출권 거래제도의 경우는 정부가 개입은 하되 시장기구의 역할이 크다. 따라서 공공재의 공급문제와 마찬가지로 환경문제에 있어서도 정부의 역할이 가장 중요하다.

1990년대 이전의 국내외 주요 환경정책수단은 배출시설의 인·허가 및 지도점검이나 각종 환경기준을 설정한 지시 및 통제 등 직접규제에 초점을 맞추어 왔다. 그런데 1990년 이후부터 지속가능한 개발, 기후변화와 같은 환경문제를 해결하기 위해 직접적 규제수단 외에 여러 경제적 유인수단이 도입되었다.

예를 들면 1992년부터 배출부과금(기본부과금, 초과부과금), 환경개선부담금, 폐기물예치금·부담금, 수질개선부담금 등 각종 경제적 수단들을 도입·시행하고 있다. 그리고 환경세, 배출권거래제도(marketable permit system), 공동이행제도(joint implementation), 청정개발체제(clean development mechanism) 등 신축적 환경관리수단(flexible mechanism), 자율환경관리(voluntary agreement) 등의 도입타당성에 대해서도 연구를 활발히 진행하고 있다.

3 오염자부담의 원칙

오염자부담의 원칙(Polluters Pay Principle, PPP)은 우리나라 환경정책기본법, 수질환경보전법, 환경개선비용분담법, 폐기물관리법에 규정되어 있으며, 여러 가지 환경정책에 다양하게 적용되고 있다. 오염자부담의 원칙이란 특정한 환경오염의 피해를 특정한 사람과 단체에 귀속시키고 환경피해의 제거와 감축 비용을 누가 부담할 것인가를 결정하여 적용하는 원칙이다.

1992년에 OECD에서 구체적인 분석과 제안을 해온 이후, 여러 국가에서 활용되고 있는 환경정책의 원칙이다. 오염자부담의 원칙은 넓은 의미와 좁은 의미 등 두 가지 관점에서 파악할 수 있다(T. Zylicz, 1995).

먼저, 넓은 의미의 오염자부담의 원칙은 오염자의 법적 경계와는 상관없이 오염행위에 의해서 발생된 모든 피해에 대해 재정적으로 책임져야 한다는 것이다. 그리고 좁은 의미의 오염자부담의 원칙은 오염자가 관계당국에 의해 요구되는 환경적 요구를 준수하기 위해 재정적인 책임을 지는 것을 의미한다. 일반적으로 넓은 의미의 오염자부담의 원칙은 현실적으로 어렵기 때문에 오늘날 적용되고 있는 것은 좁은 의미의 오염자부담의 원칙이다.

우리나라의 환경정책기본법(제7조) 오염원인자 책임원칙에서 "자기의 행위 또는 사업활동으로 인하여 환경오염 또는 환경훼손의 원인을 야기한 자는 그 오염·훼손의 방지와 오염·훼손된 환경을 회복·복원할 책임을 지며, 환경오염 또는 환경훼손으로 인한 피해의 구제에 소요되는 비용을 부담함을 원칙으로 한다"고 규정하고 있다. 오염자부담의 원칙의 과제는 생산과 소비에서 발생되는 오염비용의 외부화를 방지하고, 오염원인 제공자에게 부담시키는 것이다. 이 점에서 이 원칙은 환경비용의 내부화(internalization)를 지향하고 있다.

오염자부담의 원칙을 환경정책의 실무에 적용하는 데에는 상당한 어려움이 있다. 그래서 실제 추진하기 위해서 순수한 수단적 접근방법(instrumental approach)을 채택하는 것이 일반적이다. 즉 원인제공자는 그에게 귀속되어야 하는 모든 비용에 대하여 책임을 지는 것이 아니라 국가의 환경정책이 필요하다고 생각하는 환경피해에 대해서만 비용을 부담하는 의무를 갖는다.

이에 따라 환경정책에서는 오염자 부담의 원칙에 대하여 구체적으로 두 가지 방향으로 요구하고 있다.

첫째, 정부는 부과금, 명령, 규제, 조세 등과 같은 개입수단을 통하여 환경 폐해적인 행위를 국가가 허락할 수 있는 정도까지 제한하려고 노력한다.

둘째, 오염자는 비용귀속의 원칙에 따라 정부에 의하여 할당되는 정도의 환경오염비용을 재정적으로 부담한다.

환경정책의 오염자부담의 원칙은 현대의 시장경제체제에서 가장 중요한 정책수단 중의 하나이다. 특히 오염자부담의 원칙은 경제정의 및 사회정의의 입장에서도 대단히 바람직하며, 이 같은 원칙이 충실히 지켜질 때 환경을 둘러싼 사회적 갈등도 해소될 수 있을 것이다. 오염자의 경우에도 그들이 소비자이든 생산자이든 자신의 오염행위에 대해 응분의 부담을 하여야 하는 상황에 처했을 때, 스스로 환경친화적인 행동을 할 수 있는 동기를 갖게 된다. 그래서 오염자부담의 원칙은 정부가 환경문제를 해결하기 위한 정책수단의 선택, 우선순위 설정 등에 있어서 기본적인 출발점을 제공해 준다.

4 직접규제

4.1 직접규제의 개념과 장단점

직접규제(direct regulation)란 정부가 환경오염 원인자의 오염물질 배출량과 배출형태에 대하여 기준 및 규정을 만들어 행정상의 강제조치나 형법상의 제재를 가하는 방법이다. 따라서 직접규제는 법적·행정적 제재를 수반하며, 배출 오염물질의 양, 오염물질처리의 기술적 방법과 방지시설의 운영방법 등 법적 근거를 가진다.

직접규제를 크게 나누면 각 오염매체별 환경기준, 시설기준 등 각종 기준과 배출시설 인·허가 및 지도·점검이 있다. 이를 위반했을 경우 개선명령, 조업정지, 사용중지, 허가취소, 벌금형 및 징역형 등의 처벌을 부과하고 있다.

배출시설의 관리체계는 인·허가와 지도·점검으로 나눌 수 있다. 배출시설을 설치 또는 변경할 경우에는 허가를 받거나 신고를 하여야 하는데, 허가대상 외에는 신고를 하도록 규정하고 있다. 인·허가는 오염물질 배출량의 최소화 방안을 계획함으로써, 시설 설치 후 잘못될 수 있는 점을 미리 예방하기 위한 제도이다. 그리고 지도·점검은 배출시설 설치 허가사항, 배출시설 및 방지시설의 운영·관리상태, 자가 측정 실시사항, 환경관리인 선임여부, 행정명령 이행여부, 배출허용기준 준수여부 등을 사후적으로 관리하는 정책수단이다. 대기 및 폐수배출업소에 대한 지도점검은 정기 지도·점검과 수시 지도·점검으로 구분된다(www.happygreen.co.kr).

직접규제의 장점과 단점에 대해 살펴보자. 장점으로는 첫째, 직접규제는 시행방법이 비교적 단순하다. 둘째, 다른 정책수단보다 효과가 신속하게 나타나기 때문에 환경목표를 비교적 쉽게 달성할 수 있다. 셋째, 정책의 목표가 명확하고, 국민 모두에게 적용된다는 점에서 형평성과 설득력이 높은 정책수단이다.

그런데 단점으로는 첫째, 관리감독의 문제 등 규제를 집행하는데 따른 행정적 비용이 많이 든다. 둘째, 오염원인자별로 오염물질 배출량 파악과 규제에 한계가 있다는 어려움이 있다. 셋째, 환경문제는 그 특성상 자발적 실천과 오염방지 노력이 중요한데, 이를 유도하지 못한다. 즉 직접규제를 회피하려는 편법을 사용하거나 오염물질 처리 및 환경오염 방지를 위한 기술진보를 효과적으로 촉진시키지 못한다. 넷째, 정부의 직접규제 기준이 불확실하거나 정책시행의 투명성이 부족할 경우 비효율적일 수 있다. 다섯째, 우리나라의 환경법은 과정까지 규제대상으로 하고 있어, 기술적인 세부사항도 법적·행정적 규제 대상이 되기 때문에 자체 기술발전에 제약으로 작용한다.

4.2 우리나라의 직접규제

우리나라의 직접규제에는 오염물질 배출 규제, 진입규제, 토지이용규제 등이 있다. 이에 대해 알아보자.

첫째, 오염물질 배출과 관련된 규제를 보면, 대기의 아황산가스 농도는 연평균 0.05ppm을 초과하면 안 되고, 상수원 1급수는 BOD 1㎎/ℓ 이하로 규정하고 있다. 이는 곧 사회적 적정 환경오염 수준을 법적으로 규정해 놓은 것과 같다. 여기에서 ppm은 수질 오염도나 대기 오염도를 표시할 때 쓰는 단위이다. ppm(parts per million)은 10^{-6}, 100만분의 1로 일정한 부피의 물이나 유체의 무게가 1일 경우, 이 속에 100만분의 1 무게만큼 오염 물질이 포함되어 있다는 것이다. 그리고 BOD(biological oxygen demand; 생물학적 산소요구량)는 물의 유기오염 지표의 한 가지로서 호기성(산소를 필요로 하는) 박테리아가 일정 시간 내(보통 2℃에서 5일간)에 물속의 유기물을 산화 분해시켜 정화하는데 소비되는 산소의 양을 ppm으로 나타낸 것이다. 이와 유사한 용어인 COD(chemical oxygen demand; 화학적 산소요구량)는 BOD와 마찬가지로 하천오염상태를 나타내는 수치이다. 물속의 유기물 등 오염이 되는 물질을 산화제로 산화시키는데 요구되는 산소의 양을 말한다.

오염물질 배출 관련 규제의 종류는 ① 배출시설의 설치허가 및 신고, ② 특정폐기물 처리시설의 설치 및 관리에 대한 허가, ③ 축산폐수 배출시설에 대한 설치허가, ④ 방지시설의 설치의무화, ⑤ 특정폐기물의 처리, ⑥ 배출시설 및 방지시설의 정상운영과 배출량 측정 의무화, ⑦ 배출시설 관리인의 고용의무, ⑧ 연료규제 등이다.

둘째, 진입규제는 환경오염 배출시설이나 방지시설에 관한 사업 또는 기타 환경오염 관계사업 수행기업의 자격요건을 규정하는 것이다. 예를 들면 환경오염 방지시설 및 처리시설의 설계 및 설치는 환경부에 등록한 업체만이 수행하도록 한다든지, 배출 검사시 각종 기기를 제작·수입하고자 할 때는 환경부 장관에게 형식승인을 받아야 한다든지 등이 그것이다.

셋째, 토지이용규제는 환경오염이 발생될 가능성이 큰 경우, 이를 공간적으로 주거지역과 분리시킴으로써 환경오염 피해를 감소하고자 실시하는 것이다. 관련 법률에는 국토이용관리법, 도시계획법, 도시재개발법, 공업배치법, 지방공업개발법, 자연공원법, 도시공원법, 산림법, 택지개발촉진법, 산업기지개발촉진법 등이 있다. 환경법에 규정된 토지이용규제는 환경오염상태가 현저하거나 환경오염이 우려되는 지역을 특별대책지역으로 지정하여 토지이용과 시설설치를 제한할 수 있다. 그리고 농수산물 재배도 제한할 수 있고, 자연환경보전지역 또는 야생 동식물 보호구역으로도 지정할 수 있다. 소음·진동이 우려되는 지역에 대해서는 시도지사가 소음·진동 규제지역으로 지정할 수 있다.

5 피구세

피구세란 환경오염에 의해 초래된 외부비용을 오염원인자에게 세금을 부과함으로써 해결하는 방법이다. 이에 근거한 환경문제 해결방법으로는 배출부과금, 제품부담금, 예치금, 환경관리비 등이 있다.

피구세의 개념을 이해하기 위해 교통 혼잡 때문에 발생되는 사회적 비용을 예로 들어보자. 한국교통연구원은 2007년 전국의 지역 간 도로와 7대 도시의 교통 혼잡비용[14]이 총 25조 9천억 원으로 국내총생산(GDP)의 약 3%에 달하는 것으로 산출하였다. 경부고속철도 건설에 약 18조 4천억 원이 투입됐다고 하니 1.3개의 경부고속철도를 건설할 수 있는 비용이 해마다 교통 혼잡으로 사라지고 있다는 얘기다. 교통혼잡비용은 정체 없이 정상적으로 주행할 때와 비교하여 교통혼잡 때문에 추가로 부담해야 하는 유류값, 시간손실 비용, 감가상각비 등을 합산한 것이다.

우선 남산 1호와 3호 터널을 통과할 때 지불하는 혼잡통행료는 일종의 피구세이다. 통행료를 내지 않는 무료도로가 안 막힌다면, 당신의 도로 사용이 다른 사람의 도로 사용을 방해하지 않는다. 그렇지만 막히는 도로에서는 그만큼 교통 혼잡을 유발해 다른 사람의 도로 사용에 방해하는 부정적 외부효과를 발생시킨다. 따라서 혼잡한 도로는 '공유자원의 비극현상'이 발생한다고 볼 수 있다.

그렇다면 어떻게 교통 혼잡을 줄일 수 있을 것인가? 도로를 추가적으로 건설하

14 교통혼잡비용(traffic congestion cost)은 환경오염비용, 교통사고비용 등 교통수요의 증가에 따른 사회적 비용.

거나, 교통정보의 실시간 제공 등으로 도로 이용의 효율성을 증진시킬 수 있다. 그러나 이마저도 한계에 부딪친다면 도로 사용에 대해 가격, 즉 사용료를 책정하는 것이 대안일 수 있다. 아무래도 그렇게 되면 불필요한 도로 사용은 물론이고 대기오염도 줄어들지 않겠느냐는 게 경제학자들의 생각이다. 혼잡통행료는 이런 이론적 근거를 바탕으로 한다.

이처럼 교통이 혼잡해짐에 따라 발생되는 외부불경제인 혼잡통행료를 징수함으로써 교통 혼잡을 해결하는 방식이 피구세이다. 즉 환경오염 등 외부불경제를 초래하는 경제주체에 대해 정부가 직접 규제하기보다는 조세를 부과하는 것을 '피구세'라고 한다. 규제를 통한 방식은 규제한 만큼만 효과를 준다. 그렇지만 피구세는 세금이나 부담금을 줄일 인센티브를 계속 주기 때문에 기술혁신을 자극하여 더 큰 효과를 준다는 점이 중요하다. 피구세는 외부효과에 의한 사적유인의 왜곡을 사회적 최적과 일치시키는 역할을 하게 된다. 따라서 피구세는 경제적 효율성을 향상시키면서 동시에 정부의 조세수입도 증가시키는 것이다.

5.1 배출부과금

피구세를 응용한 대표적으로 예로서 부담금 제도가 있는데, 부담금이란 오염행위에 따라 지불하는 시장가격을 의미한다. 즉, 부담금 제도는 오염을 발생시킨 만큼에 대해 대가를 치르게 하는 것으로 시장기구를 통한 경제적 유인제도이다. 부담금제도의 기능은 ① 교정기능 : 오염억제를 위한 동기부여(incentive), ② 조달기능 : 각종 환경보전사업을 위한 재원의 조달(revenue raising), ③ 재분배 효과 : 오염자에게서 오염피해자로 부의 이전 발생(보조금의 경우 반대방향) 등이다.

배출부과금(유발부담금, effluent charges)은 약 1백 년 전에 영국의 후생경제학자 피구(A. Pigou)가 제안한 최적화 배출부과금제도를 원용한 것이다. 이 부과금은 오염물질 배출에 대해서 과세하는 형태로 오염비용, 배출량, 배출농도를 기준으로 해서 과세하는 방법이다. 환경세, 공해부과금(pollution charge), 공해요금(pollution fee) 등으로도 불리며, 오염물질 배출량에 비례하여 부과금이 증가하는 종량세(unit tax)[15]의 형태를 띠고 있다. 배출부과금 제도는 여러 환경오염에 대하여 인위적인 적정 시장가격을 부여함으로써 사회적으로 적정이용을 유도하여 환경문제를 최소화하고, 자원의 효율적 이용을 도모하는데 목적이 있다.

이 제도의 정책적 목표는 환경오염의 사회적 비용(외부비용)을 오염배출자가 지불하는 사적비용(내부비용)으로 전환시킴으로써, 배출자로 하여금 스스로 오염물질 배출을 억제하도록 유도하고, 오염물질 배출억제의 사회적 순편익을 극대화하는 데에 있다. 부과금 제도 하에서 오염배출자는 오염물질의 배출억제비용이 부과금을 초과하지 않는 한도 내에서 오염물질을 자체적으로 처리하게 된다.

이러한 배출부과금 제도를 실시하기 위해서는 먼저 수역별 환경기준 즉, 오염물질별 일일 배출허용 총량과 각 배출업체에서 처리하여야 하는 오염물질 목표량을 결정하여야 한다. 그리고 배출되는 오염물질 단위당 부과금 요율을 목표처리량의 한계비용 수준에서 결정한다. 이와 같이 배출부과금 제도는 경제적 유인을 통하여 배출업자의 자율적인 배출억제 노력을 유도하고, 적정요율을 통하여 오염물질 처리비용을 최소화하려는 것이다.

5.2 사용자 부과금

사용자 부과금(user charges)은 공공기관 등이 오염배출물을 집합적으로 처리하는데 드는 비용을 징수하는 것으로서, 정액제(定額制)와 정률제(定率制) 방식이 있다. 쓰레기 수거료나 폐기물 관련 부과금이 대표적인 예이다.

쓰레기 종량제는 폐기물정책을 정부 중심의 공급 위주에서 수요관리 중심으로 전환했다는데 의의가 있다. 이 제도를 통해 배출량이 감소함으로써 매립이나 소각에 소요되는 비용이 절감되었다. 환경부에 따르면(환경부 홈페이지), 각 가정에서 쓰레기의 양을 줄이기 위한 노력과 재활용이 가능한 폐기물을 분리 배출하는 노력을 자발적으로 실천하게 되었다는 것이다. 종량제 실시 이후로 1인당 생활폐기물 발생량은 1994년 1.3㎏에서 2007년 1.02㎏으로 선진국 수준으로 감소하였다. 1995년 쓰레기종량제를 시행한 이후, 재활용률이 지속적으로 증가하여 실제 매립

15 상품의 수량이나 중량을 과세 기준으로 하는 것.

또는 소각 처리되는 쓰레기의 양이 감소하였다.

그리고 재활용은 ① 자연자원의 절약, ② 쓰레기 수거, 운반, 매립에 소요되는 비용의 절약, ③ 매립, 소각과정에서 발생하는 2차 환경오염 예방 등의 효과가 있다. 1995년에 23.7%만을 재활용하였으나, 2007년에는 재활용률이 57.8%로 크게 증가하였다. 반면에 매립비율은 1995년에 72.3%이었는데 2007년에는 23.6%로 낮아졌다.

사용자 부과금은 징수방법에 따라 수거량에 관계없이 일정률로 수거료가 징수되는 고정률 제도와 무게 또는 부피 등의 단위당 수거료를 징수하는 종량수거료 제도(quantity−based charge)가 있다. 이외에도 수거의 난이도에 따라 요율에 차등을 주는 수거서비스 기준제도(service−based charge)도 있다. 그 중에서 고정률 제도는 쓰레기의 양이 적든 많든 처리비를 한번만 내면 되기 때문에 배출량을 스스로 줄이는데 한계가 많다. 반면에 종량제는 경제적 효율보다는 비용충당의 원칙에 입각해서 수거 및 처리비용을 징수하는 것이다.

5.3 제품부담금

제품부담금(product charges)은 생산과정이나 소비단계에서 상품의 오염기여도에 따라 부담금 수준을 결정하는 방법이다. 다시 말해, 어떤 재화가 폐기되기 전에 생산자 또는 유통주체에게 징수되는 부담금 형태이다. 제품부담금은 일종의 소비세 역할로 쓰레기를 많이 배출하는 경향이 있는 상품의 소비를 억제하는 효과를 가지고 있다. 예를 들어 껌에는 껌 자체에 대한 제품부담금이 들어 있는데, 이는 씹고 난 껌이 길바닥 등에 버려짐으로써 폐기물관리에 따른 많은 비용이 소요되기 때문이다.

자원의 절약과 재활용 촉진에 관한 법률은 생산단계에서부터 제품의 환경성을 고려하도록 제품부담금제도를 규정하고 있다(제19조). 대상제품은 유리병·금속 캔 또는 플라스틱 용기를 사용하는 살충제 및 유독물 제품, 유리병 또는 플라스틱 용기를 사용하는 화장품, 복합재료 용기를 사용하는 과자제품, 리튬전지, 부동액, 껌, 1회용 기저귀, 합성수지, 담배 등이다. 징수된 제품부담금은 환경개선특별회계에

납입되어 환경 관련 비용으로 사용된다(동법 제20조).

5.4 예치금제도

예치금제도(deposit refund system)는 내구재와 1회용품, 자연계에서 분해되지 않는 플라스틱류 등 폐기물의 재활용을 촉진하기 위해 도입된 제도이다. 즉 제품·용기 중 사용이후에 회수 재활용이 용이한 제품의 제조·수입업자로 하여금 폐기물 회수·처리비용을 예치하게 하고, 적정하게 회수·처리한 경우 그 실적에 따라 예치비용을 반환해 주는 제도이다.

예치금 제도의 효과는 ① 원자재 소모의 감소, ② 제품의 생산 및 폐기물처리비용의 감소, ③ 제품생산에 따른 대기 수질오염의 감소, ④ 폐기물 발생량의 감소, ⑤ 폐기물의 재생이용 의무화, ⑥ 용이한 폐기물의 회수·처리, ⑦ 처리비용의 감소와 처리 후 최종 생성물의 양 감소 등이다. 이 제도는 예치금 부담의 주체에 따라 소비자 예치금제도와 생산자 예치금제도로 구분된다.

먼저, 소비자 예치금제도는 재활용이 가능한 상품을 구매할 때 구매자로 하여금 일정금액을 예치하고, 이를 나중에 반환하면 환불을 해주는 것이다. 미국 오레곤 주에서는 이 제도를 실시한 이후에 불법투기가 27~43% 감소했고, 가정 폐기물량도 4~5%정도가 감소했다고 한다. 그 후 미시간 주, 뉴욕 주, 캘리포니아 주 등 10개 주에서 이 제도를 도입하여 시행하고 있다. 일본에서는 음료수 캔 등에 대하여 각 지방자치단체별로 예치제도에 가맹한 소매점에서 캔 판매 시 10엔을 높여 팔고 회수 시 돌려주는 제도를 실시하고 있다. 또한 노르웨이는 폐차 예치금제도를 실시하고 있는데, 이는 소비자가 새 차를 구입할 때 예치금을 내도록 하고 폐차 시 지정된 장소에 가져오면 환불해주는 방식이다.

예치금제도 도입의 일차적인 목적은 국민의 소비형태를 변화시키는 데에 있다. 즉, 폐기물 발생량에 비례하여 예치금을 부과하기 때문에 제품의 가격이 상대적으로 높아져, 폐기물 발생을 억제하는 소비행태가 정착되는 것이다. 또 폐기물을 회수하는 자에 대하여 예치금을 환불함으로써 폐기물 회수를 촉진하는 효과가 있다. 폐기물 회수가 촉진되면 소각 또는 매립하여야 할 폐기물량이 줄어들어서 폐기물

처리비용과 매립비용을 절감할 수 있게 된다.

이와 같이 예치금은 소비자에게 전가되는 것을 전제로 하고 있기 때문에 물가인상에 따른 소비자 부담이 불가피하다. 그러나 이 부담은 사실 소비자가 쓰레기 처리비로 납부하여야 할 비용이다. 그리고 장기적으로 볼 때, 폐기물의 재활용으로 원자재 비용이 줄어들게 되고 제조원가의 절감과 이에 따른 물가하락을 기대할 수 있다. 또 과소비 풍조의 시정과 사회전체의 폐기물 처리비용의 감소를 통하여 국민전체의 환경비용이 경감되기 때문에, 장기적으로 국민 부담이 감소하고 물가안정에 기여하게 된다.

5.5 환경관리비

환경관리비(administrative charges)는 공공시설의 사용자나 공공기관의 환경서비스에 대한 잠재적 편익자에게 비용을 부담시키는 방법이다. 예를 들어 위해성 화공물질의 관리비용을 생산·판매업자에게 부담시키는 경우나 하수종말처리장에 대한 사용료, 고형폐기물에 대한 매립비용을 지불하는 것이 전형적인 예이다.

환경관리비는 오염발생을 저감시키는 유인을 제공하는 수준으로 책정되기보다는 공공 환경관련시설을 가동하는데 소요되는 비용을 보전할 수 있는 수준에서 결정되는 것이 일반적이다.

6 코우즈 정리와 경제적 유인책

6.1 코우즈 정리

공해문제를 시장메커니즘으로 해결할 수 있다는 이론체계를 정립한 사람은 코우즈[16]이다. 코우즈 정리(Coase theorem)란 협상비용이 무시할 정도로 작고 외부

16 로널드 코우즈(Ronald H. Coase, 1910~) 런던 윌레스덴 출생으로 1932년 런던대 경제학부를 졸업하고, 1951년 런던대에서 박사학위를 취득한 후 미국으로 이민을 갔다. 버팔

효과에 대한 재산권이 잘 정의된다면, 정부의 간섭 없이도 당사자의 자발적인 협상을 통하여 효율적인 자원배분을 달성할 수 있다는 것이다. 코우즈적 접근방법은 수질오염, 핵폐기물 처리 등 공해문제 뿐만 아니라 원자력 발전소 등 국토 재개발 사업의 합리적 의사결정에도 적절히 이용될 수 있다.

환경오염에 대해 코우즈 정리가 의미하는 바는 깨끗한 환경에 대한 재산권만 잘 정의하면, 정부의 간섭 없이도 개인들 간의 협상에 의해 적정오염 수준이 달성될 수 있다는 것이다. 만약 깨끗한 환경에 대한 재산권이 오염유발자에게 있으면, 피해자가 오염유발자에게 오염배출을 사회적으로 적정한 수준까지 낮추어 달라고 돈을 지불할 것이다. 그런데 환경 재산권이 피해자에게 있으면 오염유발자가 피해자에게 사회적으로 적정한 수준까지 오염배출을 허용해 달라고 돈을 지불할 것이다. 따라서 사회적으로 적정한 오염수준이 항상 달성될 수 있다.

〈그림 13-1〉 시장에 의한 적정 오염수준의 결정

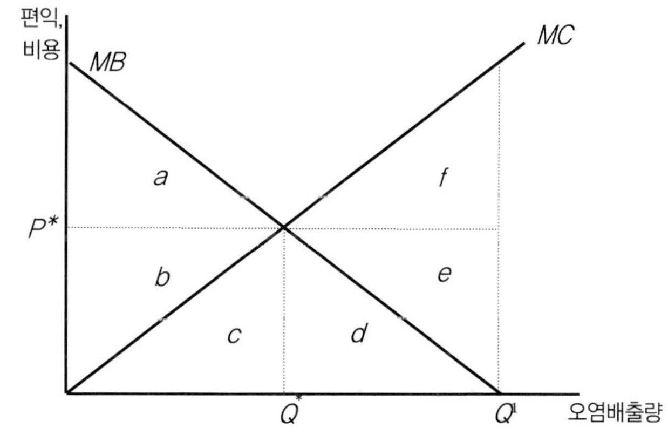

어느 마을에 염색공장과 양어장이 있다. 가로축은 오염배출량을, 세로축은 오염배출에 따르는 편익과 비용이라고 하자. 여기서 오염배출량이 증가한다는 것은 제품 생산이 증가한다는 것이므로 오염배출의 한계편익곡선(*MB*; marginal benefit)은 우하향한다. 그러나 염색물의 생산량이 증가하여 시냇물이 오염되고

로대와 버지니아대학의 강단에 섰으며 1964년부터 1979년까지 시카고대학의 교수로 재직했으며, 1991년 노벨경제학상을 수상하였다.

결국, 양어장까지 점점 큰 피해를 입게 되기 때문에 오염배출의 한계비용곡선(MC; marginal cost)은 우상향하게 된다. 이 경우 사회적 적정수준의 오염배출은 Q^* 수준에서 결정된다.

여기에서 맑은 물에 대한 재산권, 즉 물을 오염시킬 수 있는 권리가 염색공장에 있다고 가정하자. 염색공장은 총편익을 극대화하는 Q^1 에서 생산할 것이다. 이 경우에 양어장은 오염수준을 Q^1 에서 Q^* 로 줄인다면 최대한 $(d+e+f)$ 만큼을 지불할 용의가 있다. 화학공장은 최소한 d 만큼의 보상을 원할 것이다. 그러므로 두 당사자는 협상을 통해 $(e+f)$ 만큼을 나누어 갖는다면, 어느 누구도 손해를 보지 않고 오염수준을 Q^* 로 줄일 수 있다.

반대로 맑은 물에 대한 재산권을 양어장에서 가지고 있다고 가정하자. 그러면 양어장에서는 오염배출을 원치 않을 것이다. 이 경우 염색공장은 Q^*만큼의 오염을 배출하기 위해서 그 대가로 양어장주인에게 $(a+b+c)$ 만큼 지불할 용의가 있다. 반면에 양어장주인은 Q^* 만큼의 오염을 허용하는 대가로 적어도 c 만큼의 보상을 원할 것이다. 이때 두 당사자가 협상을 통해 $(a+b)$ 만큼 나누어 갖는다면 어느 누구도 손해를 보지 않고 Q^*로 오염수준이 정해진다. 결론적으로 맑은 물에 대한 재산권이 누구에게 있든 상관없이 협상에 의해 사회적으로 적정한 오염수준이 항상 달성되는 것이다. 코우즈 정리는 일반적으로 경제학에서 인정되고 있는 외부효과의 시장실패에 대해 새로운 시각을 던져주었다.

그러나 코우즈 정리가 성립하기 위해서는 몇 가지 가정을 만족시켜야 한다.

첫째, 재산권 설정이 확실하고, 관련된 경제단위가 적어 외부성에 의한 상호관계가 분명해야 한다는 것이다.

둘째, 외부성에 대한 거래비용이 무시할 만큼 적어야 한다. 거래비용이 거래에 따른 이익보다 클 경우 거래에 참여할 경제주체는 없을 것이기 때문이다.

셋째, 각 경제단위는 전체이익을 위해 다소간의 이기심을 자제해야 한다는 것이다. 외부성의 대가를 결정하는 과정에서 각 경제주체가 서로 더 많은 몫을 고집할 경우 거래는 성립되지 못할 것이다.[17]

6.2 배출권 거래제

배출권 거래제(marketable permit system)는 1970년에 데일즈(J. H. Dales)가 처음 제안한 제도이다. 그 원리는 배출부과금 제도에 시장의 원리를 적용시켜, 오염원인자가 자발적으로 배출을 억제하고 오염방지 기술을 개발하도록 하는 효과가 있다.

〈그림 13-2〉 배출권 거래제도 시행의 메커니즘

환경오염의 총 허용량 결정

↓

허용량에 해당하는 오염권 발행 공급(정부)

↓

오염권 경매 또는 할당

↓

오염권시장 형성(오염권의 수요와 공급 발생)

↓

시장원리에 의한 오염권의 가격변동

배출권 거래제는 기본적으로 오염배출량의 허용 총량을 정부가 정하고, 배출권의 가격은 시장에서 자유롭게 결정되도록 하는 제도이다. 오염배출자는 오염저감에 따른 서로 다른 비용구조를 갖고 있기 때문에, 배출권에 대해 지불하고자 하는 가격은 상이할 것이다. 따라서 이러한 비용구조의 차이로 인해 자연스럽게 시장에서 배출권에 대한 수요와 공급이 발생하게 되는 것이다.

배출권 거래제의 장점은 오염원인자의 자발적인 배출억제, 환경오염 방지기술 개발의 촉진, 시장원리에 입각함에 따라 정부의 관리비용 최소화 등 세 가지를 들 수 있다. 반면에 문제점으로는, 배출권 시장에서 한정된 배출권만이 발행되기 때문에 시장을 독점할 가능성이 있다. 즉, 배출권의 매점매석을 통하여 경쟁상대 기

17 한국경제신문, 1991.10.17.

업의 경제활동을 위축시키거나, 신규기업의 시장진입 억제수단으로 악용될 수도 있다.

배출권 거래제는 다양한 형태로 적용되고 있는데, 그 예를 들어보자. 1994년부터 로스앤젤레스를 비롯한 미국 캘리포니아 남부지역에서 대기오염을 줄이기 위한 방법의 하나로 도입된 스모그(smog) 시장제도가 있다. 여기서 스모그 시장이란 공해배출업체들이 서로 공해 배출권을 사고 파는 제도이다. 이 제도가 시행됨에 따라 대기오염의 주범인 이산화질소와 아황산가스의 연간 배출허용 한도가 남아 있는 업체는 공해를 한도 이상으로 배출해야 하는 업체에 일정한 대가를 받고 공해배출권을 판매할 수 있게 된다. 공해배출을 줄이기 위한 새로운 시설을 갖추기보다는 공해배출권을 사들이는 것이 비용을 절약하게 되는 경우에는 공해배출권을 사들이게 된다.

6.3 보조금 제도

보조금 제도는 오염배출을 저감하는 정도에 따라 기업에게 보조금을 지급하는 제도이다. 이 제도는 실적 보조금제도와 간접 보조금제도가 있다. 실적 보조금제도는 오염원인자가 오염물질의 배출을 한 단위씩 줄일 때마다 일정액을 장려금으로 지불하는 것이다. 그리고 간접 보조금제도는 오염방지시설이나 환경보전 기술개발 등에 대한 정부의 금전적 보조, 융자, 세제상의 혜택 등을 말한다.

우리나라에서 시행되고 있는 보조금제도의 한 예로 1999년부터 친환경 유기농업 실천농가를 대상으로 실시되고 있는 친환경농업 직접지불제(direct payment system)가 있다. 이 제도의 목적은 친환경농업을 실천하는 농가에게 직접지불 보조금을 지원하여 친환경농업을 육성함으로써 농촌환경을 보전하고 안전한 농산물의 생산을 장려하기 위한 것이다. 무농약 이상 친환경 인증농산물을 생산하는 농가를 대상으로 보조금을 지원하는데, 이는 소비자의 요구에 맞는 친환경농산물을 생산하고, 환경오염을 최소화하여 농업의 친환경 산업적 가치를 극대화하려는 것이다.

7 우리나라의 경제적 유인제도

우리나라에서 실시하고 있는 경제적 유인제도의 실태를 간략히 살펴보자.

첫째, 배출부과금 제도이다. 1983년 9월 1일부터 시행되고 있으며, 1996년 6월 30일까지는 배출허용기준을 초과하여 배출되는 오염물질량에 대해 초과 배출부과금만이 운영되었다. 그러나 1997년 7월 1일부터는 배출허용기준 이내로 배출되는 오염물질량에 대해서도 부과하는 기본 배출부과금제도가 시행되고 있다. 기본 배출부과금은 환경오염기업의 사업장 규모에 따라 차등적으로 적용되는 부과금이다. 그리고 초과 배출부과금은 배출허용기준 초과배출량에 대해 부과한다. 기본부과금 대상물질에 대해서는 경제적 유인제도의 성격이 강하지만 초과부과금 대상물질에 대해서는 직접규제의 성격을 가지고 있다. 대상물질은 대기오염, 수질오염, 축산분뇨 등이다.

둘째, 환경개선 부담금 제도가 있는데, 오염원인자 부담의 원칙(PPP)에 근거하고 있으며 1992년 1월부터 시행되고 있다. 환경개선 부담금의 부과대상은 유통·소비과정에서 오염물질의 다량배출로 인하여 환경오염의 직접적 요인이 되는 시설물과 자동차이다. 시설물의 경우 점포 ·사무실 등 지붕과 벽 및 기둥이 있는 각 층 바닥면적의 합계가 160㎡이상인 시설물을 부과대상으로 하고 있다. 자동차는 자동차관리법에 의해 등록된 전국의 경유 사용 자동차로 하고 있다.

셋째, 폐기물 예치금 제도이다. 폐기물 예치금 부과대상 품목은 종이팩, 금속캔, 유리병, 페트병, 전지류, 타이어, 윤활유, 가전제품, 형광등 등 총 15종이다. 1992년부터 운영해 오고 있는 예치금제도는 2002년말 기준으로 폐지되고, 2003년 1월부터는 생산자의 책임을 보다 강화한 생산자책임 재활용 제도로 전환되어 시행중이다. 다만, 재활용 의무대상 제품·포장재 중 재활용 기반구축 기간이 필요한 합성수지 재질 포장재 중 필름형 포장재와 형광등은 2004년부터, 오디오와 이동전화 단말기는 2005년부터 시행하고 있다.

넷째, 폐기물 부담금 제도이다. 특정 대기·수질 유해물질 및 유독물을 함유하고 있거나 재활용이 어렵고 폐기물 관리상의 문제를 초래할 가능성이 있는 제품·재료·용기의 제조업자 또는 수입업자에게 부담하도록 하는 제도이다. 이 제도는 오염자 원인자 부담의 원칙에 따라 폐기물의 처리에 든 비용을 부담하게 함으로써 폐기물의 발생을 억제하고 자원의 낭비를 막는데 그 목적이 있다. 이 제도는 1993년에 도입되었는데, 그 이후에 품목의 추가, 부과방식의 변경 등 제도개선을 통하여 2009년 현재 살충제, 유독물제품 용기, 부동액, 껌, 담배, 1회용 기저귀, 플라스틱 제품 및 그 포장재 등에 대하여 폐기물부담금을 부과하고 있다.

다섯째, 수질개선 부담금이다. 수질개선부담금은 공공의 지하수 자원을 보호하고 먹는 물의 수질개선을 위해 1995년 먹는 물 관리법의 시행으로 도입되었다. 부과금의 부과대상은 샘물을 개발하여 이를 원료로 사용해서 제품을 제조·판매한 먹는 물 제조업자와 먹는 샘물의 수입 판매업자, 기타 1일 300톤 이상의 샘물을 개발하여 원수의 일부를 음료수나 주류 등의 원료로 사용하는 자이다(환경부, 환경백서).

읽을거리

탄소배출권 거래제, 직접규제에 비해 저감비용 60% 절감

탄소배출권 거래제는 저감비용을 직접규제에 비해 60% 정도 절감하는 것으로 나타났다. 삼성경제연구소는 4일 '탄소배출권 거래제의 경제적 효과' 보고서를 통해 이같이 밝혔다. 연구소는 보고서를 통해 여러 가지 시나리오 하에서 각 정책수단의 이산화탄소 감축비용은 정책도입 이전과 이후 실질 국내총생산의 차이로 측정했다며 이같이 밝혔다.

탄소배출권은 온실가스의 배출권리를 명시한 일종의 유가증권을 말한다. 탄소배출권은 일정기간 동안 이산화탄소, 메탄, 아산화질소 등 온실가스의 일정량을 배출할 수 있는 권리. 주식, 채권 등의 유가증권처럼 거래소 또는 장외에서 매매가 가능하다.

탄소배출권 시장은 할당량(Allowance) 시장과 프로젝트 베이스(Project-based) 시장으로 대별된다. 할당량 시장은 정책당국이 온실가스 배출총량을 설정하고 이에 상당하는 배출권을 기업들에게 할당하면, 기업들이 할당량 대비 잉여분 및 부족분을 거래하게 된다. 또 프로젝트 베이스 시장은 기업들이 청정개발체제(CDM: Clean Development Mechanism), 공동이행제도(JI: Joint Implementation) 등을 통해 획득한 배출권의 거래를 말한다.

보고서에 따르면 전 세계 탄소배출권 시장은 2008년 현재 1,263.5억 달러 수준에 이른다. 보고서는 탄소배출권은 2008년 현재 유럽기후거래소, 노르드 풀(Nord Pool), 시카고 기후거래소 등 10여 개의 시장에서 거래됐다며 2008년 시장규모가 2007년(630.1억 달러)에 비해 100.5% 확대되면서 2005년(108.6억 달러) 이후 3년 만에 12배 수준으로 급성장했다고 밝혔다. 또 할당량 시장의 규모는 2008년 928.6억 달러로 전체 시장의 3/4 정도를 차지하는 것으로 나타났다.

보고서는 탄소배출권 시장의 성장세는 가속화될 것으로 예상된다며 전 세계 탄소배출권 시장규모는 2010년 1,500억 달러에 달할 전망이라고 밝혔다. 연구소는 이는 2010년 세계 반도체 시장규모(2,090억 달러)의 70%를 상회하는 수준이라며 세계 제1위와 제2위의 온실가스 배출국인 중국과 미국의 참여 가능성이 높아지고 있는 포스트 교토체제 하에서 탄소배출권 시장은 더욱 확대될 전망이라고 진단했다.

보고서는 정부는 시장기능을 활용해 효율적으로 온실가스를 감축하고, 국제적으로 급속히 확대되고 있는 탄소배출권 시장에 대비하는 차원에서 배출권거래제 도입이 필요하다는 입장이다. 그렇지만 산업계는 수출주력 분야인 자동차, 조선, 철강, 석유화학 등 온실가스를 많이 배출하는 업종의 경쟁력 약화를 이유로 배출 상한의 도입을 반대하고 있다고 밝혔다. 탄소배출권 거래제가 국가적인 차원에서는 온실가스를 비용 효율적으로 감축할 수 있는 수단이지만, 산업계에는 부담으로 작용하므로 시행 전에 산업계 전반의 의견 수렴이 필요하다는 것이다.

보고서는 그러면서도 한편으로는 탄소배출권 거래제 도입에 대한 정부의 과감한 결단도 필요하다고 하였다. 탄소배출권 거래제 도입이 확정되면 그동안 한 목소리를 내왔던 산업계내부에서도 배출권 할당 등과 관련해 이전투구식의 대립이 예상되고, 이 경우 모든 업종의 의견을 수렴하다 보면 배출권 거래제 시행 자체가 불가능할 것이라며 그 이유를 언급했다.

한편 보고서는 탄소배출권 거래제와 관련, 국제기준에 부합하는 신뢰성 높은 국가 온실가스 인벤토리를 구축해야 하고, 국내 탄소배출권 거래제를 해외 제도와 연계하기 위해 의무감축국 수준의 온실가스 배출량 데이터베이스를 마련해야 한다고 지적했다. 또 국내 탄소배출권 시장을 활성화하기 위해서는 국내에서 발행된 배출권이 해외시장에서 거래되고 해외시장의 배출권이 국내에서 유통되는 것이 필요하다고 하였다. 탄소배출권 거래제 도입 전에 산업계 등을 대상으로 기후변화에 관한정부간 협의체의 가이드라인에 따라 산출된 배출량의 의무보고제를 실시해 종합적인 데이터베이스 시스템을 구비해야 한다고 밝혔다.

보고서는 또 탄소배출권 거래제 대상기업의 온실가스 감축실적에 대한 선진국 수준의 검증 시스템도 마련해야 하고, 탄소배출권 시장의 원활한 운영을 위해서는 글로벌 수준의 검증시스템을 구축해 거래의 투명성을 확보하는 것이 필요하다고 밝혔다. 아울러 온실가스 감축실적 검증기관의 전문성을 강화하는 한편, 검증기관의수도 늘려 경쟁체제를 유도하고, '배출권거래감독위원회(가칭)'을 실립해 검증기관에 내한 감독기능을 수행할 필요가 있다고 밝혔다.

(출처 : 전력경제신문, 2009년 11월 3일자)

참고문헌

유동운, 『환경경제학』, 비봉출판사, 1992.

전력경제신문, 2009년 11월 3일자.

한국은행, "환경오염방지 지출 통계", 2000.

환경부 홈페이지(http://www.me.go.kr).

환경부, 『환경백서 2009』, 2009.

환경사회학회, 『우리 눈으로 보는 환경사회학』, 창비, 2004.

허승욱, 『환경경제 길라잡이』, 2004.

Environmental Justice Group,『{Environmental Justice: A Matter of Perspective』, Denver, Colorado, 1995.

Zylicz, T, "Goals, Principles, and Constraints in Environmental Policies", 『Principles of Environmental and Resource Economics』, Edward Elgar, 1995.

www.happygreen.co.kr

제 14 장

환경거버넌스

1 거버넌스의 개념과 구성요소

1.1 거버넌스의 개념

거버넌스(governance) 체제는 기본적으로 자발적 협력과 경쟁을 통한 협조 형태이며, 정부 대 시민 및 시장 간의 불평등과 비대칭성을 극복하고, 능률성과 민주성을 제고시키고자 하는 국가 운영의 새로운 패러다임이라고 할 수 있다. 그리고 거버넌스의 개념과 가치는 기본적으로 시장의 논리에 입각한 효율성과 시민사회의 수요에 입각한 민주성으로 요약할 수 있다. 이러한 거버넌스에 대해 학자별, 학문별로 다양하게 개념 규정을 하고 있다(이종수, 2003).

그래서 거버넌스의 번역도 기업의 경우에는 '지배구조'로 통용되고, 공공부문에서는 '국정관리'로 인식되고 있다. 그 밖에 '통치관리체제'로 번역되기도 하고, '협치(協治)', '망치(網治)', '공치(共治)' 등을 사용하기도 한다. 일반적으로는 거버넌스라는 표현을 그대로 사용하고 있는 추세이다. 거시적인 관점에서 볼 때, 거버넌스란 국가가 공공문제를 해결하고 정책을 결정·집행하는데 있어서 정부, 자율적으로 신장된 시민사회, 시장의 요소 등 세 주체 간에 협력적 네트워크를 통해 추진하는 국정운영 방식 또는 체제라고 할 수 있다.

이러한 거버넌스의 등장은 현대사회에서 국가적인 문제의 해결과 정책의 결정이 전통적인 권위주의적 국가에 의해서는 완성될 수 없음을 의미한다. 즉 시민사회 및 시장의 요소들과 밀접한 연관성을 갖지 않고서는 정부 단독으로 해결할 수 있는 문제가 점차 사라지고 있음을 말해주는 것이다.

거버넌스의 개념을 넓은 의미와 좁은 의미로 나누어 살펴보자.

첫째, 넓은 의미의 거버넌스 체제는 국가가 중심이 되어 관리형태와 정책을 보완하는 데에 초점이 있다. 즉 국가와 시장, 시민사회의 상호 협력적인 조정 양식을 의미하며, 파트너십(partnership)에 의한 각 주체 간의 새로운 협력 형태를 강조하는 것이다. 서구의 경우, 경직되고 권위주의적인 국가의 관리체제와 조정양식에 대한 비판에서 출발하였다.

둘째, 좁은 의미의 거버넌스는 국가나 시장을 대체할 수 있는 별도의 새로운 조정양식의 원형을 발견하고 의미를 부여하는 데에 초점이 있다. 시민사회 영역 내에 존재하는 자발적이고 자율적이며 자기조직적인 조정기구를 의미한다. 즉 시민사회의 사회적 리더십(social leadership)을 강조하며 시민문화의 강화, 자발적인 행동의 촉진, 민주주의적인 사회기반의 개선을 도모하는 것이다. 또한 기존에 정부가 독점했던 권력의 행사를 대체하는 정부·시장·시민사회 간의 상호작용 네트워크이기도 하다(김정렬, 2004).

1.2 거버넌스의 구성요소

거버넌스의 주요 구성요소로서는 구성주체, 제도적 조건, 운영원칙 등이 있다. 이에 대해 구체적으로 알아보자.

첫째, 구성주체는 국가(정부), 시민사회(NGO), 시장(기업) 등이다(그림 14-1). 이 세 주체는 각 부문을 대표하는 사람들로 구성됨으로써 대표성이 있어야 한다. 또 이 주체들은 사회의 공익적 가치를 보호하고 향상시킬 수 있어야 하며, 자발성과 책임성을 가지는 것이 전제되어야 한다. 그래서 균형감각과 원칙에 입각하여 각 부문의 다양한 욕구와 이해관계를 대변할 수 있어야 하는 것이다.

〈그림 14-1〉 거버넌스의 구성 주체와 거버넌스 영역

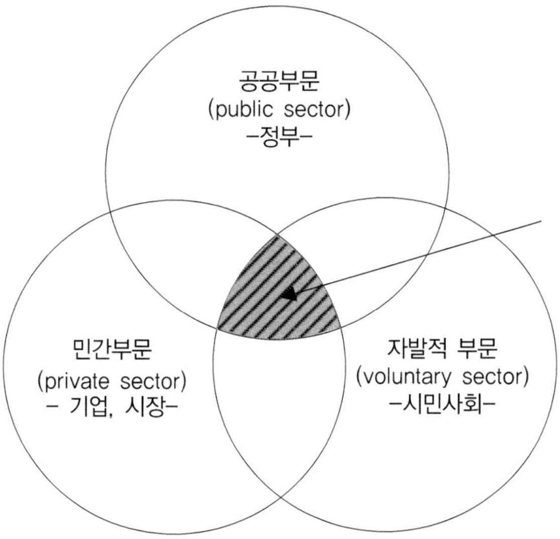

둘째, 제도적 조건으로서 법적 기반, 재정적 안정성, 독립성 등을 갖추어야 한다. 거버넌스 체제에서 협의 및 합의를 통해 결정된 정책방안 등이 사회적인 영향력과 효력, 추진력을 가지기 위해서는 법적인 근거가 있어야 한다. 또 거버넌스가 안정적인 체제를 유지하고, 사업을 효율적으로 집행하기 위해서는 재정적인 기반이 확보되어야 한다. 그리고 각 부문의 대표자들이 구성원의 욕구를 반영하는데 있어, 객관적이고 공정한 활동을 보장받기 위해서는 거버넌스의 독립성이 필요하다.

셋째, 운영원칙으로서, 거버넌스 체제는 국가적·사회적 차원에서 공통의 목표와 과제를 가져야 하며 민주적인 방식으로 운영되어야 한다. 각 부문의 구성원은 자율성을 기반으로 상호 호혜적인 의존관계를 형성하며, 신뢰(trust)를 거버넌스의 가장 중요한 존립 근거로 인식하고 행동하여야 한다. 즉 신뢰를 바탕으로 하지 않는 거버넌스 체제는 존재이유가 없으며, 제도화 및 운영 등 전반적인 구성 자체가 무의미하다는 점이다. 그리고 각 부문의 대표자들은 거버넌스 체제 속에서 상호 논의하고 학습하는 과정에서 공통의 목표와 과제를 찾아내고 합의를 도출하며, 함께 문제를 해결해 나갈 수 있는 역량을 갖추어야 한다. 또 사회적인 긴장과 갈등을 최소화하고, 경쟁과 갈등보다는 상호 교류와 협력을 촉진하며 공익적 가치를 추구하는 노력이 필요할 것이다.

2 거버넌스의 등장배경

서구사회 및 국제적인 기구를 중심으로 거버넌스가 대두되게 된 배경은 정부의 재정위기, 세계화에 따른 신자유주의(신우파)의 확산과 지방화·분권화, 시민사회의 성장과 정보화 등을 들 수 있다. 이에 대해 구체적으로 살펴보자(Pierre, J. and Peters B. G. 2003; 김석준 외, 2000; 이종수, 2003).

2.1 정부의 재정위기

1970년대까지 안정적인 경제성장을 지속해 온 서구사회는 1980년대부터 경제성장률이 저하되고 불확실성이 증가됨에 따라 조세수입 확보가 곤란해지게 되었다. 이런 경제위기의 주된 요인은 공공지출의 증가와 조세수입원의 한계에 있었다. 즉, 조세수입이 한계에 도달했음에도 불구하고, 국가가 제공하는 공공서비스는 감축시킬 수 없는 교착상태에 빠지게 되었다. 그래서 정부의 재정적자는 급속히 증가하게 된 것이다.

이러한 배경 하에서 거버넌스를 통해 첫째, 공공서비스 공급활동에 사적부문(민간부문)의 행위자와 조직화된 이해관계자를 포함시킴으로써, 예산제한 상태에서 공공서비스 수준을 유지하고자 하였다. 둘째, 사적부문 행위자 및 사적 경영부문을 공공부문에 포함시킴으로써 공공부문과 민간부문의 차이를 모호하게 하였다. 그래서 국가의 문제들이 공공-민간 간 협력행위를 통해 작동하게 되었다. 셋째, 정부가 비효율적인 관료제에 민간부문의 경영마인드를 통합시키고 공공서비스의 제공을 다양화하는 전략으로서 추진하였다.

2.2 세계화에 따른 신자유주의(신우파)의 확산과 지방화·분권화

세계화에 따라 정치적·경제적 국제기구의 역할이 커지면서, 기존 국민국가의 통치권이 잠식되었다. 전통적인 국가는 큰일을 하기에는 너무 작고, 작은 일을 하기에는 너무 큰 현상이 심화되었다. 예를 들면 수직적으로는 국내 통치권 및 권위가 국제기구인 세계무역기구(WTO), 국제연합(UN), 경제협력개발기구(OECD), 세계은행(World Bank), 북미자유무역협정 등으로 이동되고 있다. 특히 유럽의 경우, 유럽연합(EU)이라는 지역연합체가 개별국가의 통치권을 대체하고 기존 국가가 축소 또는 해체되어 감에 따라 새로운 거버넌스가 형성되고 있는 것이다.

그리고 수평적으로는 국내시장이 세계시장에 편입되어, 세계자본이 개별국가의 국경을 넘을 수 있고 경제원리에 따라 자유경쟁이 가능하도록 탈규제의 추세가 지속되고 있다. 또한 공공부문의 효율성과 경쟁력의 향상을 위해 민영화가 추진되고 있다. 이에 따라 국가의 공동화(空洞化) 현상이 나타나고, 비정부기구(NGO)와 시민단체들의 참여는 정책과정에 강한 영향력을 행사하게 되었다. 즉 기존의 정부만으로는 사회 내의 통치작용과 공동체의 문제를 해결하기에는 정통성과 능력 면에서 한계가 분명해지고 있는 것이다.

한편, 지방자치제의 실시로 분권화 현상이 심화되고 있고, 세계화의 흐름 속에서 각 지자체는 지역경제를 활성화시키기 위해 노력하고 있다. 이를 위해 중앙정부의 통치권 및 조정권한을 지방으로 이양하고 있다. 즉 국가 및 정부 권력이 통제 및 규제하는 역할이 축소되고, 자본 및 시장의 역할과 시민사회의 활동영역을 확대시키는 거버넌스가 형성되고 있는 것이다.

2.3 시민사회의 성장과 정보화

본격적인 산업화시대에 들어서면서 직업이나 업무가 다양화·전문화됨에 따라 노동자이면서 자본가인 계층을 증가시켰고, 이것은 시민사회가 확대되는데 큰 영향을 미쳤다. 더구나 정보화의 확산은 사이버 공간의 확대와 네티즌의 증가를 가져왔고, 이를 통해 다양한 욕구가 조직화되고 상호 연계됨으로써, 시민사회가 성장하였다. 더불어 다양한 욕구를 반영하는 NGO의 설립도 증가되는 추세이다.

따라서 국가 중심적 통치 또는 관리체제로는 사회의 복잡성과 다양성이 요구하고 있는 사회적 가치와 이해관계의 조정 및 통합이 어려워지고 있다. 특히 사회의 복잡성 때문에 발생되는 혼돈, 대내외적인 정치 환경의 급변에 따른 방향성 상실,

다양한 사회적 요구에 의한 분열 등을 해결하기 위한 조정·통합·조절·규제 활동이 어려워지고 있다. 그래서 시민단체나 NGO의 전문성이 향상되고 정책 참여가 증가하게 되었으며, 이들은 정책과정에서 강력한 영향력을 행사하기 시작하였다. 따라서 정부 단독으로 정부 및 공공분야의 정책적 의사를 결정하고 추진하는 방식은 다양한 사회적 가치와 욕구를 반영하는데 한계를 보이고 있는 실정이다.

또한 정보화의 진전은 NGO를 중심으로 한 시민사회의 역할을 증대시키고 간접민주주의인 대의민주주의체제의 약화를 가져왔다. 대신에 정보 네트워크와 사이버공간을 통해 국민들의 직접 참여 욕구를 충족시킬 수 있었다. 이에 따라 정부와 시민사회를 직접 연결하는 장치와 제도가 필요하게 되었으며 대의제도와 관련된 기구의 기능 및 제도를 약화시키고 있다. 그래서 NGO나 기업, 정부를 직접적이고 수평적으로 연계시키는 네트워크가 새로운 제도로 등장하게 된 것이다. 결국, 거버넌스를 새로운 형태의 공동체 운영 메커니즘으로 등장시켜 국가권력을 기반으로 한 통치의 기능 및 역할을 축소시키고, 그 만큼 시민사회와 시장의 역할을 증가시키게 된 것이다.

3 거버넌스의 유형

거버넌스의 유형은 중심적 주체에 따른 유형, 범위 및 수준에 따른 유형, 구조 및 과정으로서의 거버넌스 등으로 구분할 수 있다. 그 주요 내용은 다음과 같다(김석준 외, 2000과 2002; 문순홍·정규호, 2000; Pierre, J. and Peters B. G, 2003; 김정렬, 2004; Gray, C, 2002).

3.1 중심적 주체에 따른 유형

거버넌스의 중심적 주체가 누구인가에 따라 국가 중심적 거버넌스, 시민사회 중심적 거버넌스, 시장 중심적 거버넌스 등 세 가지 유형으로 구분할 수 있다.

세 가지 유형의 주요 원리와 종류는 <표 14-1>과 같다. 국가 중심적 거버넌스는 관리주의와 시장주의의 갈등이며, 종류로는 신공공관리론과 기업가적 정부, 좋은 거버넌스(good governance) 등이 있다. 그리고 시민사회 중심적 거버넌스는 참여주의와 공동체주의를 기본원리로 하고 있고, 사회적 사이버네틱 체제와 자기조직화 네트워크 등이 있다. 또 시장 중심적 거버넌스는 시장주의를 기초로 하며, 시장정부 모형과 최소국가론 등이 있다.

〈표 14-1〉 거버넌스의 중심적 주체에 따른 유형별 원리 및 종류

구 분	국가 중심적 거버넌스	시민사회 중심적 거버넌스	시장 중심적 거버넌스
원 리	◦관리주의와 시장주의의 갈등	◦참여주의와 공동체 주의	◦시장주의
종 류	◦신공공관리론과 기업가적 정부 ◦좋은 거버넌스	◦사회적 사이버내틱 체제 ◦자기조직화 네트워크	◦시장정부 모형 ◦최소국가론

국가 중심적 거버넌스

국가 중심적 거버넌스는 국가가 시장과 시민사회를 주도적으로 관리하는 유형이다. 즉 정부의 영역을 인정하고 정부와 시장 및 시민사회간 협력을 강조하는 형태로서, 정부와 함께하는 거버넌스(governance with government)이다. 이 유형은 정부의 주도적인 역할이 강한 전통을 가지고 있는 대륙계 국가들에서 주로 찾을 수 있다.

국가 중심적 거버넌스는 문제의 원인을 기존의 위계적이고 권위적인 통치방식에서 찾으므로, 정부의 새로운 통치형태를 정착시키는데 초점을 두고 있다. 그리고 기업가적 정부(entrepreneurial government)는 민간부문의 다양한 이해관계자들을 의사결정 과정에 폭넓게 참여시켜 더 효율적이고 효과적인 관리체계를 구성하려는 노력에서 등장하였다.

국가 중심적 거버넌스 이론의 유형에는 신공공관리론(new public management; NPM)과 기업가적 정부, 좋은 거버넌스(good governance) 등이 있다.

첫째, 신공공관리론과 기업가적 정부는 국가의 공공서비스 생산과 공급에 있어 관리적 혁명이라고 할 수 있다. 즉 관료주의적 전통 문화의 개념에서 벗어나 공공조직도 민간부문 조직과 마찬가지로 관리되어야 한다는 것이다. 이는 1970년대 후반부터 공공부문에 민간경영 지향적 즉, 기업가적 정부를 지향하는 것으로서 경

쟁과 민간경영의 보편성이라는 두 가지 관념에 영향을 받은 것이다. 그리고 1980년대 이후 영미국가들의 정부개혁운동을 반영한 것이며, 신제도경제학과 기업식 관리주의에 기초하고 있다.

통제 중심의 전통적인 방식에서 벗어나 정부의 규모와 권한을 축소하고 시장경쟁적 민간관리 방식을 수용함으로써, 공공부문의 비용을 절감하고 효율성을 증대시킨다는 것이다. 또한 투입 통제(input control)보다는 평가와 성과, 책임성, 고객의 중시와 고객의 영향력 증대, 유연성의 증대, 공공서비스 구매자와 공급자의 분리, 정보관리의 중요성 등을 강조하고 있다.

그러나 문제점으로는 시장의 경쟁원리에 지나치게 몰입하게 되면 신자유주의의 부작용을 확대 재생산할 우려가 있다는 점이다. 또한 정부 및 기업의 본질적 측면의 차이점, 국가별 문화 및 제도적 특성의 차이 등을 간과할 경우에는 지속적인 성과를 거두기 어렵다는 점이 있다. 전통적인 정부의 행정과 기업가적 정부의 거버넌스의 차이점을 비교한 것이 <표 14-2>이다.

〈표 14-2〉 전통적인 행정과 거버넌스(기업가적 정부)의 비교

구 분	전통적 행정	거버넌스(기업가적 정부)
정부의 역할	• 정책결정과 서비스 공급의 일원화: 노젓기(rowing)	• 정책결정과 서비스공급의 분리: 방향잡기(steering)
정부활동	• 직접 서비스 공급(service)	• 민간 또는 지역사회에 권한 이양(empowering)
서비스 공급형태	• 독점적 공급	• 민간원리 도입, 경쟁방식
관리방식	• 규칙·절차와 예산 중심	• 임무와 사명 중심
예산체제	• 투입 중심 체제	• 성과와 연계 체제
행정가치의 중심	• 관료 중심 • 지출 지향 • 사후 치료	• 고객 지향적 • 수익창출 지향 • 미래 예측과 문제의 예방
행정주체의 조직방식	• 중앙집권적 및 위계 서열적 방식	• 참여와 팀워크: 많은 결정권을 소비자, 지역사회, NGO에 이관
행정방식	• 명령과 통제에 의한 규제 방식	• 협의와 네트워크 형성, 시장메커니즘 유인책
행정운영 메커니즘	• 행정 메커니즘	• 시장 메커니즘

자료 : Osborne and Gaebler(1992); 김석준(2002)에서 재인용 및 수정

둘째, 좋은 거버넌스(good governance)는 신공공관리와 자유민주주의를 결합하고 실현하는 것을 의미하는데, 개발도상국의 지배구조에 대한 논의에 주로 이용되고 있다. 예를 들면 세계은행이 개도국에 대해 자금을 대출해 줄 때, 해당국으로 하여금 공공영역의 발전을 위해 신공공관리나 민주적인 권력사용을 권고하는 방식의 하나라는 것이다.

좋은 거버넌스의 구조는 ① 정치적으로 권력이 독립적이고 효과적으로 배분되어야 한다. ② 정치적 책임성을 가지기 위해 신뢰할 수 있는 정당과 정당 재정의 투명성, 의회 표결의 공개 등이 이루어져야 한다. ③ 시민사회의 주장과 참여를 보장하기 위해 정보의 자유와 법률 초안에 대한 공청회, 언론 및 NGO의 역할, 거버넌스에 대한 감시 등이 필요하다. ④ 민간부문에 있어 경제적 인센티브 정책, 독점시장 구조를 경쟁적 시장구조로 재편, 규제의 단순화, 기업지배구조의 투명성, 기업협회 등이 요구된다. ⑤ 공공부문의 관리로는 능력주의 사회, 책임성을 가진 분권화, 효율적이고 개방적인 관료제 등이 있다.

시민사회 중심적 거버넌스

시민사회 중심적 거버넌스는 기존의 대의민주주의 체제가 다양한 이해관계를 통합 조정하지 못할 뿐 아니라 다양한 갈등을 해결하지 못한 데에서 발생되었다. 정당이나 국회 등 대리인 체제(agent system)의 실패를 극복하는 과정에서 시민사회(NGO)의 역할이 더욱 중요하게 되었다. 즉 다원화되고 강력해진 시민사회는 정부로 하여금 책임 있게 시민을 대변할 것을 요구하고 있다.

시민사회가 제 역할을 다 하기 위해서는 NGO 간 자율조정기능과 정화작용, 치밀한 네트워크 및 파트너십을 갖추는 것이 전제되어야 한다. 거버넌스의 활성화를 위해서는 시민사회의 더욱 적극적인 참여가 필요하며, 시민사회 영역에서 자발적이고 자기 조직적인 거버넌스의 방향과 전략을 모색하는 것이다. 오랜 역사적 배경과 문화적 전통으로 인해 시민사회의 자율성과 도덕성이 높은 영미형이 대표적이다.

시민사회 중심적 거버넌스의 이론적 유형으로는 사회적 사이버네틱 체제

(socio-cybernetic system)와 자기조직화 네트워크(self-organizing network) 등이 있다.

첫째, 사회적 사이버네틱 체제(socio-cybernetic system) 또는 사회-정치 거버넌스 이론에 대해 알아보자. 사회-정치 거버넌스는 상호 신뢰 또는 상호 이해의 수준 정도, 책임성의 수용, 사회로부터의 지원과 정치 개입의 정도에 의존한다. 중요한 것은 공식적 또는 상대적으로 자율적인 정치적·사회적 행위자들 간의 상호 의존성인 것이다. 따라서 거버넌스는 모든 관여자들의 상호 개입 노력의 공통적인 결과나 산출물로서, 사회-정치 체제에서 발생되는 패턴이나 구조로 이해될 수 있다.

둘째, 자기조직화 네트워크(self-organizing network)이다. 자기 조직적 네트워크는 공공조직, 사조직, 자발적 조직들의 혼합이며, 행위자들 간에 자원을 필요로 하고 이들 자원의 교환에 의해 유지된다. 이를 통해 목표를 실현할 수 있고, 그 영향력을 극대화할 수 있는 것이다.

이러한 네트워크를 접합하는 것은 신뢰와 협동이며, 상이한 네트워크에서 상호작용하고 의존한다. 이 유형은 국가에 대해 일정한 자율성을 가지고 있으며, 국가는 간접적이면서 불완전한 방식으로 네트워크의 방향을 잡을 수(steering) 있다. 그리고 정부는 이 네트워크에게 권한을 부여하거나, 어떻게 협동할 것인가를 찾아야 한다. 즉 국가는 자신의 관점을 강압할 수 있는 지위를 가지고 있지 않다는 점이다.

시장 중심적 거버넌스

시장 중심적 거버넌스는 경쟁원리와 고객주의, 가격을 매개로 한 자원배분 등을 기반으로 하고 있다. 이는 신고전학파 경제학을 기초로 하고 신자유주의적 논리에 의존하고 있다. 그래서 전통적 정부보다는 가격과 시장 메커니즘을 이용한 수평적, 협력적, 참여적 관계 속에서 다양한 이해관계자들과의 상호작용을 강조하고 있다.

시장 중심적 거버넌스는 작고 효율적인 정부구조를 지향하면서 거대정부의 비효율성 문제를 해결하기 위해 민영화(privatization)를 주장한다. 그 배경은 정부 기능을 사적 부문으로 이전시켜 서비스의 범주와 질을 높이는 반면, 정부의 비용을 감소시켜 경제적 효율성을 극대화한다는 데에 있다.

그런데 시장 중심적 거버넌스의 문제점으로는 국가가 담당해 왔던 공적활동과 그 권한의 상당부분을 비민주적이고 무책임한 주체들에게 넘겨줌으로써, 공공영역을 축소 또는 쇠퇴시킬 가능성이 높다는 점이 있다. 그래서 민주주의적 책임성이 결여되고 시민사회에 기반을 둔 사회적 거버넌스가 쇠퇴할 수 있다.

이러한 시장 중심적 거버넌스에는 시장적 정부 모형과 최소국가론(minimal state) 등이 있다.

첫째, 시장적 정부 모형은 정부 관료제의 비효율성과 시장의 효율성에 대한 신뢰를 전제로 하며, 관료적 독점을 문제의 핵심으로 강조하고 있다. 그래서 정책결정에서 관료적 기능을 다수의 기업적 사업소로 분권화할 것을 주장한다. 그리고 공익 개념을 달성하기 위해서는 공공서비스 공급의 효율성과 시장 신호에 대한 대응성, 고객으로서 국민에 대한 선택권의 부여를 통해 자유로운 선택을 허용해야 한다는 것이다.

둘째, 최소국가론은 기존 국가의 역할과 구조 변화, 기능의 축소를 요구하는 거버넌스이다. 그 원인으로는 ① 국제적 조직의 역할이 증대되어 정부의 통치범위를 넘어서는 경향이 있다는 점이다. ② 경제의 세계화에 대응한 정치의 지방화 현상으로 인해 지역사회의 요구가 증대하고 시민사회에게 권한을 부여하는 경우가 많아진다는 것이다. ③ 정부기능이 민영화되고 민간부문과의 파트너십이 증대되는 추세라는 데에 있다.

그런데 이것은 국가의 공공개입 범위와 형태를 최소화하는 방향이며, 이 축소된 부분을 시장과 준시장의 활용으로 보완하고자 하는 것이므로 국가 중심적 거버넌스로 간주할 수도 있다. 최소국가론의 패러다임은 국가의 성격을 다음과 같은 네 가지 원칙에 따라 재정의한다. ① 적은 문제를 다루는 정부. ② 국제적인 비전과 융통성을 가진 정부. ③ 책임을 지는 정부. ④ 공정한 정부 등이다.

3.2 범위 및 수준에 따른 유형

지방화—분권화, 세계화—지역화 추세가 심화됨에 따라, 이를 반영하는 유형으로서 로컬 거버넌스와 글로벌 거버넌스에 대한 관심이 높아지고 있다. 국가가 기존에 소유해 온 권력이 양방향으로 이동되고 있는 것이다. 지방화—분권화는 국가권력이 지방정부 또는 지방공동체로 하향 이동하고 있고, 세계화—지역화는 국가권력이 세계정부나 국제연대기구로 상향 이동되고 있는 것이다. 이에 따라 국가권력의 공동화(空洞化) 현상이 진행되고 있다.

거버넌스의 범위 및 수준 또는 차원에 따른 유형은 글로벌 거버넌스와 로컬 거버넌스, 리저널 거버넌스, 내셔널 거버넌스, 사이버 거버넌스 등으로 구분될 수 있다.

글로벌 거버넌스(global governance)

세계화와 지구화의 논리를 반영하는 형태로서, 각국 정부의 권력 이양 또는 상호 의존을 전제로 하여 초국가 수준에서 구현된 것이다. 여기에서 세계화는 경쟁이라는 자본의 논리를 반영하고, 지구화는 협력이라는 공생의 논리를 반영한다. 글로벌 거버넌스에 대한 개념 정의는 다양하게 나타나고 있는데, 주요 내용은 다음과 같다.

먼저, 개별국가가 독자적으로 해결할 수 없는 사회적·정치적 이슈를 효과적으로 처리하기 위한 노력이다(Gordenker and Weiss, 1996). 또한 독립적 행위자로 구성된 국제사회에서 갈등을 해결하고 상호 협조를 목적으로 하는 게임의 규칙을 정할 수 있는 사회적 제도를 수립하고 운영하는 것이다(Young, 1994). 그리고 개인과 제도, 공공부문과 민간부문에 걸쳐 공동 관심사를 다루는 다양한 방법의 총화로서, 상호 대립되는 다양한 이해관계를 해결하기 위한 협조적이고 지속적인 과정이라는 것이다(Commission on Global Governance, 1995).

글로벌 거버넌스는 모든 국가 간의 공식적 뿐 아니라 비공식적인 계약과 협력도 포함하고 있다. 또한 다양한 비정부조직과 그들이 행하는 모든 국제적 협력과 협상, 계약도 포괄하고 있다. 최근에 경제, 환경, 인권문제 등과 관련된 국제적인 비정부조직과 다국적 기업의 위상과 활동이 활발해지면서 그 영향력도 커지고 있다. 또한 글로벌 거버넌스는 무정부적인 형태에서 계서적인 형태까지 즉, 무정부적 동맹관계(anarchic alliance), 영향력에 따른 계서제(spheres of influence), 섭정체제(protectorates), 비공식적 제국(informal empires), 제국체제(empire) 등 다양한 형태가 있을 수 있다.

리저널 거버넌스(regional governance)

리저널 거버넌스는 신자유주의적 배경 하에서, 개별국가의 정치적·경제적 경계가 모호해지면서 국가 거버넌스(state governance)가 확장된 형태로 보고 있다. 여기에서 지역(region)의 개념은 지정학적으로 특정 공간 내에서 인접한 지리적 범위 뿐 아니라, 정치적·경제적 상호 의존성에 따른 범주도 포함하는 의미이다.

과거에 초강대국(미국과 구소련)을 중심으로 형성되었던 냉전체제와는 달리, 통상문제의 해결과 지역안보 및 정치적 안정을 증진시키기 위한 신지역주의(new regionalism)를 배경으로 하고 있다. 또한 식량, 통상 및 상업, 광업, 은행 및 회계, 제조업 부문 등에 이르기까지 다양한 경제 분야에서 상호 번영과 생존을 위해 유기적 협조체제를 구축하고 있는 기업들 간의 초국가적 거버넌스도 이 형태에 속한다고 할 수 있다.

리저널 거버넌스의 중요한 과제는 국가 단위 또는 비국가 단위의 조직을 막론하고, 참여자들의 경쟁과 협조를 통해 지역 내 불균형을 완화하고 장기적인 균형발전을 이루어야 한다는 점이다. 이를 위해서는 경쟁의 공정성과 협조의 생산성 및 공익성의 확보가 주된 관건이 된다.

내셔널 거버넌스(national governance)

내셔널 거버넌스는 세계화 추세에 따른 글로벌 거버넌스와 리저널 거버넌스, 지방화에 따른 로컬 거버넌스의 사이에 존재하고 있다. 세계화 및 지방화 추세에도 불구하고 국가 중심적 접근(state−centric approach) 즉, 거버넌스 이론에 있어 국가는 여전히 중요한 행위자이며, 국내 정치체제가 주된 초점임을 강조하는 형태이다.

사실 개별국가 단위에서의 민주적이고 효율적인 국가 운영을 위해 정부–시민사회–기업의 자발적 협조체제를 구축하는 것은 중요한 과제이다. 즉 다른 범위의 거버넌스가 원활히 작동하기 위해서는 국가 및 정부의 형태와 적극적인 역할이 중심이 되어야 한다는 것이다. 정부와 시민사회, 기업이 우리라는 관계(we–relation)를 정립하기 위해서는 국가 또는 정부가 일정 기간 동안 후원자 역할을 해야 하므로, 정부와 함께하는 거버넌스(governance with government)가 강조되고 있다. 또한 내셔널 거버넌스가 국가 전체적인 정책과제에 대해 최적 결정·집행하기 위해 평등성, 민주성, 효율성을 증진시킬 수 있는 방안이 모색되어야 한다.

로컬 거버넌스(local governance)

로컬 거버넌스는 지방화 및 분권화를 반영하는 형태로서, 중앙정부로부터의 권력 이양을 전제로 지방정부 수준에서 구현될 수 있다. 이는 지방공동체 수준의 공적–사적 협력 체제와 네트워킹에 초점을 두고 있다. 로컬 거버넌스는 직접민주주의 체제로의 전환을 위한 실천적인 연습과 훈련이라는 점에서 그 의미가 크다.

지방공동체의 작동원리로서 지방정부가 공공부문, 자발적 부문(시민사회), 민간부문(기업)의 참여자들과 상호 협력하여 공동의 사명을 완수하는 방식을 채택하고 있다. 즉 지방정부가 이들 참여자에게 정책을 강요하는 방식이 아니다. 그래서 로컬 거버넌스는 포괄적인 참여자로 구성된 네트워크 통치방식으로서 일종의 기술(art)임과 동시에 체제(system)의 성격을 가지고 있다.

이러한 로컬 거버넌스의 중심 목표는 ① 지역사회에서 의사결정권한을 공유하는 것이다. ② 지역시민의 자치권 및 독립성을 함양하는 데에 있다. ③ 시민참여를 통해 공공재를 개발하는 일련의 과정을 제공하여야 한다.

그리고 로컬 거버넌스의 전제조건은 지역의사결정에 참여할 수 있는 시민의 역량을 함양하여, 지역주민이 직접 미래지향적으로 지역사회를 경영할 수 있게 한다는 데에 있다. 예를 들면 지역사회는 정의와 공평성을 추구하고 타인에 대한 관심과 온정, 공익에 대한 공통된 주장, 공존공생을 추구하는 자치체 정신(communal spirit)을 형성하여야 한다. 또한 지역사회 건설을 위한 지역시민의 책임성과 사회적 관계 형성, 공동체 주의적 접근 등 사회적 실제(social reality)를 이해하여야 한다. 뿐만 아니라 지역에서 심의민주주의 정치의 활용, 대중토론, 참여, 사회적 상호작용의 연결망을 통해 자치지역사회를 건설한다는 개념이 유용하다.

사이버 거버넌스(cyber governance)

정보기술의 발달로 인한 인터넷 네트워크의 확산, 네티즌의 증가 등에 따라 가상공간에서 사이버 거버넌스가 형성되고 있다. 가상 공동체 즉, 컴퓨터 네트워크의 매개를 통해 말과 생각을 교환하는 집단은 공적 및 사적 영역에서 다양한 유대관계를 형성하고 있다. 이러한 새로운 유형의 가상 공동체를 거버넌스라는 새로운 국가 운영의 패러다임이 적용될 수 있는 영역으로 보는 시각이 지배적이다.

이와 같은 사이버 거버넌스가 가능하기 위해서는 다음과 같은 과제가 해결되어야 한다. ① 인터넷을 통해 정부와 정당, 시민단체, 기업, 가계 등을 연결함으로써, 민주성이 신장되어야 한다. 또한 직접 민주주의 체제가 가진 정통성을 확보해 주어야 한다. ② 인터넷을 통해 거버넌스 체제의 성공 요건 중 하나인 사회자본(social capital)의 형성과 발달에 기여하여야 한다.

3.3 구조 및 과정에 따른 유형

구조로서의 거버넌스

구조로서의 거버넌스는 다음 네 가지의 구조적 개념을 말한다.

첫째, 계층제로서의 거버넌스이다. 국가의 제도들은 명령과 통제의 계층제적 시스템 하에서 운영된다. 이러한 계층제는 국가의 내부 조직 및 업무방식, 국가와 사회 간의 연결 관계에 까지 영향을 미치는 요인으로 작용한다는 것이다.

둘째, 시장으로서의 거버넌스이다. 거버넌스 맥락에서 시장의 개념은 다음과 같은 의미를 가지고 있다. 우선, 자원배분의 기능으로서 화폐적인 기준으로 효율성을 측정하기 위한 기반으로서 역할을 한다는 점이다. 또한 경제적 참여자를 위한 활동 장소이다. 경제적 참여자들은 시장의 기본적인 기능을 훼손하지 않으면서 공공의 문제를 해결할 수 있도록 하는 여러 가지 메커니즘을 제시하고 있다.

셋째, 정책 네트워크로서의 거버넌스이다. 정책 네트워크와 국가 사이의 관계는 상호 의존 관계이며, 정부역할이나 연계관계의 강도에 따라 협력형과 위임형으로 구분된다. 위임형은 문제해결을 위해 정부와 이해관계자들이 공동으로 협력(제3섹터나 파트너십)하는 방식이다. 따라서 정부가 해결해야 할 문제를 사업자단체나 자발조직(자원봉사 조직 또는 시민단체)에게 대리하게 하거나 관할권을 이전하는 방식이다. 정책 네트워크가 활성화되기 위해서는 정책참여자의 제도적 다원성과 타협 문화의 성숙이 요구되며, 조직 구성원 간 신뢰, 규범, 협력 등과 사회자본(social capital)이 축적되어야 한다.

넷째, 공동체로서의 거버넌스이다. 이것은 사회와 경제를 동질적인 것으로 보며, 국가의 간섭이 최소화된 상태에서 공동체는 자기 공동체의 공공문제를 스스로 해결할 수 있고 해결해야 한다는 것이다. 그래서 거대한 공공 관료제를 만들지 않고 일반적인 문제를 해결하면서 공동체의 시민정신을 강화시킨다. 또 국가모델과 시장모델 두 가지 모두를 거부하면서 국가와 시장 사이의 제3의 길(시민사회 등)을 제시해 준다.

과정으로서의 거버넌스

과정으로서의 거버넌스에서 핵심적인 개념은 방향잡기(steering) 또는 조정(coordinating)이다. 이를 구체적으로 살펴보면 첫째, 국가는 여전히 사회를 조정할 수 있는 능력이 있다고 본다. 둘째, 국가가 어떤 목적을 달성하기 위해 사회를 조정하는가 하는 점이다.

주로 주어진 과제를 어떤 절차와 단계를 통해 효율적이고 효과적으로 해결하느냐와 관련된다. 경제나 산업부문 간의 협조를 의미하기도 하고, 사전에 경제를 조정하는 수단적인 과정을 의미하기도 한다. 따라서 명령이나 통제 같은 방식보다는 합의, 조정, 협력을 통한 문제해결 방식을 선호하고 있다.

4 환경거버넌스

지금까지 거버넌스 이론에 대해 공부하였다. 거버넌스 체제의 구축을 가장 활발하게 추진하고 있는 대표적인 예를 환경행정 분야에서 찾을 수 있다. 생태하천 만들기나 쓰레기 매립장 또는 소각장 부지의 선정, 나아가 시화호 살리기나 새만금 등 대규모 토목사업, 4대강 개발문제 등에 대해 환경단체 같은 시민사회단체의 주장과 시위가 눈에 띠게 늘고 있다. 이러한 환경 관련 이슈에 대한 해결방안으로서, 정부는 시장 및 시민사회와 함께 추진하는 다양한 틀과 관리방식, 협상 및 조정, 네트워크 등을 찾고 있다. 따라서 환경거버넌스는 환경정책과 관련된 문제를 해결하기 위한 다자 간 관계형성과 파트너십이라고 할 수 있다.

4.1 환경거버넌스의 구성 주체

일반적으로 환경정책의 수립·집행 과정에는 정부와 기업, 시민사회(NGO) 등 다양한 이해관계자들이 개재되어 있다. 우리나라 환경거버넌스 체제에서 각 이해관계자[18]를 다음과 같이 분류할 수 있다(박용성 외, 2006).

첫째, 정부부문을 보면, 일반적으로 정부(중앙정부, 지방자치단체)에는 환경보전을 책임지는 부처(부서)와 개발을 목적으로 조직된 부처(부서)가 공존하고 있다. 정부의 국정 목표와 수준, 부처의 성격, 소관부처가 처한 정치적·경제적 상황, 정부의 정책 우선순위 등에 따라 정부의 환경정책에 대한 태도와 성향이 결정된다(표 14-3).

18 환경을 보전하자는 측과 개발하자는 측 모두 이해관계자임.

〈표 14-3〉 환경정책에 이해관계가 있는 부처(부서)

구 분	환경부처(부서)	환경 관련 부처(부서)
중앙정부	환경부	국토해양부, 지식경제부, 농림수산식품부
지방자치단체	환경(녹지)국(과)	건설국(과), 도로국(과), 도시계획국(과)

둘째, 시장(기업)부문에는 다양한 기업이 활동하고 있는데, 기업의 특성에 따라 환경에 대한 인식과 대응방법에 차이가 있다. 기업의 규모에 따라 대기업과 중소기업이 있고, 생산·취급하는 상품의 종류에 따라 환경상품 생산기업과 비환경상품 기업, 토목건축 관련 기업, 금융기관 등이 있다.

셋째, 시민사회에서는 중앙 NGO, 지방 NGO, 종교단체, 여성단체, 청소년단체 등이 있다. 시민사회는 일반국민이나 지역주민을 직접적으로 대변하고 조직의 목표를 달성하기 위해 환경문제에 대해 관심을 가지고 여론을 주도하기 위한 활동을 전개한다. 이에 대해 정부와 언론은 협력과 조정 또는 대립과 경쟁의 관계로 될 수 있다.

환경문제는 타협하기 어려운 다양한 이해관계자들 간에 서로 긴장관계를 이루고 있다는 특징이 있다. 즉 개발로 인해 편익을 얻게 되는 특정 이익집단의 결집력과 로비력이 환경보전에 따른 불특정 수혜자들에 비해 훨씬 크기 때문에, 의사결정과정에서 불균등한 권력행사가 일어날 수도 있는 것이다. 따라서 기존의 환경관리체제에서 벗어나 새로운 환경관리체제 즉 환경거버넌스의 도입이 요구되고 있다.

환경거버넌스는 환경문제와 관련된 이해 당사자들의 포괄적 참여와 상호 간의 자율적이고 협력적인 노력을 통해 조정(coordination)과 조종(steering), 조절(regulation)의 사회제도적 역량을 높일 수 있다. 기존의 정부 중심의 공적 관리체제에 대한 대안적 관리체제로서 환경거버넌스는 그 의미가 크다(김병완 외, 2004).

4.2 환경거버넌스의 유형과 녹색거버넌스

환경거버넌스의 범위에 따른 유형은 글로벌(지구적) 환경거버넌스와 내셔널(국가적) 환경거버넌스, 로컬 환경거버넌스로 구분할 수 있다.

첫째, 글로벌 환경거버넌스는 지구온난화, 생물다양성, 오존층 파괴 등 지구적 환경문제를 다루기 위한 것이다. 이는 다양한 국제환경협약[19]의 형태로 나타나고 있다.

둘째, 내셔널 환경거버넌스는 국가차원에서 환경문제를 해결하기 위한 것으로서 직접 조정, 간접조정, 자율적 조정(self-steering) 등이 있다. 중서부 유럽국가들(네덜란드, 덴마크, 벨기에, 독일 등)의 경우, 시민사회의 역할이 능동적이고 오랜 협상의 경험을 가지고 있기 때문에 주로 자율적 조정을 통한 협력적 관리체제 형태를 띠고 있다.

셋째, 로컬 환경거버넌스는 지방자치단체(광역, 기초) 범위에서 지역의 환경을 보전하기 위한 구성주체 간 네트워크와 활동, 운영체제이다. 지역단위에서 환경보전이냐 아니면 개발이냐를 놓고 발생되는 이해관계를 조정·협력해 가는 것이 중요하다. 대체로 지역의 환경과 관련된 이슈에 대해 경제적인 이해 당사자로서 지역주민은 다소 반환경적인 경향이 있고, 일반국민으로서 입장은 친환경적이라는 특성을 보인다(박성용 외 2006).

한편, 환경거버넌스가 환경문제를 본질적으로 해결하기 위해서는 거버넌스의 구성주체 간 참여 능력 및 제도적 조건이 균등해야 한다. 즉 정부와 기업이 시민사회나 지역주민보다 상대적으로 우월한 능력 및 제도적 조건을 가지고 있다면 환경문제는 해결되지 않은 채 하나의 이슈로 그치게 될 가능성이 크다. 따라서 환경거버넌스 행위자들의 참여와 대화 등 학습과정을 통해 공동의 합의를 도출할 수 있는 사회적 제도가 중요한 요건이다.

다음 <표 14-4>는 환경거버넌스의 두 가지 차원을 나타낸 것이다. 협의의 환

19 국제환경협약에 관한 자세한 내용은 제10장을 참조.

경거버넌스의 경우에는 기존의 관리체제 하에서 환경문제가 하나의 이슈로 다루어질 뿐이다. 즉 제도적 기반이 마련되지 않은 상태에서는 환경문제를 단순히 거버넌스의 틀에 적용하는 것에 그치기 때문에, 환경문제를 본질적으로 해결하는데 한계가 있다.

광의의 환경거버넌스는 우선 사회적·생태적 책임성을 가진 환경거버넌스 주체들이 참여와 협력을 도모할 수 있도록 제도적 변화를 설계해 가는 것이다. 나아가 정책대안의 범위를 확장시키고 문제해결 능력을 높일 수 있도록 해야 한다. 즉 거버넌스 자체를 녹색화(greening of governance)하는 것으로서, 녹색거버넌스라고도 한다(정규호, 2002).

〈표 14-4〉 환경거버넌스의 두 차원

구 분	주요 내용
협의의 환경거버넌스	◦자연생태계와 자연자원에 대한 공동 관리에 초점 ◦오염물질을 중심으로 매체별 환경문제에 대한 공동해결 추구
광의의 환경거버넌스 (녹색거버넌스)	◦환경문제의 발생 원인을 사회구조적 특성에 기인한다는 점에 주목 ◦환경문제를 사회제도적 개선을 통해 총체적으로 해결 추구 – 합의를 통한 공동결정·공동운영 등 거버넌스 체제 형성

자료 : 김병완 외, 2004.

4.3 환경거버넌스의 수준별 단계

환경거버넌스의 수준에 따라 4가지 단계로 구분한다.

첫 번째 단계는 정책자료 교환단계이다. 이 단계에서는 환경 관련 정책에 대해 단순한 정책자문 또는 의견을 표현하는데 그치며, 정책의 내용과 추진전략에 대한 자료를 직접 접하고 이해하는 정도이다. 따라서 정책결정 및 집행을 정부가 담당하며 그 책임도 정부에게 있다.

두 번째 단계는 정책자료 공유단계이다. 이는 환경 관련 정책에 대해 심의하는 단계로서, 첫 번째 단계에 비해 좀 더 심도 있는 정책 토론이 이루어진다. 이

단계 역시 정책의 결정·집행은 정부의 고유 업무이며, 정책시행 결과에 대한 책임을 정부가 진다.

세 번째 단계는 권력공유 단계이다. 이 단계는 거버넌스의 구성주체가 합의를 이루어 정책을 결정하고, 정부가 정책을 시행하며 그 결과에 대해 책임을 지는 형태이다.

네 번째 단계는 책임공유 단계이다. 이는 민간부분과 정부부문(민·관)이 구성한 거버넌스 체제가 공동으로 정책을 결정하고 시행하며, 결과에 대한 책임도 공동으로 지는 단계이다. 환경정책 과정을 중앙정부, 지방정부, 기업, 시민사회 등이 합의를 이루어 협력적으로 추진하는 가장 높은 수준의 환경거버넌스 단계이다.

〈그림 14-2〉 환경거버넌스의 수준별 단계

제1단계		제2단계		제3단계		제4단계
정책자료 교환단계	⇒	정책자료 공유단계	⇒	권력공유 단계	⇒	책임공유 단계

5 환경 분야 거버넌스의 추진사례 : 그린스타트 운동

환경부는 2008년을 저탄소사회 구현을 위한 온실가스 줄이기 실천의 원년으로 삼아 그린스타트(Green Start) 운동을 전개하고 있다. 그린스타트 운동은 온실가스 줄이기 실천운동으로서, 가정·상업·수송부문의 온실가스 배출량을 효율적으로 감축해 나가자는 국민운동이며, '녹색성장을 통한 저탄소 사회 구현(Low Carbon, Green Korea)'을 위해 일상생활에서 온실가스를 줄이는 실천을 시작하자는 의미를 지니고 있다.

〈표 14-5〉 그린스타트 전국네트워크 현황(2010년 2월 11일 현재)

분 야	기 관 명
정부(2)	환경부, 한국환경산업기술원
경제계(1)	대한상공회의소, 지속가능발전기업협의회, (사)한국체인스토어협회, 우리은행
시민사회계(19)	전국지속가능발전협의회, (사)교통문화운동본부, (사)자연보호중앙연맹, 녹색소비자연대전국협의회, (사)대한주부클럽연합회, (사)생명의숲국민운동, (사)소비자시민모임, (사)에너지나눔과평화, 에너지시민연대, (사)자원순환사회연대, (사)자전거타기운동연합, 한국소비자연맹, 환경재단, UNEP한국위원회, 환경보전협회, 전국주부교실중앙회, 새마을운동중앙회, 바르게살기운동중앙협의회, (사)그린훼밀리·그린스카우트연합
종교계(3)	불교환경연대, 종교단체환경정책실천협의회, 기독교환경운동연대
지자체(1)	전국시장군수구청장협의회
교육분야(4)	한국교원단체총연합회, 한국초등교장협의회, , 한국환경교육네트워크, (사)한국환경교육협회
지방의제21(5)	맑고푸른대구21추진협의회, 푸른광주21협의회, 푸른경기21실천협의회, 청정강원21실천협의회, 녹색경남21추진협의회
언론계(1)	중앙일보
직능단체(1)	대한주택관리사협회

자료 : 그린스타트 홈페이지(www.greenstart.kr)

그린스타트 운동의 범국민적 확산을 위해 2008년 10월 그린스타트 운동 추진 기구인 민·관이 함께 참여하는 파트너십형의 그린스타트 네트워크를 발족하고, 2010년 2월 11일 현재 전국 248지자체 중 226개 지역에서 지역네트워크 구성을 완료하는 등 그 기반을 확대해가고 있다. 그리고 정부, 산업계, 종교계, 시민사회단체 등 여러 분야의 40개 단체들이 모여 민·관 파트너십 기구로서 그린스타트 전국네트워크를 구성하였다(표 14-5).

그린스타트 운동의 주요 배경에 대해 알아보자. 우선 기후변화에 대한 대응을 통해 화석에너지 의존적인 우리 경제의 체질을 강화하며 고유가 문제를 극복하는 동력으로 활용한다는 점이다. 또한 기후변화에 대한 예측과 적응에 실패할 경우에는 물, 식량, 정주 공간 등 안전한 삶의 확보가 곤란할 것이다. 그리고 최근 기후변화 문제가 심화되면서 국민의 95% 이상이 기후변화의 심각성을 인식하고 있지만, 이를 온실가스 줄이기 실천으로 이끌어내는 정부나 민간차원의 체계적인 실천이 부족했던 것은 사실이다. 또 지자체는 대책 수립 및 이행에 필요한 자원이나 전문성이 부족하였다. 그래서 민·관 합동의 국민실천운동을 통해 기후변화의 심각성에 대한 합의를 형성하고 생활 속의 실천문화를 정착하자는 데에 배경이 있다.

그린스타트 운동은 인식확산(홍보) → 실천지원(제도화) → 생활화(교육)의 단계별로 추진하는 것으로 요약될 수 있다.

첫째, 인식확산을 위한 홍보활동 단계이다. 저탄소문화(low carbon) 캠페인과 함께 기후적응형 복장문화 등 언론과 공동으로 테마 캠페인을 전개한다. 실천운동 홈페이지를 구축하여 실천에 대한 정보를 공유·확산시키는 기후변화 대응행동의 포털 사이트로 육성한다.

즉 기후변화 관련 캐릭터, 애니메이션 등 컨텐츠를 확충하여 홍보에 활용한다. 그리고 기후적응형 복장모델을 개발하여 공공기관에 우선 보급을 추진하고, 시민단체 공동 복장문화 개선 실천운동을 전개한다. 또 인터넷 등 각종 매체를 활용하여 일상생활에서 국민의 자발적 참여를 촉진하고, 저탄소사회의 가치 공유와 실천문화를 확산시키는 것이다.

둘째, 실천지원을 위한 제도화·기반구축 단계이다. 탄소포인트·탄소라벨링 제도 등 감축에 대한 인센티브를 확산시키고, 학습·체험·놀이가 연계된 기후변화 테마타운을 조성하여 기후변화 학습이 가족단위 여가활동 속에서 자연스럽게 이루어지도록 한다.

이를 구체적으로 보면, 탄소포인트제[20] 등 자발적 온실가스 감축에 대한 인센티브를 확대하고 탄소라벨링 프로그램의 도입 및 저탄소제품 공공구매 등으로 녹색구매를 확산시킨다. 또 학습·체험·놀이와 연계한 기후변화 테마타운, 지역별 기후변화 홍보관 등 교육·훈련 인프라를 구축한다. 예를 들면 2009년 제주에 아시아 기후변화 교육·훈련센터, 양평에 기후변화 테마체험장 등을 추진한다. 그리고 자전거 이용의 확대를 위한 관련기반를 정비하여 활용 모델을 발굴 보급한다. 지역 실천프로그램 공모를 통해 독창적·실용적 온실가스 줄이기 사업을 발굴·지원하고 모범사례를 전파한다.

셋째, 생활화를 위한 교육단계이다. 초·중·고 기후변화 교육 프로그램을 활성화

20 탄소포인트(carbon point) 제도란 온실가스 감축량(전력, 수도, 가스 등)을 포인트로 환산하여 인센티브를 제공하는 것.

하여 어린이와 청소년을 'Post-CO_2 세대'로 길러내고, 주부·직장인 등 성인에 대한 사회교육을 통해 온실가스 줄이기에 앞장서는 기후지킴이를 양성한다.

즉, 기후변화 대응 서포터즈를 양성하는 것이다. 어린이를 'Post-CO_2 세대'로 육성하기 위한 초·중·고 기후변화 교육 프로그램을 활성화한다. 2009년에 환경교육 시범학교를 기후변화대응 시범학교로 운영체제를 전환한다. 또 대학에서 관련 교육의 확대를 유도하고, 기후변화 동아리 활동의 활성화를 지원하여 대학생을 기후변화 대응의 실천적 주체로 육성한다. 그리고 가정 내에서 온실가스를 줄이는 기후지킴이 등 기후변화대응 서포터즈를 양성하여 실천을 확산시키는 구심점으로 활용한다. 이를 위해 지자체·대학 등 거점별로 기후변화 관련 사회교육을 활성화한다(환경부 홈페이지, www.me.kr).

읽을거리

환경거버넌스의 두 가지 실천사례

하나. 경남 김해시의 대포천 살리기

경남 김해시 상동면에 위치한 대포천은 지방 2급 하천으로 축산농가, 공장, 음식점 등의 오염원으로 인해 1997년에는 3급수 하천으로 전락하였다. 이후 지역 주민들의 자율적인 노력과 중앙 및 지방정부의 수질개선 노력으로 인해, 현재는 1급수 수준으로 획기적인 개선을 이루게 되었다.

추진과정을 살펴보면 다음과 같다. 1990년대 낙동강 페놀오염 사건이후 시민과 낙동강 수질에 대한 환경단체의 우려와 관심으로 인해, 부산시는 1997년 대포천 일대를 상수원보호구역으로 지정할 계획을 발표하였다. 이 때, 지역 주민들은 반대운동을 벌였으나, 곧 한계를 인식하고 우선 대포천을 살리고 상수원보호구역 지정을 유예해 줄 것을 요구하는 방향으로 선회하였다. 주민의 참여를 유도하기 위해 주민대표 150명으로 하여금 해당 구역을 견학하도록 하였다. 그리고 폐수 무단방류를 감시하고, 물 아껴 쓰기 운동 등의 캠페인을 벌였다.

이러한 수질개선 노력이 성과를 거두어 1998년 BOD기준 1급 하천으로 개선되고, 부산시로 하여금 상수원보호구역 지정의 철회를 이끌어낸 것이다. 그리하여 2004년 4월에 수질개선 및 유지에 관한 자발적 협약을 체결하여 대포천 수질관리를 위한 환경거버넌스 체계를 공식화하였다.

이 사례의 의의는 1년 6개월의 기간 동안 3급수를 1급수로 개선시킨 주체가 정부가 아닌 해당 지역주민들이었다는 점이다. 또한 실행과정에서 무관심한 지역 주민들의 참여를 이끌어 냈다는 점이다. 그리고 시장, 도지사, 환경부장관이 참여하는 수질개선대책협의회를 통해 지원방안을 강구하고, 이러한 사례가 전국적으로 확산되는 계기를 제공하였다는 데에 있다.

둘. 전주천 자연하천 만들기

환경의 시대에 녹색도시로 거듭나고자 전주천 공원화를 추진하려는 전주시와 시민환경단체와의 갈등과정에서 전주천을 생태적으로 거듭나게 하는 새로운 접근이 이루어진 사례이다. 즉 전주시와 시민, 시민단체, 전문가들이 협력하여 도심을 통과하는 약 7.2km구간을 자연형 하천으로 만들고자 하는 노력의 일환이었다.

시의 공원화 사업의 초기 계획은 하천생태계 자체를 복원하는 방향보다는 편의시설 위주의 공원화사업에 치우쳐 있어 경제적·생태적으로 바람직하지 않다는 비판을 받게 되었다. 이 과정에서 전주시의 지방의제21 추진기구인 '푸른 온고을21 추진협의회'의 생태복원도시분과에서 이 문제를 주요 의제로 설정하고 전반적인 문제점을 다루게 되었다. 의제21 분과회의는 시와 시민단체 간의 격론의 장이 되었으나, 이러한 갈등과정은 상호간에 상대의 입장에 대한 이해의 폭을 넓히는 중요한 기회를 제공하였다. 결국 자연형 하천 조성사업을 위한 공동협의회를 구축하고 주민설명회와 여러 차례의 실무회의를 거쳐 2002년 12월에 8개월간의 자연형 하천 조성사업이 완공되기에 이르렀던 것이다.

이 사업을 위해 8개월 간 120억 원의 사업비가 투입되었으며, 자연형 하천 조성사업은 생태적 특성을 고려한 하천 조성, 친수공간 조성 시 자연생태 복원을 고려한 시설 도입 등의 노력이 이루어졌다. 차집관로 설치(우수 오수 분리), 전통놀이마당, 수변무대, 산책로 등 친수공간이 조성되었고, 하천 주변의 음식점 등 오염원의 무단 방류를 차단하는 노력도 이루어졌다.

이 사례의 의의는 다음 네 가지가 있다. 첫째, 자연형 하천 조성사업의 가시적 성과는 40억 원이라는 예산 절감과 수질개선, 생태계 복원, 시민들의 휴식공간과 자연학습의 장을 제공하였다는 점을 들 수 있다. 둘째, 전주천의 경우에 행정과 시민단체, 전문가들이 함께 조성하였다는 점과 사업 진행 과정에서 시민들의 의견을 적극 수용한 시의 태도는 평가 받을만하다는 사실이다. 셋째, 비판에서 대안제시로 역할의 초점을 바꾼 시민단체와 상호 갈등의 중재 노력을 기울인 지방의제21 추진기구의 역할에도 주목할 필요가 있다. 넷째, 이러한 노력의 과정을 통해 시민들의 인식이 바뀌고, 깨끗해진 하천을 이용하는 시민들 중 자발적으로 환경보전 활동에 참여하는 시민들이 늘어나고 있다는 점도 중요한 의의라고 하겠다.

〈출처: 환경부, 2004〉

참고문헌

김병완 외, 지속가능한 지역발전을 위한 환경거버넌스 구축방안, 환경부, 2004.

김석준 외. 2000. 『뉴 거버넌스 연구』, 대영문화사.

김석준 외. 2002. 『거버넌스의 이해』, 대영문화사.

김정렬. 2004. "거버넌스의 쟁점과 과제", 『행정포커스』, 한국행정연구원.

김호·허승욱. 2004 『농업개방 확대에 따른 갈등 극복을 위한 농정분야 거버넌스 구현방안 연구』, 대통령자문 정책기획위원회.

문순홍·정규호. 2000. "거버넌스와 젠더, 젠더 친화적인 거버넌스의 조건에 대한 탐구", 『하계학술회의 논문집』, 한국행정학회.

박용성 외, 참여적 녹색정부 구현을 위한 '환경거버넌스' 구축방안에 관한 연구, 환경부, 2006.

이종수. 2003. "지방의 국제화를 위한 로컬 거버넌스", 『행정포커스』, 한국행정연구원.

정규호, "녹색 거버넌스란 무엇인가?", 『환경과 생명』, 제31호.

환경부, 『환경백서』, 각 연도.

Gray, C. 2002. *Reforming Governance: World Bank Experience to Date*, World Bank.

Pierre, J. 1999. 「Model of Urban Governance "The Institutional Dimension of Urban Politics"」. Sage Publications, Inc. *URBAN AFFAIRS REVIEW*, 34(3).

Pierre, J. and Peters B. G.(정용덕외 역). 2003. 『거버넌스, 정치 그리고 국가』, 법문사.

찾아보기

(ㄴ)

(ㄷ)

(ㄹ)

(ㅁ)

협동문화경제연구 총서 ⑧

단국대학교 부설 협동문화경제 연구소
Research Institute for Cooperative Culture & Economics
협동문화경제연구소(RICE)는 "자연과 인간의 조화", "사람과 사람의 하나됨"
"함께 사는 문화(共生文化), 함께 사는 경제(共生經濟)" 등을 연구하기 위해 1993년
6월에 창설되었다.

저자소개

김 호 hokim@dku.edu
단국대학교 환경자원경제학과 교수

허승욱 swheo@dku.edu
단국대학교 환경자원경제학과 교수

도서출판 그린

환경자원과 경제

인 지

인 쇄 일 ▶ 2011년 2월 21일
재판발행일 ▶ 2017년 2월 25일
저 자 ▶ 김호 · 허승욱
발 행 인 ▶ 윤 덕 우
발 행 처 ▶ 도서출판 그린

출판등록 ▶ 제8-161호(1995. 5. 3.)
주 소 ▶ 서울시 서대문구 연희동 219-20 (우)120-828
전 화 ▶ 02)333-2574, 2575
Fax ▶ 02)333-2561
E-mail ▶ greenpress@greenpress.co.kr
Homepag ▶ http://www.greenpress.co.kr

정가 : 17,000원
ISBN : 978-89-5727-155-1
93530